中国石油和化学工业优秀教材

普通高等教育“十三五”规划教材

# 无机及分析化学

WUJI JI FENXI HUAXUE

第3版

● 范文秀　王天喜　郝海玲　主编

化学工业出版社

·北京·

《无机及分析化学》(第3版)是为农林类院校理工科的学生学习化学基础课编写的教材，延续了第二版的特色，符合农林类院校各专业对化学基础课的内容要求。为了便于学生复习和自学，每章开始都增加了“知识目标”和“能力目标”，章末增加了“本章小结”，给出习题参考答案。内容包括溶液和胶体、化学热力学基础、化学反应速率和化学平衡、分析化学基础知识、酸碱平衡与酸碱滴定法、沉淀溶解平衡与沉淀滴定法、配位平衡与配位滴定法、氧化还原平衡与氧化还原滴定法、物质结构基础、吸光光度分析法、电势分析法、现代仪器分析简介等共12章。

《无机及分析化学》(第3版)可作为高等农林类院校相关专业学生学习化学基础课的教材，也可以作为高等职业技术院校相关专业的学生参考。

**图书在版编目(CIP)数据**

无机及分析化学/范文秀，王天喜，郝海玲主编．
3版．—北京：化学工业出版社，2018.12(2024.9重印)
普通高等教育“十三五”规划教材
ISBN 978-7-122-33161-8

Ⅰ.①无… Ⅱ.①范…②王…③郝… Ⅲ.①无机化学-高等学校-教材②分析化学-高等学校-教材 Ⅳ.①O61②O65

中国版本图书馆CIP数据核字(2018)第234214号

责任编辑：刘俊之
责任校对：杜杏然　　装帧设计：韩　飞

出版发行：化学工业出版社(北京市东城区青年湖南街13号　邮政编码100011)
印　　刷：北京云浩印刷有限责任公司
装　　订：三河市振勇印装有限公司
787mm×1092mm　1/16　印张18　字数462千字　2024年9月北京第3版第7次印刷

购书咨询：010-64518888　售后服务：010-64518899
网　　址：http://www.cip.com.cn
凡购买本书，如有缺损质量问题，本社销售中心负责调换。

**定　　价：37.00元**

# 《无机及分析化学》第3版编写人员


主　　编：范文秀　王天喜　郝海玲

副 主 编：牛红英　侯玉霞　安彩霞

赵　宁　刘善芹　侯振雨

参编人员：（按姓氏汉语拼音排序）

安彩霞　段凌瑶　范淑敏　范文秀　龚文君

郝海玲　侯玉霞　侯振雨　李元超　李芸玲

刘善芹　牛红英　汤　波　王天喜　杨靖华

杨晓迅　俞　露　张万庆　赵　宁

# 前言

《无机及分析化学》(第 3 版) 适用于农林类院校理工科专业，是河南科技学院多年从事无机及分析化学教学一线教师在研究、选择使用多个无机及分析化学版本的基础上，不断总结教学经验而完成的一部专业基础课教材。“无机及分析化学”由化学中的“无机化学”和“分析化学”整合而成，与物理化学、结构化学也密不可分。作为一门必修基础课，主要目的是为学生学好后续专业基础课、专业课奠定坚实的基础。本书于2004 年出第一版，2012 年进行了修订，出第二版。为了适应新形势下教学改革的需要，按照教育部提升应用型人才培养质量的要求，围绕高素质应用型人才培养目标对本教材进行第 3 次修订，修订的主导思想是“重教学对象、重基础知识、重学科关联和应用领域”。在教材内容选择上保证严格的科学性、相对的系统性、鲜明的时代性的前提下，做到以理论知识管用、够用和实用为原则，力求避免重复、脱节，舍弃不必要的推导和证明，不过分追求化学知识体系的完整性，力求深入浅出，使之更适合当前应用型人才培养的需求特点。

本书编者在第二版的基础上，参考了国内外优秀教材，力求概念准确，内容深入浅出，简明扼要，与时俱进，有所创新，主要表现在以下几点:

1. 由于大一学生刚刚跨入大学校门，正处于适应性的过渡教学期间，为了方便学生掌握繁多的课程内容，在每章开始前增加了课程目标要求 (包括知识目标和能力目标)，在每章末均提纲挈领地进行了小结，以期达到要求明确、重点突出的目的。另外，习题的解答是加深学生对授课内容的掌握和运用必不可缺的重要手段之一，因此，编者对每章节的思考题和习题本着贴近实际、以基本为主、循序渐进的原则进行了精选，其中习题附有参考答案，以便学生及时判断正误。

2. 本教材在每章的最后增加了知识阅读，这些知识包括从网上查出所需的化学数据、纳米材料，ice that burns、how ozone is formed、化学计量学、超酸、tooth decay and fluoridation、铂配合物和癌症的治疗、heartbeats and electrocardiograph、超分子化学、光化学传感器与荧光探针、电化学的奠基人——法拉第和兴奋剂检测等内容，阅读知识中不但有中文的，还有英文的，有前沿知识，还有生活常识，科学家小传，增加了趣味性和可读性。

3. 在总结多年教学经验的基础上，将无机及分析化学的章节顺序重新进行梳理，将难度大且难以理解的物质结构基础放在课程后半部分讲解，避免学生因学习困难而失去信心。

4. 教材内容的选取上重教学对象，重基础知识。基于对无机及分析化学课程的基本要求和内涵的深刻理解以及对普通高等学校农科和工科大一新生的长期了解，在编写过程中特别注意了内容的起点与深度适应，准确把握“如何讲解”和“讲到什么程度”。本书内容知识框架清楚，叙述直截了当，适合教师组织课堂教学与学生自学。

5. 重学科关联。综合无机化学与分析化学内容开设的“无机及分析化学”课程在我校已经实践了20余年。经验告诉我们无机化学与分析化学学科内容的衔接与有机结合非常重要。例如，让学生认识“量”的概念的重要性与严格性并非易事，因此讲解四大平衡与四种滴定方法的同时，让大一新生把理论课与化学实验中的相关计算从一开始就建立“定量”的概念。本书将分析化学基础知识章节放在重要位置，在其他章节讲解与习题中把两学科的关联放在重要地位。

本书包含了仪器分析的基本内容，如吸光光度分析、电势分析、色谱分析、原子吸收和原子发射光谱等知识。这些仪器在无机及分析化学实验课中多次使用，是一般工科和生物学科人才必须掌握的基础知识和技能。教材中用*标注的理论知识可依据学生情况进行选择性教学，有一定的灵活性，适应不同学时的需求。

全书共分12章，具体的编写分工是：绪论，范文秀、郝海玲负责；第一章，安彩霞负责；第二章，牛红英负责；第三章，王天喜负责；第四章，侯玉霞、李元超负责；第五章，刘善芹、龚文君负责；第六章，侯振雨、段凌瑶负责；第七章，赵宁、李芸玲负责；第八章，杨靖华、汤波负责；第九章，范淑敏负责；第十章，杨晓迅、俞露负责；第十一章，汤波、张万庆负责；第十二章，郝海玲、范淑敏负责，附录由范文秀、侯振雨、牛红英负责。本书主编为范文秀、王天喜 、郝海玲，副主编为牛红英、侯玉霞、安彩霞、赵宁、刘善芹、侯振雨。全书由主编共同审阅和定稿。

《无机及分析化学》（第3版）的修订得到了河南科技学院教务处、化学化工学院和相关学院领导的大力支持，得到了化学工业出版社编辑的指导与帮助，在此一并表示诚挚的感谢。

书中不足之处在所难免，敬请同行专家和读者批评指正。

编者

2018年5月

# 第一版前言

本书为高等院校非化学专业“无机及分析化学”课程教材，适用于高等院校以及高等职业技术（师范）院校中同类专业的教学，也可供综合大学农林、医学、轻工各类院校师生参考。

“无机及分析化学”主要由化学专业中的“无机化学”及“分析化学”整合而成，与物理化学、结构化学等也密不可分。作为学生必修的一门基础课，主要目的是为学生学好专业基础课、专业课奠定坚实的化学知识基础。在保证严格的科学性、相对系统性、鲜明时代性的前提下，在选材时做到管用、够用、实用，着力基础知识和基本理论，力求避免重复、脱节，舍弃不必要的推导和证明。全书计量单位采用法定计量单位。

本书最鲜明的特点为：为适应高校实行学分制的要求，文字叙述循序渐进，由浅入深，深入浅出，通俗易懂，力求便于自学。

王泽云、范文秀、娄天军为本书的主编，陶建中、郝海玲、王爱荣、侯振雨为副主编。

参加本书编写的人员为河南科技学院：陶建中、范文秀、娄天军、郝海玲、王爱荣、侯振雨、王泽云、杨凤霞、李英、张焱；东北农业大学：徐亚琴；河南大学：李德亮；河南工业大学：李漫男；新乡市第一卫生学校：齐献敏。

全书采用全体参编人员集体讨论统稿，最后由主编、副主编审稿、修改、定稿。

在教材编写过程中，得到河南科技学院副院长王清连教授、教务处长冯启高、副处长田孟魁同志、河南科技学院化工系主任黄建华教授、河南师范大学化学系常照荣教授的关心和大力支持，在此致以衷心感谢。

由于时间仓促，作者水平有限，书中难免有不妥和疏漏之处，殷切希望同行专家、同仁和广大读者批评指正。

编　者

2005 年 6 月

# 第二版前言

本书作为高等院校非化学专业“无机及分析化学”课程的教材，适应于高等院校以及高等职业技术（师范）院校中同类专业的教学。也可供综合性大学农林、医学、轻工各类院校师生参考。

“无机及分析化学”主要由化学中的“无机化学”及“分析化学”整合而成，与物理化学、结构化学也密不可分。作为学生必修的一门基础课，主要目的是为学生学好专业基础课、专业课奠定坚实的基础。在保证严格的科学性、相对系统性、鲜明的时代性的前提下，在选材时做到管用、够用、实用，着力基础知识和基本理论，力求避免重复、脱节，舍弃不必要的推导和证明。全书计量单位采用法定计量单位。

本书第一版出版后，在河南科技学院、新科学院以及多所院校的教学实践中使用，受到广大师生的欢迎和好评。根据使用本书第一版反馈的信息和专家意见，以及学科的发展和新世纪教学改革的要求，本书编委会于2012年对书中的部分内容和数据进行了修改和矫正，使得数据更加准确，文字叙述循序渐进，由浅入深，深入浅出，通俗易懂，力求便于自学。

范文秀、娄天军、侯振雨为本书主编，陶建中、郝海玲、侯玉霞、李芸玲为副主编。

参加本书编写工作的有：河南科技学院范文秀、娄天军、侯振雨、陶建中、郝海玲、侯玉霞、李芸玲、李英、王爱荣、杨凤霞、张焱、赵宁、王天喜。

在此向关心本书的各位同仁表示感谢。

由于水平所限，本书与编者的期望尚有不少差距，书中不足之处在所难免，殷切希望同行专家、同仁和读者批评指正。

编　者

2012年4月

# 目录

## 第四章　分析化学基础知识/63



## 第五章　酸碱平衡与酸碱滴定法/80



## 第六章　沉淀溶解平衡与沉淀滴定法/108



## 第七章　配位平衡与配位滴定法/120



## 第八章　氧化还原平衡与氧化还原滴定法/144



## 第九章　物质结构基础/170

## 第十章 吸光光度分析法/203



## 第十一章 电势分析法/224



## *第十二章 现代仪器分析简介/249



## 附录/265



## 参考文献/275

# 绪　论

## 一、化学是21世纪的中心学科

化学是一门中心科学，化学与信息、生命、材料、环境、能源、地球、空间和核科学等八大朝阳科学（sun-rise sciences）有非常密切的联系，产生了许多重要的交叉学科，但化学作为中心学科的形象反而被其交叉学科的巨大成就所埋没。

1. 化学是一门承上启下的中心科学。科学可按照它的研究对象由简单到复杂的程度分为上游、中游和下游。数学、物理学是上游，化学是中游，生命、材料、环境等朝阳科学是下游。上游科学研究的对象比较简单，但研究的深度很深。下游科学的研究对象比较复杂，除了用本门科学的方法以外，如果借用上游科学的理论和方法，往往可收事半功倍之效。化学是中心科学，是从上游到下游的必经之地，永远不会像有些人估计的那样将要在物理学与生物学的夹缝中逐渐消亡。

2. 化学是一门社会迫切需要的中心科学，与我们的衣、食、住（建材、家具）、行（汽车、道路）都有非常紧密的联系。我国高分子化学家胡亚东教授最近发表文章指出：高分子化学的发展使我们的生活基本被高分子产品所包围，化学又为前述八大朝阳科学提供了必需的物质基础。

3. 化学是与信息、生命、材料、环境、能源、地球、空间和核科学等八大朝阳科学都有紧密的联系、交叉和渗透的中心科学。化学与八大朝阳科学之间产生了许多重要的交叉学科，但化学家非常谦虚，在交叉学科中放弃冠名权，例如“生物化学”被称为“分子生物学”，“生物大分子的结构化学”被称为“结构生物学”，“生物大分子的物理化学”被称为“生物物理学”，“固体化学”被称为“凝聚态物理学”，溶液理论、胶体化学被称为“软物质物理学”，量子化学被称为“原子分子物理学”等。又如人类基因计划的主要内容之一实际上是基因测序的分析化学和凝胶色层等分离化学，但社会上只知道基因学，看不到化学家在其中有什么作用，再如分子晶体管、分子芯片、分子马达、分子导线、分子计算机等都是化学家开始研究的，但开创这方面研究的化学家却不提出“化学器件学”这一新名词，而微电子学专家马上看出这些研究的发展远景，将其称之为“分子电子学”。又如化学家合成了巴基球C60，于1996年被授予诺贝尔化学奖，后来化学家又做了大量研究工作，合成了碳纳米管。但是许多由这一发明所带来的研究被人们当作应用物理学或纳米科学的贡献。

内行人知道分子生物学正是生物化学的发展，在这个交叉领域里化学家与生物学家共同奋斗，把科学推向前进，但在中学生或外行看来，“分子生物学”中“化学”一词消失了，觉得化学的领域越来越小，几乎要在生物学与物理学的夹缝中消亡。

化学作为一门中心科学已经渗透到各个领域，从水泥陶瓷、塑料橡胶、合成纤维，一直到医药、日用化妆品等都概莫能外，举几个目前研究热点的方向简单介绍一下。

精细化工：这或许是化学最贴近生活的方面之一，而且也是很多化学工作者致力的领域，我们日常的牙膏、化妆品、洗衣粉等的研发均属于这个范围，很多大型企业如高露洁、强生、联合利华、宝洁、欧莱雅、杜邦等都很愿意选择具有化学知识的同学，这个领域的人才需求量较大，每年都有不少具备化学知识的同学进入。

生物领域：21世纪是生命科学的时代，很多重大课题都是围绕生物展开的，然而生命科学的本质是化学，哈佛大学化学系教授 Whitesides 曾说："如果你想想生物学中所发生的事情，你会发现其中的许多部分非常依赖于化学的发展"。如今的生物已经从宏观深入到微观，如何了解在分子层次发生的反应成为我们深入认知生命现象的关键，因为化学研究的对象就是分子和化学反应，所以化学在其中是中坚力量，具有良好化学背景的人可以在生物领域游刃有余。

医药领域：在人们健康要求日益提高的今天，开发新的药物是化学工作者的责任，随着有机化学的高速发展，人们在合成方面的技术有质的飞跃，已能有效地使合成反应在化学选择性、区域选择性和立体选择性大大提高，这些都为新药的研究提供了机会。

材料领域：随着人们对不同材料要求的提高，功能材料的发展将会获得更多的机遇。这其中，无机、有机或无机复合有机材料，都有大显身手的机遇，尤其在制备特定用途的材料过程中，化学更将显示其强大的合成能力。

环境领域：环境问题是当今世界的一大重要课题，环境监测和控制的人才备受重视，而这其中应用的核心技术则是通过各种分析化学的手段（如色谱分离技术）了解环境问题的原因，同时提出解决方案，化学在这个领域会有更多的发展空间。

## 二、化学研究的对象及其作用

化学是在原子和分子水平上研究物质的组成、结构、性质、变化以及变化过程中的能量关系的学科。它所研究的物质不仅包括自然界已经存在的物质，也包括人类创造的新物质。

单质的分子是由相同的原子组成，化合物的分子则是由不同的原子组成。原子既然可以结合成分子，原子之间必然存在着相互作用，这种相互作用不仅存在于直接相邻的原子之间，而且也存在于分子内的非直接相邻的原子之间。前一种相互作用比较强烈，破坏它要消耗比较大的能量，是使原子互相作用而联结成分子的主要因素。这种相邻的两个或多个原子之间强烈的相互作用，通常叫作化学键。

无论是单质还是化合物都不是静止不动的，而是处于不断的运动之中。这种运动不仅包含其内部原子、分子的运动，也包含其在外界条件的作用下，自身结构和性质的变化。按物质变化的特点可将变化分为两种类型，一类变化不产生新物质，仅是物质的状态发生改变，如水的结冰、碘的升华等，这类变化称为物理变化；另一类变化为化学变化，它使物质的组成和结合方式发生改变，导致与原物质性质完全不同的新物质的生成，如钢铁生锈、煤炭燃烧、食物腐败等。

化学研究的主要内容是物质的化学变化。其基本特征如下：

(1) 化学变化是物质内部结构发生质变的变化，化学变化的实质是旧的化学键断裂和新的化学键形成，产生新物质，涉及原子结构和分子结构等知识。

(2) 化学变化是定量的变化，即化学变化前后物质的总质量不变，服从质量守恒定律，参与化学反应的各种物质之间有确定的计量关系，为被测组分的定量分析奠定了基础。

(3) 化学变化中伴随着能量的变化。在化学键重新组合的过程中，伴随着能量的吸收和放出，涉及化学热力学的基本理论。

化学按其研究对象和研究目的的不同，常分为无机化学、有机化学、分析化学、物理化学、结构化学等分支学科。随着科学技术的进步和生产力的发展，学科之间的相互渗透日益增强，化学已经渗透到农业、生物学、药学、环境科学、计算机科学、工程学、地质学、物理学、冶金学等很多领域，形成了许多应用化学的新分支和边缘学科，如农业化学、生物化学、医药化学、环境化学、地球化学、海洋化学、材料化学、计算化学、核化学、激光化学、高分子化学等。不难看出，化学在各学科的发展中处于中心的地位，化学学科的发展直接影响着上述学科的发展。因此，化学科学的发展，不仅与人类生存的衣、食、住、行有关，而且也和人类发展所遇到的能源、材料、信息、环保、医药卫生、资源合理利用、国防等密切相关。如性能优良的人造纤维和化学染料的使用，使人们的衣着五彩缤纷；各种化肥、农药、土壤改良剂、植物生长调节剂、饲料添加剂、食品保鲜剂等化学制剂的研制、开发和生产，解决了人们赖以生存的粮食问题；钢铁、水泥、玻璃、陶瓷、油漆、涂料和高分子材料的使用，使人们的住、行条件得到了较大的改善；石油工业的发展使机械和交通工具的正常运行得到了保障；各种医药制品、化验试剂和检测手段的研制开发，为环境保护、疾病诊断、人类健康提供了可靠保证；高能燃料、高强度的外壳和耐高温材料，使卫星、飞船、航天飞机能够翱翔蓝天；各种自然资源的成分检测、各种产品的质量检验均离不开化学科学。因此，化学在人类发展进步和生存条件改善中起着非常重要的作用。

## 三、无机及分析化学课程的性质和任务

在化学的各门分支学科中，无机化学是研究所有元素的单质和化合物（碳氢化合物及其衍生物除外）的组成、结构、性质和反应规律的学科；分析化学是研究物质组成成分及其含量的测定原理、测定方法和操作技术的学科。无机及分析化学课程是对无机化学（或普通化学）和分析化学两门课程的基本理论、基本知识进行优化组合、有机整合而成的一门新课程，而不是化学学科发展的一门分支学科。

高等学校的食品科学类、动物养殖类、植物生产类、生物技术类、水产类、化工与制药类、环境生态类、动物医学类、医学卫生类、材料科学类等相关专业的课程均与化学有着不可分割的联系。如生物化学课程要求掌握生物体的化学组成和性质，以及这些物质在生命中的化学变化和能量转换，这就需要化学反应的基本原理作为基础；生理学课程要求掌握生物体的新陈代谢作用，生物体内的酸碱平衡以及各种代谢平衡，这些平衡都是以化学平衡理论为基础的；土壤学要求掌握土壤的组成、性质和改良方法等内容，这就需要掌握元素的性质和化学反应的基本原理；又如食品科学类专业的食品分析课程，环境生态类专业的环境分析课程，动物养殖类专业的饲料分析课程，材料科学类专业的材料分析检测技术课程，法医学专业的法医毒物分析课程等，这些课程的学习都需要分析化学的基础理论和基本方法。因此，无机及分析化学是高等学校材料类、环境类、农林类、化工与制药类、生物类和医学类等专业一门重要的必修基础课。

无机及分析化学课程的主要任务是：通过本课程学习，掌握与农林科学、生物科学、环境科学、材料科学、食品科学、化工与制药等有关的化学基础理论、基本知识与技能；在学习分散系的基础知识上，重点掌握溶液量度的方法，化学反应的基本原理，四大化学平衡理论，滴定分析的基本理论与方法，建立准确的“量”的概念；了解这些理论、知识和技能在专业中的应用，为学生参与和掌握资源综合利用、能源工程、化工工程、制药工程、土壤普查、农作物营养诊断、生态农业、配方施肥、优良品种选育、化肥与农药的检验及残留量检测、农副产品质量检验及深加工、水质分析、环境保护和污染综合治理、

动植物检疫、食品新资源的开发、动物营养及饲料添加剂生产等问题的研究提供牢固的化学基础，培养学生分析问题和解决实际问题的能力，为后继课程的进一步学习奠定良好的理论和实验基础。

## 四、无机及分析化学的学习方法

无机及分析化学课程包含了无机化学和分析化学两个分支的基础内容，科学、系统、简明地阐述无机化学和分析化学的基本概念、基本理论和应用性知识。无机化学部分主要介绍化学基础理论和溶液中的离子反应，分析化学部分主要介绍定量分析的基本理论及误差和分析数据的处理等。

无机及分析化学课程是高等农林院校各相应专业一年级开设的第一门化学基础课。许多后续课程，如有机化学、物理化学、仪器分析、环境化学、环境监测、生物化学、土壤学、植物化学、食品化学和林产品加工分析等都要用到本课程的原理和方法。那么，如何学好这门课程呢？

1. 学会思考。在遇到某一问题时，首先注意问题是怎样提出的，用什么办法解决？借助那些理论或实验？该问题具有什么实际意义？

2. 掌握重点，突破难点。明确各章教学的基本要求，根据“掌握”“理解”“了解”等不同层次，以及老师讲解上是否反复强调或多次重复的问题，分清轻重主次，合理安排学习或复习的时间。凡属重点一定要学懂学通，融会贯通；对难点要做具体分析，有的难点亦是重点，有的难点并非重点。

3. 学习中注意让“点的记忆”汇成“线的记忆”。对课程的基本理论、基本知识要反复理解与应用，在理解中进行记忆，通过归纳，寻找联系，由“点的记忆”汇成“线的记忆”。对于课堂上以及教材上的例题，侧重理解解题的思路与方法，努力做到举一反三。

4. 重视课堂教学。大学教学课堂内容多，信息量大，要求学生提高自学能力，认真听讲，做好课堂笔记，掌握基本概念和基本理论。学习中充分发挥主动性，既要独立思考，又要加强互相讨论，包括同学之间、师生之间的讨论。

5. 重视无机及分析化学实验。化学是实验科学，理论来源于实践，又服务于实践，无机及分析化学实验是理解和巩固理论知识的重要手段。所以，在学习中应该掌握实验基本操作技能，培养实事求是的科学态度、耐心细致的工作作风。要特别注意善于发现问题，努力培养自己分析问题、解决问题的能力。

6. 着重培养自学能力，初步学会如何获取信息与知识。学会充分利用图书馆、资料室以及校园网，通过适当参阅有关参考书或参考资料，帮助自己更深刻地理解并掌握所学的知识。网络技术的发展为学生的发散性思维、创造性思维的发展和创新提供平台。互联网是最大的知识库、资源库。网上有大量的精品资源共享课程和 MOOC 课程，这些优质资源可以充分共享利用。

7. 了解一些化学史。化学在其形成、发展过程中，有无数前辈为此付出了辛勤的劳动，做出了巨大的贡献，他们成功的经验与失败的教训值得我们借鉴。

学习无机及分析化学，不仅要求学生掌握化学基本知识，更重要的是培养学生对物质世界的正确认识，为后续课程打下基础；培养学生严谨的科学态度和实事求是的作风，初步掌握科学研究的技能，初步具备科学研究的素质。正如化学家戴安帮院士所说：“化学人才的智力因素是由动手、观察、查阅、记忆、思维、想象和表达七种能力所组成。”化学能力乃至科学素养的提高需要从课堂到实验室，从理论到实践，多方面培养和锻炼。

## 知识阅读

### 从网上查出所需的化学数据

化学发展至今，积累了大量物理化学参数和各种化合物结构数据。目前，在Internet上的化学数据库按照承载化学信息的内容可以划分为化学文献资料数据库、化学结构信息库、物理化学参数数据库和其他包括机构、科学家数据及化工产品和来源数据库等。

在众多的数据库中有些是非常规范的具有专业水准的数据库，如美国国家标准与技术研究所（national institute of standards and technology，NIST）的物性数据库：http://webbook.nist.gov/chemistry/，输入上述网址，我们可以看到search options（检索途径）：有name（名字）、formula（分子式）、molecular weight（分子量）等。点击其中的任一种方式，按照要求输入具体物质（如查苯可输入benzene、$C_6H_6$或78.11）、确定热力学单位（select the desired units for thermodynamic data）和需要查的数据类型［select the desired type(s) of data］以后，点击search即可给出gas phase thermochemistry data（气相热化学数据）、condensed phase thermochemistry data（凝聚相热化学数据）、phase change data（相变数据）、reaction thermochemistry data（反应热化学数据）等一系列的数据。如果输入分子式或分子量，会给出相应的很多同分异构体，在此基础上进一步选取你要查的物质再点击它，就能给出相应的检索数据。

Cambridgesoft公司的网站chemfinder也有大量的化学数据库：http//chemfinder.camsoft.com。输入name（名字）、formula（分子式）、molecular weight（分子量）等，可查到熔点（melting point）、沸点（boiling point）、密度（density）、折射率（refractive index）、闪点（flash point）、蒸气压（vapor pressure）、蒸气密度（vapor density）、水溶液（water solubility）等物理化学数据。

# 第一章 溶液和胶体

■【知识目标】

1. 理解分散系、溶液和胶体的基本概念。
2. 掌握溶液组成的表示方法以及它们之间的换算关系。
3. 掌握稀溶液的依数性。
4. 掌握胶团的结构、胶体的性质、稳定性和聚沉作用。

■【能力目标】

1. 掌握浓度、质量摩尔浓度、摩尔分数和质量分数的有关计算。
2. 掌握溶液的配制方法。
3. 掌握物质的量的有关计算。
4. 能够运用稀溶液的依数性解决实际问题。

## 第一节 溶 液

### 一、分散系

**1. 分散系的概念**

一种或几种物质分散在另一种物质中所形成的体系叫做分散体系，简称分散系。例如糖分散在水中形成糖溶液，黏土分散在水中形成泥浆，水滴分散在空气中形成云雾，奶油、蛋白质和乳糖分散在水中形成牛奶等。分散系中被分散的物质称为分散质，又叫分散相；起分散作用的物质称为分散剂，又叫分散介质。在上述例子中，糖、黏土、水滴、奶油、蛋白质、乳糖等是分散质，水、空气则是分散剂。分散质和分散剂的聚集状态不同，或分散质粒子的大小不同，其分散系的性质也不同。

**2. 分散系的分类**

分散系的分类方法有两种，一种是按照分散质和分散剂的聚集状态不同，将分散系分为9种，见表1-1；另一种是按照分散质颗粒的大小不同，将分散系分为3类，见表1-2。

**表1-1 分散系按分散质和分散剂聚集状态分类表**

| 分散质 | 分散剂 | 实 例 | 分散质 | 分散剂 | 实 例 |
|---|---|---|---|---|---|
| 固 | 固 | 矿石、合金、有色玻璃 | 气 | 液 | 汽水、泡沫 |
| 液 | 固 | 珍珠、硅胶 | 固 | 气 | 烟、灰尘 |
| 气 | 固 | 泡沫塑料、海绵 | 液 | 气 | 云、雾 |
| 固 | 液 | 糖水、泥浆 | 气 | 气 | 天然气、空气 |
| 液 | 液 | 牛奶、石油、酒精 | | | |

**表 1-2　分散系按分散质颗粒大小分类表**

| 分散系类型 | 分散质粒子直径/nm | 分散系名称 | 主要特征 | |
|---|---|---|---|---|
| 低分子或离子分散系 | ＜1(为小分子、离子或原子) | 真溶液(如食盐水) | 均相,稳定,扩散快,颗粒能透过半透膜 | 单相体系 |
| 胶体分散系 | 1～100(为大分子或分子的小聚集体) | 高分子溶液(如血液) | 均相,稳定,扩散慢,颗粒不能透过半透膜,黏度大 | |
| | | 溶胶(如 AgI 溶胶) | 多相,较稳定,扩散慢,颗粒不能透过半透膜,对光散射强 | 多相体系 |
| 粗分散系 | ＞100(为分子的大聚集体) | 乳浊液(如牛奶)<br>悬浊液(如泥浆) | 多相,不稳定,扩散慢,颗粒不能透过滤纸及半透膜 | |

上述两种分类方法各有其特点，本教材采用表 1-2 的分类方法学习溶液和胶体的有关知识。

在一个体系（研究的对象）中，物理性质和化学性质完全相同并且组成均匀的部分称为相。例如一瓶气体（不论有几种气体），各部分的性质完全相同且组成均匀一致，称为气相；一种液体，各部分的性质相同并且组成均匀一致，称之为液相。如果体系中只有一相，该体系叫做单相体系。含有两相或两相以上的体系则称为多相体系。

## 二、溶液组成的量度

由两种或两种以上不同物质组成的均匀、稳定的分散体系，称为溶液。通常所说的溶液为液态。若不特别指明，溶液则为水溶液。

溶液组成的量度可用一定量溶液或溶剂中所含溶质的量来表示。由于溶液、溶剂和溶质的量可用物质的量、质量、体积等方式表示，所以溶液组成的量度可用多种方式表示，如物质的量浓度、质量摩尔浓度、摩尔分数和质量分数等。

**1. 物质的量及摩尔质量**

（1）物质的量及其单位　物质的量是国际单位制 SI 规定的一个基本物理量，它是用来表示体系中基本单元数目多少的一个物理量，用符号“$n$”表示，其单位为摩尔（简称摩），符号 mol。

根据 1971 年第十四届国际计量大会的决议，摩尔的定义有两点：

① 摩尔是一物系的物质的量，该物系中所包含的基本单元数与 0.012kg 碳-12 的原子数目相等。

② 在使用摩尔时必须指明基本单元，基本单元可以是分子、原子、离子或其他粒子，或是它们的特定组合。

摩尔定义的第一条表明，摩尔既不是质量的单位，也不是数目的单位，而是物质的量的单位。只要物系中所包含基本单元的数目与 0.012kg 碳-12 的原子数目相等，则该物系的物质的量就是 1mol。由于 0.012kg 碳-12 所含的碳原子数目约为 $6.02\times10^{23}$ 个（称为阿伏加德罗常数），所以 1mol 任何物质所包含的基本单元数目约是 $6.02\times10^{23}$ 个。

摩尔定义的第二条明确规定，使用摩尔时，必须指明物质的基本单元，最常用的基本单元是分子、原子、离子或用化学式表示的这些粒子的特定组合。如 $H_2$、H、NaOH、$H_2SO_4$、$\frac{1}{2}H_2SO_4$、$\frac{1}{5}KMnO_4$、$SO_4^{2-}$ 和 $(H_2+\frac{1}{2}O_2)$ 等。基本单元的选择是任意的，它既可以是实际存在的，也可以根据需要而人为设定。

（2）摩尔质量　摩尔质量被定义为某物质的质量除以该物质的物质的量：

$$M_B=\frac{m_B}{n_B} \tag{1-1}$$

式中　$M_B$——B 物系的摩尔质量，$kg \cdot mol^{-1}$（或 $g \cdot mol^{-1}$）；

$m_B$——B 物系的质量，kg 或 g；

$n_B$——B 物系的物质的量，mol。

任何基本单元的摩尔质量，当单位为 $g \cdot mol^{-1}$ 时，其数值等于原子量或分子量。例如 $H_2$ 的分子量等于 2，则 $M(H_2)=2g \cdot mol^{-1}$。

由于摩尔质量是与物质的量有关的量，所以在使用摩尔质量时必须指明基本单元。例如：$M(H_2SO_4)=98.08g \cdot mol^{-1}$；$M\left(\frac{1}{2}H_2SO_4\right)=49.04g \cdot mol^{-1}$；$M\left(\frac{1}{5}KMnO_4\right)=31.61g \cdot mol^{-1}$，相同质量的某物质，如 $KMnO_4$，当选择 $KMnO_4$、$\frac{1}{5}KMnO_4$、$5KMnO_4$ 等不同的基本单元时，由于摩尔质量不同，则物质的量也不相同且有如下关系：

$$n(KMnO_4)=\frac{1}{5}n\left(\frac{1}{5}KMnO_4\right)=5n(5KMnO_4)$$

写成通式：

$$n(B)=an(aB)$$

**2. 溶液组成的量度**

（1）物质的量浓度　溶质 B 的物质的量浓度用符号“$c(B)$”表示，其定义为：溶液中溶质 B 的物质的量除以溶液的体积。即

$$c(B)=\frac{n_B}{V} \tag{1-2}$$

式中　B——溶质的基本单元；

$n_B$——溶液中溶质 B 的物质的量；

$V$——溶液的体积；

$c(B)$——SI 单位为 $mol \cdot m^{-3}$，常用单位为 $mol \cdot L^{-1}$ 或 $mol \cdot dm^{-3}$。

由于 $c(B)$ 是 $n_B$ 的导出量，故选择的基本单元不同，物质的量浓度的数值也不相同。因此，在使用 $c(B)$ 时也应指明基本单元。例如：1L 溶液中含有 9.808g 硫酸，则 $n(H_2SO_4)=0.1000mol$，$c(H_2SO_4)=0.1000mol \cdot L^{-1}$；$n\left(\frac{1}{2}H_2SO_4\right)=0.2000mol$，$c\left(\frac{1}{2}H_2SO_4\right)=0.2000mol \cdot L^{-1}$。

这里需要指出的是，若不特别指明，浓度指的就是物质的量浓度。

**【例 1】** 将 36g 的 HCl 溶于 64g 水中，配成溶液，所得溶液的密度为 $1.19g \cdot mL^{-1}$，求 $c(HCl)$ 为多少？

**解：** 已知　$m(HCl)=36g$，$m(H_2O)=64g$，$\rho=1.19g \cdot mL^{-1}$，

$M(HCl)=36.46\ g \cdot mol^{-1}$。

1L 溶液中 HCl 的质量为：

$$m(HCl)=1.19\times1000\times\frac{36}{36+64}=428(g)$$

因为　$n_B=\frac{m_B}{M_B}$　　$c(B)=\frac{n_B}{V}$

则　$c(B)=\frac{m_B}{M_B \cdot V}$

$$c(HCl)=\frac{m(HCl)}{M(HCl)\cdot V}=\frac{428}{36.46\times 1.0}=11.7(mol\cdot L^{-1})$$

**【例 2】** 用分析天平称取 1.2346g $K_2Cr_2O_7$，溶解后转移至 100.0mL 容量瓶中定容，试计算 $c(K_2Cr_2O_7)$ 和 $c\left(\frac{1}{6}K_2Cr_2O_7\right)$。

**解：** 已知 $m(K_2Cr_2O_7)=1.2346g$ $M(K_2Cr_2O_7)=294.19g\cdot mol^{-1}$

$$M\left(\frac{1}{6}K_2Cr_2O_7\right)=\frac{1}{6}\times 294.19=49.03(g\cdot mol^{-1})$$

$$c(K_2Cr_2O_7)=\frac{m(K_2Cr_2O_7)}{M(K_2Cr_2O_7)\cdot V}=\frac{1.2346}{294.19\times 100.0\times 10^{-3}}=0.04197(mol\cdot L^{-1})$$

$$c\left(\frac{1}{6}K_2Cr_2O_7\right)=\frac{m(K_2Cr_2O_7)}{M\left(\frac{1}{6}K_2Cr_2O_7\right)\cdot V}=\frac{1.2346}{49.03\times 100.0\times 10^{-3}}=0.2518(mol\cdot L^{-1})$$

（2）质量摩尔浓度　质量摩尔浓度的定义为：

$$b(B)=\frac{n_B}{m_A} \tag{1-3}$$

式中，$n_B$ 表示溶质 B 的物质的量，单位为 mol；$m_A$ 表示溶剂的质量，常用单位为 kg；$b(B)$ 表示溶质 B 的质量摩尔浓度其单位由 $n_B$、$m_A$ 决定，常用单位为 $mol\cdot kg^{-1}$。

由于质量摩尔浓度与体积无关，所以其数值不受温度变化的影响。对于较稀的水溶液来说，质量摩尔浓度近似地等于其物质的量浓度。由于液体溶剂的质量不易称量，实验室常用物质的量浓度，但在稀溶液依数性的研究中采用质量摩尔浓度。

（3）物质的量分数　若溶液是由溶剂 A 和溶质 B 两组分组成，则溶剂 A 的物质的量分数 $x_A$，溶质 B 的物质的量分数 $x_B$ 的定义分别为：

$$x_A=\frac{n_A}{n_B+n_A} \tag{1-4}$$

$$x_B=\frac{n_B}{n_B+n_A} \tag{1-5}$$

显然，$x_A+x_B=1$。

对于多组分体系来说，则有 $\sum x_i=1$，即溶液中各组分的物质的量分数之和等于 1。在使用物质的量分数时必须指明基本单元。

（4）质量分数　溶液中，某组分 B 的质量 $m_B$ 与溶液总质量 $m$ 之比，称为组分 B 的质量分数，用符号“$w_B$”表示，定义式为：

$$w_B=\frac{m_B}{m} \tag{1-6}$$

质量分数习惯上用百分含量来表示。如氯化钠水溶液的质量分数为 0.1 时，可写成 $w(NaCl)=10\%$。

**【例 3】** 将 2.500g NaCl 溶于 497.50g 水中，配制成 NaCl 溶液，所得溶液的密度为 $1.002g\cdot mL^{-1}$。求氯化钠的物质的量浓度、质量摩尔浓度、物质的量分数和质量分数各是多少？

**解：** 根据题意可得：

$$n(NaCl)=\frac{m(NaCl)}{M(NaCl)}=\frac{2.500}{58.44}=0.04278(mol)$$

$$n(H_2O)=\frac{m(H_2O)}{M(H_2O)}=\frac{497.50}{18.02}=27.61(mol)$$

溶液的体积

$$V=\frac{2.500+497.50}{1.002}=499.0(mL)=0.4990(L)$$

$$c(NaCl)=\frac{n(NaCl)}{V}=\frac{0.04278}{0.4990}=0.08573(mol\cdot L^{-1})$$

$$b(NaCl)=\frac{n(NaCl)}{m}=\frac{0.04278}{0.4975}=0.08599(mol\cdot kg^{-1})$$

$$x(NaCl)=\frac{n(NaCl)}{n(H_2O)+n(NaCl)}=\frac{0.04278}{27.61+0.04278}=1.547\times10^{-3}$$

$$w(NaCl)=\frac{m(NaCl)}{m}=\frac{2.500}{2.500+497.50}=0.005=0.5\%$$

**3. 溶液的配制**

(1) 由固体试剂配制溶液　由固体试剂配制溶液时，往往需要先计算固体试剂的质量，然后再进行称量。

**【例 4】** 配制 $0.20mol\cdot L^{-1} CuSO_4$ 溶液 250mL，问需 $CuSO_4\cdot 5H_2O$ 多少克？

**解：** 由　$n_B=\frac{m_B}{M_B}$，$c(B)=\frac{n_B}{V}$，$c(B)=\frac{m_B}{M_B\cdot V}$得

$$m(CuSO_4\cdot 5H_2O)=c(CuSO_4)M(CuSO_4 5H_2O)V$$
$$=0.20\times249.7\times250\times10^{-3}=12.4(g)$$

即配制 $0.20mol\cdot L^{-1}$ $CuSO_4$ 溶液 250mL，需 12.4g $CuSO_4\cdot 5H_2O$。

许多固体溶质常含有结晶水，计算所配溶液浓度时，有时要考虑结晶水的影响。

(2) 由液体试剂配制溶液　由液体试剂配制溶液其计算原理和溶液的稀释一样，稀释前后溶质的总量不变。即：

$$c_{浓}V_{浓}=c_{稀}V_{稀} \tag{1-7}$$

式中，$c_{浓}$ 为稀释前溶液的浓度；$V_{浓}$ 为稀释前溶液的体积；$c_{稀}$ 为稀释后溶液的浓度；$V_{稀}$ 为稀释后溶液的体积。

**【例 5】** 已知浓 $H_2SO_4$ 的密度为 $1.84g\cdot mL^{-1}$，含 $H_2SO_4$ 96.0%，试计算$c\left(\frac{1}{2}H_2SO_4\right)$、$c(H_2SO_4)$ 分别是多少。实验室需用 $2.0mol\cdot L^{-1} H_2SO_4$ 450mL，需要浓 $H_2SO_4$ 多少毫升加入水中稀释？

**解：** 根据题意可知：

$$\rho=1.84g\cdot mL^{-1}=1840(g\cdot L^{-1})$$

$$w=0.960\quad M\left(\frac{1}{2}H_2SO_4\right)=49.0(g\cdot mol^{-1})$$

$$c\left(\frac{1}{2}H_2SO_4\right)=\frac{\rho\cdot w_B}{M\left(\frac{1}{2}H_2SO_4\right)}=\frac{1840\times0.960}{49.0}=36.0(mol\cdot L^{-1})$$

则 $c(H_2SO_4)=\frac{1}{2}c\left(\frac{1}{2}H_2SO_4\right)=18.0(mol\cdot L^{-1})$

根据稀释公式

$$c_{浓}V_{浓}=c_{稀}V_{稀}$$

$$18.0V_{浓}=2.0\times450$$

$$V_{浓}=50(\mathrm{mL})$$

即应取该浓 $H_2SO_4$ 50mL 加入水中稀释。

# 第二节　稀溶液的依数性

溶液的性质一般可分为两类：一类性质由溶质的本性决定，如溶液的颜色、密度、酸碱性、导电性等，这些性质因溶质不同各不相同；另一类性质则与溶质的本性无关，只与一定量溶剂中所含溶质的粒子数目有关，如不同种类的难挥发非电解质，如葡萄糖、甘油等配成相同浓度的稀溶液，溶液的蒸气压下降、沸点上升、凝固点下降、渗透压等都相同，所以称为溶液的依数性。

## 一、蒸气压下降

### 1. 纯溶剂的蒸气压

物质分子在不停地运动着。在一定温度下，如果将纯水置于密闭的真空容器中，一方面，水中一部分能量较高的水分子因克服其他水分子对它的吸引而逸出，成为水蒸气分子，这个过程叫蒸发。另一方面，由于水蒸气分子不停地运动，部分水蒸气分子碰到液面又可能被吸引重新回到水中，这个过程叫做凝聚。开始时，因空间没有水蒸气分子，蒸发速率较快，随着蒸发的进行，液面上方的水蒸气分子逐渐增多，凝聚速率随之加快。一定时间后，当水蒸发的速率和水凝聚的速率相等时，水和它的水蒸气处于一种动态平衡状态，即在单位时间内，由水面蒸发的分子数和由气相返回水面的分子数相等。此时的水蒸气称为水的饱和蒸气，水的饱和蒸气所产生的压力称为水的饱和蒸气压，简称水的蒸气压。不同温度下水的饱和蒸气压见表 1-3。各种纯液体物质在一定温度下，都具有一定的饱和蒸气压。蒸气压的单位为 Pa 或 kPa。

**表 1-3　不同温度下水的饱和蒸气压**

| 温度/℃ | 饱和蒸气压/kPa | 温度/℃ | 饱和蒸气压/kPa | 温度/℃ | 饱和蒸气压/kPa |
|---|---|---|---|---|---|
| 0 | 0.6105 | 35 | 5.6230 | 70 | 31.1600 |
| 5 | 0.8723 | 40 | 7.3760 | 75 | 38.5400 |
| 10 | 1.2280 | 45 | 9.5832 | 80 | 47.3400 |
| 15 | 1.7050 | 50 | 12.3300 | 85 | 57.8100 |
| 20 | 2.3380 | 55 | 15.7400 | 90 | 70.1000 |
| 25 | 3.1670 | 60 | 19.9200 | 95 | 84.5100 |
| 30 | 4.2430 | 65 | 25.0000 | 100 | 101.3250 |

### 2. 蒸气压下降

在一定温度下，如果在纯溶剂（水）中加入少量难挥发非电解质，如葡萄糖、甘油等，发现在该温度下，稀溶液的蒸气压总是低于纯溶剂（水）的蒸气压，这种现象称为溶液的蒸气压下降。溶液的蒸气压下降等于纯溶剂的蒸气压与溶液的蒸气压之差。

$$\Delta p=p^{*}-p \tag{1-8}$$

式中　$\Delta p$——溶液的蒸气压下降值；

$p^{*}$——纯溶剂的蒸气压；

$p$——溶液的蒸气压，实际上是溶液中溶剂的蒸气压。

稀溶液蒸气压下降的原因是由于在溶剂中加入难挥发非电解质后，每个溶质分子与若干个溶剂分子相结合，形成了溶剂化分子，溶剂化分子一方面束缚了一些能量较高的溶剂分子，另一方面又占据了溶液的一部分表面，结果使得在单位时间内逸出液面的溶剂分子相应地减少，达到平衡状态时，溶液的蒸气压必定比纯溶剂的蒸气压低，显然溶液浓度越大，蒸气压下降得越多。

**3. 拉乌尔定律**

1887 年，法国物理学家拉乌尔（F. M. Raoult）研究了溶质对纯溶剂蒸气压的影响，提出下列观点：在一定温度下，难挥发非电解质稀溶液的蒸气压，等于纯溶剂的蒸气压乘以溶剂在溶液中的物质的量分数，这种定量关系称为拉乌尔定律。其数学表达式为：

$$p=p^{*}x_{A} \tag{1-9}$$

式中 $p$——溶液的蒸气压；

$p^{*}$——纯溶剂的蒸气压；

$x_{A}$——溶剂在溶液中的物质的量分数。

若用 $x_{B}$ 表示难挥发非电解质的物质的量分数，则 $x_{A}+x_{B}=1$，所以，

$$p=p^{*}x_{A}=p^{*}(1-x_{B})=p^{*}-p^{*}x_{B}$$

$$p^{*}-p=p^{*}x_{B}$$

若用 $\Delta p$ 表示溶液的蒸气压下降值，则

$$\Delta p=p^{*}-p=p^{*}x_{B} \tag{1-10}$$

式（1-10）表明：在一定温度下，难挥发非电解质稀溶液的蒸气压下降（$\Delta p$），与溶质的物质的量分数（$x_{B}$）成正比。这一结论可作为拉乌尔定律的另一表述。

因为 $x_{B}=\dfrac{n_{B}}{n_{A}+n_{B}}$ 当溶液很稀时，$n_{A}\gg n_{B}$ 则 $x_{B}\approx\dfrac{n_{B}}{n_{A}}$

所以
$$\Delta p=p^{*}x_{B}\approx p^{*}\frac{n_{B}}{n_{A}}$$

因为
$$n_{A}=\frac{m_{A}}{M_{A}}$$

则
$$\Delta p=p^{*}\frac{n_{B}}{m_{A}}M_{A}=p^{*}b(\mathrm{B})M_{A}$$

在一定温度下，$p^{*}$ 和 $M_{A}$ 为一常数，用 $K$ 表示，则

$$\Delta p=Kb(\mathrm{B}) \tag{1-11}$$

因此，拉乌尔定律又可表述为：在一定的温度下，难挥发非电解质稀溶液的蒸气压下降，近似地与溶质的质量摩尔浓度成正比，而与溶质的种类无关。

## 二、溶液的沸点上升

某纯液体的蒸气压等于外界压力时，就产生沸腾现象（液体的表面和内部同时进行汽化的过程称为沸腾），此时的温度称为沸点。因此，沸点与压力有关。液体的蒸气压等于外界大气压时的温度，便是该液体的正常沸点。如水的正常沸点是 373.15K（100℃），此时水的饱和蒸气压等于外界大气压 101.325kPa。

图 1-1 是水、冰和溶液的蒸气压曲线。可以看出，溶液的蒸气压在任何温度下都小于水的蒸气压。在 373.15K 时，即 $T_{b}^{*}$（水的正常沸点）处，水的蒸气压正好等于外压 $1.01325\times10^{5}$ Pa，水可以沸腾，而此时溶液的蒸气压小于 $1.01325\times10^{5}$ Pa，溶液不能沸腾。要使溶液

的蒸气压达到此值，就必须继续加热到 $T_b$（溶液的沸点）。由于 $T_b > T_b^*$，所以溶液的沸点总是高于纯溶剂的沸点，这种现象称为溶液的沸点上升。若用 $\Delta T_b$ 表示溶液的沸点上升值，则

$$\Delta T_b = T_b - T_b^* \qquad (1\text{-}12)$$

由于溶液沸点上升的根本原因是溶液的蒸气压下降，所以，溶液浓度越高，其蒸气压越低，沸点上升越高。溶液的沸点上升 $\Delta T_b$ 也与溶质的质量摩尔浓度 $b(B)$ 成正比。其数学表达式为：

$$\Delta T_b = K_b \cdot b(B) \qquad (1\text{-}13)$$

式中 $\Delta T_b$——溶液的沸点上升值，K 或℃；

$K_b$——指定溶剂的质量摩尔浓度沸点上升常数，$K \cdot kg \cdot mol^{-1}$ 或℃ $\cdot kg \cdot mol^{-1}$。

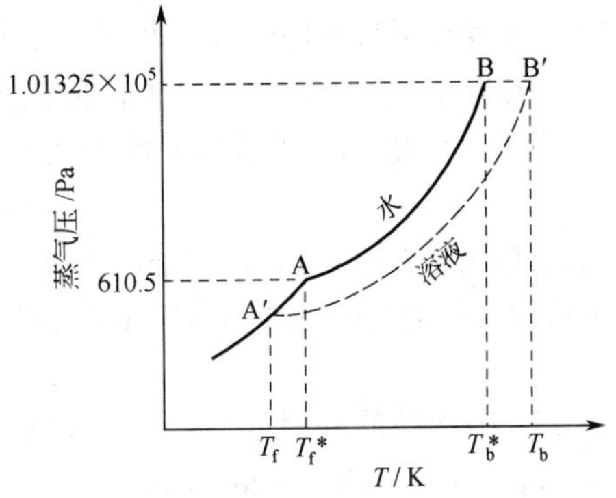


图 1-1 水、冰和溶液的蒸气压曲线
AB—纯水的蒸气压曲线；A′B′—稀溶液的蒸气压曲线；AA′—冰的蒸气压曲线

$K_b$ 的大小只与溶剂的性质有关，而与溶质无关。不同的溶剂有不同的 $K_b$ 值，一些常见溶剂的 $K_b$ 值列于表 1-4 中。根据式(1-13) 既可以计算溶液的沸点，也可以测定难挥发非电解质的摩尔质量。

**表 1-4 一些常见溶剂的 $K_b$ 和 $K_f$ 值**

| 溶剂 | $T_b^*$/K | $K_b$/(K·kg·mol$^{-1}$) | $T_f^*$/K | $K_f$/(K·kg·mol$^{-1}$) |
|---|---|---|---|---|
| 水 | 373.15 | 0.512 | 273.15 | 1.86 |
| 苯 | 353.25 | 2.53 | 278.65 | 5.12 |
| 酚 | 454.35 | 3.60 | 313.15 | 7.27 |
| 醋酸 | 391.15 | 2.93 | 290.15 | 3.90 |
| 环己烷 | 354.15 | 2.79 | 279.65 | 20.20 |
| 樟脑 | 481.15 | 5.95 | 351.15 | 40.00 |
| 氯仿 | 334.41 | 3.63 | 209.65 | 4.68 |

**【例 6】** 在 200g 水中溶解 10g 葡萄糖（$C_6H_{12}O_6$），求该溶液在压力为 101.3kPa 时的沸点。已知 $M(C_6H_{12}O_6) = 180g \cdot mol^{-1}$。

**解**：由表 1-4 可知，水的 $K_b = 0.512K \cdot kg \cdot mol^{-1}$

$$b(C_6H_{12}O_6) = \frac{10 \times 1000}{180 \times 200} = 0.278(mol \cdot kg^{-1})$$

$$\Delta T_b = 0.512 \times 0.278 = 0.14(K)$$

$$T_b = T_b^* + \Delta T_b = 373.15 + 0.14 = 373.29(K)$$

## 三、溶液的凝固点下降

物质的凝固点是在一定外压下，该物质的固相蒸气压与液相蒸气压相等时的温度。溶液的凝固点实际上就是溶液中溶剂的蒸气压与纯固体溶剂的蒸气压相等时的温度。

从图 1-1 可知，A 点是水的凝固点，其对应的温度为 $T_f^*$（273.15K），此时水的蒸气压与冰的蒸气压相等，都等于 610.5Pa，固液两相达成平衡，水和冰共存。而 273.15K（0℃）时溶液的蒸气压小于 610.5Pa，即小于 273.15K（0℃）时冰的蒸气压，此时溶液和冰不能共存。若两者接触则冰将熔化，所以 273.15K（0℃）不是溶液的冰点。从图中曲线可以看

出，冰、水和溶液的蒸气压虽然都是随温度的下降而减少，但冰减小的幅度大，在交点 A′处，溶液的蒸气压与冰的蒸气压相等，冰和溶液达成平衡。交点对应的温度 $T_f$ 就是溶液的凝固点。因为 $T_f < T_f^*$，所以溶液的凝固点总是低于纯溶剂的凝固点，这种现象称为溶液的凝固点下降。若用 $\Delta T_f$ 表示溶液的凝固点下降值，则

$$\Delta T_f = T_f^* - T_f$$

与溶液的沸点上升一样，溶液的凝固点下降也是由溶液的蒸气压下降引起的，所以难挥发非电解质稀溶液的凝固点下降 $\Delta T_f$ 也与溶质的质量摩尔浓度 $b(B)$ 成正比。其数学表达式为：

$$\Delta T_f = K_f b(B) \tag{1-14}$$

式中，$\Delta T_f$ 为溶液的凝固点下降值，K 或℃；$K_f$ 为指定溶剂的质量摩尔浓度凝固点下降常数，$K \cdot kg \cdot mol^{-1}$ 或 $℃ \cdot kg \cdot mol^{-1}$。

同 $K_b$ 一样，$K_f$ 也只与溶剂的性质有关，而与溶质的性质无关。一些常见溶剂的 $K_f$ 值也列于表 1-4 中。

根据溶液的沸点上升、凝固点下降与溶质的质量摩尔浓度的关系，可以利用它们来测定溶质的分子量。实际上由于凝固点较易精确测定，而且 $K_f$ 值一般都比 $K_b$ 值大，因而误差较小，所以常用凝固点下降法测定溶质的分子量。即用实验方法测得溶液的凝固点下降值，然后根据式（1-15）计算溶质的摩尔质量，进而可以计算出溶质的分子量。

将式 $b(B) = \dfrac{n_B}{m_A}$ 代入式(1-14) 得

$$\Delta T_f = K_f \frac{n_B}{m_A}$$

将 $n_B = \dfrac{m_B}{M_B}$ 代入上式得

$$M_B = \frac{K_f m_B}{\Delta T_f m_A} \tag{1-15}$$

**【例 7】** 将 2.6g 尿素 $CO(NH_2)_2$ 溶于 50.0g 水中，计算此溶液在 $1.01325 \times 10^5$ Pa 时的沸点和凝固点。已知，$M[CO(NH_2)_2] = 60.0 g \cdot mol^{-1}$。

**解：** 由题意可知，$m[CO(NH_2)_2] = 2.6g$，$m_A = 0.0500kg$，$M[CO(NH_2)_2] = 60.0 g \cdot mol^{-1}$，则

$$n[CO(NH_2)_2] = \frac{m[CO(NH_2)_2]}{M[CO(NH_2)_2]} = \frac{2.6}{60.0} = 0.0433(mol)$$

$$b[CO(NH_2)_2] = \frac{n[CO(NH_2)_2]}{m_A} = \frac{0.0433}{0.0500} = 0.866(mol \cdot kg^{-1})$$

由表 1-4 查得水的 $K_b = 0.512 K \cdot kg \cdot mol^{-1}$　　$K_f = 1.86 K \cdot kg \cdot mol^{-1}$

则

$$\Delta T_b = 0.512 \times 0.866 = 0.44\ (K)$$

$$T_b = 373.15 + 0.44 = 373.59\ (K)$$

$$\Delta T_f = 1.86 \times 0.866 = 1.61\ (K)$$

$$T_f = 273.15 - 1.61 = 271.54\ (K)$$

**【例 8】** 将 0.400g 葡萄糖溶解于 20.0g 水中，测得溶液的凝固点下降为 0.207K，试计算葡萄糖的分子量。

**解：** 由题意可知，$\Delta T_f = 0.207K$，$m_A = 0.0200kg$，$m(C_6H_{12}O_6) = 0.400g$；查表 1-4 得水的 $K_f = 1.86 K \cdot kg \cdot mol^{-1}$。

将上述数据代入式（1-15）得：$M(C_6H_{12}O_6) = \dfrac{1.86 \times 0.400}{0.207 \times 0.02} = 180(g \cdot mol^{-1})$

故葡萄糖的分子量为 180。

溶液的蒸气压下降和凝固点下降规律，对植物的耐寒性与抗旱性具有重要意义。实践表明，当外界温度偏离于常温时，不论是升高或降低，在有机细胞中都会强烈地发生可溶物（主要是碳水化合物）的形成过程，从而增加了植物细胞液的浓度。浓度越大，它的冰点就越低，因此细胞液在 0℃以下而不致结冰，植物仍可保持生命活力，表现出耐寒性。另一方面细胞液浓度越大，其蒸气压越小，蒸发过程就越慢，使植物在较高温度时仍能保持着一定的水分而表现出抗旱性。此外，应用凝固点下降的原理，冬天在汽车水箱中加入甘油或乙二醇等物质，可以防止水的结冰。食盐和冰的混合物可以作为冷冻剂，如 1 份食盐和 3 份碎冰混合，体系的温度可降到－20℃。

## 四、溶液的渗透压

如图 1-2 所示，用一种只让溶剂水分子通过而不使溶质糖分子通过的半透膜将糖溶液和水分隔开。纯溶剂中的水分子可以通过半透膜进入糖溶液中，糖溶液中的水分子也可以通过半透膜进入纯溶剂中去。这种溶剂分子通过半透膜自动进入溶液中的过程称为渗透。但由于单位时间内由纯溶剂一方进入糖溶液中的水分子比由糖溶液进入到纯溶剂中的多，从而使糖溶液的液面不断升高。

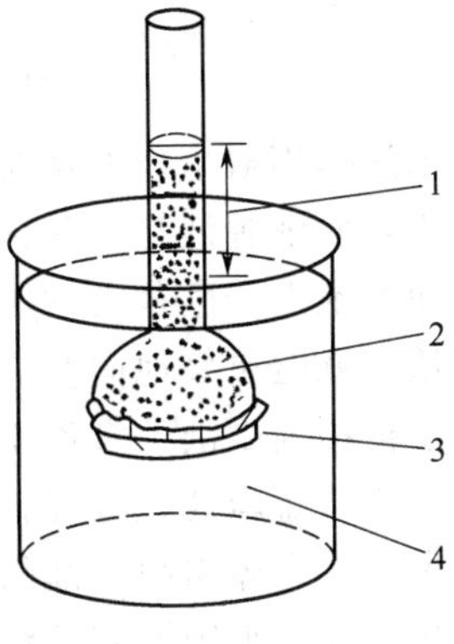

图 1-2 渗透现象实验

1—渗透压；2—糖水溶液；3—半透膜；4—纯溶剂（水）

随着渗透作用的进行，管内液柱的静水压增大，当静水压增大到某一定数值时，单位时间内从两个相反方向穿过半透膜的水分子数目相等，管内液面不再上升，此时体系处于渗透平衡状态。若要使半透膜内外溶剂的液面相平，必须在液面上施加一定压力，方可阻止渗透作用的进行，这种为保持半透膜两侧纯溶剂和溶液液面相平而加在溶液液面上的压力叫做溶液的渗透压。

1886 年，荷兰理论化学家范特荷夫（Van't Hoff）总结了许多实验结果后指出，稀溶液的渗透压与溶液的物质的量浓度和热力学温度成正比，与溶质的本性无关。其数学表达式为：

$$\pi = c(\mathrm{B})RT \tag{1-16}$$

式中 $\pi$——溶液的渗透压，Pa 或 kPa；

$c(\mathrm{B})$——溶液中溶质 B 的物质的量浓度，$\mathrm{mol \cdot m^{-3}}$ 或 $\mathrm{mol \cdot L^{-1}}$；

$R$——气体常数，$R = 8.314\mathrm{Pa \cdot m^3 \cdot mol^{-1} \cdot K^{-1}}$ 或 $8.314\mathrm{kPa \cdot L \cdot mol^{-1} \cdot K^{-1}}$；

$T$——热力学温度，K。

渗透现象不仅可以在纯溶剂与溶液之间进行，同时也可以在两种不同浓度的溶液之间进行。渗透压相等的溶液称为等渗溶液。渗透压高的溶液称为高渗溶液，渗透压低的溶液称为低渗溶液。溶剂渗透的方向是从稀溶液到浓溶液。

由于直接测定渗透压相当困难。因此对一般难挥发的非电解质的分子量的测定，常用沸点上升和凝固点下降法。通过测定渗透压可测定用其他办法无法测定的高分子化合物的分子量。

**【例 9】** 在 25℃时，1L 溶液中含 5.00g 鸡蛋白，溶液的渗透压为 305.8Pa，求此鸡蛋白的平均摩尔质量。

**解**：根据公式 $c(\mathrm{B})=\frac{n_\mathrm{B}}{V}$，$M_\mathrm{B}=\frac{m_\mathrm{B}}{n_\mathrm{B}}$以及公式 $\pi=c(\mathrm{B})RT$ 得：

$$\pi=\frac{n_\mathrm{B}}{V}RT=\frac{m_\mathrm{B}RT}{M_\mathrm{B}V}$$

$$M_\mathrm{B}=\frac{m_\mathrm{B}RT}{\pi V}$$

由题意可知，$\pi=0.3058\mathrm{kPa}$，$m_\mathrm{B}=5.00\mathrm{g}$，$V=1\mathrm{L}$，$T=298\mathrm{K}$，$R=8.314\mathrm{kPa\cdot L\cdot mol^{-1}\cdot K^{-1}}$将各数据代入上式得

$$M_\mathrm{B}=\frac{5.00\times8.314\times298}{0.3058\times1}=40510\ (\mathrm{g\cdot mol^{-1}})$$

渗透作用对生物的生命过程有着重大的意义。植物的细胞壁有一层原生质，起着半透膜的作用，而细胞液是一种溶液。当植物处于水分充足的环境中，水通过半透膜向细胞内渗透，使细胞内产生很大的压力，细胞发生膨胀，植物的茎、叶和花瓣等就会有一定的弹性，这样植物就能更好地向空间伸展枝叶，充分吸收二氧化碳和接受阳光。如果土壤溶液的渗透压高于植物细胞液的渗透压，就会造成植物细胞液内的水分向外渗透，导致植物枯萎。农业生产上改造盐碱地、合理施肥和及时灌水就是这个道理。

另外，人体组织内部的细胞膜、血球膜和毛细管壁等都具有半透膜的性质，而人体的体液，如血液、细胞液和组织液等都具有一定的渗透压。对人体静脉输液时，必须使用与体液渗透压相等的等渗溶液，如临床常用的0.9%生理盐水和5%的葡萄糖溶液。否则由于渗透作用，可以引起血球膨胀或萎缩而产生严重后果。当因发烧或其他原因，人体内水分减少时，血液渗透压增高，即产生无尿、虚脱等现象，故应多饮水以降低血液的渗透压。

应当指出，前面我们讨论的稀溶液通性的定量关系只适应于难挥发非电解质稀溶液，而不适应于浓溶液和电解质溶液。在浓溶液中，溶质粒子间以及溶质与溶剂间的相互作用大大增强，从而使溶液的情况变得复杂，以致使简单的依数性的定量关系不能适用。而在电解质溶液中，由于溶质发生电离，使溶液中溶质粒子数增多，而且离子在溶液中又有相互作用，故上述依数性的定量关系不能应用，必须在实验的基础上加以校正。

## 第三节 胶 体

### 一、固体在溶液中的吸附作用

**1. 分散度和比表面积**

物质被分散得越细，所得颗粒数目就越多，颗粒的总表面积也就越大，即表明其分散程度越高。物质的分散程度用比表面积来表示。若用 $S$ 表示总表面积，$V$ 表示物质的体积(用 $m$ 表示物质的质量)，$S_0$ 表示比表面积，则

$$S_0=\frac{S}{V}\text{或}S_0=\frac{S}{m} \tag{1-17}$$

对于一个立方体，若每边长为 $L$，其体积为 $L^3$，表面积为 $6L^2$，则比表面积为：

$$S_0=S/V=6L^2/L^3=6/L$$

因此，$L$ 愈小，则 $S_0$ 愈大，即对于一个立方体，分割得愈小，则总表面积愈大。在胶体分散系中，分散质的颗粒较小，其分散程度很高，具有很大的比表面积，这对胶体溶液的性质有着重要的作用。

**2. 表面能**

相与相之间存在着界面，如果两相中有一相是气相，则界面习惯上称为表面。在物体表面的粒子（分子、原子或离子）和内部粒子所处的环境是不同的，如在液体内部，每个粒子都均匀地被周围邻近的粒子包围着，来自不同方向的吸引力正好相互抵消，即合力等于零，故液体内部分子可任意移动而无需消耗功。而处于液体表面的粒子却不同，液相分子对它的吸引力总是比气相分子的吸引力大，其结果，表面层上的分子将因受到液相分子的向内拉力而有力图缩小表面的趋势。如果要把液体内部的粒子迁移到表面，则需要克服向内的拉力而做功，所消耗的这部分功就转变为表面层内粒子的势能，使体系的总能量增加。表面粒子比内部粒子多出的能量，称为表面能。

实践证明，在任何两相界面间都存在界面能。在胶体分散系中，分散质的颗粒很小，其总表面积很大，故相应地具有很大的表面能。表面能越大，体系越不稳定，因此，胶体分散系是热力学不稳定体系。

**3. 固体在溶液中的吸附**

物质微粒自动聚集到界面上的过程，称为吸附。具有吸附能力的物质称为吸附剂。被吸附的物质称为吸附质。例如氯气和一氧化碳可以很快地被活性炭或硅胶吸附在它们的表面上。

固体与溶液接触时也会发生上述吸附现象，被吸附的物质既可能是分子，也可能是电解质所产生的离子。

（1）分子吸附　吸附质以分子的形式被吸附到吸附剂表面，这种吸附称为分子吸附。其吸附的基本规律是：相似相吸，即吸附剂更容易吸附与其性质相似的分子。如极性的吸附剂容易吸附极性溶质或溶剂；非极性的吸附剂容易吸附非极性的溶质或溶剂。也就是说这类吸附与溶质、溶剂及固体吸附剂三者的性质有关。

（2）离子吸附　吸附质以离子的形式被吸附到吸附剂表面，这种吸附称为离子吸附，离子吸附又分为离子选择吸附和离子交换吸附。

① 离子选择吸附　吸附剂从电解质溶液中选择吸附其中的某种离子，称为离子选择吸附。其吸附规律为：固体吸附剂优先吸附与其组成有关的离子。例如，固体 AgCl 在 NaCl 溶液中优先吸附 $Cl^-$。

② 离子交换吸附　吸附剂从电解质溶液中吸附某离子的同时，将已经吸附在吸附剂表面上等电量的同号离子置换到溶液中去。这种过程称为离子交换吸附或离子交换。离子交换吸附是一个可逆过程，能进行离子交换吸附的吸附剂称为离子交换剂。

离子交换树脂是一种常见的离子交换剂，按其性能常分为阳离子交换树脂和阴离子交换树脂。阳离子交换树脂一般含有—$SO_3H$、—COOH 等基团，可与阳离子进行交换；阴离子交换树脂一般含有—$NH_2$、≡N、—$N^+(CH_3)_3$ 等基团，可与阴离子进行交换。

实验室中常用离子交换树脂法制备去离子水。其过程一般为：

天然水 → [阳离子交换树脂] —去除 $Na^+$、$K^+$、$Ca^{2+}$、$Mg^{2+}$、$Fe^{3+}$ 等阳离子→ [阴离子交换树脂] —去除 $Cl^-$、$SO_4^{2-}$、$CO_3^{2-}$ 等阴离子→ 去离子水

生成的去离子水常代替蒸馏水在化学实验中使用。

## 二、胶团结构

以 $FeCl_3$ 水解制备 $Fe(OH)_3$ 溶胶为例说明胶团的结构。$FeCl_3$ 水解反应如下：

$$Fe^{3+} + H_2O \rightleftharpoons Fe(OH)^{2+} + H^+$$

$$Fe(OH)^{2+} + H_2O \rightleftharpoons Fe(OH)_2^{+} + H^{+}$$
$$Fe(OH)_2^{+} + H_2O \rightleftharpoons Fe(OH)_3 + H^{+}$$
$$Fe(OH)_2^{+} \rightleftharpoons FeO^{+} + H_2O$$

水解产生的 $Fe(OH)_3$ 分子聚集成直径在 1～100nm 范围内的 $[Fe(OH)_3]_m$ [$m$ 为 $Fe(OH)_3$ 分子的个数] 颗粒，构成溶胶颗粒的核心，称为胶核。胶核优先吸附溶液中与本身组成有关的 $FeO^{+}$ 后，使胶核带正电。$FeO^{+}$ 离子称为电位离子。由于静电引力，带电的胶核又吸附与其符号相反的 $Cl^{-}$，$Cl^{-}$ 称为反离子。溶液中的反离子一方面受电位离子的静电吸引，有靠近胶核的趋势；另一方面由于本身的热运动，有离开胶核扩散出去的趋势。在这两种相互作用的影响下，反离子就分为两部分。一部分反离子受电位离子的吸引而被束缚在胶核表面，与电位离子一起构成吸附层；另一部分反离子在吸附层之外扩散分布，构成扩散层，这样由吸附层和扩散层构成了胶粒表面的双电层结构。在扩散层中，离胶核表面越远，反离子浓度越小，最后达到与溶液本体中的浓度相等。

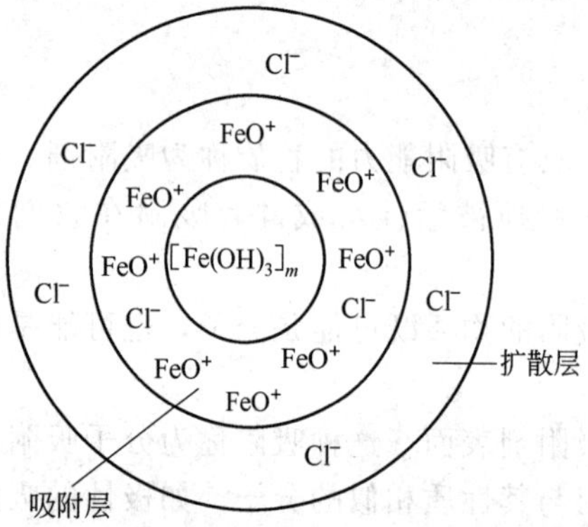


图 1-3 $Fe(OH)_3$ 溶胶的胶团结构示意

在电场作用下，胶核是带着吸附层一起运动的，胶核与吸附层构成的运动单元称为胶粒。由于胶粒中反离子所带电荷总数比电位离子的电荷总数要少，所以胶粒是带电的，而且电荷符号与电位离子相同。胶粒和扩散层反离子包括在一起总称为胶团。在胶团中，吸附层和扩散层内反离子所带电荷总数与电位离子的电荷总数相等，但电荷符号相反，故胶团是电中性的。$Fe(OH)_3$ 溶胶的胶团结构见图 1-3，其胶团结构式及各部分的名称表示如下：

$$\underbrace{\{\underbrace{\overbrace{[Fe(OH)_3]_m}^{\text{胶核}} \cdot \underbrace{nFeO^{+}}_{\text{电位离子}} \cdot \underbrace{(n-x)\ Cl^{-}}_{\text{反离子}}}_{\text{吸附层}}\}^{x+}}_{\text{胶粒}} \cdot \underbrace{xCl^{-}}_{\text{反离子（扩散层）}}$$

（整体：胶团）

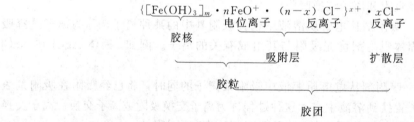

胶团中，$m$ 为胶核中 $Fe(OH)_3$ 的分子数；$n$ 为电位离子（$FeO^{+}$）的数目，$n$ 比 $m$ 的数值要小得多；$x$ 为扩散层反离子（$Cl^{-}$）的数目；$n-x$ 为吸附层中反离子（$Cl^{-}$）的数目。

在外加电场的作用下，胶团在吸附层和扩散层之间的界面上发生分离，胶粒向一个电极移动，扩散层反离子向另一个电极移动。由此可见，胶团在电场作用下的行为与电解质很相似。

再如 $As_2S_3$ 胶体，其制备反应为：

$$2H_3AsO_3 + 3H_2S \rightleftharpoons As_2S_3 + 6H_2O$$

溶液中过量的 $H_2S$ 则发生电离：

$$H_2S \rightleftharpoons H^{+} + HS^{-}$$

在这种情况下，$HS^{-}$ 是电位离子，因此 $HS^{-}$ 离子被选择吸附而使 $As_2S_3$ 溶胶带负电。$As_2S_3$ 溶胶的胶团结构式表示如下：

$$[(As_2S_3)_m \cdot nHS^{-} \cdot (n-x)H^{+}]^{x-} \cdot xH^{+}$$

硅酸溶胶是一种常见的溶胶。胶核是由许多 $H_2SiO_3$ 分子缩合而成的，在表面上的

$H_2SiO_3$ 分子可发生如下电离：

$$H_2SiO_3 \rightleftharpoons H^+ + HSiO_3^- \qquad HSiO_3^- \rightleftharpoons H^+ + SiO_3^{2-}$$

结果 $H^+$ 进入溶液，在胶粒表面留下 $HSiO_3^-$ 和 $SiO_3^{2-}$ 离子而使胶体粒子带负电。硅酸溶胶的胶团结构式表示如下：

$$[(H_2SiO_3)_m \cdot nHSiO_3^- \cdot (n-x)H^+]^{x-} \cdot xH^+$$

用 $AgNO_3$ 溶液与 KI 溶液作用制备的 AgI 溶胶，当 KI 过量时，制得 AgI 负溶胶，胶团结构式为：

$$[(AgI)_m \cdot nI^- \cdot (n-x)K^+]^{x-} \cdot xK^+$$

相反，若 $AgNO_3$ 过量，制得 AgI 正溶胶，则 AgI 溶胶的胶团结构式为：

$$[(AgI)_m \cdot nAg^+ \cdot (n-x)NO_3^-]^{x+} \cdot xNO_3^-$$

从 $Fe(OH)_3$ 溶胶和 $H_2SiO_3$ 溶胶的制备可以看出，胶粒带电的原因分两种情况，$Fe(OH)_3$溶胶胶粒是吸附某种离子（$FeO^+$）而带电的，$H_2SiO_3$ 溶胶胶粒带电是由于胶核表面上的 $H_2SiO_3$ 分子电离所致。

## 三、胶体的性质

### 1. 光学性质

1869 年丁铎尔（Tyndall）发现，如果让一束聚光光束照射胶体时，在与光束垂直的方向上可以观察到一个发光的圆锥体，这种现象称为丁铎尔现象或丁铎尔效应（见图 1-4）。

丁铎尔现象的产生与分散质颗粒的大小及入射光的波长有关。当光束照射到大小不同的分散质粒子上时，除了光的吸收之外，还可能产生光的反射和散射。如果分散质粒子远大于入射光波长，光在分散质粒子表面发生反射。如果分散质粒子小于入射光波长，则在分散质粒子表面产生光的散射。这时分散质粒子本身就好像是一个光源，光波绕过分散质粒子向各个方向散射出去，散射出的光称为乳光。由于溶胶中分散质颗粒的直径在 1～100nm 之间，小于可见光的波长（400～760nm），因此光通过溶胶时便产生明显的散射作用。

在分子或离子分散系中，由于分散质粒子太小，散射作用十分微弱，观察不到丁铎尔现象。故丁铎尔效应是溶胶所特有的光学性质。

根据光的散射原理，设计制造的超显微镜（图 1-5），可以观察到直径 10～300nm 的粒子。由超显微镜观察到的粒子，并不是粒子本身的实际大小，而是比粒子本身大若干倍的发光点，这些发光点是由于粒子对光的散射所形成的。

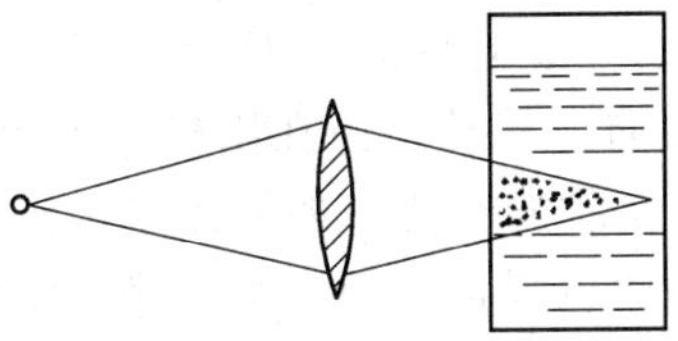

图 1-4　丁铎尔效应

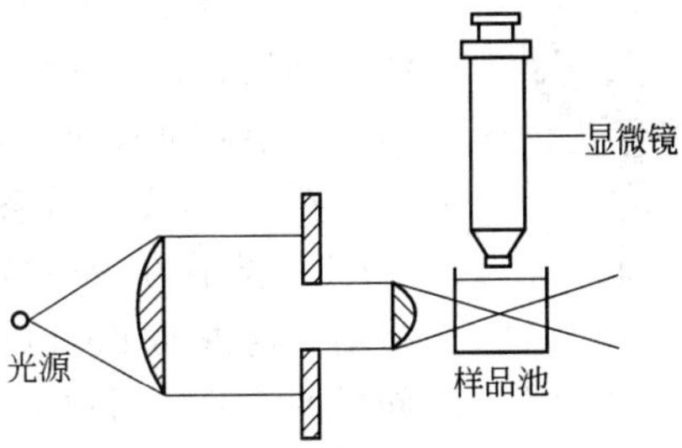


图 1-5　超显微镜

### 2. 动力学性质

用超显微镜对胶体溶液进行观察，可以看到代表分散质粒子的发光点在不断地做无规则的运动，这种运动称为布朗（Brown）运动（图 1-6）。产生布朗运动的原因是由于分散体系

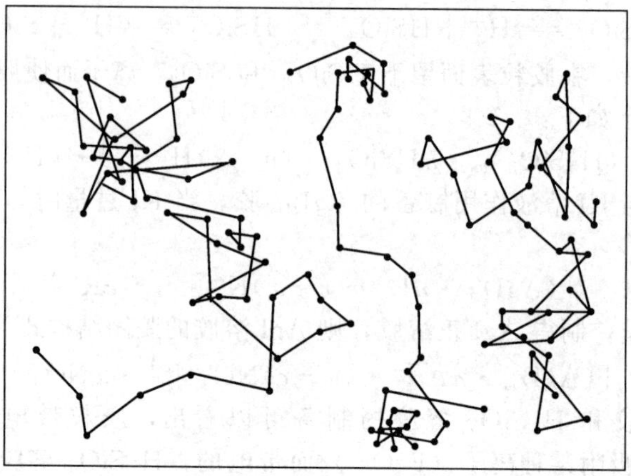

图 1-6　布朗运动

本身的热运动，分散剂分子从不同方向不断撞击胶粒，某一瞬间其合力不为零时，胶粒就有可能产生运动，由于合力的方向不确定，所以胶粒的运动方向也不确定，即表现为曲折的运动。对于粗分散体系，分散质粒子较大，某一瞬间受到分散剂分子从各个方向冲击的合力不足以使其产生运动，所以就看不到布朗运动。

溶胶粒子的布朗运动导致其具有扩散作用，即可以自发地从粒子浓度大的区域向浓度小的区域扩散，但由于溶胶粒子比一般的分子或离子大得多，所以它的扩散速度比真溶液中溶质分子或离子要慢得多。

在溶胶中，由于溶胶粒子本身的重力作用，溶胶粒子将会发生沉降，沉降过程导致粒子浓度分布不均匀，即下部较浓上部较稀。布朗运动会使溶胶粒子由下部向上部扩散，因而在一定程度上抵消了由于溶胶粒子的重力作用而引起的沉降，使溶胶具有一定的稳定性，这种稳定性称为动力学稳定性。

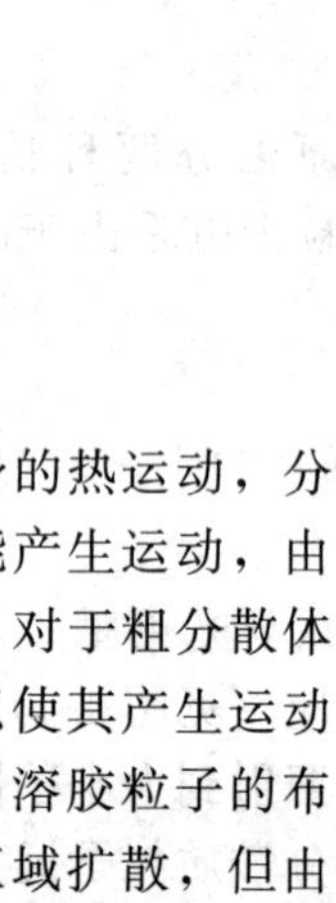


图 1-7　电泳管

**3. 电学性质**

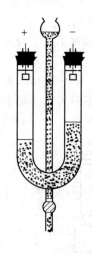

在外电场作用下，分散质和分散剂发生相对移动的现象称为溶胶的电学性质。电学性质主要有电泳和电渗两种。

（1）电泳　在外电场作用下，溶胶中胶粒定向移动的现象称为电泳。例如，在 U 形管内首先放入红棕色的 $Fe(OH)_3$ 溶胶（见图 1-7），然后在溶胶液面上小心加入稀 NaCl 溶液，并使两溶液之间有明显的界面。在 U 形管两端各插入一根电极，接上直流电源后，可以看到 $Fe(OH)_3$ 溶胶在阴极端的红棕色界面向上移动，而在阳极端的界面向下移动。这说明 $Fe(OH)_3$ 溶胶的胶粒带正电荷。如果用 $As_2S_3$ 溶胶做同样的实验，可以看到阳极附近的黄色界面上升，阴极附近的界面下降，表明 $As_2S_3$ 溶胶胶粒带负电荷。

（2）电渗　与电泳现象相反，使溶胶粒子固定不动而分散剂在外电场作用下做定向移动的现象称为电渗。例如，将 $Fe(OH)_3$ 溶胶放入具有多孔性隔膜（如素瓷、多孔性凝胶等）的电渗管中，通电一段时间后，发现正极一侧液面上升，负极一侧液面下降，如图 1-8 所示。可以看出，分散剂向正极方向移动，说明分散剂是带负电的。$Fe(OH)_3$ 溶胶粒子则因不能通过隔膜而附在其表面。实验证明，液体介质的电渗方向总是与胶粒电泳方向相反，这是因为胶粒表面所带电荷与分散剂液体所带电荷是异性的。

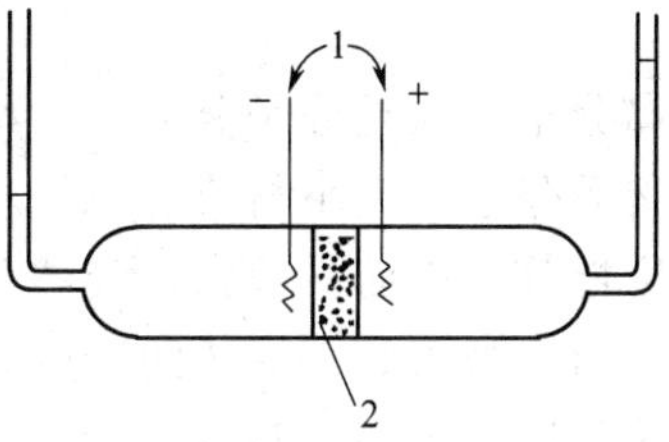

图 1-8 电渗管
1—电极；2—多孔性固体

## 四、溶胶的稳定性和聚沉

### 1. 溶胶的稳定性

溶胶和粗分散系相比，具有很高的稳定性。其主要原因可以从以下三方面考虑。

（1）胶粒的布朗运动 由于溶胶本身的热运动，胶粒在不停地做无规则运动，使其能够阻止胶粒因本身的重力而下沉。

（2）电荷的排斥作用 在溶胶系统中，由于溶胶粒子都带有相同的电荷，当其接近到一定程度时，同号电荷之间的相互排斥作用，阻止了它们近一步靠近而凝聚。

（3）溶剂化作用 胶团中的电位离子和反离子都能发生溶剂化作用，在其表面形成具有一定强度和弹性的溶剂化膜（在水中就称为水化膜），这层溶剂化膜既可以降低溶胶粒子之间的直接接触的能力，又可以降低溶胶粒子的表面能，从而提高了溶胶的稳定性。

### 2. 溶胶的聚沉

在溶胶体系中，由于其颗粒较小，表面能很高，所以其稳定性是暂时的、有条件的、相对的。由溶胶稳定的原因可知，只要破坏了溶胶稳定存在的条件，胶粒就能聚集成大颗粒而沉降。这种胶体粒子聚集成较大颗粒而从分散系中沉降下来的过程称为溶胶的聚沉。

（1）加入电解质 在溶胶中加入少量强电解质，溶胶就会表现出很明显的聚沉现象，如溶液由澄清变浑浊及颜色发生改变等。这是由于在溶胶中加入电解质后，溶液中离子浓度增大，被电位离子吸引进入吸附层的反离子数目就会增多，其结果是胶粒间的电荷排斥力减小，胶粒失去了静电相斥的保护作用。同时，加入的电解质有很强的溶剂化作用，它可以夺取胶粒表面溶剂化膜中的溶剂分子，破坏胶粒的溶剂化膜，使其失去溶剂化膜的保护，因而胶粒在碰撞过程中会相互结合成大颗粒而聚沉。

电解质对溶胶的聚沉能力，通常用聚沉值来表示。聚沉值是指在一定条件下，使定量的溶胶在一定的时间内明显聚沉所需电解质的最低浓度（$mmol \cdot L^{-1}$）。显然，某一电解质对溶胶的聚沉值越小，其聚沉能力就越大；反之，聚沉值越大，其聚沉能力就越小。由电解质聚沉的原理可知，电解质的负离子对正溶胶的聚沉起主要作用，正离子对负溶胶的聚沉起主要作用，聚沉能力随离子价数的升高而显著增加，这一规律称为舒尔采-哈迪（Schulze-Hardy）规则。例如，在负电性的 $As_2S_3$ 溶胶中加入 $AlCl_3$、$MgCl_2$ 和 NaCl 溶液均可使其发生聚沉。但由于它们的阳离子价数不同，其聚沉能力存在很大差别，其中 $Al^{3+}$ 的聚沉能力是 $Mg^{2+}$ 的几十倍，是 $Na^+$ 的数百倍。

（2）加入带相反电荷的溶胶 把电性相反的两种溶胶以适当比例相互混合时，溶胶将发生聚沉，这种聚沉称为溶胶的相互聚沉。如 $As_2S_3$ 溶胶和 $Fe(OH)_3$ 溶胶混合则产生沉淀。

（3）加热 加热可使很多溶胶发生聚沉。这是由于加热不仅能够加快胶粒的运动速度，增加胶粒间相互碰撞的机会，而且也降低了胶核对电位离子的吸附能力，破坏了胶粒的溶剂化膜，使胶粒间碰撞聚结的可能性大大增加。

## 五、高分子溶液与胶体的保护

高分子化合物是指具有较大分子量的大分子化合物，如蛋白质、纤维素、淀粉、动植物胶、人工合成的各种树脂等。高分子化合物溶于水或其他溶剂所形成的溶液称为高分子溶液。

高分子溶液是分子分散的、稳定的单相分散系，具有真溶液的特点。但是由于高分子溶液中溶质分子的大小与溶胶粒子相近，故可表现出溶胶的某些特性，如不能透过半透膜、扩散速度慢等，因而又被归入胶体分散系内。由于它易溶于溶剂中形成稳定的单相体系，所以又被称为亲液溶胶。一般的溶胶则因为其分散质不溶于介质，而称为憎液溶胶。高分子溶液与溶胶的性质区别见表 1-5。

**表 1-5　高分子溶液和溶胶在性质上的差异**

| 高分子溶液 | 溶胶 |
|---|---|
| 分散质能溶于分散介质,形成单相均匀体系 | 分散质不溶于分散介质,形成介稳多相体系 |
| 丁铎尔效应不明显 | 具有显著的丁铎尔效应 |
| 粒子不带电,其主要的稳定因素是强烈的溶剂化作用 | 主要的稳定因素是溶胶粒子带电 |
| 对电解质不敏感,大量电解质才能使之聚沉 | 对电解质敏感,少量电解质即可使之聚沉 |
| 具有很高的黏度 | 黏度较弱 |

向溶胶中加入适量高分子溶液，能大大提高溶胶的稳定性，这种作用称为高分子溶液对溶胶的保护作用。由于高分子化合物具有链状而易卷曲的结构，当其被吸附在胶粒表面上时，能够将胶粒包裹在内，降低溶胶对电解质的敏感性；另外，由于高分子化合物具有强烈的溶剂化作用，在溶胶粒子的表面形成了一种水化保护膜，从而阻止了胶粒之间的直接碰撞，提高了溶胶的稳定性。

高分子溶液的保护作用在生理过程中具有重要意义。例如健康人体血液中所含的难溶盐［如 $MgCO_3$、$Ca_3(PO_4)_2$］是以溶胶状态存在的，由血清蛋白等高分子化合物保护着，但在发生某些疾病时，保护物质就会减少，因而可能使这些溶胶在身体的某些部位凝结下来而成为结石。

## 本章小结

(1) 一种或几种物质分散在另一种物质中所形成的系统成为分散系。可根据分散质粒子大小将分散系分为粗分散系、胶体分散系、分子或离子分散系—溶液。

(2) 溶液的组成常用浓度表示，浓度是指溶液中溶质的含量，其表示方法可分为两大类，一类是用溶质和溶剂的相对量表示，另一类是用溶质和溶液的相对量表示。由于溶质、溶剂或溶液使用的量纲不同，浓度的表示方法也不同。常用的浓度表示方法有：物质的量浓度、质量摩尔浓度、摩尔分数和质量分数。

(3) 最常见的溶液是水溶液。掌握稀溶液的依数性（蒸气压下降、沸点上升、凝固点下降及渗透压）及有关计算。渗透现象在生物学上有重要意义，对于维持细胞形态，维持生物体水盐平衡起重要作用。

(4) 溶胶的基本特征是分散度高和多相。因此，溶胶有特殊的光学、电学和动力学性质。丁达尔效应是溶胶特有的现象，可以用于区别溶胶和溶液；布朗运动的存在导致了胶粒的扩散作用，也使胶粒不致因重力的作用而产生沉降，有利于保持溶液的稳定性；溶胶的电动现象包括电泳和电渗。胶粒表面带有电荷和水化膜，这是溶胶稳定的主要因素。电解质可引起溶胶的凝结。胶体溶液在生物学中占有重要地位，要求了解胶体溶液基本性质，会写胶团结构，能判断电解质凝结能力的大小。

(5) 高分子溶液为胶体分散系，乳浊液为粗分散系。通过学习要求了解高分子溶液的性质，能列举不同类型的乳浊液。

## 思考题

1. 相与状态是否为同一概念？举例说明。
2. 简述分散系、分散质和分散剂概念，并举例说明。
3. 根据分散质颗粒大小，分散系可分为几种类型？各种类型的主要特征是什么？
4. 溶液组成量度的表示法主要有哪些？应用物质的量浓度应注意什么问题？
5. 难挥发非电解质的稀溶液有哪些依数性？定量关系如何？
6. 溶液蒸气压下降的原因是什么？试用蒸气压下降来解释溶液的沸点上升和凝固点下降的现象。
7. 什么叫溶液的渗透现象？试用渗透现象解释盐碱地难以生长作物的原因。
8. 溶胶本身是热力学不稳定体系，为什么许多溶胶能够稳定存在？
9. 何谓溶胶的聚沉，哪些方法可促使溶胶聚沉？
10. 电渗管内液面向负极移动时，多孔性固体表面上的胶粒带的是哪一种符号的电荷？
11. 写出 $Fe(OH)_3$ 溶胶和 $As_2S_3$ 溶胶的胶团结构式。

## 习　题

1. 浓盐酸含 HCl 37.0%，密度为 $1.19g \cdot mL^{-1}$，计算浓盐酸的物质的量浓度、质量摩尔浓度，以及 HCl 和 $H_2O$ 的摩尔分数。

($12.1mol \cdot L^{-1}$；$16.1mol \cdot kg^{-1}$；0.225；0.775)

2. 3.00%碳酸钠溶液的密度为 $1.03g \cdot mL^{-1}$，配制此溶液 500mL，需用 $Na_2CO_3 \cdot 10H_2O$ 多少克？溶液的物质的量浓度为多少？

(41.7g；$0.29mol \cdot L^{-1}$)

3. 求 25℃时 450g 水中含有 0.20mol 难挥发非电解质稀溶液的蒸气压。

(3.142kPa)

4. 计算 5.0%的蔗糖 ($C_{12}H_{22}O_{11}$) 水溶液及 0.5%的葡萄糖 ($C_6H_{12}O_6$) 水溶液的沸点。

(373.23K；373.16K)

5. 比较下列各溶液的指定性质的高低（或大小）次序：

(1) 凝固点：$0.1mol \cdot kg^{-1}$ $C_{12}H_{22}O_{11}$ 水溶液；$0.1mol \cdot kg^{-1}$ $CH_3COOH$ 水溶液；$0.1mol \cdot kg^{-1}$ KCl 水溶液。

(2) 渗透压：$0.1mol \cdot L^{-1}$ $C_6H_{12}O_6$ 溶液；$0.1mol \cdot L^{-1}$ $CaCl_2$ 溶液；$0.1mol \cdot L^{-1}$ KCl 溶液。

6. 将 100g 质量分数为 95%的浓硫酸加入 400g 水中，稀释后溶液的密度为 $1.13g \cdot mL^{-1}$。计算稀释后溶液的质量分数、质量摩尔浓度和物质的量浓度。

(19%；$2.39mol \cdot kg^{-1}$；$2.19mol \cdot L^{-1}$)

7. 把 $0.02mol \cdot L^{-1}$ 的 KCl 溶液 12.0mL 和 $0.0050mol \cdot L^{-1}$ 的 $AgNO_3$ 溶液 100.0mL 混合制得 AgCl 胶体，电泳时胶粒向哪一个电极移动？并写出胶团结构式。

(负极；$[(AgCl)_m \cdot nAg^+ \cdot (n-x) NO_3^-]^{x+} \cdot x NO_3^-$)

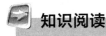

## 知识阅读

**纳米材料**

纳米科学技术是目前科研领域中最活跃的内容之一，纳米材料是纳米科学技术的基础。近些年，纳米材料研究取得了飞速发展，材料的制备水平已日趋深入、成熟和多样化。

纳米微粒的尺寸一般界定为1～100nm。由于其尺寸与胶粒尺寸在同一范围，所以对胶体的制备和测试，对胶体的宏观、微观认识都受到纳米科技界的关注和重视。纳米微粒的粒度处于宏观物质和微观粒子交界的过渡区域，因而它具有许多既不同于宏观物质，又不同于微观粒子的特性。纳米材料是指材料的某一尺寸处于纳米级并由此赋予其新特性的材料。

纳米微粒因粒径小，表面积大，故表面原子数与总原子数之比随粒径变小而急剧增大。例如，当粒径为10nm时，表面原子数约占总原子数的20%，当粒径小到1nm时，这一比例急剧上升到99%。界面上原子的配位结构既不同于晶体，也不同于非晶体，而更接近于气态。纳米微粒粒径小、表面积大的特点，导致特殊的表面和界面效应、临界尺寸效应、量子尺寸效应和量子隧道效应等。因此纳米材料的晶体尺寸小到纳米级时，性质上的改变不是一种量变，而是一种质变，呈现出一系列奇异的物理和化学特性。例如，纳米银在100℃时即熔化，而普通银的熔点为961℃；纳米铁的抗断裂应力比普通铁高12倍；用纳米铂作催化剂可使乙烯氢化反应的温度从600℃降至室温；中科院化学所研制的纳米塑料，其耐磨性竟然是黄铜的27倍。目前很多纳米材料已进入工业化生产。随着人们对纳米材料的光、电、磁、热和力学等性能方面研究的不断深入，它的应用前景将十分诱人。因此纳米材料被誉为21世纪的新材料。

纳米材料也广泛应用于生物和医药领域。例如，人体器官的移植和再造，不仅要求材料具有其功能性，而且还要求材料具有良好的生物相容性。使用纳米磷酸钙骨水泥制成的人造器官植入人体后，与机体亲和性好，在体内不会引起排异反应，并且具有可降解性，最终可实现融为一体性的移植。纳米材料在该领域一个代表性的研究方向是“功能化纳米颗粒”的设计。纳米微粒比人体中的红细胞小100多倍，可以在血浆中自由运动。利用纳米微粒组装成纳米颗粒，利用它尺寸上的优势，可以在人体内畅通无阻。如果再在纳米颗粒上实施各种分子设计，使其具有“识别”和“定向”功能，则可用于疾病的早期检测，药物的定向运输，疏通脑血管中的血栓，清除心脏动脉沉积物等。据报道，德国自然与科学研究所已组装成功一种磁性纳米颗粒，它可轻松地钻入人的血管，在外加磁场的导航下，到达病变部位。按照医生的指令，进行连贯的CT造影或B超拍摄，拍摄出病变处的每一微小的细节。目前该技术已通过动物实验，进入临床前期的准备工作，相信不久就可用于日常医疗中。

# 第二章

# 化学热力学基础

**【知识目标】**

1. 理解状态及状态函数、热和功、热力学第一定律等概念。
2. 理解定压热和定容热及其关系。
3. 理解熵的意义，了解热力学第二定律和热力学第三定律。
4. 理解自由能的意义。

**【能力目标】**

1. 掌握热化学方程式的书写。
2. 熟练掌握并运用盖斯定律及标准摩尔生成焓计算反应热。
3. 熟练掌握并运用标准熵计算化学反应的熵变。
4. 熟练掌握并运用标准摩尔生成自由能计算化学反应的自由能变和对化学反应方向的判断。
5. 掌握 Gibbs-Helmholz 方程及其应用。

热力学是研究各种形式的能量相互转化规律的科学。将热力学的原理应用在与化学过程有关的化学和物理现象的研究中，形成了化学热力学。

热力学方法有两个特点：只研究由大量粒子（分子、原子）构成的宏观体系，只要知道体系的宏观性质，确定体系的始态和终态，就可以根据热力学数据对体系的能量变化进行计算，得出有用的结论，用于指导实践。热力学方法不研究物质的微观结构，不研究体系的变化速率、过程、机理及个别质点的行为，这是热力学的局限性。

## 第一节 基本概念

### 一、体系和环境

应用化学热力学进行研究和实验时，为了便于研究，根据需要把研究的对象与周围其他部分区分开。我们把研究的对象称为体系。而与体系有关的其余部分称为环境。体系和环境的划分完全是人为的。

为了研究方便，根据体系与环境之间的物质和能量的交换情况，通常将体系划分为三类。

（1）封闭体系　体系与环境之间只有能量交换，没有物质交换。

（2）敞开体系　体系与环境之间既有能量交换，又有物质交换。

（3）孤立体系（隔离体系）　体系与环境之间既没有能量交换，也没有物质交换。

例如，在一个烧杯中装入加热的食盐水溶液，若以烧杯中的食盐水溶液为体系，而液面以上的水蒸气、空气等是环境，体系与环境之间既有物质交换，又有能量交换，是敞开体系。若在烧杯上面加上盖子，烧杯中的溶液不再与外面的环境进行物质交换，但还有能量交换，是一个封闭体系。若再用绝热层将烧杯包住，烧杯中的溶液与外面的环境既不进行物质交换，又不进行能量交换，就构成了一个孤立体系。

由于自然界并无绝对不传热的物质，所以真正的孤立体系是不存在的，它只是为了研究问题的方便，人为地抽象而已。热力学中常常把体系与环境合并在一起视为孤立体系，即：体系＋环境＝孤立体系。

## 二、状态和状态函数

热力学认为，若已知某一体系中物质的化学成分、数量与形态，同时，体系的温度、压力、体积都有确定的值时，则称该体系处于一定的状态。体系的状态是体系所有物理和化学性质的综合表现。当体系的所有性质都具有一定值且不随时间而变化时，体系就处于某一宏观的热力学状态，简称为状态。反之，当体系处于一定状态时，则描述体系状态的各种宏观物理量也必定有确定值与之相对应。当体系某性质的值发生了变化，则体系的状态就发生了变化，即由一种状态变化到另一种状态。通常把体系变化前的状态称为始态，变化后的状态称为终态。体系性质与体系状态保持一种函数关系。因此，用来描述体系状态的各种宏观性质称为状态函数，它具有如下特征：

(1) 体系的状态确定后，每一个状态函数都具有单一的确定值，而与体系如何形成和将来变化无关；

(2) 体系由始态变化到终态，状态函数的改变值仅取决于体系的始态和终态，与体系变化的途径无关；

(3) 体系经历循环过程后（始、终态相同），各个状态函数的变化值都等于零。

体系的性质之间是相互联系的，例如理想气体状态方程 $pV=nRT$ 就表明了理想气体各性质间的关系。

## 三、广度性质和强度性质

根据体系状态的宏观性质与体系物质的量之间的关系，体系性质可分为广度性质和强度性质两类。

**1. 广度性质**

这种性质在数值上与体系中物质的量成正比。将体系分割为若干部分时，体系的某一性质等于各部分该性质之和。如一盛有气体的容器用隔板分成两部分，则气体的总体积为两部分气体体积之和。属于广度性质的有：体积、质量、热力学能、焓、熵、吉布斯自由能等。

**2. 强度性质**

它是体系本身的特性，其数值与体系中物质的量无关，不具有加和性。上述分隔为两部分的容器，其内部气体的温度绝不是两部分温度之和。属于强度性质的有：温度、压力、密度、浓度、黏度等等。

强度性质通常是由两个广度性质之比构成，如物质的量与体积之比为物质的量浓度，质量与体积之比为密度。

## 四、过程和途径

体系状态发生的变化叫过程。像气体的升温、压缩，液体蒸发为蒸气，晶体从液体中析出以及发生化学反应等等，均称进行了一个热力学过程。常见的特定过程如下。

(1) 定温过程　体系的始态温度 $T_1$，终态温度 $T_2$，环境温度 $T_e$ 均相等的过程。即 $T_1=T_2=T_e$。

(2) 定容过程　体系的体积始终保持不变的过程。

(3) 定压过程　体系的始态压力 $p_1$，终态压力 $p_2$，环境压力 $p_e$ 均相等的过程。即 $p_1=p_2=p_e$。

(4) 绝热过程　体系与环境间无热交换的过程。即 $Q=0$。

(5) 循环过程　是指体系从一状态出发经一系列的变化后又回到原来状态的过程。

完成状态变化的具体步骤则称作途径。应该指出，体系在一定的始态和终态之间完成状态变化的具体途径可能有无数条。但其状态函数的变化量则总是相等的，与所经历途径无关。如图 2-1 所示。

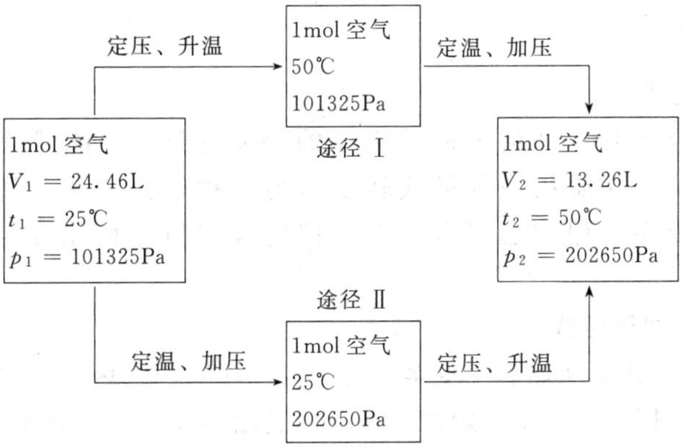


图 2-1　状态与途径

1mol 空气（理想气体）从温度 25℃、压力 101325Pa 变化至温度 50℃、压力 202650Pa，经历了两条不同的途径，但是体系的体积变化值 $\Delta V=V_2-V_1$，不论哪一条途径，$\Delta V$ 的值均为 $-11.20$L。

## 五、热力学能

热力学能是指体系内所有粒子全部能量的总和，用符号 $U$ 表示，具有能量的单位焦或千焦（J 或 kJ）。但是热力学能不包括体系整体平动的动能与体系整体处于外力场中所具有的势能。所谓粒子的全部能量之和从微观角度看，它应包括体系中分子、原子、离子等质点的动能（平动能、转动能、振动能），各种微观粒子相互吸引或排斥而产生的势能，原子间相互作用的化学键能，电子运动能，原子核能等。

热力学能是体系本身的性质，仅取决于体系的状态。由于体系内部粒子运动以及离子间相互作用的复杂性，所以迄今为止无法确定体系处于某一状态下热力学能的绝对值。但由于热力学能是体系的状态函数，具有状态函数的一切特征。在热力学中，$\Delta U$ 的大小可通过体系与环境交换的热和功来确定。热力学能是体系的广度性质，具有加和性。

## 六、热和功

热与功是体系状态发生变化时，与环境交换能量的两种不同形式。因热与功只是能量交换形式，而且只有体系进行某一过程时才能以热与功的形式与环境进行能量交换。因此，热与功的数值不仅与体系的始、末状态有关，而且还与体系变化时所经历的具体途径有关，故将功与热称作途径函数。热与功具有能量的单位，为 J 或 kJ。

**1. 热**

体系状态发生变化时，因其与环境之间存在温度差而引起的能量交换形式为热，以符号 $Q$ 表示。热力学规定，体系从环境吸热，$Q$ 为正值；体系向环境放热，$Q$ 为负值。

**2. 功**

体系状态发生变化时，除热以外，其他与环境进行能量交换的形式均为功，以符号 $W$ 表示。热力学规定，体系对环境做功，$W$ 为负值；环境对体系做功，$W$ 为正值。

因为除热之外，体系与环境交换能量的其他形式均归为功，所以功有多种多样。热力学将功分为两种：一种是体系的体积发生变化时与环境交换能量的形式，称为体积功（或称膨胀功，无用功）；除体积功之外的其他功称为非体积功（或称非膨胀功、有用功、其他功），如电功、机械功、表面功等。

## 七、热力学第一定律

**1. 热力学第一定律**

人类经过长期的实践，总结出极其重要的经验规律——能量守恒定律。该定律指出：能量有各种形式，并能从一种形式转变为另一种形式，从一种物质传递到另一种物质，但在转变和传递过程中总能量不变。把能量守恒定律用在热力学过程，就称为热力学第一定律。

**2. 热力学第一定律表达式**

对于封闭体系，当体系从始态 1 变至终态 2 时，环境若以热和功的形式分别向体系提供的能量为 $Q$ 和 $W$。根据热力学第一定律，环境传递给体系的这两部分能量只能转变为体系的热力学能。即体系从始态 1 变至终态 2 的热力学能变化量 $\Delta U=U_2-U_1$ 来自于环境供给的热和功。故：

$$\Delta U=Q+W \tag{2-1}$$

式（2-1）中的 $Q$、$W$ 的正负号，如前所述规定，均以体系实际得失来确定，即体系从环境得功与热，$W$、$Q$ 的数值规定为正；反之 $W$、$Q$ 的数值规定为负。因而热力学能增加为正，减少为负。

从式（2-1）还可得到如下结论。

（1）孤立体系因与环境之间既无物质交换又无能量交换，所以孤立体系进行任何过程时，$Q$、$W$ 均为零，故孤立体系中的热力学能 $U$ 不变，即孤立体系中热力学能守恒。这是热力学第一定律的又一种说法。

（2）由热力学第一定律表达式可知，若体系在相同的始态、终态间经历不同途径时，各个途径的 $Q$、$W$ 值可能各不相同，但（$Q+W$）的数值必然相同，都等于 $\Delta U$，而与具体途径无关。

**【例 1】** 某体系在一定的变化中从环境吸收 50kJ 的能量，对环境做了 30kJ 的功，求体系和环境的热力学能变化各是多少？

**解：** 体系吸热 50kJ，所以 $Q_{体}=50\text{kJ}$，体系对环境做了 30kJ 的功，故 $W_{体}=-30\text{kJ}$

根据式（2-1） $\Delta U_{体}=Q_{体}+W_{体}=50+(-30)=20(\text{kJ})$

对于环境而言，体系吸热，环境就要放热，故 $Q_{环}=-50\text{kJ}$，环境接受体系做的功，故 $W_{环}=30\text{kJ}$

根据式（2-1） $\Delta U_{环}=Q_{环}+W_{环}=-20(\text{kJ})$

计算结果表明，变化过程中体系增加了 20kJ 的能量，环境减少了 20kJ 的能量。若将体系和环境加和组成一个大的孤立体系，则体系和环境总能量保持不变。

## 第二节 化学反应的热效应

化学反应总是伴有能量的吸收或放出，对化学反应体系来说，这种能量的变化是非常重要的。

### 一、反应进度

反应进度是一个具有理论意义的描述反应进行程度的物理量，用符号 $\xi$ 表示。对一任意化学反应

$$aA+dD \longrightarrow gG+hH \tag{2-2}$$

按照热力学表达式状态函数增量习惯用终态-始态的方式，上述计量方程应移项表示为：

$$gG+hH-aA-dD=0 \qquad 即\ 0=\sum_{B}\nu_B B$$

式中，B 为参加反应的任何物质；$\nu_B$ 是反应物或产物 B 的化学计量数，对于反应物取负值，对于产物取正值。相应于式(2-2) 所表示的反应计量方程式 $\nu_A=-a$、$\nu_D=-d$、$\nu_G=g$、$\nu_H=h$。

在反应开始 $t=0$ 时，各物质的量为 $n_B(0)$，随反应进行到时刻 $t=t$ 时，反应物的量减少，产物的量增加，此时各物质的量为 $n_B(t)$。显然各物质的量的增加或减少，均与化学计量系数有关。

反应进度 $\xi$ 定义为：

$$\xi=\frac{n_B(t)-n_B(0)}{\nu_B}=\frac{\Delta n_B}{\nu_B} \tag{2-3}$$

$\xi$ 的单位是 mol。从式(2-3) 可以看出，$\xi=1$mol 的物理意义表示有 $a$mol 的反应物 A 和 $d$mol 的反应物 D 参加反应完全消耗，可以生成 $g$mol 的产物 G 和 $h$mol 的产物 H。

例如合成氨反应：

$$3H_2+N_2 = 2NH_3$$

反应进度 $\xi=1$mol，表示 3mol $H_2$ 和 1mol $N_2$ 完全反应，生成 2mol $NH_3$。若将该反应式写成 $\frac{3}{2}H_2+\frac{1}{2}N_2 = NH_3$ 时，反应进度 $\xi=1$mol，则表示有 $\frac{3}{2}$mol 的 $H_2$ 和 $\frac{1}{2}$mol 的 $N_2$ 参加反应完全消耗，生成 1mol $NH_3$。显然，反应进度与反应计量方程式的写法有关，它是按计量方程式为单元来表示反应进行的程度的。同一化学反应，计量方程写法不同，消耗同样量的反应物，$\xi$ 的数值不相同。对于同一计量方程，用反应体系中的任何一种物质的变化来表示反应进度，所得的数值均相同。故国际纯粹与应用化学联合会（IUPAC）建议在化学计算中采用反应进度。

### 二、反应热

测定化学反应热并研究其规律的科学称为热化学。热化学的基本理论是热力学第一定律。热化学中规定：只做体积功的化学反应体系，在反应物和产物的温度相等的条件下，反应体系所吸收或放出的热称为化学反应热，简称反应热。反应热通常指反应进度为 1mol 时的热。

热与过程有关，化学反应的热效应通常是在定容或定压条件下测定的，因此反应热有定容反应热和定压反应热。

**1. 定容反应热**

在定温定容且不做非体积功的条件下，化学反应的反应热，称为定容反应热，用符号$Q_V$表示。

当体系经历一个定容过程时，因 $\Delta V=0$，故体积功 $W_{体}=0$，又因过程中体系与环境无非体积功交换，则 $W_{非}=0$。即 $W=W_{体}+W_{非}=0$。根据式(2-1) 得

$$Q_V=\Delta U \tag{2-4}$$

上式的物理意义为：在不做非体积功的条件下，过程的定容反应热 $Q_V$ 等于体系的热力学能的变化 $\Delta U$。就是说，若要求不做非体积功定容过程中的热 $Q_V$，只需求出热力学能的变化值 $\Delta U$ 即可。因为热力学能 $U$ 是状态函数，其变化值 $\Delta U$ 只与体系的始态 1 和终态 2 有关。这样 $\Delta U$ 值的求取可在同一始、终态下通过别的途径来求取。另外，我们也可以利用弹式量热计测定体系的 $Q_V$ 来确定 $\Delta U$ 的值。

**2. 定压反应热**

在定温定压且不做非体积功的条件下，化学反应的反应热，称为定压反应热，用符号 $Q_p$ 表示。

由热力学第一定律可得

$$\Delta U=Q+W=Q_p-p\Delta V$$

所以

$$\begin{aligned}Q_p&=\Delta U+p\Delta V\\&=(U_2-U_1)+p(V_2-V_1)\\&=(U_2+pV_2)-(U_1+pV_1)\end{aligned}$$

热力学中定义一个新的状态函数焓，用符号 $H$ 表示：

令

$$H=U+pV \tag{2-5}$$

则

$$Q_p=H_2-H_1=\Delta H \tag{2-6}$$

上式的物理意义为：在不做非体积功的条件下，定压反应热等于体系焓的改变量。对于焓我们还应做如下的理解。

(1) 由焓的定义式 $H=U+pV$ 可知，焓 $H$ 也具有能量的量纲。

(2) 由于 $U$、$p$、$V$ 都是状态函数，而焓是 $U+pV$ 的组合，所以 $H$ 也是状态函数，其变化值 $\Delta H$ 只取决于体系的始态和终态，而与途径无关。焓是体系的容量性质，具有加和性。

(3) 由于热力学能 $U$ 的绝对值无法测量，而 $H=U+pV$，所以焓的绝对值也无法测量。

(4) 焓没有明确的物理意义，只是为了使用方便而在热力学上引入的一个物理量。

**3. 定压热和定容热的关系**

根据焓的定义 $H=U+pV$，故有：$\Delta H=\Delta U+\Delta(pV)$

在定压条件下 $\Delta H=\Delta U+p\Delta V$ (2-7)

将式 (2-4) 和式 (2-6) 代入式 (2-7) 可得

$$Q_p=Q_V+p\Delta V$$

对于反应物和产物都是固体和液体的反应，反应前后体系的体积变化很小，$p\Delta V$ 与 $\Delta U$、$\Delta H$ 相比可忽略不计，即 $\Delta H\approx\Delta U$，$Q_p\approx Q_V$。

对于有气体参加的反应，$p\Delta V$ 不能忽略。若把气体视为理想气体，当反应进度 $\xi=$

1mol 时，$p\Delta V=\sum_{B}\nu_B(g)RT$，因是定温过程，$R$ 又是常量。假定产物气体物质的量为 $\nu_{B,P}(g)$，反应物气体物质的量为 $\nu_{B,R}(g)$，则 $\sum_{B}\nu_B(g)=\nu_{B,P}(g)+\nu_{B,R}(g)$，这样，对有理想气体出现的反应有：

$$Q_{p,m}=Q_{V,m}+\sum_{B}\nu_B(g)RT \tag{2-8}$$

$$\Delta H_m=\Delta U_m+\sum_{B}\nu_B(g)RT \tag{2-9}$$

$\nu_B$ 是反应物或产物 B 的化学计量数，对于反应物取负值，对产物取正值。

**【例 2】** 在氧弹量热计中，测得 298K 1mol 尿素完全燃烧，生成二氧化碳和液态水，放热 633.3 kJ·mol$^{-1}$，计算反应的定压热 $Q_{p,m}$。

**解：**

$$CO(NH_2)_2(s)+\frac{3}{2}O_2(g)=CO_2(g)+N_2(g)+2H_2O(l)$$

$$Q_{p,m}=Q_{V,m}+\sum_{B}\nu_B(g)RT$$

$$=-633.3+(1+1-\frac{3}{2})\times8.314\times298\times10^{-3}$$

$$=-632.1(kJ\cdot mol^{-1})$$

## 三、热化学方程式

热化学方程式是表示化学反应与反应热关系的方程式。例如热化学方程式：

$$H_2(g)+I_2(g)=2HI(g) \qquad \Delta_rH_m^{\ominus}(298.15K)=-25.9(kJ\cdot mol^{-1})$$

该式代表在标准态时，1mol $H_2$(g) 和 1mol $I_2$(g) 完全反应生成 2mol HI(g)，反应放热 25.9kJ。标准态时化学反应的摩尔焓变称为标准摩尔反应焓，用符号 $\Delta_rH_m^{\ominus}$ 表示。

书写和应用热化学方程式时必须注意以下几点。

(1) 明确写出反应的计量方程式。各物质化学式前的化学计量数可以是整数，也可以是分数。

(2) 在各物质化学式右侧的圆括弧 () 中注明物质的聚集状态。用 g、l、s 分别代表气态、液态、固态。固体有不同晶态时，还需将晶态注明，例如 S（斜方），S（单斜），C（石墨），C（金刚石）等。溶液中的反应物质，则须注明其浓度。以 aq 代表水溶液，本书对在水溶液中进行的反应，aq 略去不写。

(3) 反应热与反应方程式相互对应。若反应式的书写形式不同，则相应的化学计量数不同，从而反应热亦不同。

(4) 热化学方程式必须标明反应的浓度、温度和压力等条件，若 $p=100$kPa、$T=298.15$K时可省略。如反应热 $\Delta_rH_m^{\ominus}$(298.15K) 可写成 $\Delta_rH_m^{\ominus}$，不必标明温度。

(5) $\Delta_rH_m^{\ominus}$ 的意义为：标准压力下，反应进度 $\xi=1$mol 时的焓变。下标 r 表示反应 (reaction)，下标 m 代表反应进度 $\xi=1$mol，上标$\ominus$表示标准压力。

(6) $\Delta_rH_m^{\ominus}$ 或 $\Delta_rH_m$ 的单位为 kJ·mol$^{-1}$ 或 J·mol$^{-1}$。$\Delta H$ 表示一个过程的焓变，单位为 kJ 或 J。二者之间的关系为 $\Delta H=\xi\cdot\Delta_rH_m$ 或 $\Delta H^{\ominus}=\xi\cdot\Delta_rH_m^{\ominus}$。

## 四、盖斯定律

俄国化学家盖斯（Гecc）根据大量的实验事实总结出关于反应热的定律：一个化学反应，不论是一步完成还是分几步完成，其反应热是相同的。即反应热只与反应体系的始终态有关，而与变化的途径无关。这称为盖斯定律，是热化学中最基本的定律。盖斯定律适用于任何状态函数的变化。

盖斯定律是在热力学第一定律建立之前提出来的经验定律，在热力学第一定律建立之后，盖斯定律在理论上得到圆满的解释。因为在反应体系不做非体积功时，$Q_V=\Delta U$、$Q_P=\Delta H$。而 $\Delta U$、$\Delta H$ 只与体系的始态、终态有关，所以无论是一步完成反应，或是多步完成反应，反应热都一样。

盖斯定律的实用性很大，利用它可将化学方程式像数学方程一样进行计算。根据已准确测定的反应热数据，通过适当运算就可以得到实际上难以测定的反应热。

**【例 3】** 已知 298.15K，标准状态下：

(1) $Cu_2O(s)+\frac{1}{2}O_2(g)$ ═══ $2CuO(s)$　　$\Delta_r H_m^{\ominus}(1)=-146.02(kJ\cdot mol^{-1})$

(2) $CuO(s)+Cu(s)$ ═══ $Cu_2O(s)$　　$\Delta_r H_m^{\ominus}(2)=-11.30(kJ\cdot mol^{-1})$

求(3) $CuO(s)$ ═══ $Cu(s)+\frac{1}{2}O_2(g)$ 的 $\Delta_r H_m^{\ominus}$

**解**：由题意可知：将（1）调转方向得：

(4) $2CuO(s)$ ═══ $Cu_2O(s)+\frac{1}{2}O_2(g)$　　$\Delta_r H_m^{\ominus}(4)=146.02(kJ\cdot mol^{-1})$

$$(3)=(4)-(2)$$

所以

$$\Delta_r H_m^{\ominus}(3)=\Delta_r H_m^{\ominus}(4)-\Delta_r H_m^{\ominus}(2)$$
$$=146.02-(-11.30)=157.32(kJ\cdot mol^{-1})$$

盖斯定律不仅适用于反应热的计算，也适用于各种状态函数改变量的计算。

## 五、标准摩尔生成焓与标准摩尔燃烧焓

如果有一化学反应 $aA+dD$ ═══ $gG+hH$，在温度 $T$、压力 $p$ 下，各物质的摩尔焓均有定值，分别为 $H_A$、$H_D$、$H_G$、$H_H$。当反应进度为 1mol 时，上述反应的反应热为：

$$\Delta_r H_m=hH_H+gH_G-aH_A-dH_D=\sum_B \nu_B H_B$$

假若知道反应中各物质 B 的焓的绝对值，任一反应的热效应就可以直接计算了，这种方法最为简便。但焓的绝对值无法测定，因此需采用其他方法来求算反应热。

### 1. 标准摩尔生成焓（标准摩尔生成热）

由单质生成化合物的反应叫生成反应，如 $C+O_2$ ═══ $CO_2$ 是 $CO_2$ 的生成反应。在指定温度及标准状态下，由元素的最稳定单质生成 1mol 化合物的反应热称为该化合物的标准摩尔生成焓，以 $\Delta_f H_m^{\ominus}$ 表示。符号中的下标 f 表示生成（formation），$\Delta_f H_m^{\ominus}$ 常用单位是 $J\cdot mol^{-1}$ 或 $kJ\cdot mol^{-1}$。

热化学规定的标准状态是标准压力 $p^{\ominus}$（100kPa）下的纯物质状态。为了避免温度变化出现无数多个标准态，常常选择 298.15K 作为规定温度。

在热化学中，规定在指定温度及标准状态下，元素的最稳定单质的标准生成焓值为零。如 C(石墨，s)、$Br_2(l)$、$H_2(g)$、$N_2(g)$、$O_2(g)$ 等均为最稳定的单质，因此它们的标准摩尔生成焓值为零。

反应 $H_2(g)+\frac{1}{2}O_2(g)$ ═══ $H_2O(l)$ 在 298.15K 的标准状态下的 $\Delta_r H_m^{\ominus}=-285.84kJ\cdot mol^{-1}$。

该温度下 $H_2$、$O_2$ 的稳定状态是气态。因此 $\Delta_f H_m^\ominus(H_2O, l, 298.15K) = -285.84 kJ \cdot mol^{-1}$。

附录Ⅰ中列出了一些物质在 298.15K 时的标准摩尔生成焓数据。

有了标准摩尔生成焓，就可以很方便地计算化学反应的反应热。

对于任何一个化学反应：

$$aA + bB = gG + hH$$

把生成物作为终态，把有关的稳定单质作为始态，从稳定态单质到生成物有两种途径，一是由始态直接到终态；另一个途径是由始态先到反应物，再由反应物转化为生成物。第一个途径的焓变为 $\sum_B \nu_B \Delta_f H_m^\ominus$（生成物），第二个途径的焓变为 $-\sum_B \nu_B \Delta_f H_m^\ominus$（反应物）$+ \Delta_r H_m^\ominus$。

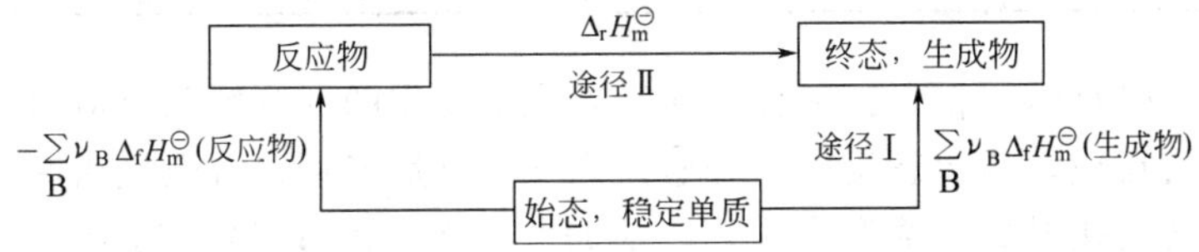


两个途经的焓变相等，根据盖斯定律得：

$$-\sum_B \nu_B \Delta_f H_m^\ominus(\text{反应物}) + \Delta_r H_m^\ominus = \sum_B \nu_B \Delta_f H_m^\ominus(\text{生成物})\text{移项得：}$$

$$\Delta_r H_m^\ominus = \sum_B \nu_B \Delta_f H_m^\ominus(\text{生成物}) + \sum_B \nu_B \Delta_f H_m^\ominus(\text{反应物})$$

$$\Delta_r H_m^\ominus = \sum_B \nu_B \Delta_f H_m^\ominus(B) \qquad (2\text{-}10)$$

**【例 4】** 由附录Ⅰ的数据计算反应 $C_2H_4(g) + \frac{1}{2}O_2(g) \rightleftharpoons\!\!= C_2H_4O(l)$ 在 298.15K、$p^\ominus$ 时的反应热。

**解：** 由式(2-10)得

$$\Delta_r H_m^\ominus = \sum_B \nu_B \Delta_f H_m^\ominus(B)$$
$$= \Delta_f H_m^\ominus(C_2H_4O, l) - \frac{1}{2}\Delta_f H_m^\ominus(O_2, g) - \Delta_f H_m^\ominus(C_2H_4, g)$$
$$= -192.3 - 52.26 = -244.56 \ (kJ \cdot mol^{-1})$$

**2. 标准摩尔燃烧焓**

无机化合物的生成热可以通过实验测定出来，而有机化合物的分子比较复杂，很难由元素单质直接合成，生成热的数据不易获得，在计算有机化学反应的热效应方面增加了困难。但几乎所有的有机化合物都能燃烧，生成 $CO_2$ 和 $H_2O$。燃烧热可以直接测定，从而可以根据燃烧热数据计算有机化学反应的热效应。

在规定温度标准压力 $p^\ominus$ 下，1mol 物质完全燃烧生成稳定产物的反应热称为该化合物的标准摩尔燃烧焓，以 $\Delta_c H_m^\ominus$ 表示。下标 c 代表燃烧（combustion），常用单位为 $kJ \cdot mol^{-1}$ 或 $J \cdot mol^{-1}$。

上述定义中，要注意“完全燃烧”的含意。C 氧化生成 CO 并非完全氧化反应，因 CO 还能继续氧化成 $CO_2$。在完全氧化反应中，化合物中元素 $C \rightarrow CO_2(g)$，$S \rightarrow SO_2(g)$，$H \rightarrow H_2O(l)$，$N \rightarrow N_2(g)$ 等反应产物，热化学中规定这些稳定产物及助燃物质 $O_2(g)$ 的标准摩尔燃烧焓为零。298.15K 时部分物质的燃烧焓见表 2-1。

**表 2-1　一些物质的标准燃烧焓**（298.15K）

| 物　质 | $\Delta_c H_m^{\ominus}/(kJ \cdot mol^{-1})$ | 物　质 | $\Delta_c H_m^{\ominus}/(kJ \cdot mol^{-1})$ |
|---|---|---|---|
| $H_2(g)$ | −285.84 | HCOOH(l) | −254.64 |
| C(石墨) | −393.51 | $CH_3COOH(l)$ | −871.54 |
| CO(g) | −283.0 | $(COOH)_2(s)$草酸 | −245.60 |
| $CH_4(g)$ | −890.31 | $C_6H_6(l)$ | −3267.54 |
| $C_2H_6(g)$ | −1559.84 | $C_6H_5CHO(l)$ | −3527.95 |
| $C_3H_8(g)$ | −2219.90 | $C_6H_5OH(s)$ | −3053.48 |
| HCHO(g) | −570.78 | $C_6H_5COOH(s)$ | −3226.87 |
| $CH_3CHO(l)$ | −1166.37 | $CO(NH_2)_2(s)$尿素 | −631.66 |
| $CH_3OH(l)$ | −726.51 | $C_6H_{12}O_6(s)$葡萄糖 | −2803.03 |
| $C_2H_5OH(l)$ | −1366.83 | $C_{12}H_{22}O_{11}(s)$蔗糖 | −5640.87 |

有了标准摩尔燃烧焓，就可以很方便地计算化学反应的标准摩尔反应焓。

对于一个燃烧反应，从始态反应物开始，到终态燃烧产物，可以经由两个途径完成这个变化：一是反应物直接燃烧，焓变为$-\sum\nu_B\Delta_c H_m^{\ominus}$（反应物）；另一途径是先完成化学反应得到生成物，再将生成物燃烧得到燃烧产物，这个途径的焓变为$\Delta_r H_m^{\ominus}+\sum\nu_B\Delta_c H_m^{\ominus}$（生成物）。

这两个途径的焓变相等，故可得

$$\Delta_r H_m^{\ominus}+\sum\nu_B\Delta_c H_m^{\ominus}(\text{生成物})=-\sum\nu_B\Delta_c H_m^{\ominus}(\text{反应物})$$

$$\Delta_r H_m^{\ominus}=-\sum\nu_B\Delta_c H_m^{\ominus}(B) \tag{2-11}$$

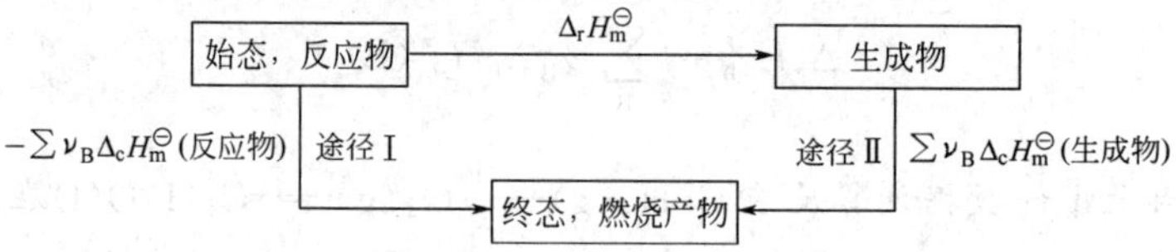


**【例 5】** 在 298.15K，$p^{\ominus}$ 下，葡萄糖（$C_6H_{12}O_6$）和乳酸（$CH_3CHOHCOOH$）的标准摩尔燃烧焓分别为 $-2803.03kJ \cdot mol^{-1}$ 和 $-321.2kJ \cdot mol^{-1}$，求 298.15K 及 $p^{\ominus}$ 下，酶将葡萄糖转化为乳酸的反应热。

**解：**

$$C_6H_{12}O_6(s)=2CH_3CHOHCOOH(l)$$

由式(2-11) 得：

$$\Delta_r H_m^{\ominus}=\Delta_c H_m^{\ominus}(\text{葡})-2\Delta_c H_m^{\ominus}(\text{乳})$$
$$=-2803.03-(-312.1\times 2)=-2160.63(kJ \cdot mol^{-1})$$

# 第三节　熵

## 一、自发过程

人们的实践经验证明，自然界中发生的过程都具有一定的方向性。例如水能从高处流向低处，而绝不会自动从低处往高处流；电流总是从电位高的地方向电位低的地方流动，其反方向也不会自动进行；当两个温度不同的物体互相接触时，热总是从高温物体传向低温物体，直到两物体的温度相等为止；夏天将冰块放置室内，它会融化；把 NaCl 溶液加入 $AgNO_3$溶液中，将自动生成 AgCl 沉淀及 $NaNO_3$ 溶液。这种在一定条件下不需外力作用就能自动进行的过程，我们称它为自发过程。

上述自发变化都不会自动逆向进行，但并不意味着它们根本不可能进行。例如

$H_2(g)+1/2O_2(g) \rightarrow H_2O(l)$是自发变化，而逆反应是非自发的，但这个非自发过程不是不可能发生的，在常温下可以通过电解来实现。也就是说只有环境对体系做功才可能实现，否则是不可能进行的。

究竟哪些过程或反应可以自发进行呢？什么是判断反应自发性的标准呢？人们首先认为自发反应是放热的。如果真是如此，则反应的 $\Delta H$ 为负值，反应自发进行；反应的 $\Delta H$ 为正值，反应不能自发进行。经过大量的研究发现，许多放热反应在常温常压下是自发进行的；但另一方面有许多吸热过程在常温和常压下也是自发的。例如冰的融化，硝酸钾、氯化铵溶于水都是吸热过程。然而冰在 1 大气压下于室温时会自动融化，在室温下，将硝酸钾、氯化铵放入水中就溶解。煅烧石灰石制取石灰，$N_2O_5$ 自动分解为二氧化氮和氧气，水的蒸发等变化，也都是常见的自发过程。由此可知，把焓变作为化学反应自发性的普遍判据是不准确、不全面的。在热力学中有两个重要的基本规律控制着物质体系的变化方向：①物质的体系倾向于取得最低的能量状态；②物质的体系倾向于取得最大的混乱度。例如，有人手中拿一把整齐排列的火柴，偶一松手，火柴就会自动跌落到地上，变成散乱状态。在这一过程中，一方面体系的势能降低了，另一方面混乱度增大了。要想使地上一堆零乱的火柴自动整齐地回到手上是不可能自动实现的。化学反应也不例外，同样遵从这两个自然规律。

## 二、混乱度和熵

### 1. 混乱度

混乱度也称为无序度，它的大小与体系中可能存在的微观状态数目有关，用符号 $\Omega$ 表示。下面以 $NH_4Cl$ 的溶解和 $Ag_2O$ 的分解为例说明混乱度增大的过程是可以自发进行的过程。例如，$NH_4Cl$ 晶体中的 $NH_4^+$ 和 $Cl^-$，在晶体中的排列是整齐的、有序的。$NH_4Cl$ 晶体投入水中后，晶体表面的 $NH_4^+$ 及 $Cl^-$ 受到极性水分子的吸引而从晶体表面脱落，形成水合离子并在水中扩散。在 $NH_4Cl$ 溶液中，无论是 $NH_4^+$、$Cl^-$ 还是水分子，它们的分布情况比 $NH_4Cl$ 溶解前要混乱得多。又如 $Ag_2O$ 的分解过程，反应式 $Ag_2O(s) = 2Ag(s)+\frac{1}{2}O_2(g)$ 表明：1mol 的 $Ag_2O(s)$ 分解产生 2mol 的 $Ag(s)$ 和 $\frac{1}{2}$mol 的 $O_2(g)$，反应前后对比，不但物质的种类和“物质的量”增多，更重要的是产生了热运动自由度很大的气体，整个体系的混乱度增大了。

### 2. 熵

熵是反映体系内部质点运动混乱程度的状态函数，用符号 $S$ 表示。熵与混乱度的关系为：$S=k\ln\Omega$，此式叫玻兹曼公式，式中 $k$ 是玻兹曼常数，$\Omega$ 代表体系的混乱度。根据玻兹曼公式，熵是体系内部质点运动的混乱程度的量度，是代表体系的性质。因此，一定条件下处于一定状态的物质及整个体系都有各自确定的熵值。熵是体系的状态函数，是一个广度量，具有加和性。熵的单位为 $J \cdot K^{-1}$。体系的混乱程度越大，对应的熵值就越大。一物质从固态转化为液态再转为气态时物质内部质点排列的有序性逐步减小并同时增加了运动，即其混乱程度逐步增加。所以一物质气态的熵大于液态或固态的，一物质液态的熵大于固态的熵。气态物质的量增加的反应，由于反应后体系内部质点运动的混乱度增大而引起熵增大。因此，体系混乱度增加的过程即为熵增过程。

## 三、热力学第二定律

热力学第二定律有多种说法，其实质都是一样的，都是说明过程自发进行的方向和限度问题。其中“孤立体系的熵永不减少。”即熵增原理是热力学第二定律的一种说法。此种说法指出，在孤立体系中，体系与环境没有能量交换，体系总是自发地向混乱度增大的方向，即熵增大的方向进行，直到熵增至某种条件下最大，达到平衡为止，不可能发生熵减少的过程。为此，孤立体系的熵判据为：

$\Delta S_{孤立}>0$ 自发过程

$\Delta S_{孤立}=0$ 平衡状态

$\Delta S_{孤立}<0$ 非自发过程

热力学第二定律是热力学最基本的定律之一。

## 四、热力学第三定律和标准熵

### 1. 热力学第三定律

前面指出，体系的熵函数是与体系内部大量粒子的无序化程度直接有关的。体系的混乱度越低，有序度越高，熵值就越低。同一物质在相同条件下 $S(g)>S(l)>S(s)$。若将固态的温度再降低，则体系的熵值也随之降低。这种变化的规律对任何一种物质均相同。

人们充分考虑上述规律性，并根据一系列低温实验事实的推测，在 20 世纪初总结出热力学第三定律。它的内容为：在热力学温度零度时，任何纯物质的完美晶体的熵值都等于零。它的数学表达式是 $\lim_{T\to 0} S_T=0$ 或 $S_{0K}=0$。

所谓完美晶体，是指质点形成完全有规律的点阵结构，以一种几何方式去排列原子或分子，而内部无任何缺陷的晶体。

### 2. 标准熵

根据第三定律规定的 $S_{0K}=0$，利用物质的比热、摩尔质量、相变焓等性质，可以计算出各种物质在一定温度下熵值的大小。1mol 纯物质在标准状态下的熵称为标准摩尔熵，用符号 $S_m^\ominus$ 表示，单位为 $J\cdot K^{-1}\cdot mol^{-1}$。附录Ⅰ列出了一些物质在 298.15K 时的标准摩尔熵。

与热力学能、焓这样的一些状态函数不同，体系的熵这个状态函数的绝对值是可以知道的。另外，熵值大小存在着如下变化规律。

（1）物质的聚集态　不同聚集态的同种物质在相同条件下其熵值相对大小为：

$$S_m^\ominus(g)>S_m^\ominus(l)>S_m^\ominus(s)$$

（2）物质的纯度　混合物或溶液的熵值一般大于纯物质的熵值。

（3）物质的组成、结构　复杂分子的熵值大于简单分子的熵值。

（4）体系的温度、压力　物质在高温时的熵值大于低温时的熵值。气态物质的熵值随压力的增大而减小。

### 3. 化学反应的熵变

熵既然与热力学能、焓一样，是体系的状态函数，故化学反应的熵变（$\Delta S$）与反应焓变（$\Delta H$）的计算原则相同，只取决于反应的始态和终态，而与变化的途径无关。因此应用标准熵的数值可以计算出化学反应的标准熵的变化量。例如在标准状态下，化学反应 $aA+dD=gG+hH$

则
$$\Delta_r S_m^\ominus=\sum_B \nu_B\cdot S_m^\ominus(B) \tag{2-12}$$

**【例 6】** 试计算反应：$2SO_2(g)+O_2(g)\rightarrow 2SO_3(g)$ 在 298.15K 时的标准熵变。

**解：** 由附录Ⅰ查得：　$2SO_2(g)+O_2(g)\rightarrow 2SO_3(g)$

$S_m^\ominus/(J\cdot K^{-1}\cdot mol^{-1})$　248.1　205.03　256.6

由式(2-12) 得

$$\Delta_r S_m^{\ominus} = \sum_B \nu_B \cdot S_m^{\ominus}(B)$$

$$= 2\times 256.6 - 2\times 248.1 - 205.03 = -187.79\ (J\cdot K^{-1}\cdot mol^{-1})$$

# 第四节　吉布斯自由能

## 一、吉布斯自由能和过程的自发性

前面我们已经说明，定温定压下的焓变 $\Delta H$ 不能作为自发反应的判据。而后又讨论了体系的熵变。单凭体系的熵变 $\Delta S$ 能作为过程自发变化的判据吗？也不行。在例 6 中，$SO_2(g)$氧化为 $SO_3(g)$的反应在 298.15K、标准态下是一个自发反应，但其 $\Delta_r S_m^{\ominus}<0$。这表明除孤立体系外，单纯用体系的熵变（$\Delta S$）的正、负值来作为过程自发性的普遍判据也是不妥的。那么，在定温定压条件下有没有判定过程能否自发进行的标准呢？1878 年美国著名的物理学家吉布斯（Gibbs）提出了一个新的状态函数，称为吉布斯自由能（本书简称自由能），符号为 $G$。其定义式为：

$$G = H - TS \tag{2-13}$$

由于 $H$、$T$、$S$ 都是状态函数，所以它们的线性组合 $G$ 也是状态函数，是一种广度性质，具有能量的单位 J 或 kJ。由于 $U$、$H$ 的绝对值无法求算，所以 $G$ 的绝对值也无法确定。当一个体系从始态（自由能为 $G_1$）变化到终态（自由能为 $G_2$）时，体系的自由能变化值 $\Delta G = G_2 - G_1$；若是化学反应体系，则 $G_1$ 和 $G_2$ 分别是反应物和产物的自由能。对可逆反应而言，正逆反应的 $\Delta G$ 数值相等，符号相反。

多数化学反应和相变化都是在定温定压下进行的。大量的实验事实及理论推导可以得出，对于一个定温定压下的封闭体系，体系总是自发地朝着自由能降低（$\Delta G<0$）的方向进行；当体系的自由能降低到最小值（$\Delta G=0$）时达到平衡状态；体系的自由能升高（$\Delta G>0$）的过程不能自发进行，但逆过程可自发进行，这就是自由能判据。即

$$\begin{array}{ll} \Delta G<0 & \text{自发过程} \\ \Delta G=0 & \text{平衡状态} \\ \Delta G>0 & \text{非自发过程} \end{array} \tag{2-14}$$

## 二、标准摩尔生成自由能

多数化学反应是在定温、定压条件下发生的，因此用自由能的变化来判断化学反应的自发性是很方便的。

如同标准摩尔生成焓一样，热力学规定：在规定温度、标准压力 $p^{\ominus}$下，稳定单质的生成自由能为零。在此条件下由稳定单质生成 1mol 物质时自由能的变化，就是该物质的标准摩尔生成自由能，用符号 $\Delta_f G_m^{\ominus}$ 表示，其单位是 $kJ\cdot mol^{-1}$或 $J\cdot mol^{-1}$。附录Ⅰ列出了部分物质在 298.15K 时的标准摩尔生成自由能。

在标准状态下化学反应的标准摩尔自由能改变量：

$$\Delta_r G_m^{\ominus} = \sum_B \nu_B \Delta_f G_m^{\ominus}(B) \tag{2-15}$$

**【例 7】** 求 298.15K、标准态下反应 $Cl_2(g) + 2HBr(g) = Br_2(l) + 2HCl(g)$的 $\Delta_r G_m^{\ominus}$，并判断反应的自发性。

**解**：从附录Ⅰ查得 $\Delta_f G_m^{\ominus}(HBr) = -53.43kJ \cdot mol^{-1}$，$\Delta_f G_m^{\ominus}(HCl) = -95.30kJ \cdot mol^{-1}$。由式(2-15) 得：

$$\Delta_r G_m^{\ominus} = 2\Delta_f G_m^{\ominus}(HCl) + \Delta_f G_m^{\ominus}(Br_2) - 2\Delta_f G_m^{\ominus}(HBr) - \Delta_f G_m^{\ominus}(Cl_2)$$
$$= 2\times(-95.30) + 0 - 2\times(-53.43) - 0 = -83.74(kJ \cdot mol^{-1})$$

$\Delta_r G_m^{\ominus} < 0$，在标准状态下反应可以自发进行。

## 三、温度对反应自发性的影响——吉布斯-赫姆霍兹方程

在定温定压下进行的任何化学反应，都有特定的 $\Delta G$、$\Delta H$ 和 $\Delta S$ 值。$\Delta G$ 值的正、负决定反应自发进行的方向，$\Delta H$ 是化学反应焓变，$\Delta S$ 表示化学反应的熵变，定温下：

$$\Delta G = \Delta H - T\Delta S \qquad (2\text{-}16)$$

此式叫吉布斯-赫姆霍兹（Gibbs-Helmholts）方程。式中 $T$ 为热力学温度，$\Delta G$、$\Delta H$ 和 $\Delta S$ 分别为 $T$ 时的自由能变、焓变和熵变。方程表明，化学反应的自由能变化 $\Delta G$ 由两项决定：一项是焓变 $\Delta H$；另一项是与熵变和温度有关的 $T\Delta S$ 项。如果这两项使 $\Delta G$ 为负值，则正反应将是自发反应。因此，焓变和熵变对于反应方向都产生影响，只不过在不同的条件下影响大小不同而已。根据吉布斯—赫姆霍兹方程，$\Delta H$ 和 $\Delta S$ 的符号在不同的温度下对 $\Delta G$ 的影响可能出现以下四种情况，列于表 2-2。

**表 2-2　定压下温度对反应自发性的影响**

| 种类 | $\Delta H$ | $\Delta S$ | $\Delta G = \Delta H - T\Delta S$ | 结　论 | 实　例 |
|---|---|---|---|---|---|
| 1 | － | ＋ | 总为－ | 在任何温度反应都能自发进行 | $2H_2O_2(l) \rightarrow 2H_2O(l) + O_2(g)$ |
| 2 | ＋ | － | 总为＋ | 在任何温度反应都不能自发进行 | $CO(g) \rightarrow C(s) + \frac{1}{2}O_2(g)$ |
| 3 | ＋ | ＋ | 低温为＋<br>高温为－ | 低温反应非自发<br>高温反应自发 | $CaCO_3(s) \rightarrow CaO(s) + CO_2(g)$ |
| 4 | － | － | 低温为－<br>高温为＋ | 低温反应自发<br>高温反应非自发 | $HCl(g) + NH_3(g) \rightarrow NH_4Cl(s)$ |

（1）体系的 $\Delta H$ 为负值（放热反应），$\Delta S$ 为正值（混乱度增大的反应），焓变和熵变均有利于反应自发进行，故不论在任何温度下反应都能自发进行。例如过氧化氢的分解反应：

$$2H_2O_2(l) \longrightarrow 2H_2O(l) + O_2(g)$$

（2）体系的 $\Delta H$ 为正值（吸热反应），$\Delta S$ 为负值（混乱度减小的反应），焓变和熵变均不利于反应自发进行，故不论温度高低，反应均不能正向自发进行。例如一氧化碳气体的分解：

$$CO(g) \longrightarrow C(s) + \frac{1}{2}O_2(g)$$

（3）体系的 $\Delta H$ 和 $\Delta S$ 均为正值，熵变有利于自发反应，而焓变则相反。$\Delta G$ 的正负取决于 $|T\Delta S|$ 与 $|\Delta H|$ 相对数值的大小，升高温度可以增大 $|T\Delta S|$ 项的影响力，有利于反应正向自发进行。例如碳酸钙的受热分解：

$$CaCO_3(s) \longrightarrow CaO(s) + CO_2(g)$$

上述反应室温下不能自发进行，温度升至 1111K 以上就可以自发进行了。

（4）体系的 $\Delta H$ 和 $\Delta S$ 都是负值，焓变有利于自发反应，而熵变不利于自发反应，在较低温度时 $|T\Delta S| < |\Delta H|$，$\Delta G$ 为负值，正反应自发进行，即焓变起主导作用。随着温度的升高，当 $|T\Delta S| > |\Delta H|$ 时，$T\Delta S$ 的影响就超过了 $\Delta H$ 的影响，$\Delta G$ 就改变了符号成

为正值，正反应就不能自发进行，而逆向则可自发进行。例如：

$$HCl(g) + NH_3(g) \longrightarrow NH_4Cl(s)$$

对于定温下进行的化学反应，则得到：

$$\Delta_r G_m = \Delta_r H_m - T\Delta_r S_m \qquad (2\text{-}17)$$

若反应是在标准状态下进行的，则：

$$\Delta_r G_m^{\ominus} = \Delta_r H_m^{\ominus} - T\Delta_r S_m^{\ominus} \qquad (2\text{-}18)$$

当反应体系的温度变化不太大时，$\Delta_r H^{\ominus}{}_m$ 及 $\Delta_r S_m^{\ominus}$ 变化不大，可近似看作是常数。计算中常用 298.15K 时的 $\Delta_r H_m^{\ominus}$ 和 $\Delta_r S_m^{\ominus}$ 来替代温度为 $T$ 时的 $\Delta_r H_m^{\ominus}$ 和 $\Delta_r S_m^{\ominus}$。因此，

$$\begin{aligned}\Delta_r G_m^{\ominus}(T) &= \Delta_r H_m^{\ominus}(T) - T\Delta_r S_m^{\ominus}(T)\\ &\approx \Delta_r H_m^{\ominus} - T\Delta_r S_m^{\ominus}\end{aligned} \qquad (2\text{-}19)$$

利用式(2-19) 可以估算反应自发进行的温度，也可以近似计算不同温度下反应的 $\Delta_r G_m^{\ominus}$。

**【例 8】** 求 298.15K 和 1000K 时下列反应的 $\Delta_r G_m^{\ominus}$，判断在此两温度下反应的自发性，估算反应可以自发进行的最低温度是多少？

$$CaCO_3(s) \xlongequal{} CaO(s) + CO_2(g)$$

**解：** 由附录Ⅰ查得各物质的标准摩尔生成焓及标准摩尔熵的数据求算 $\Delta_r H_m^{\ominus}$ 及 $\Delta_r S_m^{\ominus}$。

$$\begin{aligned}\Delta_r H_m^{\ominus} &= \Delta_f H_m^{\ominus}[CaO(s)] + \Delta_f H_m^{\ominus}[CO_2(g)] - \Delta_f H_m^{\ominus}[CaCO_3(s)]\\ &= -635.09 + (-393.51) - (-1206.92) = 178.32(kJ \cdot mol^{-1})\end{aligned}$$

$$\begin{aligned}\Delta_r S_m^{\ominus} &= S_m^{\ominus}[CaO(s)] + S_m^{\ominus}[CO_2(g)] - S_m^{\ominus}[CaCO_3(s)]\\ &= 39.75 + 213.64 - 92.88 = 160.51(J \cdot K^{-1} \cdot mol^{-1})\end{aligned}$$

所以

$$\begin{aligned}\Delta_r G_m^{\ominus} &= \Delta_r H_m^{\ominus} - T \cdot \Delta_r S_m^{\ominus}\\ &= 178.32 - 298.15 \times 160.51 \times 10^{-3} = 130.46(kJ \cdot mol^{-1})\end{aligned}$$

由于 $\Delta_r G_m^{\ominus} = 130.46\ kJ \cdot mol^{-1} > 0$，故在 298.15K、$p^{\ominus}$ 下该反应不能自发进行。

$$\begin{aligned}\Delta_r G_m^{\ominus}(1000K) &\approx \Delta_r H_m^{\ominus}(298.15K) - T \cdot \Delta_r S_m^{\ominus}(298.15K)\\ &= 178.32 - 1000 \times 160.51 \times 10^{-3} = 17.81(kJ \cdot mol^{-1})\end{aligned}$$

故在 1000K，$p^{\ominus}$ 下该反应仍不能自发进行。

设在温度为 $T$ 时反应可自发进行，则

$$\Delta_r G_m^{\ominus}(T) \approx \Delta_r H_m^{\ominus}(298.15K) - T \cdot \Delta_r S_m^{\ominus}(298.15K) < 0$$

即

$$178.32 \times 10^3 - T \times 160.51 < 0$$

$$T > 1111\ (K)$$

故当温度高于 1111K 时，该反应才能自发进行。

## 本章小结

(1) 重要基本概念

状态：系统宏观的物理和化学性质的综合表现。

状态函数：状态函数是系统的性质，重要的特点是状态函数的变化量只与始态和终态有关与变化途径无关。

(2) 定律

热力学第一定律：宏观的能量守恒定律

$$\Delta U = Q + W$$

盖斯定律：实质是能量守恒，是计算化学反应热效应的基础。

热力学第二定律：判断孤立系统自发过程进行方向的经验定律，熵增原理。

(3) 热效应

热效应是指生成物的温度与反应开始前的反应物具有相同的温度时，化学反应（或物理过程）中只作体积功时的热量变化。用 $Q$ 表示，$Q>0$ 为吸热反应，$Q<0$ 为放热反应。

热效应通常分为定压热效应 $Q_p=\Delta H$ 和定容热效应 $Q_V=\Delta U$，两者的关系为

$$Q_{p,m}=Q_{V,m}+\sum v_B(g)RT \quad \Delta H_m=\Delta U_m+\sum v_B(g)RT$$

(4) 重要状态函数

| 状态函数 | | 特点 | 物理意义 | 反应变化量的计算 |
|---|---|---|---|---|
| $H$ | 绝对值尚无法测定 | $\Delta H$ 随温度变化不大 | 封闭系统定压只作体积功 $\Delta H=Q_P$ | $\Delta_r H_m^{\ominus}=\sum v_B \Delta_f H_m^{\ominus}$<br>$\Delta_r H_m^{\ominus}=-\sum v_B \Delta_c H_m^{\ominus}$ |
| $S$ | 纯净完美晶体 $S(0\ K)=0$ | $\Delta S$ 随温度变化不大 | 系统混乱度的量度 | $\Delta_r S_m^{\ominus}=\sum v_B \Delta S_m^{\ominus}$ |
| $G$ | 绝对值尚无法测定 | $\Delta G$ 随温度变化不大 | 封闭系统等温等压 $\Delta G=-W_f(\max)$ | $\Delta_r G_m^{\ominus}=\sum v_B \Delta_f G_m^{\ominus}$ |

$v_B$ 为反应式中各物质前面的计量系数，对反应物取负，生成物取正。

(5) 反应的自发性

在一定条件下，无需外力作功就能自动进行的反应称为自发反应，反之为非自发反应。自发反应的两种判断：

| 判断依据 | 适用范围 | 判断式 | | |
|---|---|---|---|---|
| | | 自发反应 | 非自发反应 | 平衡状态 |
| 熵判据（熵增加原理） | 孤立系统 | $\Delta S>0$ | $\Delta S<0$ | $\Delta S=0$ |
| 自由能判据（自由能减少原理） | 封闭系统等温等压 $W_f=0$ | $\Delta G<0$ | $\Delta G>0$ | $\Delta G=0$ |

(6) 温度对自由能的影响

吉布斯-亥姆霍兹公式 $\Delta G=\Delta H-T\Delta S$ 是热力学中的重要公式之一，它揭示了在一定条件下焓效应、熵效应以及温度对反应自发性的影响。

$$\Delta_r G_m^{\ominus}(T)=\Delta_r H_m^{\ominus}(T)-T\,\Delta_r S_m^{\ominus}(T)$$

当反应温度变化范围不是很大时，$\Delta_r G_m^{\ominus}(T)$ 可用下列近似公式计算

$$\Delta_r G_m^{\ominus}\approx\Delta_r H_m^{\ominus}(298K)-T\,\Delta_r S_m^{\ominus}(298K)$$

转向温度：

$$T\approx\Delta_r H_m^{\ominus}(298K)/\Delta_r S_m^{\ominus}(298K)$$

## 思考题

1. 什么叫状态函数？它具有什么特性？

2. 由物质的量为 $n$ 的某纯理想气体组成的体系，若要确定该体系的状态，则还必须确定哪些状态函数？

3. 什么是功和热？功和热是途径函数还是状态函数？

4. 热力学第一定律的表达式是什么？

5. 什么是盖斯定律？根据盖斯定律能否得出“热是状态函数”的结论？

6. 什么是热化学方程式？书写热化学方程式应注意什么？

7. 什么是热力学标准态？标准态对温度有没有具体规定？

8. 什么叫混乱度？什么叫熵？它们有什么关系？

9. 怎样判断孤立体系或定温定压过程的自发性？

10. 在孤立体系中无论发生何种变化，其 $\Delta U=$______，$\Delta H=$______。

11. 符号 $\Delta_r H_m^\ominus$，$\Delta_f H_m^\ominus$，$\Delta_f G_m^\ominus$，$\Delta_r G_m^\ominus$，$S_m^\ominus$，$\Delta_r S_m^\ominus$，$Q_V$，$Q_p$，$\Delta U$ 各代表什么意义？

12. 臭氧是单质，为什么它的 $\Delta_f H_m^\ominus$ 不等于零？

13. 评论下列各种陈述：

(1) 放热反应是自发的。

(2) 反应的 $\Delta S$ 为正值，该反应是自发的。

(3) 如反应的 $\Delta H$ 和 $\Delta S$ 皆为正值，当升温时 $\Delta G$ 减小。

## 习　题

1. 计算下列情况体系的热力学能变化：

(1) $Q=200\text{J}$　　$W=120\text{J}$

(2) $Q=-300\text{J}$　　$W=-750\text{J}$

(3) 体系吸热 280J，并且体系对环境做功 460J

2. 已知 298.15K，标准状态下 HgO 在开口容器中加热分解：

$$HgO(s) = Hg(l) + \frac{1}{2}O_2(g)$$

若吸收 22.17kJ 热可生成 Hg(l)50.10g，求该反应的 $\Delta_r H_m^\ominus$，若在密封的容器中反应，生成同样量的 Hg(l) 需吸热多少？

$(88.77\text{kJ}\cdot\text{mol}^{-1}$；$21.86\text{kJ})$

3. 已知 $C_6H_6(l)$ 标准燃烧焓为 $-3267\text{kJ}\cdot\text{mol}^{-1}$，$CO_2(g)$ 和 $H_2O(l)$ 的标准生成焓分别为 $-393\text{kJ}\cdot\text{mol}^{-1}$ 及 $-285\text{kJ}\cdot\text{mol}^{-1}$，求 $C_6H_6(l)$ 的标准摩尔生成焓。

$(54\text{kJ}\cdot\text{mol}^{-1})$

4. 由 $\Delta_f H_m^\ominus$ 的数据计算 298.15K，标准态下的反应热 $\Delta_r H_m^\ominus$

(1) $CO(g)+H_2O(g) = CO_2(g)+H_2(g)$

(2) $2NH_3(g) \longrightarrow N_2(g)+3H_2(g)$

$(-42.96\text{kJ}\cdot\text{mol}^{-1}$；$92.22\text{kJ}\cdot\text{mol}^{-1})$

5. 由 $\Delta_f H_m^\ominus$ 和 $S_m^\ominus$ 数据，计算下列反应在 298.15K 时的 $\Delta_r G_m^\ominus$，$\Delta_r S_m^\ominus$ 和 $\Delta_r H_m^\ominus$

(1) $N_2(g)+3H_2(g) = 2NH_3(g)$

(2) $2H_2S(g)+3O_2(g) = 2SO_2(g)+2H_2O(l)$

$(-33.00\text{kJ}\cdot\text{mol}^{-1}$，$-198.61\text{J}\cdot\text{K}^{-1}\cdot\text{mol}^{-1}$，$-92.22\text{kJ}\cdot\text{mol}^{-1}$；$-1007.74\text{kJ}\cdot\text{mol}^{-1}$，$-390.41\text{J}\cdot\text{K}^{-1}\cdot\text{mol}^{-1}$，$-1124.14\text{kJ}\cdot\text{mol}^{-1})$

6. 由 $\Delta_c H_m^\ominus$ 的数据计算下列反应在 298.15K，标准状态下的 $\Delta_r H_m^\ominus$

(1) $C_6H_5COOH(s)+H_2(g) = C_6H_6(l)+HCOOH(l)$

(2) $HCOOH(l)+CH_3CHO(l) = CH_3COOH(l)+HCHO(g)$

$(9.47\text{kJ}\cdot\text{mol}^{-1}$；$21.31\text{kJ}\cdot\text{mol}^{-1})$

7. 已知 298.15K 时，下列反应

| | $BaCO_3(s)$ | $= BaO(s)$ | $+ CO_2(g)$ |
|---|---|---|---|
| $\Delta_f H_m^\ominus/(\text{kJ}\cdot\text{mol}^{-1})$ | $-1216$ | $-548.10$ | $-393.51$ |
| $S_m^\ominus/(\text{J}\cdot\text{K}^{-1}\cdot\text{mol}^{-1})$ | 112 | 72.09 | 213.64 |

求 298.15K 时该反应的 $\Delta_r H_m^\ominus$，$\Delta_r S_m^\ominus$，$\Delta_r G_m^\ominus$，以及该反应可自发进行的最低温度。

(274.39kJ·mol$^{-1}$；173.73J·K$^{-1}$·mol$^{-1}$；222.59kJ·mol$^{-1}$；1579K)

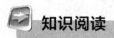

## 知识阅读

### Ice That Burns

Ice that burns? Yes, there is such a thing. It is called methane hydrate. And there is enough of it to meet our energy needs for years. But scientists have yet to figure out how to mine it without causing an environmental disaster.

Bacteria in the sediments on the ocean floor consume organic material and generate methane gas. Under high pressure and low temperature conditions , methane forms methane hydrate, which consists of single molecules of the natural gas trapped within crystalline cages formed by frozen water molecules. A lump of methane hydrate looks like a gray ice cube. But if one puts a lighted match to it, it will burn.

Oil companies have known about methane hydrate since the 1930s, when they began using high-pressure pipelines to transport natural gas in cold climates. Unless water is carefully removed before the gas enters the pipeline, chunks of methane hydrate will impede the flow of gas.

The total reserve of the methane hydrate in the world's oceans is estimated to be $10^{13}$ tons of carbon content, about twice the amount of carbon in all the coal, oil, and natural gas on land. However, harvesting the energy stored in methane presents a tremendous engineering challenge. It is believed that methane hydrate acts as a kind of cement to keep the ocean floor sediments together. Tampering with the hydrate deposits could cause underwater landslides, leading to the discharge of methane into the atmosphere. This event could have serious consequences for the environment, because methane is a potent greenhouse gas. In fact, scientists have speculated that the abrupt release of methane hydrates may have hastened the end of the last ice age about 10000 years age. As the great blanket of the last ice age ice melted, global sea levels swelled by more than 90 m, submerging Arctic regions rich in hydrate deposits. The relatively warm ocean water would have melted the hydrates. Unleashing tremendous amounts of methane, which led to global warming.

# 第三章

# 化学反应速率和化学平衡

**【知识目标】**

1. 了解有关反应速率的概念及其影响因素。
2. 掌握影响化学反应速率的因素，掌握 Arrhenius 公式。
3. 理解化学平衡的特征及平衡常数表达式。
4. 掌握浓度、压强、温度等条件对化学平衡的影响。
5. 掌握化学平衡移动的原理。

**【能力目标】**

1. 掌握化学平衡及平衡移动规律，掌握标准平衡常数的意义及表达式的书写；掌握平衡移动原理，平衡体系组成的计算；掌握温度、浓度（压力）对化学平衡的影响。

2. 理解化学反应速率方程（质量作用定律）和反应级数的概念，理解活化能、活化分子、催化剂的概念；掌握影响反应速率的因素，理解反应速率和化学平衡在实际应用中综合考虑的必要性。

研究化学反应，最重要的问题有三个：第一是化学反应能否发生（即化学反应进行的方向），这是化学热力学问题，前章已讨论；第二是化学反应进行的快慢（即化学反应速率的大小），这是化学动力学的问题；第三是化学反应进行的限度（即化学平衡）。本章主要讨论反应速率和化学平衡问题。对于有益的化学反应，如合成氨，人们总是希望氢气与氮气反应的速率越快越好，节省反应时间，提高经济效益；并尽可能多地使反应物转化为生成物，提高原材料的利用率，降低成本。对于不利的化学反应或者我们不需要的化学反应，如铁的生锈、金属的腐蚀、食物的变质、染料的褪色、橡胶和塑料的老化等，要采取措施减慢反应速率，尽量减少物料的损耗。因此这两个问题在生产上直接关系到产品的产量、质量以及设备的使用寿命，是生产和科研中的重要问题。

## 第一节　化学反应速率

有些化学反应进行得很快，几乎瞬间就能完成。例如，炸药的爆炸、酸碱中和反应等；但是也有些反应进行得很慢，例如，煤和石油在地壳内的形成需要几十万年的时间。就是说不同的反应其反应速率不同。为了比较反应的快慢，需要明确化学反应速率的概念。化学反应速率指在一定条件下，反应物转变成为生成物的速率。

### 一、平均速率

化学反应的平均速率（$\bar{v}$）通常用单位时间内某一反应物浓度的减少或生成物浓度的增

加来表示。

$$\bar{v}_B = \pm\frac{\Delta c(B)}{\Delta t} \tag{3-1}$$

由于反应速率只能是正值，式(3-1)中“+”表示用生成物浓度的变化表示反应速率，“−”表示用反应物浓度的变化表示反应速率；$\Delta c(B)$ 表示某物质在 $\Delta t$ 时间内浓度的变化量，单位常用 $mol \cdot L^{-1}$；$\Delta t$ 表示时间的变化量，根据实际需要，单位常用秒（s）、分钟（min）或时（h）等。

例如 $N_2O_5$ 在四氯化碳溶液中按下面的反应方程式分解：

$$2N_2O_5 = 4NO_2 + O_2$$

用浓度改变量表示化学反应速率为：

$$\bar{v}(N_2O_5) = \frac{-\Delta c(N_2O_5)}{\Delta t}$$

表 3-1 给出了在不同时间内 $N_2O_5$ 浓度的测定值和相应的反应速率。

从数据中可以看出，不同时间间隔里，反应的平均速率不同。

**表 3-1 在 $CCl_4$ 溶液中 $N_2O_5$ 的分解速率**（298.15K）

| 经过的时间 $t$/s | 时间的变化 $\Delta t$/s | $c(N_2O_5)$/($mol \cdot L^{-1}$) | $-\Delta c(N_2O_5)$/($mol \cdot L^{-1}$) | 反应速率 $\bar{v}$/($mol \cdot L^{-1} \cdot s^{-1}$) |
|---|---|---|---|---|
| 0 | 0 | 2.10 | — | — |
| 100 | 100 | 1.95 | 0.15 | $1.5\times10^{-3}$ |
| 300 | 200 | 1.70 | 0.25 | $1.3\times10^{-3}$ |
| 700 | 400 | 1.31 | 0.39 | $0.98\times10^{-3}$ |
| 1000 | 300 | 1.08 | 0.23 | $0.77\times10^{-3}$ |
| 1700 | 700 | 0.76 | 0.32 | $0.46\times10^{-3}$ |
| 2100 | 400 | 0.62 | 0.14 | $0.35\times10^{-3}$ |
| 2800 | 700 | 0.37 | 0.19 | $0.27\times10^{-3}$ |

## 二、瞬时速率

实验证明，几乎所有化学反应的速率都随反应时间的变化而不断变化。一般来说，反应刚开始时速率较快，随着反应的进行，反应物浓度逐渐减少，反应速率不断减慢。因此有必要应用瞬时速率的概念精确表示化学反应在某一指定时刻的速率。用作图的方法可以求出反应的瞬时速率。我们利用表 3-1 中的 $N_2O_5$ 的浓度对时间作图，见图 3-1。

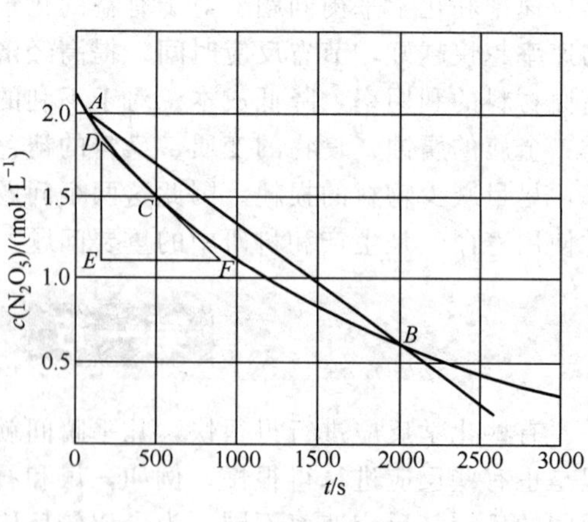

图 3-1 瞬时速率的作图求法

图 3-1 中曲线的分割线 $AB$ 的斜率表示时间间隔 $\Delta t = t_B - t_A$ 内反应的平均速率 $\bar{v}$，而过 $C$ 点曲线的切线的斜率，则表示该时间间隔内时刻 $t_C$ 时反应的瞬时速率，瞬时速率用 $v$ 表示，其定义式：

$$v = \pm\lim_{\Delta t\to 0}\frac{\Delta c(B)}{\Delta t} = \pm\frac{dc(B)}{dt} \tag{3-2}$$

由于瞬时速率真正反映了某时刻化学反应进行的快慢，所以比平均速率更重要，有着更广泛的应用。故以后提到反应速率，一般指瞬时速率。

当反应体系的体积不变时，反应速率 $v$ 等于单位体积内反应进度 $\xi$ 对时间的变化率：

$$v=\frac{1}{V}\cdot\frac{\mathrm{d}\xi}{\mathrm{d}t}=\frac{1}{V\cdot v_B}\cdot\frac{\mathrm{d}n_B}{\mathrm{d}t}=\frac{1}{v_B}\cdot\frac{\mathrm{d}c(B)}{\mathrm{d}t} \tag{3-3}$$

对于反应 $aA+dD \longrightarrow gG+hH$

$$v=\frac{1}{a}\cdot\frac{\mathrm{d}c(A)}{\mathrm{d}t}=\frac{1}{d}\cdot\frac{\mathrm{d}c(D)}{\mathrm{d}t}=\frac{1}{g}\cdot\frac{\mathrm{d}c(G)}{\mathrm{d}t}=\frac{1}{h}\cdot\frac{\mathrm{d}c(H)}{\mathrm{d}t} \tag{3-4}$$

### 三、反应机理

化学方程式所表示的只是参加反应的反应物和反应后的最终产物以及反应前后它们间的化学计量关系，并没有表示出在反应过程中所经历的具体途径。我们把从反应物转变成生成物实际所经历的途径（步骤）称为反应机理（或反应历程）。实验证明，有些反应从反应物转化为生成物，是一步完成的，这样的反应称为基元反应。例如：

$$NO_2+CO \longrightarrow NO+CO_2$$

$$2NO_2 \longrightarrow 2NO+O_2$$

大多数反应是多步完成的，这些反应称为非基元反应，或复杂反应。例如，反应 $2N_2O_5 = 4NO_2+O_2$是由以下三个步骤组成的：

(1) $N_2O_5 \longrightarrow N_2O_3+O_2$（慢）

(2) $N_2O_3 \longrightarrow NO_2+NO$（快）

(3) $N_2O_5+NO \longrightarrow 3NO_2$（快）

我们把在复杂反应历程中，反应速率最慢的基元反应称为复杂反应的定速步骤（或速率控制步骤）。该复杂反应的（1）就是定速步骤。

反应机理是由实验所证实的，绝不能主观猜测。由于反应过程中很多中间产物极不稳定，不易测定，因此真正弄清楚反应机理的化学反应至今并不多。化学动力学的重要任务之一就是研究反应机理，确定反应历程，揭示反应速率的本质。

## *第二节 反应速率理论简介

### 一、化学反应的碰撞理论

早在 1918 年，路易斯（Lewis W C M）运用气体分子运动的理论成果，对气相双分子反应提出了反应速率的碰撞理论。其理论要点如下。

**1. 发生化学反应的先决条件是反应物分子间必须相互碰撞**

只有反应物分子间相互碰撞才有可能发生反应，反应物分子碰撞的频率越高，反应速率越快，即反应速率的大小与反应物分子碰撞的频率成正比。在一定温度下，反应物分子碰撞的频率又与反应物浓度成正比。如气相双分子反应：

$$aA+dD = gG+hH$$

反应速率与 A、D 分子的碰撞频率成正比，即 $Z$ 与 $Z_0c^a(A)c^d(D)$ 成正比。$Z$ 为单位时间单位体积内反应物分子的总碰撞次数；$Z_0$ 为单位浓度时的碰撞频率（与温度有关，与浓度无关）。

**2. 有效碰撞、活化分子、活化能**

反应物分子不是每一次碰撞都能发生反应，其中绝大多数碰撞都是无效碰撞，只有少数碰撞才能发生反应，这种能发生反应的碰撞称为有效碰撞。

根据气体分子运动论，在常温常压下气体分子之间的碰撞频率极高。如 $2HI(g) \longrightarrow$

$H_2(g)+I_2(g)$，浓度为 $1.0\times10^{-3}mol\cdot L^{-1}$ 的 HI 气体，单位体积（1L）内分子碰撞次数每秒高达 $3.5\times10^{28}$ 次，若每次碰撞都能发生反应，则其反应速率大约为 $5.8\times10^{4}mol\cdot L^{-1}\cdot s^{-1}$，但实验测得反应速率仅为 $1.2\times10^{-8}mol\cdot L^{-1}\cdot s^{-1}$。由此可见，绝大多数分子相互碰撞后又彼此分开，有效碰撞的频率很低。

化学反应的实质是原来化学键的断裂和新化学键的形成过程。由于化学键的断裂需要一定的能量（由分子的动能提供），因此，只有那些具有较高能量的分子才能实现这一过程。我们把具有较高能量的、能发生有效碰撞的反应物分子称为活化分子。活化分子占总分子的百分数越大，有效碰撞频率越高，反应速率越快。按照气体能量分布规律，活化分子占总分子的百分数（$f$）为：

$$f=e^{-\frac{E_a}{RT}} \tag{3-5}$$

式中，e 为自然对数的底（2.718）；$R$ 为摩尔气体常数（$R=8.314J\cdot mol^{-1}\cdot K^{-1}$）；$T$ 为热力学温度；$E_a$为反应的活化能。

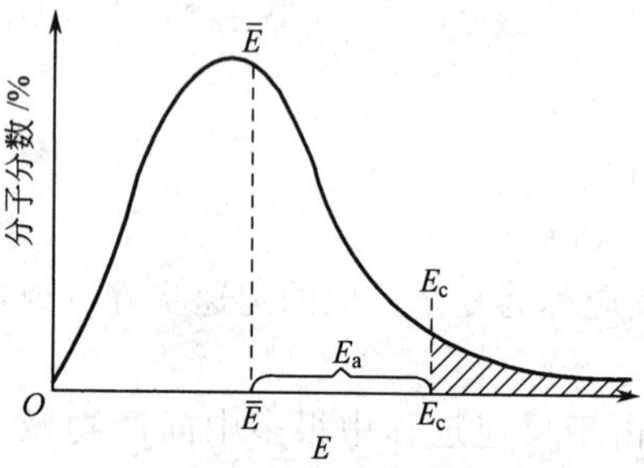


图 3-2 分子的能量分布曲线

图 3-2 表示分子的能量分布曲线。图中横坐标表示分子的能量，纵坐标表示具有一定能量的分子分数。$\bar{E}$ 线的高度代表具有平均能量的分子百分数。

由图可见，只有少数分子的能量比平均能量高，这些分子就是活化分子，即阴影部分的面积代表活化分子所占的百分数。对给定的反应，在一定的温度下，曲线的形状一定，所以活化分子的百分数也是一定的。通常把活化分子所具有的最低能量（$E_c$）与反应物分子的平均能量（$\bar{E}$）之差称为反应的活化能，用 $E_a$表示，单位为 $kJ\cdot mol^{-1}$。

$$E_a=E_c-\bar{E} \tag{3-6}$$

一个反应的活化能大小，主要由反应的本性决定，与反应物浓度无关，受温度影响较小，当温度变化幅度不大时，一般不考虑其影响。

**3. 方位因子 $P$**

碰撞理论认为，不是活化分子的每次碰撞都能发生反应，因为分子有一定的几何形状，有特有的空间结构。要使活化分子的碰撞能发生化学反应，除了分子必须具有足够高的能量之外，还必须考虑碰撞时分子的空间方位，即活化分子只有在一定取向方位上的碰撞才能发生反应。两分子取向有利于发生反应的碰撞机会占总碰撞机会的百分数称为方位因子（$P$）。

如 $NO_2+CO\longrightarrow NO+CO_2$，只有当 CO 分子中的碳原子与 $NO_2$分子中的氧原子相碰撞时才能发生化学反应；而碳原子与氮原子相碰撞的这种取向，则不会发生化学反应，见图 3-3。对于一个化学反应，其反应速率 $v$ 与分子间的碰撞频率 $Z$、活化分子百分率 $f$ 及方位因子 $P$ 有关，可用下式定量表示：

$$v=ZPf=ZPe^{-\frac{E_a}{RT}} \tag{3-7}$$

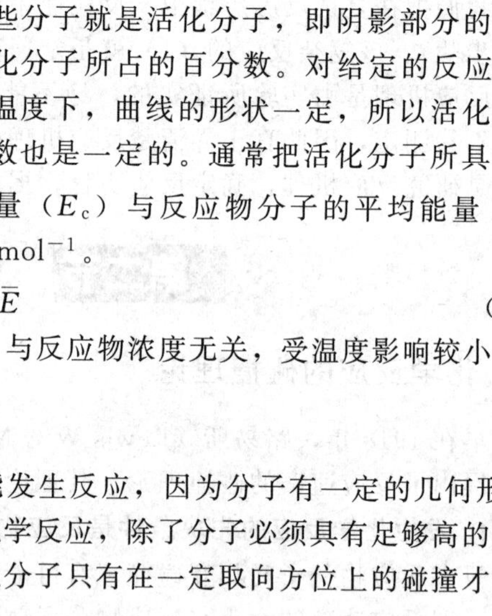

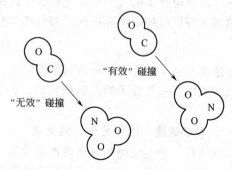


图 3-3 分子碰撞的不同取向

从图 3-2 和式(3-7) 可以看出，活化能 $E_a$ 越高，活化分子比率越小，反应速率 $v$ 越小。对于不同的反应，活化能是不同的。不同类型的反应，活化能 $E_a$ 相差很大，所以反应速率差别很大。碰撞理论成功地解决了某些反应体系的速率计算问题。但是，碰撞理论只是简单地将反应物分子看成没有内部结构的刚性球体，所以该理论存在有一些缺陷，特别是无法揭示活化能 $E_a$ 的真正本质，另外方位因子 $P$ 的大小也无法计算，对于涉及结构复杂分子的反应，这个理论适应性则较差。

## 二、化学反应的过渡状态理论

过渡状态理论（又称活化配合物理论）是在量子力学和统计力学发展的基础上，1935 年由艾林（Eyring）等人提出来的，它是从分子的内部结构与运动来研究反应速率问题。其基本内容如下。

**1. 反应物分子首先要形成一个中间状态的化合物——活化配合物（又称过渡状态）**

化学反应不只是通过分子间的简单碰撞就能完成的，而是要经过一个中间过渡状态即分子互相接近的过程。在此过程中，原有的化学键尚未完全断开，新的化学键又未完全形成。我们把这种化学键新旧交替的状态称为过渡状态。例如，CO 和 $NO_2$的反应，当具有较高能量的 CO 和 $NO_2$ 分子彼此以适当的取向相互靠近时，就形成了一种活化配合物如图 3-4所示。

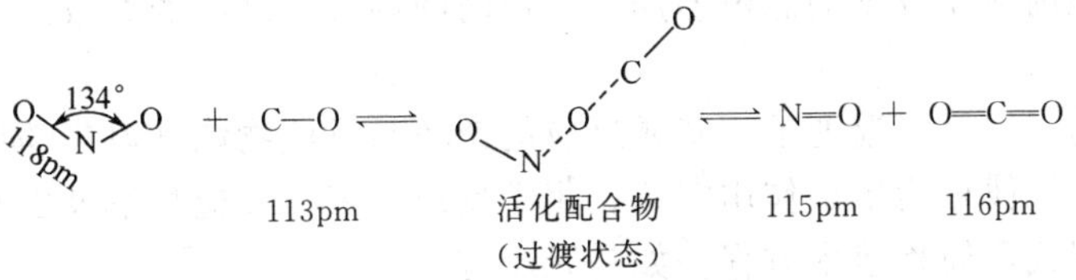


图 3-4　CO 和 $NO_2$ 的反应过程

**2. 活化配合物具有极高的势能，极不稳定，一方面与反应物之间存在快速动态平衡，另一方面又能分解为生成物**

图 3-5 表示反应 A+BC ⟶ AB+C 的能量变化过程。由图可见，反应物和生成物的能量都较低，由于反应过程中分子之间相互碰撞，分子的动能大部分转化为势能，因而活化配合物（A…B…C）处于极不稳定的较高势能状态。

**3. 活化配合物分解生成产物的趋势大于重新变为反应物的趋势**

活化配合物既可分解生成产物，也可分解重新生成反应物。过渡状态理论假设过渡态分解为生成物的步骤是整个反应的速率控制步骤。

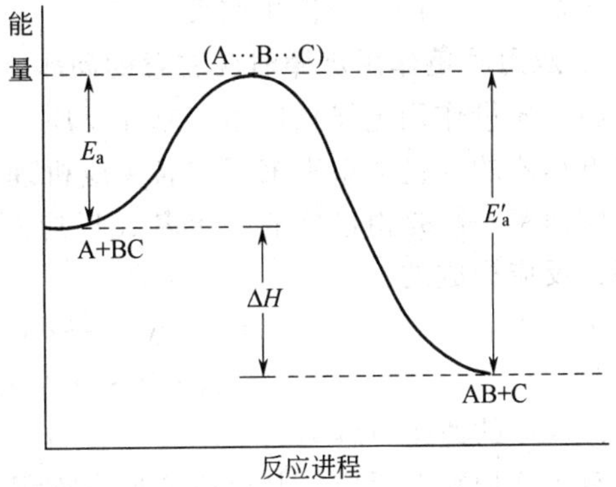


图 3-5　反应的能量变化

**4. 活化能**

反应物吸收能量成为过渡态，在过渡状态理论中，反应的活化能就是翻越势垒所需的能量，它等于活化配合物的最低能量与反应物分子的平均能量的差值。图中 $E_a$为正反应活化能，$E'_a$为逆反应活化能，两者之差为反应的焓变，即：

$$\Delta H = E_a - E'_a \tag{3-8}$$

若 $E_a < E'_a$ 时，$\Delta H < 0$，反应是放热反应；若 $E_a > E'_a$ 时，$\Delta H > 0$，反应是吸热反应。无论反应正向还是逆向进行，都一定经过同一活化配合物状态。图 3-5 还告诉我们，如果正反应是经过一步即可完成的反应，则其逆反应也可以经过一步完成。这就是微观可逆性原理。

过渡状态理论从分子的结构特点和化学键的特征研究反应速率问题，较好地揭示了活化能的本质，比碰撞理论前进了一步。然而由于活化配合物极不稳定，不易分离，无法通过实验证实，致使这一理论的应用受到限制。反应速率理论至今还很不完善，有待进一步研究发展。

## 第三节 影响化学反应速率的因素

### 一、浓度对化学反应速率的影响

**1. 质量作用定律**

在一定温度下，增大反应物浓度反应速率会加快，而且反应物浓度越大，反应速率越快。这是因为当温度一定时，对某一反应来说，活化分子的百分数是一定的，当增加反应物浓度时，单位体积内活化分子的总数增加，单位时间内分子之间的有效碰撞次数增大，从而使反应速率加快。

大量实验证明：在一定温度下，基元反应的速率与反应物浓度以化学计量数为指数的幂的乘积成正比。该规律称为质量作用定律。化学反应速率与反应物浓度之间关系的数学表达式叫反应速率方程式，简称速率方程。如基元反应

$$a\mathrm{A} + d\mathrm{D} \rightleftharpoons g\mathrm{G} + h\mathrm{H}$$

$$v = kc^a(\mathrm{A}) \cdot c^d(\mathrm{D}) \tag{3-9}$$

式(3-9) 就是质量作用定律的数学表达式，也称为基元反应的速率方程。

式(3-9) 中的 $v$ 为瞬时速率；$k$ 为速率常数，在数值上等于反应物浓度均为 $1\mathrm{mol \cdot L^{-1}}$ 时的反应速率。$k$ 的大小由反应物的本性决定，与反应物浓度或压力大小无关。改变温度或使用催化剂会使 $k$ 的数值发生改变。

**2. 应用质量作用定律时应注意的问题**

(1) 质量作用定律只适用于基元反应。对于复杂反应，速率方程应通过实验确定，不能根据方程式的计量关系来书写。若反应机理已知，则根据定速步骤写出速率方程。复杂反应的反应速率一般是由最慢的一个基元反应所决定的，如，$A_2 + B \longrightarrow A_2B$ 的反应，是由两个基元反应构成的

第一步　　$A_2 \longrightarrow 2A$　　（慢反应）

第二步　　$2A + B \longrightarrow A_2B$　　（快反应）

该反应的速率方程为：　　$v = kc(A_2)$

对于这种复杂反应，其反应的速率方程只有通过实验来确定。

(2) 有纯固体、纯液体参加的化学反应，可将其浓度视为常数，在速率方程式中不表示。如：

$$\mathrm{C(s)} + \mathrm{O_2(g)} = \mathrm{CO_2(g)}$$

$$v = kc(\mathrm{O_2})$$

(3) 稀溶液中溶剂参加的反应，其速率方程中不必列出溶剂的浓度。因为在稀溶液中，

溶剂的量很多而溶质的量很少，在整个反应过程中，溶剂的量变化甚微，溶剂的浓度可近似地看作常数而并入速率常数中。

(4) 对气体反应，因 $p=nRT/V=cRT$，所以其速率方程通常也用气体分压来表示。如：

$$C(s)+O_2(g)=\!=\!=CO_2(g)$$
$$v=k_p p(O_2)$$

**【例 1】** 303K 时，乙醛分解反应 $CH_3CHO(g)=\!=\!=CH_4(g)+CO(g)$ 为一复杂反应，反应速率与乙醛浓度的关系如下：

| $(CH_3CHO)/(mol\cdot L^{-1})$ | 0.10 | 0.20 | 0.30 | 0.40 |
|---|---|---|---|---|
| $v/(mol\cdot L^{-1}\cdot s^{-1})$ | 0.025 | 0.102 | 0.228 | 0.406 |

(1) 写出该反应的速率方程；(2) 求速率常数 $k$；(3) 求 $c(CH_3CHO)=0.25mol\cdot L^{-1}$ 时的反应速率。

**解：**(1) 设速率方程为 $v=kc^n(CH_3CHO)$

可以任选两组数据，代入速率方程以求 $n$ 值，如选第一、第四组数据得：

$$0.025=k(0.10)^n$$

$$0.406=k(0.40)^n$$

两式相除得 $$\frac{0.025}{0.406}=\frac{(0.10)^n}{(0.40)^n}=\left(\frac{1}{4}\right)^n$$

解得 $n\approx 2$，故该反应的速率方程为：

$$v=kc^2(CH_3CHO)$$

(2) 将任一组实验数据（如第三组）代入速率方程，可得 $k$ 值：

$$0.228=k\ (0.30)^2;$$
$$k=2.53\ (mol^{-1}\cdot L\cdot s^{-1})$$

(3) 当 $c(CH_3CHO)=0.25mol\cdot L^{-1}$ 时：

$$v=kc^2(CH_3CHO)=2.53\times 0.25^2=0.158\ (mol\cdot L^{-1}\cdot s^{-1})$$

**3. 反应级数**

对于一般反应 $aA+dD\rightleftharpoons gG+hH$

速率方程一般可表示为反应物浓度某方次的乘积，$v=kc^{\alpha}(A)c^{\beta}(D)$ 式中各浓度项指数的加和称为反应级数 $n$，$n=\alpha+\beta$。当 $n=1$ 时称为一级反应，$n=2$ 时称为二级反应，以此类推。

反应级数是通过实验测定的。一般而言，基元反应的反应级数等于反应式中的反应物化学计量数之和。而复杂反应中这两者往往不同，且反应级数可能因实验条件改变而发生变化，例如蔗糖水解是二级反应，但在反应体系中水的量较大时，反应前后水的量几乎未改变，则此反应为一级反应。应该注意的是，即使由实验测得的反应级数与反应式中反应物的化学计量数之和相等，该反应也不一定是基元反应。

反应级数的数值可以是整数，也可以是分数或零。

## 二、温度对化学反应速率的影响

### 1. 范特荷甫规则

温度对化学反应速率的影响特别显著，一般情况下升高温度可使大多数反应的速率加快。范特荷甫依据大量实验提出经验规则：温度每升高 10℃，反应速率就增大到原来的 2～4 倍。

$$\frac{k_{(t+10)}}{k_t}=\gamma \quad 或 \quad \frac{k_{(t+n\times 10)}}{k_t}=\gamma^n \tag{3-10}$$

式中，$k_{(t+10)}$ 和 $k_t$ 分别表示温度为 $t+10$℃和 $t$ 时的反应速率常数；$\gamma$ 为温度系数，$\gamma$ 值在 2～4 范围内。当温度从 $t$ 升高到 $t+n\times10$℃时，则反应速率为原来的 $\gamma^n$ 倍。

例如某一反应的温度系数 $\gamma$ 为 2，在反应物浓度不变时，当温度从 10℃升高到 100℃，反应速率就是原来的 512 倍。因此利用范特荷甫规则可粗略地估计温度对反应速率的影响。

可以认为，温度升高时分子运动速率增大，分子间碰撞频率增加，反应速率加快。另外一个重要的原因是温度升高，活化分子的百分率增大，有效碰撞的百分率增加，使反应速率大大加快。无论是吸热反应还是放热反应，温度升高时反应速率都是增加的。

**2. 阿仑尼乌斯（Arrhenius）公式**

1889 年阿仑尼乌斯总结了大量实验事实，指出反应速率常数和温度间的定量关系为

$$k=A\mathrm{e}^{-\frac{E_a}{RT}} \tag{3-11}$$

对式(3-11) 取自然对数，得

$$\ln k=-\frac{E_a}{RT}+\ln A \tag{3-12}$$

对式(3-11) 取常用对数，得

$$\lg k=-\frac{E_a}{2.303RT}+\lg A \tag{3-13}$$

式中，$k$ 为反应速率常数；$E_a$为反应活化能；$R$ 为气体常数；$T$ 为热力学温度；$A$ 为一常数，称为“指前因子”或“频率因子”。在浓度相同的情况下，可以用速率常数来衡量反应速率。

对于同一反应，在温度 $T_1$和 $T_2$时，反应速率常数分别为 $k_1$和 $k_2$。则：

$$\ln\frac{k_2}{k_1}=-\frac{E_a}{R}\left(\frac{1}{T_2}-\frac{1}{T_1}\right) \quad 或 \quad \lg\frac{k_2}{k_1}=\frac{E_a}{2.303R}\left(\frac{T_2-T_1}{T_1\cdot T_2}\right) \tag{3-14}$$

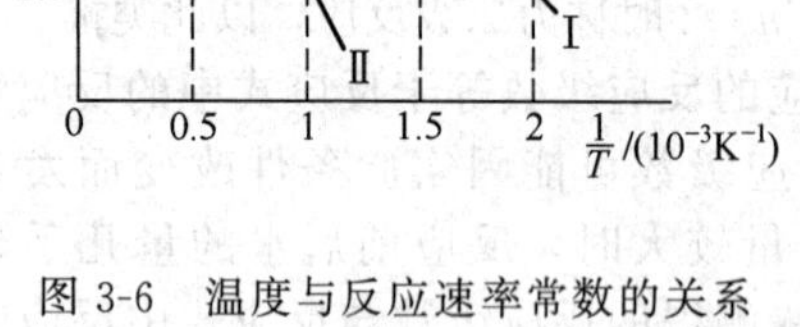

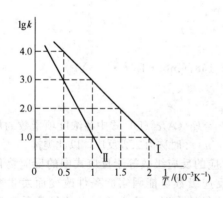


图 3-6 温度与反应速率常数的关系

阿仑尼乌斯公式不仅说明了反应速率与温度的关系，而且还可以说明活化能对反应速率的影响。这种影响可以通过图 3-6 看出。

式(3-13) 是阿仑尼乌斯公式的对数形式，由此式可得，$\lg k$ 对$\frac{1}{T}$作图应为一直线，直线的斜率为$-\frac{E_a}{2.303R}$，截距为 $\lg A$。图 3-6 中两条斜率不同的直线，分别代表活化能不同的两个化学反应。斜率较小的直线Ⅰ代表活化能较小的反应，斜率较大的直线Ⅱ代表活化能较大的反应。活化能较大的反应，其反应速率随温度增加较快，即具有较大的温度系数，所以温度升高对活化能较大的反应更有利。

利用上面的作图方法，可以求得反应的活化能，因为直线的斜率为$-\frac{E_a}{2.303R}$。知道了图中直线的斜率，便可求出 $E_a$。

**【例 2】** 对于反应：$2NOCl$(亚硝酰氯)(g)══$2NO$(g)$+Cl_2$(g) 经实验测得 300K 时，$k_1=2.8\times10^{-5}\,L\cdot mol^{-1}\cdot s^{-1}$，400K 时，$k_2=7.0\times10^{-1}\,L\cdot mol^{-1}\cdot s^{-1}$，求反应的活化能。

**解**：根据公式(3-14) 并整理得：

$$E_a = 2.303R\left(\frac{T_1T_2}{T_2-T_1}\right)\lg\frac{k_2}{k_1}$$

$$= 2.303\times 8.314\left(\frac{300\times 400}{400-300}\right)\lg\frac{7.0\times 10^{-1}}{2.8\times 10^{-5}} = 1.01\times 10^5(\text{J}\cdot\text{mol}^{-1}) = 101(\text{kJ}\cdot\text{mol}^{-1})$$

## 三、催化剂对化学反应速率的影响

### 1. 催化剂和催化作用

对于反应： $2H_2(g)+O_2(g)=\!=\!=2H_2O(l)$

在 298.15K，标准状态下，可能较长时间看不出反应发生。若在反应系统中加入微量的 Pt 粉，反应立即发生，而且相当完全。但 Pt 粉在反应前后几乎毫无改变，Pt 粉在该反应中就是催化剂。

催化剂，又称为触媒，是一种能改变化学反应速率，其本身在反应前后质量和化学组成均不改变的物质。催化剂改变反应速率的作用就是催化作用。

凡能加快反应速率的催化剂叫正催化剂，例如上述反应中的 Pt 粉。凡能减慢反应速率的催化剂叫负催化剂或阻化剂。例如，六亚甲基四胺（$(CH_2)_6N_4$）作为负催化剂，降低钢铁在酸性溶液中腐蚀的反应速率，也称为缓蚀剂。一般使用催化剂是为了加快反应速率，若不特别说明，所谓催化剂就是指正催化剂。

### 2. 催化作用的基本特征

（1）催化剂参与化学反应，改变反应历程，降低反应活化能。图 3-7 表示加催化剂和不加催化剂两种历程中能量的变化，在非催化历程中，须克服活化能为 $E_a$ 的较高势垒，而在催化历程中只需要克服两个活化能较小的势垒 $E_{a1}$ 和 $E_{a2}$，增加了活化分子百分率，加快了反应速率。

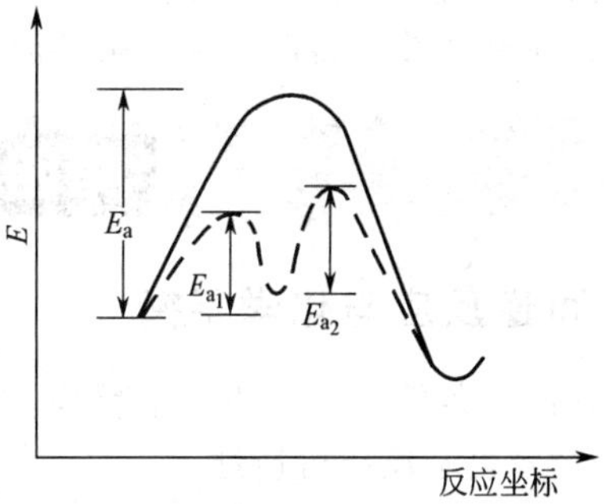


图 3-7 反应进程中能量的变化
（实线为非催化历程，虚线为催化历程）

（2）催化剂具有一定选择性。催化剂具有一定选择性，某种催化剂只能催化某一个或某几个反应，不存在万能催化剂。有的催化剂选择性较强，如酶的选择性很强，有的达到专一的程度。

（3）催化剂对某些杂质很敏感。某些物质对催化剂的性能有很大的影响，可以大大增强催化功能的物质叫助催化剂。有些物质可以严重降低甚至完全破坏催化剂的活性，这些物质称为催化剂毒物，这种现象称为催化剂中毒。如合成氨反应中所使用的铁催化剂，可因体系中存在的 $H_2O$、$CO$、$CO_2$、$H_2S$ 等杂质而中毒。

**【例 3】** 已知反应 $2H_2O_2=\!=\!=2H_2O+O_2$ 的活化能 $E_a$ 为 $71\text{kJ}\cdot\text{mol}^{-1}$，在过氧化氢酶的催化下，活化能降至 $8.4\text{kJ}\cdot\text{mol}^{-1}$。试计算 298K 时在酶催化下，$H_2O_2$ 分解速率为原来的多少倍？

**解：** 已知反应： $2H_2O_2=\!=\!=2H_2O+O_2$

$T=298\text{K}$ $E_{a1}=71\text{kJ}\cdot\text{mol}^{-1}$ $E_{a2}=8.4\text{kJ}\cdot\text{mol}^{-1}$

据公式：$k=Ae^{-\frac{E_a}{RT}}$ 得：

$$k_1 = Ae^{-\frac{E_{a1}}{RT}} = Ae^{-\frac{71\times 1000}{8.314\times 298}} \quad ①$$

$$k_2 = Ae^{-\frac{E_{a2}}{RT}} = Ae^{-\frac{8.4\times 1000}{8.314\times 298}} \quad ②$$

②/①得：

$$\frac{k_2}{k_1}=e^{\frac{(71-8.4)\times1000}{8.314\times298}}=e^{25.27}=9.4\times10^{10}$$

在酶的催化作用下，$H_2O_2$ 分解速率为原来的 $9.4\times10^{10}$ 倍。

**3. 均相催化与多相催化**

按催化剂与反应物相间的关系，分为均相催化反应和多相催化反应。

（1）均相催化　反应物与催化剂处于同一相中的催化反应，称为均相催化反应，有气相催化和液相催化两种。在均相催化作用中，催化剂往往首先与一种反应物作用生成中间产物，这类中间产物再经作用生成最终产物，并重新生成原来的催化剂。

（2）多相催化　催化剂与反应物不处于同一相中的催化反应，称为多相催化。反应是在催化剂的表面上进行的，所以又称表面催化。在多相催化反应中，催化剂往往是固体，而反应物是气体或液体。

例如：汽车尾气（NO 和 CO）的催化转化：

$$2NO(g)+2CO(g)\xrightarrow{Pt,Pd,Rh}N_2(g)+2CO_2(g)$$

反应在固相催化剂表面的活性中心上进行，催化剂分散在陶瓷载体上，其表面积很大，活性中心足够多，尾气可以与催化剂充分接触。

（3）酶催化　酶催化是以酶为催化剂的反应。酶在催化过程中，首先与底物结合成不稳定的酶-底物复合体（中间产物），此复合体迅速变成产物和酶，这一过程可表示如下：

$$\underset{\text{底物}}{S}+\underset{\text{酶}}{E}\longrightarrow\underset{\text{中间产物}}{ES}\longrightarrow\underset{\text{酶}}{E}+\underset{\text{产物}}{P}$$

酶是生物体内特殊的催化剂，几乎一切生命现象都与酶有关。酶除具有一般催化剂的特点外，还有高效、高选择性、条件温和的特点。

# 第四节　化学平衡

## 一、可逆反应与化学平衡

在同一条件下，既能向正反应方向又能向逆反应方向进行的反应叫可逆反应。通常用“$\rightleftharpoons$”号表示反应可逆性。

对于可逆反应

$$CO(g)+H_2O(g)\rightleftharpoons CO_2(g)+H_2(g)$$

若反应开始时，体系中只有 CO(g) 和 $H_2O(g)$，则只能发生正向反应，这时 CO(g) 和 $H_2O(g)$ 浓度最大，正反应的速率最大；以后随着反应的进行，CO(g) 和 $H_2O(g)$ 的浓度降低，正反应速率逐渐减少。另一方面，体系中出现 $CO_2$ 分子和 $H_2$ 分子后，就出现了可逆反应。随着反应的进行，$CO_2$ 和 $H_2$ 浓度增加，逆反应速率逐渐增大，直到体系内正反应速率等于逆反应速率时，体系中各种物质的浓度不再发生变化，建立了一种动态平衡，称为化学平衡。可逆反应的进行，必然导致化学平衡状态的实现。平衡状态是化学反应进行的最大限度。平衡时，生成物的分压或浓度都应是在此平衡条件下的最大量。

图 3-8 表示了正、逆反应速率随着反应时间的变化情况。

化学平衡是一种动态平衡，体系达到平衡以后，其吉布斯自由能 $G$ 不再变化，$\Delta_r G_m$ 等于零。

## 二、分压定律

气体的特性是能均匀地充满它占有的全部空间，因此任何容器中混合气体每一个组分，只要不发生化学反应（或反应已达到平衡），分子之间的作用力又可忽略，如同单独存在时一样，均匀地分布在整个容器中，占据与混合气体相同的总体积，各自对器壁施加压力。我们把定温时，某组分气体占据与混合气体相同体积时所具有的压力，称为该组分气体的分压。

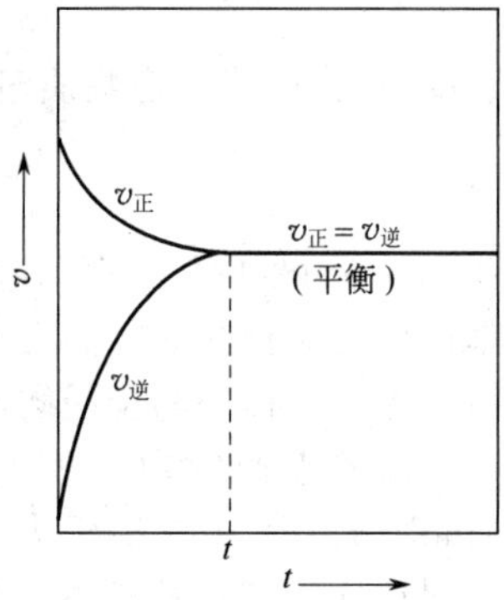


图 3-8 可逆反应的正、逆反应速率变化示意图

各组分气体分压的总和即等于总压，即

$$p_A+p_B+p_C+p_D+\cdots=p_总 \qquad (3\text{-}15)$$

式(3-15) 为道尔顿（Dolton）分压定律的数学表达式。它表明：一定温度一定体积下，混合气体的总压等于各组分气体分压之和。

对理想气体：

$$p_BV=n_BRT$$

显然，在定温定容下，组分气体的分压与混合气体总压之比，应等于它们相应的“物质的量”之比。

$$\frac{p_B}{p_总}=\frac{n_B}{n}$$

或
$$p_B=\frac{n_B}{n}p_总=x_B\cdot p_总 \qquad (3\text{-}16)$$

式(3-16) 为分压定律的另一种数学表达式。式中，$\frac{n_B}{n}$称组分气体的“物质的量分数”（也称“摩尔分数”），用 $x_B$ 表示。

在实际反应中，直接测定各组分气体的分压是比较困难的。而测定某一组分气体的摩尔分数及混合气体的总压较方便，故常用式(3-16) 来计算该组分气体的分压。

**【例 4】** 在 298.15K 和总压 100kPa 时，一容器中含有 2mol $O_2$、3mol $N_2$ 和 1mol $H_2$，求三种气体的分压。

**解**：混合气体的总量为：

$$n(总)=2+3+1=6(\text{mol})$$

据式(3-14) 得：

$$p(O_2)=\frac{n_B}{n}p(总)=100\times\frac{2}{6}=33.3(\text{kPa})$$

$$p(N_2)=\frac{n_B}{n}p(总)=100\times\frac{3}{6}=50.0(\text{kPa})$$

$$p(H_2)=100-33.3-50.0=16.7(\text{kPa})$$

## 三、化学平衡常数

### 1. 化学平衡常数

(1) 实验平衡常数 $aA+dD \rightleftharpoons gG+hH$ 为一可逆的基元反应，平衡时，$v_+=v_-$，则

$$k_+\cdot c^a(A)\cdot c^d(D)=k_-\cdot c^g(G)\cdot c^h(H)$$

$$\frac{k_+}{k_-}=\frac{c^g(G)\cdot c^h(H)}{c^a(A)\cdot c^d(D)}$$

恒温时，$k_+$和 $k_-$为常数，所以其比值仍为常数，我们把这个常数叫做化学平衡常数，用 $K_c$ 表示。即

$$K_c=\frac{c^g(\mathrm{G})\cdot c^h(\mathrm{H})}{c^a(\mathrm{A})\cdot c^d(\mathrm{D})} \tag{3-17}$$

若A、D、G、H为气态物质时，化学平衡常数也可用$K_p$表示，其平衡常数表达式如下：

$$K_p=\frac{p^g(\mathrm{G})\cdot p^h(\mathrm{H})}{p^a(\mathrm{A})\cdot p^d(\mathrm{D})} \tag{3-18}$$

式(3-17) 及式(3-18) 表明，在一定温度下，可逆反应达到平衡时，生成物浓度（或分压）以化学计量数为指数的幂的乘积与反应物浓度（或分压）以化学计量数为指数的幂的乘积之比是一个常数，称为经验平衡常数或实验平衡常数。

（2）标准平衡常数　实验平衡常数表达式中的浓度项或分压项分别除以标准浓度$c^{\ominus}$（$1\mathrm{mol\cdot L^{-1}}$）或标准压力$p^{\ominus}$（100kPa）所得的平衡常数称为标准平衡常数，符号为“$K^{\ominus}$”。与式(3-17) 及式(3-18) 相对应的标准平衡常数表达式分别为：

$$K_c^{\ominus}=\frac{[c(\mathrm{G})/c^{\ominus}]^g\cdot[c(\mathrm{H})/c^{\ominus}]^h}{[c(\mathrm{A})/c^{\ominus}]^a\cdot[c(\mathrm{D})/c^{\ominus}]^d} \tag{3-19}$$

$$K_p^{\ominus}=\frac{[p(\mathrm{G})/p^{\ominus}]^g\cdot[p(\mathrm{H})/p^{\ominus}]^h}{[p(\mathrm{A})/p^{\ominus}]^a\cdot[p(\mathrm{D})/p^{\ominus}]^d} \tag{3-20}$$

式中，$K_c^{\ominus}$称为浓度标准平衡常数；$K_p^{\ominus}$称为分压标准平衡常数。

对于气体反应，标准平衡常数既可用$K_c^{\ominus}$表示，也可用$K_p^{\ominus}$表示，当没有指明或没有必要指明化学平衡常数是$K_c^{\ominus}$还是$K_p^{\ominus}$时，则用$K^{\ominus}$表示。$\frac{p(\mathrm{B})}{p^{\ominus}}$称为平衡时气体物质B的相对分压；$\frac{c(\mathrm{B})}{c^{\ominus}}$称为平衡时溶液中物质B的相对浓度。可见，标准平衡常数乃是达到化学平衡时，生成物相对分压（或相对浓度）以化学计量数为指数的幂的乘积与反应物相对分压（或相对浓度）以化学计量数为指数的幂的乘积的比值。

严格说来，$K_c^{\ominus}$与$K_c$是有区别的，但为了书写简便，本章的浓度标准平衡常数表达式及以后章节中的标准平衡常数（弱酸或弱碱的解离常数、难溶电解质的溶度积、配合物的稳定常数等）表达式中的浓度项均不再除以标准浓度$c^{\ominus}$，如式(3-19) 简写为：

$$K_c^{\ominus}=\frac{c^g(\mathrm{G})\cdot c^h(\mathrm{H})}{c^a(\mathrm{A})\cdot c^d(\mathrm{D})}$$

若用相对分压表示的分压标准平衡常数，应该用$K_p^{\ominus}$表示。

化学平衡常数$K^{\ominus}$与$\Delta_r G_m^{\ominus}(T)$一样，只是热力学温度的函数，是化学反应的特性常数，它与反应物、生成物浓度（或分压）无关。对同类型的化学反应，$K^{\ominus}$越大，化学反应进行的程度越大。但$K^{\ominus}$大的反应，其反应速率不一定快。

**2. 书写化学平衡常数表达式时应注意的问题**

（1）平衡常数表达式中各组分浓度或分压均为平衡时的浓度或分压。

（2）反应涉及纯固体、纯液体或稀溶液的溶剂时，其浓度视为常数，不再写进$K$表达式中。例如：

① $CaCO_3(s) \rightleftharpoons CaO(s) + CO_2(g)$

$$K_p^{\ominus}=\frac{p(CO_2)}{p^{\ominus}}$$

② $CO_2(g)+H_2(g) \rightleftharpoons CO(g)+H_2O(l)$

$$K_p^{\ominus}=\frac{p(CO)/p^{\ominus}}{[p(CO_2)/p^{\ominus}][p(H_2)/p^{\ominus}]}$$

③ $Cr_2O_7^{2-}(aq)+H_2O(l) \rightleftharpoons 2H^+(aq)+2CrO_4^{2-}(aq)$

$$K=\frac{c^2(H^+)c^2(CrO_4^{2-})}{c(Cr_2O_7^{2-})}$$

对于非水溶液中的反应，若有水参加，水的浓度不能视为常数，应书写在平衡常数表达式中。例如：

$$C_2H_5OH(l)+CH_3COOH(l)\rightleftharpoons CH_3COOC_2H_5(l)+H_2O(l)$$

$$K=\frac{c(CH_3COOC_2H_5)c(H_2O)}{c(C_2H_5OH)c(CH_3COOH)}$$

(3) 化学平衡常数与化学反应方程式的书写形式有关。例如：

① $2NO_2(g)\rightleftharpoons N_2O_4(g)$　　$K_1=\frac{c(N_2O_4)}{c(NO_2)^2}$

② $NO_2(g)\rightleftharpoons \frac{1}{2}N_2O_4(g)$　　$K_2=\frac{c(N_2O_4)^{1/2}}{c(NO_2)}$

③ $N_2O_4(g)\rightleftharpoons 2NO_2(g)$　　$K_3=\frac{c(NO_2)^2}{c(N_2O_4)}$

显然，$K_1=(K_2)^2=(K_3)^{-1}$。

(4) 多重平衡规则。若某反应是由几个反应相加而成，则该反应的平衡常数等于各分反应的平衡常数之积，这种关系称为多重平衡规则。例如：

**【例 5】** 已知 1123K 时：

(1) $C(石墨,s)+CO_2(g)=2CO(g)$　　$K_1=1.3\times10^{14}$

(2) $CO(g)+Cl_2(g)=COCl_2(g)$　　$K_2=6.0\times10^{-3}$

计算反应 (3) $C(石墨,s)+CO_2(g)+2Cl_2(g)\rightleftharpoons 2COCl_2(g)$ 在 1123K 时的 $K_3$。

**解：** 反应式(3)＝反应式(1)＋2×反应式(2)

$$K_3=K_1\cdot(K_2)^2$$
$$=1.3\times10^{14}\times(6.0\times10^{-3})^2=4.7\times10^9$$

**3. 有关平衡常数的计算**

利用某一反应的平衡常数，可以计算达到平衡时各反应物和生成物的量以及反应物的转化率。转化率是指反应物在平衡时已转化为生成物的百分数。常用 $\alpha$ 表示，即

$$某反应物转化率\ \alpha=\frac{某反应物已转化的量}{某反应物起始的量}\times100\%\qquad(3\text{-}21)$$

转化率 $\alpha$ 越大，表示达到平衡时反应进行的程度越大。

**【例 6】** 已知反应　$CO(g)+H_2O(g)\rightleftharpoons CO_2(g)+H_2(g)$

在 1173K 达到平衡时，测得平衡常数 $K_c=1.00$，若在 100L 密闭容器中加入 CO 和水蒸气各 200mol，试求算在该温度下 CO 的转化率。

**解：** 设反应达到平衡时，CO 已转化的浓度为 $x$ mol·L$^{-1}$，则有

| | $CO(g)$ + | $H_2O(g)\rightleftharpoons$ | $CO_2(g)$ + | $H_2(g)$ |
|---|---|---|---|---|
| 起始浓度/(mol·L$^{-1}$) | 200/100＝2 | 200/100＝2 | 0 | 0 |
| 平衡浓度/(mol·L$^{-1}$) | $2-x$ | $2-x$ | $x$ | $x$ |

把各物质的平衡浓度代入平衡常数表达式：

$$K=\frac{c(CO_2)\cdot c(H_2)}{c(CO)\cdot c(H_2O)}$$
$$=\frac{x\cdot x}{(2-x)\cdot(2-x)}$$

解得 $x=1\text{mol}\cdot\text{L}^{-1}$，故CO的平衡转化率为：

$$\alpha=\frac{1}{2}=50\%$$

**【例7】** 在573K时，$PCl_5(g)$ 在密闭容器中按下式分解：

$$PCl_5(g)\rightleftharpoons PCl_3(g)+Cl_2(g)$$

达到平衡时，$PCl_5(g)$ 的转化率为40%，总压为300kPa，求反应的标准平衡常数 $K_p^\ominus$。

**解**：设体系内反应开始前 $PCl_5(g)$ 的量为 $n$mol。

| | $PCl_5(g)\rightleftharpoons$ | $PCl_3(g)$ + | $Cl_2(g)$ |
|---|---|---|---|
| 开始时物质的量/mol | $n$ | 0 | 0 |
| 平衡时物质的量/mol | $(1-0.4)n$ | $0.4n$ | $0.4n$ |
| 平衡时物质摩尔分数 | $\frac{0.6}{1.4}$ | $\frac{0.4}{1.4}$ | $\frac{0.4}{1.4}$ |
| 平衡分压/kPa | $300\times\frac{0.6}{1.4}$ | $300\times\frac{0.4}{1.4}$ | $300\times\frac{0.4}{1.4}$ |

$$K_p^\ominus=\frac{[p(PCl_3)/p^\ominus]\cdot[p(Cl_2)/p^\ominus]}{[p(PCl_5)/p^\ominus]}=\frac{\left(\frac{300}{100}\times\frac{0.4}{1.4}\right)^2}{\left(\frac{300}{100}\times\frac{0.6}{1.4}\right)}=0.57$$

## 四、吉布斯自由能与化学平衡

### 1. 化学反应等温方程式

对于反应 $a\text{A(aq)}+d\text{D(aq)}\rightleftharpoons g\text{G(aq)}+h\text{H(aq)}$ 我们定义某时刻的反应浓度商 $Q_c$：

$$Q_c=\frac{[c'(\text{G})/c^\ominus]^g\ [c'(\text{H})/c^\ominus]^h}{[c'(\text{A})/c^\ominus]^a\ [c'(\text{D})/c^\ominus]^d} \tag{3-22}$$

式中，$c'(\text{A})$、$c'(\text{D})$、$c'(\text{G})$、$c'(\text{H})$均表示反应进行到某一时刻时各组分的浓度，当反应恰好处于平衡状态时，$Q_c=K_c^\ominus$。

对于反应 $a\text{A(g)}+d\text{D(g)}\rightleftharpoons g\text{G(g)}+h\text{H(g)}$ 我们定义某时刻的反应分压商 $Q_p$：

$$Q_p=\frac{[p'(G)/p^\ominus]^g\ [p'(H)/p^\ominus]^h}{[p'(A)/p^\ominus]^a\ [p'(D)/p^\ominus]^d} \tag{3-23}$$

式中，$p'(\text{A})$、$p'(\text{D})$、$p'(\text{G})$、$p'(\text{H})$均表示反应进行到某一时刻时各组分的分压，当反应恰好处于平衡状态时，$Q_p=K_p^\ominus$。

浓度商 $Q_c$ 和分压商 $Q_p$ 统称为反应商，用 $Q$ 表示。

对于上述化学反应中各物质的浓度（或分压）不处于平衡状态时，化学热力学中有下面关系式：

$$\Delta_r G_m=\Delta_r G_m^\ominus+RT\ln Q \tag{3-24}$$

当体系处于平衡状态时，$\Delta_r G_m=0$，$Q=K^\ominus$ 即

$$0=\Delta_r G_m^\ominus+RT\ln K^\ominus$$

$$\Delta_r G_m^\ominus=-RT\ln K^\ominus \tag{3-25}$$

将式(3-25) 代入式(3-24)，得

$$\Delta_r G_m=-RT\ln K^\ominus+RT\ln Q$$

$$\Delta_r G_m=RT\ln\frac{Q}{K^\ominus} \tag{3-26}$$

式(3-24)、式(3-25)、式(3-26) 都称为化学反应等温式。式中 $\Delta_r G_m$、$\Delta_r G_m^\ominus$ 分别表示反应进度为1时，非标准状态及标准状态下反应的吉布斯自由能变化。

**2. 化学反应等温方程式的应用**

应用化学反应等温方程式可以计算化学平衡常数。

**【例 8】** 求反应 $2SO_2(g)+O_2(g)\rightleftharpoons 2SO_3(g)$ 在 298.15K 时的平衡常数 $K_p^{\ominus}$。

**解：** 查表，得 298.15K 时

$$\Delta_f G_m^{\ominus}(SO_2,g)=-300.19\text{kJ}\cdot\text{mol}^{-1},\ \Delta_f G_m^{\ominus}(SO_3,g)=-371.1\text{kJ}\cdot\text{mol}^{-1}$$

故反应 $2SO_2(g)+O_2(g)\longrightarrow 2SO_3(g)$ 的 $\Delta_r G_m^{\ominus}$ 可由下式求得：

$$\Delta_r G_m^{\ominus}=\sum_B \nu_B \Delta_f G_m^{\ominus}(B)$$
$$=(-371.1)\times 2-(-300.19)\times 2=-141.8\ (\text{kJ}\cdot\text{mol}^{-1})$$

由 (3-25) 式 $\Delta_r G_m^{\ominus}=-RT\ln K^{\ominus}$ 得

$$\ln K^{\ominus}=-\frac{\Delta_r G_m^{\ominus}}{RT}$$

将数值代入得

$$\ln K_p^{\ominus}=\frac{141.8\times 10^3}{8.314\times 298.15}=57.2$$

故 $$K_p^{\ominus}=6.94\times 10^{24}$$

## 五、化学平衡的移动

化学平衡如同其他平衡一样，都是相对的和暂时的，它只能在一定的条件下才能保持。这里主要讨论浓度、压力、温度对化学平衡的影响。

**1. 浓度对化学平衡的影响**

对于任意化学反应

$$mA+nB\rightleftharpoons pY+qZ$$

在一定温度下反应达到平衡时：

$$Q=K^{\ominus},\ \Delta_r G_m=0$$

如图 3-9 所示，若在这个平衡体系中增大反应物（A 或 B）的浓度或减小产物（Y 或 Z）的浓度，则使得 $Q<K^{\ominus}$，则 $\Delta_r G_m<0$，反应不再处于平衡状态。反应可正向进行，反应物浓度不断减少，产物浓度不断增大，$Q$ 值逐渐增大至 $Q=K^{\ominus}$ 时，体系又建立起新的平衡，各物质的平衡浓度均不同于前一个平衡状态时的浓度。反之，如果减小反应物或增加生成物的浓度，$Q$ 值增大，$Q>K^{\ominus}$，$\Delta_r G_m>0$，则化学平衡向逆反应方向移动。

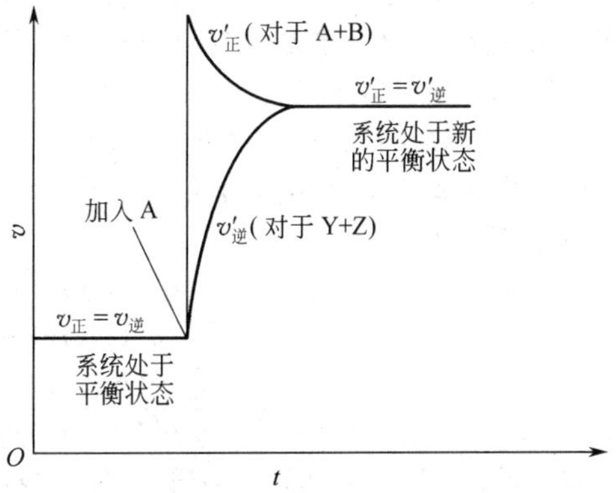

图 3-9 浓度对化学平衡的影响

如果及时除去生成物之一，平衡就会不断地向生成该物质的方向移动。这样就能使可逆反应进行得更完全些。例如，煅烧石灰石为生石灰时，常用压缩空气流把生成的二氧化碳尽快吹除，这使反应基本上只是向正方向进行而难以建立起化学平衡来。

**2. 压力对化学平衡的影响**

压力的变化对没有气体参加的化学反应影响不大。对于有气体参加且反应前后气体的物质的量有变化的反应，压力变化时将对化学平衡产生影响。

现以合成氨反应为例来说明压力对平衡移动的影响：

$$N_2(g)+3H_2(g)\rightleftharpoons 2NH_3(g)$$

在某温度下反应达到平衡时

$$K_p^{\ominus}=\frac{[p(NH_3)/p^{\ominus}]^2}{[p(N_2)/p^{\ominus}][p(H_2)/p^{\ominus}]^3}$$

如果将平衡体系的总压力增加至原来的 2 倍，这时各组分的分压分别为原来的 2 倍，反应商为

$$Q_p=\frac{[2p'(NH_3)/p^{\ominus}]^2}{[2p'(N_2)/p^{\ominus}][2p'(H_2)/p^{\ominus}]^3}=\frac{1}{4}K_p^{\ominus}$$

即

$$Q_p<K_p^{\ominus}$$

原平衡被破坏，反应向右进行。

对于反应 $CO(g)+H_2O(g)\rightleftharpoons CO_2(g)+H_2(g)$，反应前后气体分子数不变，在高温下反应达到平衡时

$$K_p^{\ominus}=\frac{p(CO_2)p(H_2)}{p(CO)p(H_2O)}$$

当体系的总压强增大到原来的 2 倍时，各组分的分压也分别变成原分压的 2 倍。这时的反应商为

$$Q_p=K_p^{\ominus}$$

平衡没有发生移动，即改变压力时，对反应前后气体分子数不变的反应的平衡状态没有影响。

综上所述，压力变化只是对那些反应前后气体分子数目有变化的反应有影响：在恒温下，增大压力，平衡向气体分子数目减小的方向移动，减小压力，平衡向气体分子数目增加的方向移动。

在体系中加入与反应无关（指不参加反应）的气体，在定容条件下，各组分气体分压不变，对化学平衡无影响；在定压条件下，无关的气体引入，使反应体系体积增大，各组分气体的分压减小，化学平衡向气体分子数目增加的方向移动。

**【例 9】** 某容器中充有 $N_2O_4$ 和 $NO_2$ 的混合物。在 308K，100kPa 时发生反应：$N_2O_4(g)\rightleftharpoons 2NO_2(g)$，并达平衡。平衡时 $K_p^{\ominus}=0.32$，各物质的分压分别为 $p(N_2O_4)=50\text{kPa}$，$p(NO_2)=43\text{kPa}$，若将上述平衡体系的总压力增大到 200kPa 时，平衡向何方移动？

**解：** 压力增大时

$$p'(N_2O_4)=50\times 2=100(\text{kPa})$$
$$p'(NO_2)=43\times 2=86(\text{kPa})$$
$$Q=\frac{[p'(NO_2)/p^{\ominus}]^2}{p'(N_2O_4)/p^{\ominus}}=\frac{(86/100)^2}{100/100}=0.74$$

$Q>K_p^{\ominus}$，$\Delta_r G_m>0$，所以平衡向左移动。

**3. 温度对化学平衡的影响**

浓度、总压对化学平衡的影响是改变了平衡时各物质的浓度，不改变平衡常数 $K^{\ominus}$ 值。温度对平衡移动的影响和浓度及压力有着本质的区别。由于平衡常数 $K^{\ominus}$ 是温度的函数，故温度变化时，$K^{\ominus}$ 值就随之发生变化。温度正是通过改变 $K^{\ominus}$ 值来影响化学平衡的，因此要定量地研究温度对平衡移动的影响，实质上就是要定量地研究温度对平衡常数的影响。

对于任一指定的平衡体系来说：

由 $\Delta_r G_m^{\ominus}=-RT\ln K^{\ominus}$ 和 $\Delta_r G_m^{\ominus}=\Delta_r H_m^{\ominus}-T\Delta_r S_m^{\ominus}$ 得：

$$-RT\ln K^{\ominus}=\Delta_r H_m^{\ominus}-T\Delta_r S_m^{\ominus}$$

可变为

$$\ln K^{\ominus}=\frac{\Delta_r S_m^{\ominus}}{R}-\frac{\Delta_r H_m^{\ominus}}{RT}$$

不同温度时有 $\ln K_1^{\ominus}=\frac{\Delta_r S_{m1}^{\ominus}}{R}-\frac{\Delta_r H_{m1}^{\ominus}}{RT_1}$，$\ln K_2^{\ominus}=\frac{\Delta_r S_{m2}^{\ominus}}{R}-\frac{\Delta_r H_{m2}^{\ominus}}{RT_2}$

两式相减，且认为 $\Delta_r S_m^{\ominus}$ 和 $\Delta_r H_m^{\ominus}$ 均不受温度影响，得

$$\ln\frac{K_2^{\ominus}}{K_1^{\ominus}}=\frac{\Delta_r H_m^{\ominus}}{R}\left(\frac{1}{T_1}-\frac{1}{T_2}\right)$$

整理后得

$$\ln\frac{K_2^{\ominus}}{K_1^{\ominus}}=\frac{\Delta_r H_m^{\ominus}}{R}\cdot\frac{T_2-T_1}{T_2T_1} \tag{3-27}$$

根据式(3-27) 可以得出，对于吸热反应，$\Delta_r H_m^{\ominus}>0$，当 $T_2>T_1$ 时，$K_2^{\ominus}>K_1^{\ominus}$，即升高温度平衡常数增大，平衡向正反应方向移动。反之，当 $T_2<T_1$ 时，$K_2^{\ominus}<K_1^{\ominus}$，即降低温度平衡向逆反应方向移动，即向放热反应方向移动。对于放热反应，$\Delta_r H_m^{\ominus}<0$，当 $T_2>T_1$ 时，$K_2^{\ominus}<K_1^{\ominus}$，即温度升高，平衡常数减小，平衡向逆反应方向移动，即向吸热反应方向移动。反之，当 $T_2<T_1$ 时，$K_2^{\ominus}>K_1^{\ominus}$，即降低温度平衡向正反应方向移动，即向放热反应方向移动。

总之，当温度升高时平衡向吸热方向移动；降低温度时平衡向放热方向移动。

**【例 10】** 反应：$CO(g)+H_2O(g)\rightleftharpoons CO_2(g)+H_2(g)$ 的 $\Delta_r H_m^{\ominus}=-37.9kJ\cdot mol^{-1}$，$T_1=700K$，$K_1^{\ominus}=9.02$，求 $T_2=800K$ 时的 $K_2^{\ominus}$，并说明升高温度化学平衡移动的方向。

**解**：将有关数据代入式(3-24)：

$$\lg\frac{K_2^{\ominus}}{9.02}=\frac{-37.9\times10^3}{2.303\times8.314}\cdot\frac{800-700}{800\times700}=-0.3535$$

$$\frac{K_2}{9.02}=0.443$$

$$K_2^{\ominus}=0.443\times9.02=3.99$$

升高温度 $K^{\ominus}$ 值减小，即化学平衡向逆反应方向移动。

1884 年，法国化学家吕·查得里（Le Chatelier）从实验中总结出一条规律：如果改变平衡体系的条件之一（如浓度、温度或压力等），平衡就会向减弱这个改变的方向移动。这条规律被称做吕·查得里原理，也称为化学平衡移动原理，是适用于一切平衡的普遍规律。应用这一规律，可以通过改变条件，使反应向所需的方向转化或使所需的反应进行得更完全。

## 本章小结

(1) 反应速率用单位时间内反应物浓度的减少或产物浓度的增加来表示。$\bar{v}$ 表示平均速率，$v$ 表示瞬时速率。反应速率的碰撞理论能较圆满地解释反应速率快慢的内在因素及浓度、温度、催化剂等对化学反应速率的影响。根据阿伦尼乌斯公式，$k=Ae^{-E_a/RT}$，活化能 $E_a$ 是决定化学反应速率快慢的重要因素，其大小由反应本性决定。一定条件下，反应的 $E_a$ 越大，反应速率越慢，反之 $E_a$ 越小，反应速率越快。

(2) 增大反应物浓度，单位体积内反应物分子总数增加，其活化分子数也增多使反应加快。不同的反应，反应级数越大，浓度对反应速率的影响越显著；升高温度，因分子能量增大而活化分子百分数增加而使反应速率增加；催化剂降低了反应的活化能，反应速率增大。

(3) 可逆反应在一定条件下可达到平衡，平衡时，$v_{正}=v_{逆}$，反应物、生成物浓度不随时间而改变，平衡时是可逆反应达到的最大程度。当反应条件（浓度、压力、温度）发生变化时，平衡可发生移动。通过实验测得平衡时反应物、产物的浓度（或分压）可确定反应平

衡常数 $K$。在平衡常数表达式中，气体常用分压表示，也可用浓度替代分压。在标准平衡常数表达式中，气体只能用相对分压表示，溶液则用相对浓度表示。标准平衡常数 $K^{\ominus}$ 可通过热力学数据计算：$\Delta_r G_m^{\ominus}=-RT\ln K^{\ominus}$。

(4) 根据化学反应等温方程式：$\Delta_r G_m^{\ominus}=RT\ln\dfrac{Q}{K^{\ominus}}$，可以判断任意状态下化学反应的自发性：

$Q<K^{\ominus}$，$\Delta_r G_m^{\ominus}<0$，正反应自发进行。

$Q>K^{\ominus}$，$\Delta_r G_m^{\ominus}>0$，逆反应自发进行。

$Q=K^{\ominus}$，$\Delta_r G_m^{\ominus}=0$，反应达平衡状态。

(5) 浓度、压力、温度对平衡的影响都可用等温方程式说明：浓度（或分压）和总压力的变化可使 $Q$ 值变化，导致 $\Delta_r G_m^{\ominus}$ 不等于 0，平衡发生移动；温度的变化使 $K^{\ominus}$ 改变，也使平衡发生移动。$T$ 与 $K^{\ominus}$ 的定量关系式为

$$\ln\frac{K_2^{\ominus}}{K_1^{\ominus}}=\frac{\Delta_r H_m^{\ominus}}{R}\cdot\frac{T_2-T_1}{T_2T_1}。$$

## 思考题

1. 什么叫化学反应速率？化学反应的平均速率和瞬时速率有何区别？如何表示？

2. 什么是基元反应？什么是质量作用定律？

3. 影响反应速率的主要因素有哪几种？其中哪些对反应速率常数有影响？

4. 什么是催化剂？其特点有哪些？

5. 判断下列说法是否正确：

(1) 在某反应的速率方程式中，若反应物浓度的方次与反应方程式中的计量系数相等，则反应一定是基元反应。

(2) 催化剂可以提高反应的转化率。

(3) 某一反应分几步进行，则总反应速率主要决定于最慢一步的反应速率。

(4) 反应的活化能越大，在一定温度下反应速率也越大。

6. 为什么化学反应速率随温度增加而增大？

7. 反应 A 和反应 B，在 298K 时后者的反应速率较前者快；在同样浓度条件下，当温度升至 318K 时，前者的反应速率较后者快。试问 A，B 两反应的活化能何者较大？为什么？

8. 某种温度时，下列前三个反应的标准平衡常数分别为 $K_1^{\ominus}$、$K_2^{\ominus}$和 $K_3^{\ominus}$，则第四个反应的 $K^{\ominus}$ 等于(　　)

(1) $CoO(s)+CO(g)\rightleftharpoons Co(s)+CO_2(g)$　　(2) $CO_2(g)+H_2(g)\rightleftharpoons CO(g)+H_2O(l)$

(3) $H_2O(l)\rightleftharpoons H_2O(g)$　　(4) $CoO(s)+H_2(g)\rightleftharpoons Co(s)+H_2O(g)$

a. $K_1^{\ominus}+K_2^{\ominus}+K_3^{\ominus}$　b. $K_1^{\ominus}-K_2^{\ominus}-K_3^{\ominus}$　c. $K_1^{\ominus}K_2^{\ominus}K_3^{\ominus}$　d. $K_1^{\ominus}K_2^{\ominus}/K_3^{\ominus}$

9. 在下列平衡体系中，要使平衡正向移动，可采取哪些方法？并指出所用方法对平衡常数有无影响？怎样影响（变大还是变小）？

(1) $CaCO_3(s)\rightleftharpoons CaO(s)+CO_2(g)$；　$\Delta_r H_m^{\ominus}>0$

(2) $N_2(g)+3H_2(g)\rightleftharpoons 2NH_3(g)$；　$\Delta_r H_m^{\ominus}<0$

(3) $2SO_2(g)+O_2(g)\rightleftharpoons 2SO_3(g)$。　$\Delta_r H_m^{\ominus}<0$

10. 已知反应 $C(s)+CO_2(g)\rightleftharpoons 2CO(g)$ 的 $K^{\ominus}$ 在 767℃时为 4.6，在 667℃时为 0.50，问此反应是放热反应还是吸热反应。

11. 写出下列各化学平衡的标准平衡常数表达式：

(1) $CaCO_3(s)\rightleftharpoons CaO(s)+2CO_2(g)$

(2) $2MnO_4^-(aq)+5SO_3^{2-}(aq)+6H^+(aq)\rightleftharpoons 3H_2O(l)+5SO_4^{2-}(aq)+2Mn^{2+}(aq)$

## 习　题

1. 400℃时，基元反应 $CO(g)+NO_2(g)=CO_2(g)+NO(g)$ 的速率常数 $k$ 为 $0.50L\cdot mol^{-1}\cdot s^{-1}$，当

$c(CO)=0.025\ mol \cdot L^{-1}$时，$c(NO_2)=0.040\ mol \cdot L^{-1}$时，反应速率是多少？

($5 \times 10^{-4}\ mol \cdot L^{-1} \cdot s^{-1}$)

2. 反应 $2NO(g)+Cl_2(g) = 2NOCl(g)$ 为基元反应。

(1) 写出反应的质量作用定律表达式。

(2) 反应级数是多少？

(3) 其他条件不变，如果容器体积增加到原来的 2 倍，反应速率如何变化？

(4) 如果容积不变，将 NO 的浓度增加到原来的 3 倍，反应速率又将怎样变化？

[$v = kc^2(NO) \cdot c(Cl_2)$；3；反应速率减小到原来的 1/8；增加到原来的 9 倍]

3. 有一化学反应 $A+2B = 2C$，在 250K 时，其速率和浓度的关系如下：

| $c(A)/(mol \cdot L^{-1})$ | $c(B)/(mol \cdot L^{-1})$ | $-\frac{dc(A)}{dt}/(mol \cdot L^{-1} \cdot s^{-1})$ |
|---|---|---|
| 0.10 | 0.010 | $1.2 \times 10^{-3}$ |
| 0.10 | 0.040 | $4.5 \times 10^{-3}$ |
| 0.20 | 0.010 | $2.4 \times 10^{-3}$ |

(1) 写出反应的速率方程，并指出反应级数。

(2) 求该反应的速率常数。

(3) 求出当 $c(A)=0.010mol \cdot L^{-1}$，$c(B)=0.020mol \cdot L^{-1}$时的反应速率。

($v=kc(A)c(B)$，二级；$1.2L \cdot mol^{-1} \cdot s^{-1}$；$2.4 \times 10^{-4}\ mol \cdot L^{-1} \cdot s^{-1}$)

4. 某种酶催化剂的活化能是 $50kJ \cdot mol^{-1}$，正常人的体温为 37℃，当病人发烧到 40℃时，此反应速率增加了百分之几？

(20%)

5. 某反应在 20℃及 30℃时的反应速率常数分别为 $1.3 \times 10^{-5}\ s^{-1}$和 $3.5 \times 10^{-5}\ s^{-1}$。根据范特荷甫规则，估算 50℃时的反应速率常数。

($2.53 \times 10^{-4}\ L \cdot mol \cdot s^{-1}$)

6. 反应 $C_2H_4 + H_2 \longrightarrow C_2H_6$　在 300K 时 $k_1 = 1.3 \times 10^{-3}\ mol \cdot L^{-1} \cdot s^{-1}$，400K 时 $k_2 = 4.5 \times 10^{-3}\ mol \cdot L^{-1} \cdot s^{-1}$，求该反应的活化能。

($12.4kJ \cdot mol^{-1}$)

7. 在一密闭容器中进行如下反应：

$$2SO_2 + O_2 \rightleftharpoons 2SO_3$$

$SO_2$的起始浓度是 $0.4mol \cdot L^{-1}$，$O_2$的起始浓度是 $1mol \cdot L^{-1}$，当 80% 的 $SO_2$转化为 $SO_3$时反应达到平衡，求平衡时三种气体的浓度及平衡常数。

($0.08mol \cdot L^{-1}$；$0.84mol \cdot L^{-1}$；$0.32mol \cdot L^{-1}$；19.05)

8. 反应 $H_2(g)+I_2(g) \rightleftharpoons 2HI(g)$ 在 713K 时 $K^{\ominus}=49$，若 698K 时 $K^{\ominus}=54.3$

(1) 上述反应 $\Delta_r H_m^{\ominus}$为多少？(698～713K 温度范围内)，上述反应是吸热反应还是放热反应？

(2) 计算 713K 时反应的 $\Delta_r G_m^{\ominus}$。

(3) 当 $H_2$、$I_2$和 HI 的分压分别为 100kPa、100kPa、50kPa 时计算 713K 时反应的 $\Delta_r G_m$。

($-28.34kJ \cdot mol^{-1}$，放热；$-23.07kJ \cdot mol^{-1}$；$-31.29kJ \cdot mol^{-1}$)

9. 反应 $PCl_5(g) \rightleftharpoons PCl_3(g)+Cl_2(g)$ 在 523K 时的 $K^{\ominus}=1.78$，欲使在此温度下有 30% 的 $PCl_5$分解为 $PCl_3$和 $Cl_2$，问：(1) 平衡时的总压力是多少？(2) 523K 时的 $\Delta_r G_m^{\ominus}$为多少？

(1800kPa；$-2.51kJ \cdot mol^{-1}$)

10. 根据 298K 时下表数据

| | $CO_2(g)$ | $NH_3(g)$ | $H_2O(g)$ | $CO(NH_2)_2(s)$ |
|---|---|---|---|---|
| $\Delta_f H_m^{\ominus}/(kJ \cdot mol^{-1})$ | −393.51 | −46.19 | −241.83 | −333.19 |
| $S_m^{\ominus}/(J \cdot mol^{-1} \cdot K^{-1})$ | 213.64 | 192.51 | 188.72 | 104.60 |

求 298K 时反应

$$CO_2(g)+2NH_3(g) \rightleftharpoons H_2O(g)+CO(NH_2)_2(s)$$

的 $K_p^{\ominus}$。

(0.47)

## 知识阅读

**How Ozone is Formed**

Ozone (臭氧) is formed in the stratosphere (平流层) by the action of ultraviolet light (紫外光) on oxygen molecules:

$$3O_2 \xrightarrow{h\nu} 2O_3$$

Experimental evidence suggests that this reaction proceeds in a two-step mechanism:

$$O_2 \xrightarrow{h\nu} 2O\cdot \quad \text{step 1}$$

$$O\cdot + O_2 \longrightarrow O_3 \quad \text{step 2}$$

In the first step an oxygen molecule absorbs a photon ($h\nu$) (光子) of high-energy ultraviolet light ($\lambda < 280$nm). The energy of the photon breaks the bond of the $O_2$ molecule, which fragments into two oxygen atoms. Oxygen atoms are reactive species that can add to $O_2$ molecule to produce ozone. The ozone molecule formed in this step contains excess energy, and unless that energy is transferred to some other species, the ozone molecule breaks apart to regenerate $O_2$ and an oxygen atom. In the stratosphere, however, high energy ozone molecules usually collide with nitrogen molecules and give up their excess energy before they can break apart.

As written, steps 1 and 2 do not add together to give the balanced chemical equation. However, a valid mechanism must lead to the correct reaction stoichiometry. In the ozone process, two oxygen atoms react with two $O_2$ molecules to give two ozone molecules. In the complete mechanism, the second step occurs twice each time the first time step occurs:

$$O\cdot + O_2 \longrightarrow O_3 \qquad O\cdot + O_2 \longrightarrow O_3$$

Chemists find it convenient to write this elementary process just once, but they understand that step 2 must occur twice to write this elementary process just once, but they understand that step 2 must occur twice to consume both the oxygen atoms produce in step 1. Writing all three steps shows that the mechanism does lead to the correct stoichiometry:

$$O_2 \xrightarrow{h\nu} 2O\cdot$$

$$O\cdot + O_2 \longrightarrow O_3$$

$$O\cdot + O_2 \longrightarrow O_3$$

$$3O_2 \xrightarrow{h\nu} 2O_3$$

The oxygen atoms produced in the initial fragmentation step are extremely reactive, so as soon as oxygen atom forms, it is "snapped up" by the nearest available $O_2$ molecule. Consequently, the cleavage of an $O_2$ molecule by a photon is the rate-determining step (定速步骤) in the formation of ozone.

# 第四章

# 分析化学基础知识

**【知识目标】**

1. 掌握准确度、精密度的概念及两者之间的关系。
2. 掌握提高分析结果准确度的方法及可疑值的取舍方式。
3. 了解有效数字的概念，掌握有效数字的修约规则和运算规则。
4. 掌握分析化学中的基本概念：标准溶液、化学计量点、指示剂、滴定终点、滴定误差。
5. 掌握滴定分析对滴定反应的要求与滴定的方式。

**【能力目标】**

1. 准确读取、规范记录实验的原始数据。
2. 对各种测量或计量而得的数值进行有效数字修约及运算。
3. 掌握滴定分析的有关计算。
4. 正确操作滴定管，并能熟练地使用移液管、吸量管。
5. 掌握基准物质的条件、标准溶液的配制及标定方法、滴定分析法的结果计算。

## 第一节 分析化学概论

分析化学是研究和获得物质的化学组成和结构的重要信息的学科。它是化学学科的重要分支。分析化学几乎与国民经济的所有部门都有重要关系，在生产和科研工作中有着十分重要的意义。在工业生产中，通过对原料、中间体和产品质量进行分析，可以控制生产流程，改进生产技术，提高产品质量；在农业、林业、牧业方面，土壤肥力的测定，水质的化验，农药残留的分析，污染状况的检测，肥料、农药、饲料和农产品品质的评定，畜禽的科学饲养和临床诊断等，都广泛地用到分析化学的理论和技术。因而，分析化学是学习专业知识的重要基础。许多专业基础课和专业课，如植物生理学、土壤学、肥料学、动物生理生化、饲料分析、植物保护等课程的学习，都要涉及分析化学的理论知识和实验技术。在科学研究中，分析化学是不可缺少的工具。因此，必须重视分析化学的学习。

分析化学是一门实践性很强的学科，必须在理论联系实践的基础上加强基本实验技术的培养训练，自觉养成严谨的科学态度和良好的工作习惯。

### 一、分析方法的分类

根据分析的目的和任务、分析对象、分析试样的用量、测定原理等的不同，分析方法可以有如下几种分类。

（1）根据分析的目的和任务不同分析方法可分为：结构分析、定性分析和定量分析。

结构分析是研究物质的分子结构和晶体结构；定性分析是鉴定试样有哪些元素、原子、原子团、官能团或化合物组成的；定量分析是测定试样中有关组分的含量。

（2）根据分析对象的化学属性不同分析方法分为：无机分析和有机分析。

无机分析是以无机物为分析对象的；有机分析的分析对象是有机物。

（3）根据分析时所需试样的用量不同分析方法分为：常量分析、半微量分析、微量分析和超微量分析，各种分析方法的试样用量见表 4-1。

**表 4-1 各种分析方法的试样用量**

| 分类名称 | 所需试样的质量 $m$/mg | 所需试样的体积 $V$/mL | 分类名称 | 所需试样的质量 $m$/mg | 所需试样的体积 $V$/mL |
|---|---|---|---|---|---|
| 常量分析 | 100～1000 | >10 | 微量分析 | 0.1～10 | 0.01～1 |
| 半微量分析 | 10～100 | 1～10 | 超微量分析 | <0.1 | <0.01 |

（4）根据被分析组分在试样中的相对含量不同分析方法分为：常量组分分析、微量组分分析和痕量组分分析，各种分析方法的试样相对含量见表 4-2。

**表 4-2 各种分析方法的试样相对含量**

| 分 类 名 称 | 质 量 分 数 | 分 类 名 称 | 质 量 分 数 |
|---|---|---|---|
| 常量组分分析 | >1% | 痕量组分分析 | <0.01% |
| 微量组分分析 | 0.01%～1% | | |

（5）根据分析时所依据的物质的性质不同分析方法分为：化学分析和仪器分析。

① 化学分析法　以物质所发生的化学反应为基础的分析方法。主要有重量分析法和滴定分析法。

重量分析法是通过化学反应及一系列操作步骤，使待测组分分离出来或转化为另一种化合物，再通过称量而求得待测组分的含量。

滴定分析法是将一种已知准确浓度的试剂溶液，通过滴定管滴加到待测物质溶液中，直到所加试剂恰好与待测组分按化学计量关系定量反应为止。根据滴加试剂的体积和浓度，计算待测组分的含量。

② 仪器分析法　以物质的物理性质和物理化学性质为基础的分析方法。曾称为物理化学分析法。这类分析方法需要用较特殊的仪器，故称仪器分析法。根据测定原理的不同，仪器分析法一般分为以下几大类：光学分析法（如吸收光谱分析法，发射光谱分析法，荧光分析法等）、电化学分析法（如电位分析法，电解和库仑分析法，伏安和极谱法等）、色谱分析法（如液相色谱法，气相色谱法等）和其他仪器分析法（如质谱法，放射性滴定法，活化分析法等）。

仪器分析法具有快速、操作简便、灵敏度高的特点，适用于微量和痕量组分的测量。

随着科学技术的快速发展，使仪器分析不断得到革新和发展，在不断发展各种新的分析仪器的同时，又开拓了多种仪器联合使用的联机分析法。仪器分析正向自动化、数字化、计算机化和遥测的方向发展。仪器分析已成为分析工作的重要手段。化学分析历史悠久，是分析化学的基础，尤其是滴定分析，操作简便，快速，所需设备简单，且具有足够的准确度。因而，它仍是一类具有很大实用价值的分析方法。

## 二、定量分析的一般程序

定量分析的任务是确定样品中有关组分的含量，完成一项定量分析任务，一般要经过以下步骤。

（1）取样　所谓样品或试样是指分析工作中被采用来进行分析的体系，它可以是固体、液体或气体。分析化学对试样的基本要求是其在组成和含量上具有一定的代表性，能代表一定的总体。合理的取样是分析结果是否准确可靠的基础，取有代表性的样品必须采用特定的方法和程序。一般来说要多点取样（指不同部位、深度），然后将各点的样品粉碎之后混合均匀，再从混合均匀的样品中取少量物质作为试样进行分析。

（2）试样的分解　定量分析一般用湿法分析，即将试样分解后转入溶液中，然后进行测定。分解试样的方法很多，主要有酸溶法、碱溶法和熔融法，操作时可根据试样的性质和分析的要求选用适当的分解方法。

（3）测定　根据分析要求以及样品的性质选取合适的分析方法进行测定。

（4）数据处理　根据测定的有关数据计算出组分的含量，并对分析结果的可靠性进行分析，最后得出结论。

# 第二节　定量分析的误差

在定量分析中，分析的结果应具有一定的准确度，因为不准确的分析结果会导致产品的报废和资源的浪费，甚至在科学上得出错误的结论。但是在分析过程中，即使操作很熟练的分析工作者，用同一方法对同一样品进行多次分析，也不能得到完全一致的分析结果，而只能得到在一定范围内波动的结果。也就是说，分析过程的误差是客观存在的。

## 一、误差的分类

分析结果与真实值之间的差值称为误差。根据误差的性质和来源，可将其分为系统误差和偶然误差。

### 1. 系统误差

系统误差又称为可测误差，它是由于分析过程中某些固定的原因造成的，使分析结果系统偏低或偏高。当在同一条件下测定时，它会重复出现，且方向（正或负）是一致的，即系统误差具有重复性或单向性的特点。

根据系统误差的性质和产生的原因，可将其分为三种。

（1）方法误差　方法误差是由于分析方法本身所造成的误差。例如，在重量分析中，由于沉淀的不完全，共沉淀现象、灼烧过程中沉淀的分解或挥发；在滴定分析中，反应进行的不完全、滴定终点与化学计量点不符合以及杂质的干扰等都会使系统结果偏高或偏低。

（2）仪器和试剂误差　这种误差是由于仪器本身不够精确或试剂不纯引起的。例如，天平砝码不够准确，滴定管、容量瓶和移液管的刻度有一定误差，试剂和蒸馏水含有微量的杂质等都会使分析结果产生一定的误差。

（3）操作误差　操作误差是指在正常条件下，分析人员的操作与正确的操作稍有差别而引起的误差。例如，滴定管的读数系统偏低或偏高，对颜色的不够敏锐等所造成的误差。

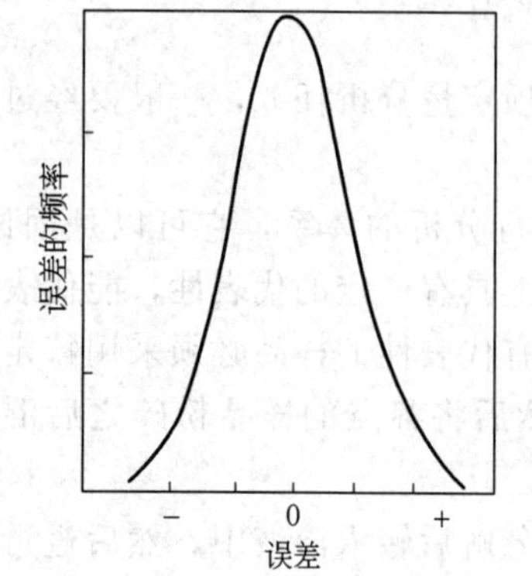


图 4-1 偶然误差的正态分布曲线

**2. 偶然误差**

偶然误差又称为随机误差或不可测误差，它是一些随机的或偶然的原因引起的。例如，测定时环境的温度、湿度或气压的微小变化，仪器性能的微小变化，操作人员操作的微小差别都可能引起误差。这种误差时大时小，时正时负，难以察觉，难以控制。偶然误差虽然不固定，但在同样的条件下进行多次测定，其分布服从正态分布规律，即正、负误差出现的概率相等；小误差出现的概率大，大误差出现的概率小。用曲线表示时称为正态分布曲线，如图 4-1 所示。

除上述两类误差外，分析人员的粗心大意还会引起一种“过失误差”。例如，溶液的溅失，加错试剂，读错读数，记录和计算错误等，这些都是不应有的过失，不属于误差的范围，正确的测量数据不应包括这些错误数据。当出现较大的误差时，应认真考虑原因，剔除由过失引起的错误数据。

## 二、准确度和精密度

**1. 准确度与误差**

准确度是指测定值与真实值的符合程度，常用误差表示。误差愈小，表示分析结果的准确度愈高；反之，误差越大，分析结果的准确度愈低。所以，误差的大小是衡量准确度高低的尺度。

误差通常分为绝对误差和相对误差。绝对误差表示测定值与真实值之差。

即：

$$绝对误差=测定值-真实值 \tag{4-1}$$

相对误差是指绝对误差在真实值中所占的百分数，即：

$$相对误差=\frac{绝对误差}{真实值}\times 100\% \tag{4-2}$$

由此可知，绝对误差和相对误差都有正值和负值之分，正值表示分析结果偏高，负值表示分析结果偏低；若两次分析结果的绝对误差相等，它们的相对误差却不一定相等，真实值愈大者，其相对误差愈小，反之，真实值愈小者，其相对误差愈大。例如，用万分之一的分析天平直接称量两金属铜块，其质量分别为 5.0000g 和 0.5000g，由于使用同一台分析天平，两铜块质量的绝对误差均为±0.0001g，但其相对误差分别为：

$$\frac{\pm 0.0001}{5.0000}\times 100\%=\pm 0.002\%$$

$$\frac{\pm 0.0001}{0.5000}\times 100\%=\pm 0.02\%$$

可见，二者的相对误差相差较大，因此，用相对误差表示分析结果的准确性更为确切。

**2. 精密度与偏差**

精密度是表示在相同条件下多次重复测定（称为平行测定）结果之间的符合程度。

精密度高，表示分析结果的再现性好，它决定于偶然误差的大小，精密度常用分析结果的偏差、平均偏差、相对平均偏差、标准偏差或变动系数来衡量。

(1) 偏差　偏差分为绝对偏差和相对偏差。

绝对偏差（$d$）是个别测定值（$x$）与各次测定结果的算术平均值（$\bar{x}$）之差，即

$$d=x-\overline{x} \tag{4-3}$$

设某一组测量数据为 $x_1$，$x_2$，…，$x_n$，其算术平均值 $\overline{x}$ 为（$n$ 为测定次数）：

$$\overline{x}=\frac{x_1+x_2+\cdots+x_n}{n}=\frac{1}{n}\sum_{i=1}^{n}x_i \tag{4-4}$$

任意一次测定数据的绝对偏差为：

$$d_i=x_i-\overline{x} \tag{4-5}$$

相对偏差是绝对偏差占算术平均值的百分数，即

$$\text{相对偏差}=\frac{d}{\overline{x}}\times100\% \tag{4-6}$$

平均偏差是指各次偏差的绝对值的平均值：

$$\text{平均偏差}\ \overline{d}=\frac{|d_1|+|d_2|+\cdots+|d_n|}{n}=\frac{\sum|d_i|}{n} \tag{4-7}$$

其中 $d_1=x_1-\overline{x}$，$d_2=x_2-\overline{x}$，…，$d_n=x_n-\overline{x}$。

相对平均偏差是指平均偏差占算术平均值（$\overline{x}$）的百分数：

$$\text{相对平均偏差}=\frac{\overline{d}}{\overline{x}}\times100\% \tag{4-8}$$

（2）标准偏差　标准偏差又叫均方根偏差，是用数理统计的方法处理数据时，衡量精密度的一种表示方法，其符号为 $S$。当测定次数不多时（$n<20$），则

$$S=\sqrt{\frac{d_1^2+d_2^2+\cdots+d_n^2}{n-1}}=\sqrt{\frac{\sum d_i^2}{n-1}} \tag{4-9}$$

相对标准偏差又称为变动系数，是标准偏差占算术平均值的百分数：

$$\text{变动系数}=\frac{S}{\overline{x}}\times100\% \tag{4-10}$$

用标准偏差表示精密度比平均偏差好，因为将单次测定的偏差平方之后，较大的偏差能更好地反映出来，能更清楚地说明数据的分散程度。例如有两批数据，各次测量的偏差分别是：

+0.3、−0.2、−0.4、+0.2、+0.1、+0.4、0.0、−0.3、+0.2、−0.3；

0.0、+0.1、−0.7、+0.2、−0.1、−0.2、+0.5、−0.2、+0.3、+0.1；

由计算可知，两批数据的平均偏差均为 0.24，其精密度的好坏是一样的。但明显地看出，第二批数据因有两个较大的偏差而较为分散。若用标准偏差来表示，第一批和第二批数据的标准偏差分别为 0.26 和 0.33，可见第一批数据的精密度较好。

**【例 1】** 对某试样进行了 5 次测定，结果分别为 10.48%、10.37%、10.47%、10.43%、10.40%，计算分析结果的平均偏差，相对平均偏差、标准偏差和变动系数。

**解：**

$$\overline{x}=\frac{10.48\%+10.37\%+10.47\%+10.43\%+10.40\%}{5}=10.43\%$$

$$\sum|d_i|=0.05\%+0.06\%+0.04\%+0.00+0.03\%=0.18\%$$

$$\begin{aligned}\sum d_i^2&=(0.0025+0.0036+0.0016+0.0000+0.0009)\times10^{-4}\\&=0.0086\times10^{-4}\end{aligned}$$

$$\text{平均偏差}\ \overline{d}=\frac{\sum|d_i|}{n}=\frac{0.18\%}{5}=0.036\%$$

$$相对平均偏差=\frac{\bar{d}}{\bar{x}}\times100\%=\frac{0.036\%}{10.43\%}\times100\%$$

$$=0.35\%$$

$$标准偏差\ S=\sqrt{\frac{\sum d_i^2}{n-1}}=\sqrt{\frac{0.0086\times10^{-4}}{4}}=0.046\%$$

$$变动系数=\frac{S}{\bar{x}}\times100\%=\frac{0.046\%}{10.43\%}\times100\%=0.44\%$$

对于只有两次测定结果的数据，精密度也可用相差和相对相差表示。若两次测定结果由大到小为 $x_1$、$x_2$，则

$$相差=x_1-x_2 \tag{4-11}$$

$$相对相差=\frac{x_1-x_2}{\bar{x}}\times100\% \tag{4-12}$$

**3. 准确度与精密度的关系**

准确度是表示测定值与真实值的符合程度，反映了测量的系统误差和偶然误差的大小。精密度是表示平行测定结果之间的符合程度，与真实值无关，精密度反映了测量的偶然误差的大小。因此，精密度高并不一定准确度也高，精密度高只能说明测定结果的偶然误差较小，只有在消除了系统误差之后，精密度好，准确度才高。例如，甲、乙、丙三人同时测定某一铁矿石中 $Fe_2O_3$ 的含量（真实含量为 50.36%），各分析四次，测定结果如下：

| | 甲 | 乙 | 丙 |
|---|---|---|---|
| | 50.30% | 50.40% | 50.36% |
| | 50.30% | 50.30% | 50.35% |
| | 50.28% | 50.25% | 50.34% |
| | 50.27% | 50.23% | 50.33% |
| 平均值 | 50.29% | 50.30% | 50.35% |

将所得数据绘于图 4-2 中。

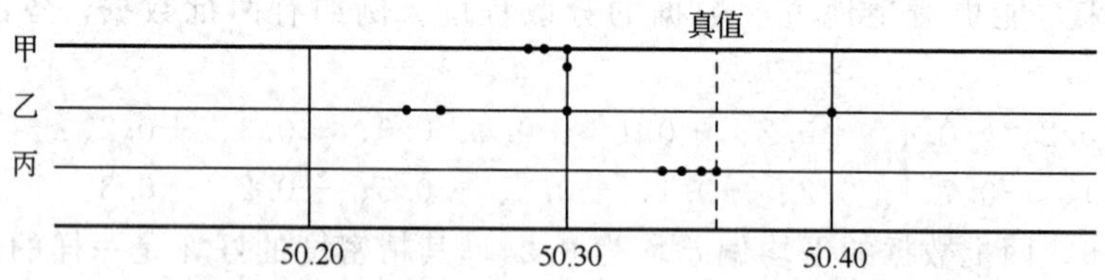


图 4-2 甲、乙、丙分析结果的分布

由图 4-2 可知，甲的分析结果精密度很高，但平均值与真实值相差颇大，说明准确度低；乙的分析结果精密度不高，准确度也不高；丙的分析结果的精密度和准确度都比较高。

根据以上分析可知，精密度高不一定准确度高，但准确度高一定要求精密度高。精密度是保证准确度的先决条件。若精密度很差，说明测定结果不可靠，也就失去了衡量准确度的前提。

## 三、提高分析结果准确度的方法

准确度表示分析结果的正确性，决定于系统误差和偶然误差的大小，因此，要获得准确的分析结果，必须尽可能地减小系统误差和偶然误差。

**1. 消除系统误差**

(1) 选择合适的分析方法 不同的分析方法，其准确度和灵敏度各不相同，为了减小方法误差对测定结果的影响，必须对不同方法的准确度和灵敏度有所了解，一般情况下，重量分析法和滴定分析法的灵敏度不高，但相对误差较小，适用于高含量组分的测定。仪器分析法的灵敏度虽高，但相对误差较大，适用于低含量组分的测定。例如，用 $K_2Cr_2O_7$ 滴定法测得铁的含量为40.20%，若方法的相对误差为0.2%，则铁的含量在40.12%～40.28%之间，如果用比色法对该样品直接测定，由于方法的相对误差为2%，则铁的含量在39.40%～41.00%之间，误差显然大得多。假如用比色法测得某样品的铜含量为0.05%，分析结果的绝对误差只有0.05%×0.02=0.001%，可见对分析结果的影响不大。重量分析和容量分析由于灵敏度较低，一般不能用于测定低含量的组分，否则将会造成较大的误差，因此在对样品进行分析时，必须对样品的性质和待测组分的含量有所了解，以便选择合适的分析方法。

(2) 减小测量误差 在定量分析中，一般要经过很多测量步骤，而每一测量步骤都可能引入误差，因此要获得准确的分析结果，必须减少每一步骤的测量误差。

不同的仪器其准确度是不一样的，因此必须掌握每一种仪器的性能，才能提高分析测定的准确度。例如，万分之一的分析天平，其绝对误差为±0.0001g，为了使称量的相对误差在0.1%以下，试样的质量必须在0.2g以上。又如一般的酸碱滴定管，其读数的绝对误差为±0.01mL，为了使测量体积的相对误差在0.1%以下，溶液的体积必须在20mL以上。

(3) 对照试验 对照试验是用已知准确含量的标准样品，按分析试样的所用的方法，在相同的条件下进行测定。对照试验用于检验分析方法的系统误差，若误差太大，说明需要改进分析方法或更换分析方法，若误差不大，可以通过对照试验求出校正系数，用来校正分析结果。

$$校正系数=\frac{标准样品的含量}{标准试样的分析结果} \tag{4-13}$$

(4) 空白试验 空白试验是在不加待测试样的情况下，按分析试样所用的方法在相同的条件下进行的测定。其测定结果为空白值。从试样分析结果扣除空白值，就可以得到比较可靠的分析结果，空白试验主要用于消除由试剂、蒸馏水和仪器带入的杂质所引入的系统误差。

(5) 校正仪器 仪器不准确引起的系统误差，可以通过校准仪器减少其影响。例如，砝码、移液管和滴定管等，在精确的分析中必须进行校准。在日常分析中，因仪器出厂时已校准，一般不需要进行校正。

**2. 减小偶然误差**

由于偶然误差的分布服从正态分布的规律，因此采用多次重复测定取其算术平均值的方法，可以减小偶然误差。重复测定的次数越多，偶然误差的影响越小，但过多的测定次数不仅耗时太多，而且浪费试剂，因而受到一定的限制。在一般的分析中，通常要求对同一样品平行测定2～4次即可。

## 第三节 有效数字和数据处理

### 一、有效数字及其运算规则

在定量分析中，为了获得准确的分析结果，还必须注意正确合理的记录和计算。因此需要了解有效数字及其运算规则。

**1. 有效数字及位数**

有效数字是指在分析工作中实际可以测量的数字。它包括确定的数字和最后一位估计的不确定的数字。它不仅能表示测量值的大小，还能表示测量值的精度。例如用万分之一的分析天平称得的坩埚的质量为 18.4285g，则表示该坩埚的质量为 18.4284～18.4286g。因为分析天平有±0.0001g 的误差。18.4285 有 6 位有效数字。前五位是确定的，最后一位“5”是不确定的可疑的数字。如将此坩埚放在百分之一天平上称量，其质量应为 18.42g±0.01g。因为百分之一天平的称量精度为±0.01g。18.42 为四位有效数字。再如，用刻度为 0.1mL 的滴定管测量溶液的体积为 24.00mL，表示可能有±0.01mL 的误差。“24.00”的数字中，前三位是准确的，后一位“0”是估计的，可疑的，但它们都是实际测得的，应全部有效，是四位有效数字。

有效数字的位数可以用下列几个数据说明：

| | | |
|---|---|---|
| 1.2104 | 25.315 | 五位有效数字 |
| 0.1000 | 24.13 | 四位有效数字 |
| 0.0120 | $1.65\times10^{-6}$ | 三位有效数字 |
| 0.0030 | 5.0 | 两位有效数字 |
| 0.001 | 0.3 | 一位有效数字 |

数字“0”在有效数字中有两种作用，当用来表示与测量精度有关的数值时，是有效数字；当用来指示小数点的位置，只起定位作用，与测量精度无关时，则不是有效数字。在上列数据中，数字之间的“0”和数字末尾的“0”均为有效数字，而数字前面的“0”只起定位作用，不是有效数字。0.0120g 是三位有效数字，若以毫克为单位表示时则为 12.0mg，数字前面的“0”消失，仍是三位有效数字。

以“0”结尾的正整数，有效数字位数不确定，最好用指数形式来表示。例如 450 这个数，可能是两位或三位有效数字，它取决于测量的精度。如只精确到两位数字，那么，是两位有效数字，写成 $4.5\times10^2$；如精确到三位数字，写成 $4.50\times10^2$。可见对于 $10^x$ 指数的有效数字位数的确定，按 $10^x$ 前的数字有几位就是几位有效数字；对于含有对数的有效数字位数的确定，如 pH 值，其位数仅取决于小数部分数字的位数，因整数部分只说明这个数的方次，如 pH＝11.20 是两位有效数字。整数 11 只表明相应真数的方次。

分析化学中常遇到倍数或分数的关系，他们为非测量所得，可视为有无限多位有效数字。

**2. 有效数字的运算规则**

(1) 记录测定结果时，只保留一位可疑数据。

(2) 有效数字的位数确定后多余的位数应舍弃。舍弃的方法，目前一般采用“四舍六入，五后有数就进一，五后没数看单双”的规则进行修约。即当尾数≤4，弃去；尾数≥6 时进位；尾数等于 5 时，5 后有数就进位，若 5 后无数或为零时，则尾数 5 之前一位为偶数就弃去，若为奇数就进位。例如，将下列数据修约为四位有效数字：

3.2724→3.272；5.3766→5.377；4.28152→4.282；2.86250→2.862

(3) 加减运算。几个数字相加或相减时，它们的和或差的有效数字的保留应以小数点后位数最少（即绝对误差最大）的数为准，将多余的数字修约后再进行加减运算。

例如：0.0121，25.64，1.05782 三数相加

| 不正确的计算 | 正确的计算 |
|---|---|
| 0.0121 | 0.01 |
| 25.64 | 25.64 |

$$\begin{array}{r} +1.05782 \\ \hline 26.70992 \end{array} \qquad \begin{array}{r} +1.06 \\ \hline 26.71 \end{array}$$

上面相加的三个数据中，25.64 的小数点后位数最少，绝对误差最大。因此应以 25.64 为准，保留有效数字位数到小数点后第二位，所以，左面的计算时不正确的，右面的计算是正确的。

（4）乘除运算。几个数相乘或相除时，它们的积或商的有效数字的保留应以有效数字位数最少（相对误差最大）的数为准，将多余的数字修约后再进行乘除。

例如：0.0121，25.64，1.05782 三数相乘

三个数的相对误差分别为：

$$\frac{\pm 0.0001}{0.0121}\times 100\%=\pm 0.8\%$$

$$\frac{\pm 0.01}{25.64}\times 100\%=\pm 0.04\%$$

$$\frac{\pm 0.00001}{1.05782}\times 100\%=\pm 0.0009\%$$

可见，0.0121 的有效数字位数最少（三位），相对误差最大，故应以此数为准，将其他各数修约为三位，然后相乘得：

$$0.0121\times 25.6\times 1.06=0.328$$

（5）表示准确度和精密度时一般只取一位有效数字，最多取两位有效数字。

## 二、可疑值的取舍

在一系列的平行测定数据中，有时会出现个别数据和其他数据相差较远，这一数据通常称为可疑值。对于可疑值，若确知该次测定有错误，应将该值舍去，否则不能随意舍弃，要根据数理统计原理，判断是否符合取舍的标准，常用的比较严格而又使用方便的方法是 $Q$ 检验法。

$Q$ 检验法的步骤如下：

（1）把测得的数据由小到大排列：$x_1$，$x_2$，$x_3 \cdots x_{n-1}$，$x_n$。其中 $x_1$ 和 $x_n$ 为可疑值。

（2）将可疑值与相邻的一个数值的差，除以最大值与最小值之差（常称为极差），所得的商即为 $Q$ 值，即：

$$Q=\frac{x_2-x_1}{x_n-x_1} \qquad （检验\ x_1） \tag{4-14}$$

$$Q=\frac{x_n-x_{n-1}}{x_n-x_1} \qquad （检验\ x_n） \tag{4-15}$$

（3）根据测定次数 $n$ 和要求的置信度（测定值出现在某一范围内的概率）$p$ 查表 4-3 得 $Q_p$。

（4）将 $Q$ 值与 $Q_p$ 比较，若 $Q>Q_p$，则可疑值应舍弃，否则应保留。

**表 4-3　$Q$ 值表**

| 测定次数 $n$ | 置信度 $p$ 90%($Q_{0.90}$) | 置信度 $p$ 96%($Q_{0.96}$) | 置信度 $p$ 99%($Q_{0.99}$) |
|---|---|---|---|
| 3 | 0.94 | 0.98 | 0.99 |
| 4 | 0.76 | 0.85 | 0.93 |
| 5 | 0.64 | 0.73 | 0.82 |
| 6 | 0.56 | 0.61 | 0.74 |
| 7 | 0.51 | 0.59 | 0.68 |
| 8 | 0.47 | 0.54 | 0.63 |
| 9 | 0.44 | 0.51 | 0.60 |
| 10 | 0.41 | 0.48 | 0.57 |

**【例 2】** 某试样经 4 次测定的分析结果分别为：30.22、30.34、30.38、30.42（%），试问 30.22%是否应该舍弃？（置信度 90%）

**解：**

$$Q=\frac{30.34-30.22}{30.42-30.22}=0.60$$

查表 4-3，$n=4$ 时，$Q_{0.90}=0.76$，所以 $Q<Q_{0.90}$，可疑值 30.22%应保留。

# 第四节 滴定分析

## 一、滴定分析的方法及方式

滴定分析是重要的化学分析方法。此法必须使用一种已知准确浓度的溶液，这种溶液称为标准溶液，也叫滴定剂。用滴定管将标准溶液滴加到被测物质的溶液中，直到按化学计量关系完全反应为止，根据所加标准溶液的浓度和消耗的体积可以计算出被测物质的含量。

用滴定管将标准溶液滴加到被测物溶液中的过程叫滴定。在滴定过程中标准溶液与被测物质发生的反应称为滴定反应。当滴定到达标准溶液与被测物质正好符合滴定反应式完全反应时，称反应到达了化学计量点。为了确定化学计量点通常加入一种试剂，它能在化学计量点时发生颜色的变化，称为指示剂，指示剂发生颜色变化，停止滴定的那一时刻称为滴定终点，简称终点。终点与化学计量点并不一定完全相符合，由此而造成的误差称为滴定误差或终点误差。滴定误差的大小取决于指示剂的性能和实验条件的控制。

滴定分析是实验室常用的基本分析方法之一，主要用来进行常量组分的分析。该方法具有操作简便、测定迅速、准确度高、设备简单、应用广泛的优点。

**1. 滴定分析方法的分类**

根据滴定反应的类型不同，滴定分析方法分为如下四类。酸碱滴定法（又称为中和滴定法）、氧化还原滴定法、沉淀滴定法、配位滴定法。

各类滴定方法将在以后的章节中详细讨论。

**2. 滴定分析对滴定反应的要求**

用于滴定分析的滴定反应必须符合下列条件：

（1）反应必须定量完成　即反应必须按一定的化学计量关系（要求达到 99.9%以上）进行，没有副反应发生，这是定量计算的基础。

（2）反应必须迅速完成　滴定反应必须在瞬间完成。对反应速率较慢的反应，有时可用加热或加入催化剂等方法加快反应速率。

（3）有比较简单可靠的确定终点的方法　如有适当的指示剂指示滴定终点。

**3. 常用的滴定方式**

（1）直接滴定法　用标准溶液直接滴定被测物质的方式叫直接滴定法。例如，用盐酸标准溶液滴定 NaOH 溶液，用于直接滴定的标准溶液与被测物质之间的反应应符合对滴定反应的要求。

（2）返滴定法　当滴定反应的反应速度较慢或被测物质是难溶的固体时，可先准确的加入过量的一种标准溶液，待其完全反应后，再用另一种标准溶液滴定剩余的前一种标准溶液，这种方式称为返滴定法，又叫回滴法。例如，测定 $CaCO_3$ 中的钙含量，可先加入过量的 HCl 标准溶液，待盐酸与 $CaCO_3$ 完全反应后，再用 NaOH 标准溶液滴定过量的 HCl。

（3）置换滴定法　对于不按确定的反应式进行或伴有副反应的反应，可用置换滴定法进行测定，即先用适当的试剂与被测物质起反应，使其置换出另一种物质，再用标准溶液滴定此生成物，这种滴定方式称为置换滴定法。例如，$Na_2S_2O_3$ 不能直接滴定 $K_2Cr_2O_7$ 及其他强氧化剂。因为在酸性溶液中强氧化剂将 $S_2O_3^{2-}$ 氧化为 $S_4O_6^{2-}$ 和 $SO_4^{2-}$ 等混合物，反应没有一定的计量关系，无法进行计算。但在 $K_2Cr_2O_7$ 酸性溶液中加入过量的 KI，$I^-$ 被氧化产生定量的 $I_2$，而 $I_2$ 就可用 $Na_2S_2O_3$ 标准溶液滴定。

（4）间接滴定法　不能直接与标准溶液反应的物质，有时可以通过另外的化学反应间接进行滴定。例如，测定 $PO_4^{3-}$，可将它沉淀为 $MgNH_4PO_4 \cdot 6H_2O$，沉淀过滤后以 HCl 溶解，加入过量的 EDTA 标准溶液，并用氨调至碱性，用 $Mg^{2+}$ 标准溶液返滴定剩余的 EDTA，再推算出 $PO_4^{3-}$ 含量。

返滴定法、置换滴定法、间接滴定法等的应用，使滴定分析的应用更加广泛。

## 二、标准溶液

### 1. 标准溶液的配制

标准溶液的配制通常采用直接配制和间接配制两种方法。

（1）直接配制法　准确称取一定量的纯物质，溶解后定量地转移到一定体积的容量瓶中，稀释至刻度。根据称取物质的质量和容量瓶的体积即可算出标准溶液的准确浓度。

能用于直接配制标准溶液的物质称为基准物质。基准物质应符合下列条件。

① 纯度高。一般要求纯度 99.9%以上，杂质含量少到可以忽略不计。

② 组成恒定。与化学式完全相符。若含结晶水，其结晶水的含量应固定并符合化学式。

③ 稳定性高。在配制和储存中不会发生变化，例如烘干时不分解，称量时不吸湿，不吸收空气中的 $CO_2$，在空气中不被氧化等。

④ 具有较大的摩尔质量。这样称取的样品质量较多，称量的相对误差小。

在滴定分析中常用的基准物质有邻苯二甲酸氢钾（$KHC_8H_4O_4$）、$Na_2B_4O_7 \cdot 10H_2O$、无水 $Na_2CO_3$、$CaCO_3$、金属铜、锌、$K_2Cr_2O_7$、$KIO_3$、$As_2O_3$、NaCl 等。表 4-4 列出了几种常见的基准物质的干燥条件和应用。

**表 4-4　常用基准物质的干燥条件及其应用**

| 基准物质 | | 干燥后的组成 | 干燥条件 | 测定对象 |
|---|---|---|---|---|
| 名称 | 分子式 | | | |
| 碳酸氢钠 | $NaHCO_3$ | $Na_2CO_3$ | 270～300℃ | 酸 |
| 十水碳酸钠 | $Na_2CO_3 \cdot 10H_2O$ | $Na_2CO_3$ | 270～300℃ | 酸 |
| 硼砂 | $Na_2B_4O_7 \cdot 10H_2O$ | $Na_2B_4O_7 \cdot 10H_2O$ | 放在装有 NaCl 和蔗糖饱和溶液的密闭容器中 | 酸 |
| 碳酸氢钾 | $KHCO_3$ | $K_2CO_3$ | 270～300℃ | 酸 |
| 二水合草酸 | $H_2C_2O_4 \cdot 2H_2O$ | $H_2C_2O_4 \cdot 2H_2O$ | 室温干燥空气 | 碱或 $KMnO_4$ |
| 邻苯二甲酸氢钾 | $KHC_8H_4O_4$ | $KHC_8H_4O_4$ | 110～120℃ | 碱 |
| 重铬酸钾 | $K_2Cr_2O_7$ | $K_2Cr_2O_7$ | 140～150℃ | 还原剂 |
| 溴酸钾 | $KBrO_3$ | $KBrO_3$ | 130℃ | 还原剂 |
| 碘酸钾 | $KIO_3$ | $KIO_3$ | 130℃ | 还原剂 |
| 铜 | Cu | Cu | 室温下干燥器中保存 | 还原剂 |
| 三氧化二砷 | $As_2O_3$ | $As_2O_3$ | 室温下干燥器中保存 | 氧化剂 |
| 草酸钠 | $Na_2C_2O_4$ | $Na_2C_2O_4$ | 130℃ | 氧化剂 |

续表

| 基准物质 | | 干燥后的组成 | 干燥条件 | 测定对象 |
| --- | --- | --- | --- | --- |
| 名称 | 分子式 | | | |
| 碳酸钙 | $CaCO_3$ | $CaCO_3$ | 110℃ | EDTA |
| 锌 | Zn | Zn | 室温下干燥器中保存 | EDTA |
| 氧化锌 | ZnO | ZnO | 900～1000℃ | EDTA |
| 氯化钠 | NaCl | NaCl | 500～600℃ | $AgNO_3$ |
| 氯化钾 | KCl | KCl | 500～600℃ | $AgNO_3$ |
| 硝酸银 | $AgNO_3$ | $AgNO_3$ | 220～250℃ | 氯化物 |

(2) 间接配制法　有些试剂不易制纯，有些组成不明确，有些在放置时发生变化，它们都不能用直接法配制标准溶液，而要用间接配制法。即先配成接近所需浓度的溶液，再用基准物质（或另一种标准溶液）来测定它的准确浓度。这种利用基准物质来确定标准溶液浓度的操作过程称为标定。因此间接配制法也称标定法。标定一般至少做 2～3 次平行标定，标定的相对偏差通常要求不大于 0.2%。

**2. 标准溶液的浓度表示方法**

在滴定分析中，标准溶液的浓度通常用物质的量浓度或滴定度表示。

物质 B 的物质的量浓度

$$c_B=\frac{n_B}{V}=\frac{\frac{m_B}{M_B}}{V}=\frac{m_B}{M_B V} \tag{4-16}$$

式中，$c_B$ 的单位为 $mol \cdot L^{-1}$；$m_B$ 是物质 B 的质量，单位为 g；$M_B$ 为物质 B 的摩尔质量，单位为 $g \cdot mol^{-1}$；$V$ 为溶液体积，如果体积是以 mL 为单位，在代入公式时要化为 L，也就是乘以 $10^{-3}$。

滴定度（$T$）有两种表示方法，一种是指每毫升标准溶液中含有的标准物质的质量，以 $T_s$ 表示。例如，$T_{NaOH}=0.004000 g \cdot mL^{-1}$。另一种是指每毫升标准溶液相当于的被测物质的质量，以 $T_{s/x}$。例如，$T_{K_2Cr_2O_7/Fe}=0.005585 g \cdot mL^{-1}$ 表示 1.00mL $K_2Cr_2O_7$ 标准溶液相当于 0.005585g Fe。在生产实践中对分析对象固定的分析，为简化计算，常采用滴定度的表示方法。

物质的量浓度和滴定度间可进行换算。

若滴定反应表示为：　$aA + bB \rlap{=}{=} P$

滴定剂　被测物质　生成物

滴定度用 $T_{A/B}$ 表示（下标 A/B 中 A 指标溶液，B 指被测物质）

$$T_{A/B}=\frac{m_B}{V_A}=\frac{b}{a}\times c(A)\times\frac{M(B)}{1000} \tag{4-17}$$

式中，$m_B$ 为被测物质 B 的质量，g；$V_A$ 为用标准溶液 A 滴定 $m_B$ 质量的 B 所消耗的体积，mL；$T_{A/B}$ 为滴定度，$g \cdot mL^{-1}$。

$$c(A)=\frac{1000a}{M(B)b}T_{A/B} \tag{4-17}$$

## 三、滴定分析法的计算

**1. 被测物质的物质的量 $n(B)$ 与滴定剂的物质的量 $n(A)$ 的关系**

(1) 直接滴定法中，被测物 B 与滴定剂 A 的反应为

$$aA+bB \xlongequal{} P$$

滴定至化学计量点时，两者的物质的量按 $a:b$ 的关系进行反应，即

$$n(A)=\frac{a}{b}n(B) \quad 或 \quad n(B)=\frac{b}{a}n(A) \tag{4-18}$$

例如，用基准物 $H_2C_2O_4 \cdot 2H_2O$ 标定 NaOH 溶液的浓度，其反应为：

$$H_2C_2O_4+2NaOH \xlongequal{} Na_2C_2O_4+2H_2O$$

则

$$n(NaOH) \xlongequal{} 2n(H_2C_2O_4 \cdot 2H_2O)$$

$$n(H_2C_2O_4 \cdot 2H_2O) \xlongequal{} \frac{1}{2}n(NaOH)$$

（2）返滴定法，在被测体系中先加入一种标准溶液（过量），再用另一种标准溶液滴定第一种标准溶液的剩余量。如 $CaCO_3$ 含量的测定，常将试样溶于过量的盐酸，再用 NaOH 标准溶液滴定。

$$CaCO_3+2HCl(过量) \xlongequal{} CaCl_2+CO_2+H_2O$$

$$NaOH+HCl(余) \xlongequal{} H_2O+NaCl$$

$$n(CaCO_3)=\frac{1}{2}n(HCl)_{返}=\frac{1}{2}[n(HCl)_{总}-n(HCl)_{余}]$$

$$=\frac{1}{2}[n(HCl)_{总}-n(NaOH)]$$

（3）在置换滴定法或间接滴定法中，一般通过多个反应才完成，则需通过总反应确定被测物质的物质的量与滴定剂的物质的量之间的关系。

例如，在酸性介质中，用基准物 $K_2Cr_2O_7$ 标定 $Na_2S_2O_3$ 溶液的反应为：

$$Cr_2O_7^{2-}+6I^-+14H^+ \xlongequal{} 2Cr^{3+}+3I_2+7H_2O$$

$$I_2+2S_2O_3^{2-} \xlongequal{} 2I^-+S_4O_6^{2-}$$

总的计量关系为 $Cr_2O_7^{2-} \sim 6I^- \sim 3I_2 \sim 6S_2O_3^{2-}$

则 $$n(K_2Cr_2O_7)=\frac{1}{6}n(Na_2S_2O_3) \quad 或 \quad n(Na_2S_2O_3)=6n(K_2Cr_2O_7)$$

**2. 被测物质的质量分数的计算**

在滴定分析中，被测物质的物质的量 $n(B)$ 是由滴定剂 A 的浓度 $c(A)$ 和体积 $V(A)$ 以及被测物与滴定剂反应的物质的量的关系求得，即

$$n(B)=\frac{b}{a}n(A)=\frac{b}{a}c(A)V(A) \tag{4-19}$$

故被测物的质量 $$m(B)=\frac{b}{a}c(A)V(A)M(B) \tag{4-20}$$

式中，$M(B)$ 为 B 的摩尔质量。

在滴定分析中，若准确称取试样的质量为 $m(s)$，被测物质的质量为 $m(B)$，则被测物质的质量分数 $w(B)$ 表示为：

$$w(B)=\frac{m(B)}{m(s)} \tag{4-21}$$

故 $$w(B)=\frac{\frac{b}{a}c(A)V(A)M(B)}{m(s)} \tag{4-22}$$

**【例 3】** 称取基准物 $H_2C_2O_4 \cdot 2H_2O(M_r=126.07)0.1258g$，用 NaOH 溶液滴定至终

点消耗 19.85mL，计算 $c(NaOH)$。

**解：**

$$H_2C_2O_4+2NaOH═══Na_2C_2O_4+2H_2O$$

$$c(NaOH)=\frac{n(NaOH)}{V(NaOH)}=\frac{2n(H_2C_2O_4\cdot 2H_2O)}{V(NaOH)}$$

$$=\frac{2m(H_2C_2O_4\cdot 2H_2O)/M(H_2C_2O_4\cdot 2H_2O)}{V(NaOH)}$$

$$=\frac{2\times 0.1258/126.07}{19.85\times 10^{-3}}=0.1005(mol\cdot L^{-1})$$

**【例 4】** 为标定 $Na_2S_2O_3$ 溶液，称取基准物 $K_2Cr_2O_7$ 0.1260g，用稀 HCl 溶解后，加入过量 KI，置于暗处 5min，待反应完毕后加水 80mL，用待标定的 $Na_2S_2O_3$ 溶液滴定。终点时耗用 $V(Na_2S_2O_3)=19.47mL$，计算 $c(Na_2S_2O_3)$。

**解：**

$$Cr_2O_7^{2-}+6I^-+14H^+═══2Cr^{3+}+3I_2+7H_2O$$

$$I_2+2S_2O_3^{2-}═══2I^-+S_4O_6^{2-}$$

$$n(K_2Cr_2O_7)=\frac{1}{6}n(Na_2S_2O_3);\quad \frac{m(K_2Cr_2O_7)}{M(_2Cr_2O_7)}=\frac{1}{6}c(Na_2S_2O_3)V(Na_2S_2O_3)$$

$$c(Na_2S_2O_3)=\frac{6\times 0.1260}{19.47\times 10^{-3}\times 294.2}=0.1320\ (mol\cdot L^{-1})$$

**【例 5】** 为了标定 $0.02mol\cdot L^{-1}$ 的 EDTA 标准溶液，应称取纯锌多少克？

**解：** 滴定反应为配位反应

$$Zn^{2+}+Y^{4-}═══ZnY^{2-}$$

$$\frac{n(Zn^{2+})}{n(Y^{4-})}=\frac{1}{1}$$

$$n(Zn^{2+})=n(Y^{4-})$$

$$m(Zn)=c(EDTA)\cdot V(EDTA)\cdot M(Zn)$$

在滴定过程中，为了使体积测定误差≤0.1%，应控制 EDTA 的用量在 20～30mL 之间。所以有

$$m(Zn)\geqslant 0.02mol\cdot L^{-1}\times 0.02L\times 65.39g\cdot mol^{-1}=0.026g$$

$$m(Zn)\leqslant 0.02mol\cdot L^{-1}\times 0.03L\times 65.39g\cdot mol^{-1}=0.039g$$

使用分析天平时，欲使称量误差<0.1%，称量须在 0.2g 以上，为此可将 0.026～0.039g 放大十倍称量，即称锌片 0.26～0.39g，用 HCl 溶解后定容至 250mL，取 25.00mL $Zn^{2+}$ 标准溶液标定 $0.02mol\cdot L^{-1}$ 的 EDTA，就可控制各种测量误差<0.1%。

**【例 6】** 求 $0.1004mol\cdot L^{-1}$ 的 NaOH 对 $H_2SO_4$ 滴定度。现将 10.0g $(NH_4)_2SO_4$ 肥料样品溶于水后，其中游离 $H_2SO_4$ 用该溶液滴定，用去 25.24mL NaOH 溶液，求肥料样品中游离的 $H_2SO_4$ 质量分数。

**解：** NaOH 滴定 $H_2SO_4$ 的反应为：

$$2NaOH+H_2SO_4═══Na_2SO_4+2H_2O$$

$$T_{NaOH/H_2SO_4}=\frac{m(H_2SO_4)}{V(NaOH)}=\frac{1}{2}\times c(NaOH)\times\frac{M(H_2SO_4)}{1000}$$

$$=\frac{0.1004\times 98.08}{2\times 1000}$$

$$=4.924\times 10^{-3}(g\cdot mL^{-1})$$

$$w(H_2SO_4)=\frac{m(H_2SO_4)}{m}=\frac{T_{NaOH/H_2SO_4}\times V(NaOH)}{m}$$

$$=\frac{4.924\times 10^{-3}\times 25.24}{10.0}=1.24\%$$

## 本章小结

(1) 分析化学是化学学科的重要分支，是研究物质的组成和结构的分析方法及有关理论的一门学科。分析化学中以解决物质中待测组分含量的多少为目的的部分称为定量分析。

(2) 定量分析一般经过试样采集、试样预处理、分析测定、数据运算及结果报告等主要步骤。分析结果的优劣用准确度和精密度来衡量。分析结果的准确度和精密度通过误差和偏差来体现。为提高分析结果的准确度和精密度，必须尽量克服系统误差和偶然误差的影响。同时，在分析过程中对于数据的记录和运算也应依据有效数字的运算规则进行。

(3) 滴定分析是定量分析中常用的分析方法，主要用于物质中常量成分的测定。滴定分析以化学反应为基础，按照反应类型的不同可分为酸碱滴定法、配位滴定法、氧化还原滴定法和沉淀滴定法。

(4) 滴定分析的标准溶液可用基准物直接配制和间接法标定。

(5) 滴定分析的计算用“化学计量数比规则”进行。

$$aA+bB = cC+dD$$

反应完全　　$n_A : n_B = a : b$

## 思考题

1. 指出下列情况各引起什么误差，若是系统误差，应如何消除？

(1) 称量时试样吸收了空气中的水分

(2) 所用砝码锈蚀

(3) 天平零点稍有变动

(4) 试样未经充分混匀

(5) 读取滴定管读数时，最后一位数字估计不准

(6) 蒸馏水或试剂中，含有微量的被测离子

(7) 滴定时，操作者不小心从锥形瓶中溅失了少量试剂

2. 某铁矿石中含铁 39.16%，若甲的分析结果为 39.12%，39.15%，39.18%；乙的分析结果为 39.19%，39.24%，39.28%，试比较两人分析结果的准确度和精密度。

3. 如果要求分析结果达到 0.2%或 1%的准确度，问至少应用分析天平称取多少克试样？滴定时所用溶液的体积至少要多少毫升？

4. 甲、乙二人同时分析某食品中蛋白质的含量，每次称取 2.6g，进行两次平行测定，分析结果报告为

甲：5.654%　5.646%

乙：5.7%　5.6%

试问哪一份报告合理？为什么？

5. 下列物质中哪些可以用直接法配制成标准溶液？哪些只能用间接法配制成标准溶液？

$FeSO_4$　$H_2C_2O_4\cdot 2H_2O$　KOH　$KMnO_4$　$K_2Cr_2O_7$　$KBrO_3$　$Na_2S_2O_3\cdot 5H_2O$　$SnCl_2$

6. 用基准 $Na_2CO_3$ 标定 HCl 溶液时下列情况会对 HCl 的浓度产生何种影响（偏低、偏高或没有影响）？

(1) 滴定速度太快，附在滴定管内壁上 HCl 来不及流下来就读取滴定管中 HCl 的体积。

(2) 称取 $Na_2CO_3$ 时，实际质量为 0.1834g，记录时误记为 0.1824g。

（3）在将 HCl 标准溶液倒入滴定管之前，没有用 HCl 标准溶液荡洗滴定管。
（4）锥形瓶中的 $Na_2CO_3$ 用蒸馏水溶解时多加了 50mL 蒸馏水。
（5）滴定管活塞漏出了 HCl 溶液。
（6）摇动锥形瓶时 $Na_2CO_3$ 溶液溅了出来。
（7）滴定前忘记了调节零点，HCl 溶液的液面高于零点。

## 习　题

1. 有 NaOH 溶液，其浓度为 $0.5450mol \cdot L^{-1}$，取该溶液 100mL，需要加水多少毫升才能配制成 $0.5000mol \cdot L^{-1}$ 的溶液？

（9.00mL）

2. 计算 $0.2015mol \cdot L^{-1}$ HCl 溶液对 $Ca(OH)_2$ 和 NaOH 的滴定度。

（$7.465 \times 10^{-3} g \cdot mL^{-1}$；$8.060 \times 10^{-3} g \cdot mL^{-1}$）

3. 称取基准物质草酸（$H_2C_2O_4 \cdot 2H_2O$）0.5987g 溶解后，转入 100mL 容量瓶中定容，移取 25.00mL 标定 NaOH 标准溶液，用去 NaOH 溶液 21.10mL。计算 NaOH 溶液的物质的量浓度。

（$0.1125mol \cdot L^{-1}$）

4. 标定 $0.20mol \cdot L^{-1}$ 的 HCl 溶液，试计算需要 $Na_2CO_3$ 基准物质的质量范围。

（0.2～0.3g）

5. 分析不纯的 $CaCO_3$（其中不含干扰物质）。称取试样 0.3000g，加入浓度为 $0.2500mol \cdot L^{-1}$ 的 HCl 溶液 25.00mL，煮沸除去 $CO_2$，用浓度为 $0.2012mol \cdot L^{-1}$ 的 NaOH 溶液返滴定过量的酸，消耗 5.84mL，试计算试样中 $CaCO_3$ 的质量分数。

（84.67%）

6. 用凯氏定氮法测定蛋白质的含氮量，称取粗蛋白试样 1.658g 将试样中的氮转化为 $NH_3$ 并以 25.00mL，$0.2018mol \cdot L^{-1}$ HCl 标准溶液吸收，剩余的 HCl 用 $0.1600mol \cdot L^{-1}$ 的 NaOH 标准溶液返滴定，用去 NaOH 溶液 9.15mL，计算此粗蛋白试样中氮的质量分数。

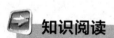

（3.03%）

## 知识阅读

### 分析化学前沿领域简介——化学计量学

化学计量学（chemometrics）是运用数学、统计学、计算机科学以及其他相关学科的理论与方法，优化化学量测过程，并从化学量测数据中最大限度地获取有用的化学信息的一门新兴学科，chemometrics 一词由瑞典 Umeo 大学的 S. Wold 教授于 1972 年首先使用，它由 chemistry 和具有计量学意思的 metrics 组合而成。S. Wold 教授与美国华盛顿大学的 B. R. Kowalski 教授一起于 1974 年发起成立国际化学计量学会。目前其专门学术期刊有 Journal of Chemometrics 和 Chemometrics & Intelligent Laboratory Systems。

在 20 世纪 70 年代以前，许多统计学与数学方法在化学尤其是分析化学中已逐步获得了应用，但工作基本停留在一些描述型的统计量计算上，如均值、标准差、置信区间的计算等。进入 70 年代，随着 chemometrics 一词的诞生，化学计量学得到了迅猛的发展。化学家不但将数学、统计学和计算机科学等领域发展的数据分析和信号处理方法用于分析化学研究，而且根据分析化学的特点发展了许多新的数据分析与信号处理方法。化学计量学因此发展成为分析化学的一个独特分支。

化学计量学是当代分析化学的重要发展前沿。能容易地获得大量化学量测数据的现代分析仪器的涌现，以及对这些化学量测数据进行适当处理并从中最大限度地提取有用化学信息的需要，是化学计量学进一步发展的推动力。化学计量学为化学量测提供基础理论和方法，优化化学量测过程，并从化学量测数据中最大限度地提取有用的化学信息。作为化学量测的基础理论和方法学，化学计量学的基本内容包括采样理论、实验设计、信号预处理、定性定量分析的多元分辨和多元校正、化学模式识别、化学构效关系以及人工智能和化学专家系统等。最近引起化学计量学家浓厚兴趣的方法有化学与生物过程在线光谱数据分析、多相复杂体系光谱数据分析、图像分析方法、高阶校正以及代谢组学和蛋白质组学等。化学计量学在以上研究方向的进展，为解决化学领域尤其是分析化学领域的一些难点问题提供了有益的帮助。

化学计量学应用领域十分广阔，涉及环境化学、食品化学、农业化学、医药化学、石油化学、材料化学、化学工程等。例如，环境化学中的污染源识别、环境质量监测，食品、农业化学中的实验设计和复杂样品分析，医药化学中的新药设计及结构性能关系研究，石油化学中的化学模式识别，化学工程科学中的过程分析、工艺过程诊断、控制和优化等。

化学计量学是现代分析化学的前沿领域之一。化学计量学与分析化学的信息化有着密切的关联。它的发展为现代智能化分析仪器的构建和发展提供相关的理论依据，也为复杂多组分体系的定性定量分析及其结构解析提供重要的方法和手段。

# 第五章

# 酸碱平衡与酸碱滴定法

**【知识目标】**

1. 理解酸碱质子理论，理解共轭酸碱对和酸碱反应的实质，掌握共轭酸碱 $K_a$与 $K_b$的关系。
2. 掌握稀释定律，掌握弱酸、弱碱水溶液的 pH 值及有关离子的平衡浓度的计算方法。
3. 掌握缓冲溶液的组成、作用和缓冲原理。
4. 掌握酸碱指示剂的变色原理及常用指示剂的选择。
5. 掌握化学计量点 pH 值及突跃范围的计算。
6. 掌握准确滴定一元酸（碱）的判据其应用，掌握多元酸（碱）分步滴定的判据及滴定终点的 pH 计算和指示剂的选择。

**【能力目标】**

1. 掌握缓冲溶液 pH 值的计算及配制方法。
2. 熟练掌握一元弱酸和弱碱溶液 pH 值的有关计算。
3. 能用酸碱滴定法测定物质的酸、碱含量。
4. 学会酸碱标准溶液的配制及标定方法。
5. 熟练掌握酸碱滴定的基本原理和指示剂的选择，能够用酸碱滴定法解决实际问题。

## 第一节 电解质溶液

### 一、电解质的分类

电解质是一类重要的化合物。凡是在水溶液中或熔融状态下能离解出离子而导电的化合物叫做电解质，如 HAc、$NH_4Cl$ 等。

电解质可分为强电解质和弱电解质两大类。在水溶液中能完全离解成离子的电解质称为强电解质。在水溶液中仅部分离解成离子的电解质称为弱电解质。电解质离解成离子的过程称为解离。强电解质 NaCl 的解离方程式

$$NaCl \longrightarrow Na^+ + Cl^-$$

弱电解质的解离是可逆的，解离方程式中用“$\rightleftharpoons$”表示可逆。

$$HAc \rightleftharpoons H^+ + Ac^-$$

### 二、解离度和解离平衡常数

**1. 解离度**

电解质在水溶液中已解离的部分与其解离前全量之比称为解离度，符号用 $\alpha$ 表示，一般

用百分数表示。电解质在水溶液中已解离的部分和解离前电解质的全量可以用分子数、质量、物质的量、浓度等表示。

$$\alpha=\frac{\text{已解离的部分}}{\text{解离前的全量}}\times 100\%$$

**2. 解离平衡常数**

在一定温度下，弱酸（碱）分子解离成离子的速率与离子重新结合成弱酸（碱）分子的速率相等时，酸碱解离达到了平衡状态。例如：某一元弱酸 HA 的解离方程式为：

$$HA \rightleftharpoons H^+ + A^-$$

达到平衡时，HA、$H^+$ 和 $A^-$ 的浓度不再发生变化，相应的解离平衡常数表达式为：

$$K_a=\frac{c(H^+)\cdot c(A^-)}{c(HA)} \tag{5-1}$$

$K_a$称为该弱酸的解离平衡常数，又称为酸常数。若为一元弱碱，解离平衡常数用 $K_b$表示，又称为碱常数。如某一元弱碱 MOH 的解离方程式为：

$$MOH \rightleftharpoons M^+ + OH^-$$

$$K_b=\frac{c(M^+)\cdot c(OH^-)}{c(MOH)} \tag{5-2}$$

$K_a$和 $K_b$的数值大小是衡量弱酸弱碱强弱的尺度。$K_a$值越大，酸的强度越大；$K_b$值越大，碱的强度越大。一些常见弱酸和弱碱的 $K_a$和 $K_b$值列于附录Ⅱ中。

**3. 稀释定律**

设一元弱酸 HA 的起始浓度为 $c$，解离度为 $\alpha$，达到解离平衡后，有

$$c(H^+)=c(A^-)=c\alpha \qquad c(HA)=c(1-\alpha)$$

代入式(5-1)，得

$$K_a=\frac{(c\alpha)\cdot(c\alpha)}{c(1-\alpha)}=\frac{c\alpha^2}{1-\alpha}$$

一般情况下，$\alpha$ 值很小，可近似认为 $1-\alpha\approx 1$，故上式可简化为

$$K_a=c\alpha^2$$

即

$$\alpha=\sqrt{\frac{K_a}{c}} \tag{5-3}$$

同理，对于一元弱碱有

$$\alpha=\sqrt{\frac{K_b}{c}} \tag{5-4}$$

式(5-3) 和式(5-4) 称为稀释定律，其物理意义：一定温度下，弱电解质的解离度与其浓度的平方根成反比，即溶液越稀，弱酸（碱）的解离度越大。

## 三、强电解质溶液

**1. 表观解离度**

强电解质在水溶液中是完全解离的，其解离度应为 100%，但是实际测得的解离度小于 100%，这是因为强电解质解离的离子是以水合离子的形式存在以及水合离子间相互作用的结果。实际测得的解离度称为表观解离度。

**2. 活度**

电解质溶液中离子的表观浓度，称为有效浓度也叫活度。

$$a=c\gamma$$

式中，$a$ 为活度；$c$ 为浓度；$\gamma$ 为活度系数。

**3. 离子强度**

为了表示溶液中离子间复杂的相互作用，路易斯（Lewis）提出了离子强度的概念，并用下式表示离子强度（$I$）、离子B的浓度 $c(\text{B})$ 及离子B的电荷数Z（B）之间的关系，即：

$$I=\frac{1}{2}\sum_{\text{B}}c(\text{B})Z^2(\text{B}) \tag{5-5}$$

德拜-休克尔（Debye-Hücke）提出了可用于很稀的溶液中计算离子平均活度系数 $\gamma_{\pm}$ 的极限公式

$$\lg\gamma_{\pm}=-A|Z_{+}\cdot Z_{-}|\sqrt{I}$$

式中，$A$ 为常数，在298K时，$A=0.509$。

一般情况下，对于不太浓的溶液，又不要求很精确的计算时，为了简便起见，通常可近似地用浓度代替活度。

## 第二节 酸碱理论

酸和碱是两类重要的化学物质，人类对酸碱的认识是逐步深入的。到目前为止，关于酸碱的理论有四种，它们是阿仑尼乌斯提出的酸碱电离理论，布朗斯特（Brönsted）和劳莱（Lowry）提出的酸碱质子理论和路易斯提出的酸碱电子理论及软硬酸碱理论。本章只介绍前两种理论。

### 一、酸碱电离理论

酸碱的电离理论是瑞典化学家阿仑尼乌斯首先提出的，该理论认为：在水中电离时所生成的阳离子全部都是 $H^+$ 的物质叫做酸；电离时所生成的阴离子全部都是 $OH^-$ 的物质叫做碱。$H^+$ 是酸的特征，$OH^-$ 是碱的特征。酸碱反应的实质就是 $H^+$ 与 $OH^-$ 反应生成 $H_2O$。

酸碱的电离理论从物质的化学组成上揭示了酸碱的本质，但这一理论是有局限性的：其一，电离理论中的酸、碱两种物质包括的范围小，不能解释NaAc溶液呈碱性，$NH_4Cl$ 溶液呈酸性的事实。其二，电离理论仅适用于水溶液，对于非水溶液和无溶剂体系中的物质及有关反应无法解释。如HCl和 $NH_3$ 在苯中反应生成 $NH_4Cl$ 及气态HCl与 $NH_3$ 直接反应生成 $NH_4Cl$。为了克服电离理论的局限性，布朗斯特和劳莱提出了酸碱质子理论。

### 二、酸碱质子理论

**1. 酸碱的定义**

质子理论认为：凡是能给出质子的物质是酸，凡是能接受质子的物质是碱，酸和碱可以是分子也可以是离子。

根据酸碱质子理论，酸和碱不是孤立的，酸给出质子后转变为碱，碱接受质子后转变为酸。

$$\text{酸} \rightleftharpoons \text{质子}+\text{碱}$$

$$HAc \rightleftharpoons H^+ + Ac^-$$

$$NH_4^+ \rightleftharpoons H^+ + NH_3$$

$$H_2PO_4^- \rightleftharpoons H^+ + HPO_4^{2-}$$
$$HPO_4^{2-} \rightleftharpoons H^+ + PO_4^{3-}$$

酸碱的这种对应情况叫做共轭关系。像 $HPO_4^{2-}$ 既可以给出质子又可以接受质子的物质称为两性物质。质子酸碱的强弱是根据给出或接受质子的难易来区分的。显然酸越强，它的共轭碱越弱；反之，酸越弱，它的共轭碱越强。

**2. 酸碱反应**

根据酸碱质子理论，酸碱反应的实质是共轭酸碱对之间的质子传递反应。例如：

$$\overset{H^+}{HCl+NH_3} \rightleftharpoons NH_4^+ + Cl^-$$

在上述反应中 HCl 把质子给了 $NH_3$，转变为 $Cl^-$，$NH_3$ 接受质子转变为 $NH_4^+$，HCl-$Cl^-$、$NH_3$-$NH_4^+$ 称为共轭酸碱对。

酸的电离及盐类水解也是酸碱反应。例如，弱酸 HAc 在水中的电离：

$$\overset{H^+}{HAc+H_2O} \rightleftharpoons H_3O^+ + Ac^-$$

再如 NaAc 的水解

$$\overset{H^+}{Ac^-+H_2O} \rightleftharpoons HAc + OH^-$$

将酸碱质子理论与电离理论加以比较，可以看出，酸碱质子理论扩大了酸碱及酸碱反应的范围。尽管如此，酸碱电离理论仍具有很重要的作用。当人们提及三大强酸时，自然想到的是 $H_2SO_4$、HCl、$HNO_3$。在酸碱质子理论中，当谈及某种物质是酸或是碱时，必须同时提及其共轭碱或共轭酸。$H_2O$、$HCO_3^-$ 是常见的两性物质，而 $NH_3$、HAc、甚至 $HNO_3$ 是酸是碱也难以确定，因为有 $NH_2^-$、$NH_4^+$、$H_2Ac^+$、$H_2NO_3^+$ 这样的物质存在。

# 第三节　酸碱平衡

## 一、水的离子积和 pH 值

**1. 水的离子积**

水是最常见的物质，也是常用的溶剂，同时又是一种较特殊的物质。在酸碱解离理论中，水的解离方程写成：

$$H_2O \rightleftharpoons H^+ + OH^-$$

实际上应写成：

$$H_2O + H_2O \rightleftharpoons H_3O^+ + OH^-$$

显然，水分子间发生了质子传递作用，称为水的质子自递作用。

$$\overset{H^+}{H_2O+H_2O} \rightleftharpoons H_3O^+ + OH^-$$

因此，水既是质子酸又是质子碱，水的质子自递作用也是可逆的酸碱反应。

达到平衡状态时，

$$K_w = c(H_3O^+) \cdot c(OH^-)$$

简写为：

$$K_w = c(H^+) \cdot c(OH^-) \tag{5-6}$$

式中，$K_w$ 称为水的离子积常数，简称水的离子积。在一定温度下，$K_w$ 是一个常数。298.15K 时，$c(H^+)=c(OH^-)\approx 1.0\times10^{-7}$，$K_w\approx10^{-14}$。

由于水的质子自递是吸热反应，故 $K_w$ 随温度的升高而增大。298.15K 时，$K_w=1.0\times10^{-14}$。温度升至 373.15K 时，$K_w=5.50\times10^{-13}$。

**2. 水的 pH 值**

$K_w$ 是温度的函数，不论是在纯水中还是在水溶液中均是如此，也就是说，在一定的温度下，$H^+$ 和 $OH^-$ 浓度的乘积是一个常数，知道了 $c(H^+)$，也就可以算出 $c(OH^-)$。一般情况下 $c(H^+)$ 和 $c(OH^-)$ 均较小，为方便起见，常用 pH 值，即 $H^+$ 浓度的负对数 pH 表示水溶液的酸碱性，当然也可用 $OH^-$ 的浓度的负对数 pOH 表示。

$$pH = -\lg c(H^+)$$

$$pOH = -\lg c(OH^-)$$

298.15K 时 $c(H^+)\cdot c(OH^-)=1.0\times10^{-14}$

$$pH + pOH = 14$$

当 $c(H^+) = c(OH^-) = 10^{-7}\,mol\cdot L^{-1}$　　pH = 7　　溶液呈中性

$c(H^+) > c(OH^-)$　$c(H^+) > 10^{-7}\,mol\cdot L^{-1}$　　pH<7　　溶液呈酸性

$c(H^+) < c(OH^-)$　$c(H^+) < 10^{-7}\,mol\cdot L^{-1}$　　pH>7　　溶液呈碱性

pH 值的应用范围为 0～14，即溶液中的 $H^+$ 浓度范围为 $1\sim10^{-14}\,mol\cdot L^{-1}$。当溶液中的 $c(H^+)$ 或 $c(OH^-)$ 大于 $1mol\cdot L^{-1}$时，溶液的酸碱度一般直接用 $c(H^+)$ 或 $c(OH^-)$ 表示。

需要指出的是，人们常说 pH 值等于 7 的溶液呈中性，这里有一个前提条件：温度为 298.15K，严格说来，中性溶液指的是 $c(H^+)=c(OH^-)$ 的溶液。

在实际工作中，pH 值的测定有很重要的意义，测定 pH 值常采用的方法有两种。需要较准确测定溶液 pH 值时可用酸度计，否则用 pH 试纸就可以了。

## 二、共轭酸碱对 $K_a$ 和 $K_b$ 的关系

HAc 与 $Ac^-$ 为共轭酸碱对，在水溶液中

$$HAc \rightleftharpoons H^+ + Ac^-$$

$$Ac^- + H_2O \rightleftharpoons HAc + OH^-$$

HAc 的酸常数表达式为：

$$K_a = \frac{c(H^+)\cdot c(Ac^-)}{c(HAc)} \tag{5-7}$$

$Ac^-$ 的碱常数表达式为：

$$K_b = \frac{c(HAc)\cdot c(OH^-)}{c(Ac^-)} \tag{5-8}$$

而水的离子积表达式为：

$$K_w = c(H^+)\cdot c(OH^-)$$

显然

$$K_a \cdot K_b = K_w \tag{5-9}$$

上式就是共轭酸碱对 $K_a$ 和 $K_b$ 的关系式。只要知道酸常数，就能求出共轭碱的碱常数，反之亦然。

**【例 1】** 已知 25℃时，HCN 的 $K_a=4.93\times10^{-10}$，求其共轭碱 $CN^-$ 的 $K_b$ 值。

**解：** 由共轭酸碱对 $K_a$ 和 $K_b$ 的关系知

$$K_a \cdot K_b = K_w$$

所以

$$K_b=\frac{K_w}{K_a}=\frac{10^{-14}}{4.93\times10^{-10}}=2.03\times10^{-5}$$

多元酸、多元碱的各级酸常数 $K_a$ 与各级碱常数 $K_b$ 的关系用 $H_2CO_3$ 和 $CO_3^{2-}$ 加以说明。

$$H_2CO_3 \rightleftharpoons H^+ + HCO_3^- \qquad CO_3^{2-} + H_2O \rightleftharpoons HCO_3^- + OH^-$$

$$K_{a_1}=\frac{c(H^+)\cdot c(HCO_3^-)}{c(H_2CO_3)} \qquad K_{b_1}=\frac{c(HCO_3^-)\cdot c(OH^-)}{c(CO_3^{2-})}$$

$$HCO_3^- \rightleftharpoons H^+ + CO_3^{2-} \qquad HCO_3^- + H_2O \rightleftharpoons H_2CO_3 + OH^-$$

$$K_{a_2}=\frac{c(H^+)\cdot c(CO_3^{2-})}{c(HCO_3^-)} \qquad K_{b_2}=\frac{c(H_2CO_3)\cdot c(OH^-)}{c(HCO_3^-)}$$

$$K_{a_1}\cdot K_{b_2}=K_w \qquad K_{a_2}\cdot K_{b_1}=K_w$$

## 三、水溶液中酸碱平衡的计算

### 1. 一元弱酸（弱碱）溶液

(1) 一元弱酸（弱碱）溶液中 $H^+(OH^-)$ 浓度的计算　一元弱酸以 HAc 为例。设其初始浓度为 $c$，当 $c\cdot K_a \geqslant 20K_w$ 时，可以忽略水的质子自递产生的 $H^+$。

| | HAc ⇌ | $H^+$ + | $Ac^-$ |
|---|---|---|---|
| 初始浓度 | $c$ | 0 | 0 |
| 平衡浓度 | $c(HAc)$ | $c(H^+)$ | $c(Ac^-)$ |

平衡时，$c(H^+)=c(Ac^-)$，$c(HAc)=c-c(H^+)$

$$K_a=\frac{c(H^+)\cdot c(Ac^-)}{c(HAc)}=\frac{c^2(H^+)}{c-c(H^+)}$$

当 $c/K_a \geqslant 500$ 时，$\alpha<5\%$，相对误差约为 2%，在准确度基本满足计算要求的情况下，为使计算简便，$c(HAc)=c-c(H^+)\approx c$

则

$$K_a=\frac{c^2(H^+)}{c}$$

由此可得计算一元弱酸溶液中 $H^+$ 浓度的近似公式：

$$c(H^+)=\sqrt{K_a\cdot c} \tag{5-10}$$

当 $c/K_a<500$，则 $\alpha>5\%$，此时需解以 $c(H^+)$ 为未知数的一元二次方程：

$$K_a=\frac{c^2(H^+)}{c-c(H^+)}$$

$$c^2(H^+)+K_a\cdot c(H^+)-c\cdot K_a=0$$

为使得到的解有意义，即 $c(H^+)$ 为正值，则

$$c(H^+)=-\frac{K_a}{2}+\sqrt{\frac{K_a^2}{4}+c\cdot K_a} \tag{5-11}$$

上式为计算一元弱酸溶液中 $H^+$ 浓度的比较精确公式。

同样的方法可以导出计算一元弱碱溶液中 $c(OH^-)$ 的计算公式。

当 $c/K_b \geqslant 500$ 时，

$$c(OH^-)=\sqrt{K_b \cdot c} \tag{5-12}$$

则　当 $c/K_b<500$ 时，则

$$c(OH^-)=-\frac{K_b}{2}+\sqrt{\frac{K_b^2}{4}+c \cdot K_b} \tag{5-13}$$

（2）同离子效应和盐效应

① 同离子效应　在 HAc 水溶液中，当解离达到平衡后，加入适量 NaAc 固体，使溶液中 $Ac^-$ 的浓度增大，由浓度对化学平衡移动的影响可知，酸碱平衡向左移动

$$HAc \rightleftharpoons H^+ + Ac^-$$

从而降低了 HAc 的解离度。显而易见，在 HAc 溶液中加入适量 HCl 等强酸，HAc 的解离度也将降低。

同理，在氨水中加入适量固体 $NH_4Cl$ 或 NaOH 等

$$NH_3 \cdot H_2O \rightleftharpoons NH_4^+ + OH^-$$

则平衡向左移动，氨水的解离度降低。

这种在弱酸或弱碱溶液中，加入含有相同离子的易溶强电解质使弱酸或弱碱的解离度降低的现象，叫做同离子效应。

**【例 2】** $0.10mol \cdot L^{-1}$ HAc 溶液中的 $H^+$ 浓度和解离度各为多少？若在该溶液中加入固体 NaAc，使 NaAc 浓度达到 $0.10mol \cdot L^{-1}$，则 $H^+$ 浓度和解离度又分别是多少？

**解**：（1）由于 $c/K_a>500$

$$c(H^+)=\sqrt{K_a \cdot c}$$

$$=\sqrt{0.10\times1.76\times10^{-5}}=1.3\times10^{-3}\quad (mol \cdot L^{-1})$$

$$\alpha=\frac{1.3\times10^{-3}}{0.10}\times100\%=1.3\%$$

（2）设加入 NaAc 后的 $H^+$ 的浓度为 $x\,mol \cdot L^{-1}$，则

| | HAc | ⇌ | $H^+$ | + | $Ac^-$ |
|---|---|---|---|---|---|
| 平衡浓度/($mol \cdot L^{-1}$) | $0.10-x$ | | $x$ | | $0.10+x$ |
| | $\approx0.10$ | | | | $\approx0.10$ |

$$K_a=\frac{c(H^+) \cdot c(Ac^-)}{c(HAc)}=\frac{x(0.10+x)}{0.10-x}=1.76\times10^{-5}$$

$$\frac{0.10 \cdot x}{0.10}=1.76\times10^{-5}$$

$$x=1.76\times10^{-5}$$

即 $c(H^+)=1.76\times10^{-5}mol \cdot L^{-1}$

$$\alpha=\frac{1.76\times10^{-5}}{0.10}\times100\%\approx0.018\%<1.3\%$$

以上计算说明，在 HAc 溶液中加入固体 NaAc 后，HAc 的解离度降低了。

② 盐效应　在弱酸或弱碱溶液中，加入不含相同离子的易溶强电解质，如在 HAc 溶液中加入 NaCl。由于溶液中离子强度增大，$H^+$ 和 $Ac^-$ 的有效浓度降低，平衡向解离的方向移动，HAc 的解离度将增大。这种现象称为盐效应。

同离子效应发生时也伴随有盐效应，两者相比较，前者比后者强得多，在一般计算中，可以忽略盐效应。

**2. 多元弱酸、多元弱碱溶液**

可以给出两个或两个以上质子的弱酸，叫做多元弱酸。多元弱酸在水溶液中是分步给出质子的，每一步都有相应的酸常数。以二元弱酸 $H_2S$ 为例说明多元弱酸水溶液中有关浓度的计算。

第一步　$H_2S \rightleftharpoons H^+ + HS^-$　　$K_{a_1}=9.1\times10^{-8}$

第二步　$HS^- \rightleftharpoons H^+ + S^{2-}$　　$K_{a_2}=1.1\times10^{-12}$

由于 $K_{a_1} \gg K_{a_2}$，说明 $HS^-$ 给出质子的能力比 $H_2S$ 小得多，因此在实际计算过程中，当 $c/K_{a_1}>500$ 时，可按一元弱酸近似计算，即

$$c(H^+)=\sqrt{K_{a_1}\cdot c}$$

在氢硫酸 $H_2S$ 中，第一步给出的 $H^+$ 和生成 $HS^-$ 的浓度是相等的，由于第二步 $HS^-$ 给出的 $H^+$ 和消耗的 $HS^-$ 都很少，可认为溶液中的 $c(H^+)\approx c(HS^-)$。由 $HS^-$ 的酸常数表达式

$$K_{a_2}=\frac{c(H^+)\cdot c(S^{2-})}{c(HS^-)}\text{可得}$$

$$c(S^{2-})=\frac{K_{a_2}\cdot c(HS^-)}{c(H^+)}\approx K_{a_2}$$

对于纯粹的二元弱酸，如果 $K_{a_1} \gg K_{a_2}$，则酸根离子浓度其数值近似等于 $K_{a_2}$，与二元弱酸的起始浓度无关。

由 $H_2S$ 的两级解离方程

$$H_2S \rightleftharpoons H^+ + HS^- \qquad K_{a_1}=\frac{c(H^+)\cdot c(HS^-)}{c(H_2S)}$$

及

$$HS^- \rightleftharpoons H^+ + S^{2-} \qquad K_{a_2}=\frac{c(H^+)\cdot c(S^{2-})}{c(HS^-)}$$

相加可得 $H_2S=2H^+ + S^{2-}$，与之相应的平衡常数表达式为：

$$K_a=\frac{c^2(H^+)\cdot c(S^{2-})}{c(H_2S)}=K_{a_1}\cdot K_{a_2}$$

并进一步可以得出

$$c(S^{2-})=\frac{K_{a_1}\cdot K_{a_2}\cdot c(H_2S)}{c^2(H^+)}$$

上式说明，二元弱酸根离子的浓度与溶液中的 $H^+$ 浓度的平方成反比，可用调节 $c(H^+)$ 的方法控制 $c(S^{2-})$。

**【例 3】** (1) 计算 18℃ 时饱和氢硫酸 $H_2S$ 溶液 [$c(H_2S)=0.1\text{mol}\cdot L^{-1}$] 中 $H^+$、$HS^-$、$S^{2-}$ 的浓度。(2) 计算在 $H_2S$ 和 HCl 混合溶液中，当 $c(HCl)$ 为 $0.30\text{mol}\cdot L^{-1}$ 时 $S^{2-}$ 的浓度。

**解：** (1) 因为 $K_{a_1} \gg K_{a_2}$，且 $c/K_{a_1}>500$

所以，$c(HS^-)=c(H^+)=\sqrt{K_{a_1}\cdot c}$

$$=\sqrt{0.1\times9.1\times10^{-8}}=9.5\times10^{-5}(\text{mol}\cdot L^{-1})$$

由 $c(S^{2-})=K_{a_2}$，得

$$c(S^{2-})=1.1\times10^{-12}(\text{mol}\cdot L^{-1})$$

(2) 因为同离子效应，在 $H_2S$ 与 HCl 的混合液中，$H_2S$ 解离产生的 $H^+$ 很少，故溶液

中 $c(H^+)\approx0.30mol\cdot L^{-1}$

$$c(S^{2-})=\frac{K_{a1}\cdot K_{a2}\cdot c(H_2S)}{c^2(H^+)}$$
$$=\frac{9.1\times10^{-8}\times1.1\times10^{-12}\times0.10}{0.30^2}$$
$$=1.1\times10^{-19}(mol\cdot L^{-1})$$

多元弱碱水溶液中的 $OH^-$ 浓度以及其他有关计算与多元弱酸的计算方法相似。

**3. 两性物质溶液**

常见的两性物质如 $NaHCO_3$、$NaH_2PO_4$、$NH_4Ac$ 等，$NaHCO_3$ 的两性表现在其溶于水后产生的 $HCO_3^-$ 上，

$$HCO_3^- \rightleftharpoons H^+ + CO_3^{2-}$$
$$HCO_3^- + H_2O \rightleftharpoons H_2CO_3 + OH^-$$

经推导，$c(H^+)$ 可按下式计算：

$$c(H^+)=\sqrt{K_{a1}\cdot K_{a2}}$$
$$pH=\frac{1}{2}(pK_{a1}+pK_{a2}) \qquad (5\text{-}14)$$

$NaH_2PO_4$ 溶液中 $H^+$ 浓度计算与 $NaHCO_3$ 相似，而 $Na_2HPO_4$ 溶液中，

$$c(H^+)=\sqrt{K_{a2}\cdot K_{a3}}$$
$$pH=\frac{1}{2}(pK_{a2}+pK_{a3}) \qquad (5\text{-}15)$$

$NH_4Ac$ 也是两性物质，它在溶液中的酸碱平衡可表示如下：

$$NH_4^+ + H_2O \rightleftharpoons NH_3 + H_3O^+$$
$$Ac^- + H_2O \rightleftharpoons HAc + OH^-$$

以 $K_a$ 表示 $NH_4^+$ 的酸常数，以 $K_b$ 表示 $Ac^-$ 的碱常数，经推导得：

$$c(H^+)=\sqrt{K_w\frac{K_a}{K_b}} \qquad (5\text{-}16)$$

从公式可知 $NH_4Ac$ 这类两性物质溶液呈酸性、碱性或中性，取决于 $K_a$ 和 $K_b$ 的相对大小。有下列三种情况：

(1) 当 $K_a>K_b$ 时，$c(H^+)>\sqrt{K_w}$，溶液呈酸性；

(2) 当 $K_a=K_b$ 时，$c(H^+)=\sqrt{K_w}$，溶液呈中性；

(3) 当 $K_a<K_b$ 时，$c(H^+)<\sqrt{K_w}$，溶液呈碱性。

**【例 4】** 计算 25℃ $0.040mol\cdot L^{-1}$ $Na_2HPO_4$ 溶液及 $0.10mol\cdot L^{-1}$ $NH_4Ac$ 溶液的pH 值。

**解**：(1)

$$c(H^+)=\sqrt{K_{a2}\cdot K_{a3}}$$
$$=\sqrt{6.23\times10^{-8}\times2.2\times10^{-13}}=1.17\times10^{-10}\quad(mol\cdot L^{-1})$$
$$pH=9.93$$

(2)

$$K_b(Ac^-)=\frac{K_w}{K_a(HAc)}$$
$$c(H^+)=\sqrt{K_w\frac{K_a}{K_b}}=\sqrt{K_a(NH_4^+)\cdot K_a(HAc)}$$

$$=\sqrt{5.64\times10^{-10}\times1.76\times10^{-5}}\approx1.0\times10^{-7}(\text{mol}\cdot\text{L}^{-1})$$

$$\text{pH}=7.00$$

# 第四节 缓冲溶液

缓冲溶液在生产、生活和生命活动中均具有重要的意义。动物的体液必须维持在一定的pH值范围内才能进行正常的生命活动。农作物，例如小麦正常生长需要土壤的pH值为6.3～7.5。在容量分析中，某些指示剂必须在一定的pH值范围内才能显示所需要的颜色。

## 一、缓冲溶液的缓冲原理

### 1. 缓冲溶液的定义及组成

（1）定义 能够抵抗少量外加酸、碱和加水稀释，而本身pH值不甚改变的溶液称为缓冲溶液。

（2）组成 常见的缓冲溶液由弱酸及其共轭碱、弱碱及其共轭酸组成。组成缓冲溶液的弱酸及其共轭碱或弱碱及其共轭酸，叫做缓冲对或缓冲系。

### 2. 缓冲原理

以HAc-NaAc缓冲溶液为例，HAc溶液存在如下酸碱平衡：

$$\text{HAc}\rightleftharpoons\text{H}^++\text{Ac}^-$$

加入NaAc后，NaAc完全解离

$$\text{NaAc}\longrightarrow\text{Na}^++\text{Ac}^-$$

由于同离子效应，HAc的解离度降低，溶液中$H^+$浓度很小。在缓冲溶液中，存在大量的HAc分子及$Ac^-$离子。当往缓冲溶液中加入少量强酸（如HCl）时，强解解质解离出来的$H^+$绝大部分与$Ac^-$结合生成HAc，溶液中$H^+$浓度改变很少，即pH值保持了相对稳定，溶液中的$Ac^-$是抗酸成分。如果加入少量的强碱，强碱解离出来的大部分$OH^-$就会与HAc反应生成$H_2O$和$Ac^-$，溶液中$OH^-$浓度没有明显的变化，溶液的pH值也同样保持了相对稳定，HAc是抗碱成分。当加入适量的水稀释时，$c(H^+)$会降低，但由于HAc解离度增加，$c(H^+)$变化也不大，溶液的pH值也不甚改变。总之，缓冲溶液具有保持pH值相对稳定的性能，即具有缓冲作用。

弱碱及其共轭酸体系的缓冲溶液也具有缓冲作用。

## 二、缓冲溶液pH值的计算

以$HAc-Ac^-$共轭酸碱对组成的缓冲溶液为例加以推导。

$$\text{HAc}\rightleftharpoons\text{H}^++\text{Ac}^-$$

$$\text{NaAc}\longrightarrow\text{Na}^++\text{Ac}^-$$

解离常数
$$K_a=\frac{c(\text{H}^+)c(\text{Ac}^-)}{c(\text{HAc})}$$

所以
$$c(\text{H}^+)=K_a\frac{c(\text{HAc})}{c(\text{Ac}^-)}$$

由于HAc的解离度很小，加上$Ac^-$的同离子效应，使HAc的解离度更小，故上式中的$c(HAc)$可近似地认为就是HAc的初始浓度$c_a$，上式中的$c(Ac^-)$可近似地认为就是NaAc的浓度，$c(Ac^-)=c_b$，代入上式得

$$c(H^+)=K_a\frac{c_a}{c_b} \tag{5-17}$$

$$pH=pK_a-\lg\frac{c_a}{c_b} \tag{5-18}$$

在一定的温度下，对于某一种质子弱酸，$K_a$ 是一个常数，由式（5-18）可以看出 $c(H^+)$或 pH 值与弱酸及其共轭碱的浓度的比值有关。

对于弱碱 $NH_3$（或 $NH_3 \cdot H_2O$）及其共轭酸 $NH_4^+$（如 $NH_4Cl$）组成的缓冲溶液，若以 $K_a$ 表示 $NH_4^+$ 的酸常数，$c_a$ 表示 $NH_4Cl$ 的初始溶液，$c_b$ 表示 $NH_3$ 的浓度，同样可导出式(5-17)、式(5-18) 两个公式。

**【例 5】** 25℃时，在 90mL 纯水中分别加入：（1）10mL 0.010mol·L$^{-1}$ HCl 溶液；（2）10mL 0.010mol·L$^{-1}$ NaOH 溶液，试计算纯水及分别加入 HCl 溶液或 NaOH 溶液后的pH 值。

**解**：25℃时纯水中 $c(H^+)=1.0\times10^{-7}$mol·L$^{-1}$，故 pH＝7.00

（1）加入 10mL HCl 溶液后，溶液总体积为 100mL，

$$c(H^+)=\frac{0.010\times10}{100}=0.001\text{mol}\cdot\text{L}^{-1}$$

$$pH=3.00$$

（2）加入 10mL NaOH 溶液后，溶液总体积也为 100mL，

$$c(OH^-)=\frac{0.010\times10}{100}=0.001\text{mol}\cdot\text{L}^{-1}$$

$$pOH=3$$

$$pH=11$$

计算表明，纯水中加入 HCl 或 NaOH 前后，pH 值的改变是很明显的，其改变量 ΔpH＝4。

**【例 6】** 在 90mL 浓度均为 0.10mol·L$^{-1}$ HAc-NaAc 缓冲溶液中，分别加入：（1）10mL 0.010mol·L$^{-1}$ HCl 溶液；（2）10mL 0.010mol·L$^{-1}$ NaOH 溶液；（3）10mL 水，试计算上述三种情况缓冲溶液的 pH 值。

**解**：未加 HCl、NaOH、水之前缓冲溶液的 pH 值为：

$$pH=pK_a-\lg\frac{c_a}{c_b}=4.75-\lg\frac{0.1}{0.1}=4.75$$

（1）$c(HAc)=0.10\times\frac{90}{100}+0.01\times\frac{10}{100}=0.091(\text{mol}\cdot\text{L}^{-1})$

$c(Ac^-)=0.10\times\frac{90}{100}-0.01\times\frac{10}{100}=0.089(\text{mol}\cdot\text{L}^{-1})$

$pH=pK_a-\lg\frac{c_a}{c_b}=4.75-\lg\frac{0.091}{0.089}=4.74$

（2）$c(HAc)=0.10\times\frac{90}{100}-0.01\times\frac{10}{100}=0.089(\text{mol}\cdot\text{L}^{-1})$

$c(Ac^-)=0.10\times\frac{90}{100}+0.01\times\frac{10}{100}=0.091(\text{mol}\cdot\text{L}^{-1})$

$pH=pK_a-\lg\frac{c_a}{c_b}=4.75-\lg\frac{0.089}{0.091}=4.76$

（3）$c(HAc)=c(Ac^-)=0.10\times\frac{90}{100}=0.090(\text{mol}\cdot\text{L}^{-1})$

$$pH=pK_a-\lg\frac{c_a}{c_b}=4.75-\lg\frac{0.090}{0.090}=4.75$$

计算表明，除第三种情况 pH 值不变外，其余两种情况 pH 值的改变值只有 0.01，与例 5在相同体积纯水中加入等量 HCl、NaOH 相比，缓冲溶液的 pH 值可以称得上不甚改变。

## 三、缓冲容量和缓冲范围

缓冲容量 $\beta$ 是衡量缓冲溶液缓冲作用大小的量。体积相同的两种缓冲溶液，当加入等量的酸或碱时，pH 值变化小的缓冲溶液其缓冲作用强。从另一方面也可以衡量缓冲溶液缓冲作用的大小，即缓冲溶液的 pH 值改变相同值时，需加入的强酸或强碱越多，则该缓冲溶液的缓冲作用越强。

影响缓冲容量的因素有两个：其一，当缓冲溶液的缓冲组分的浓度比一定时，体系中两组分的浓度越大，缓冲容量越大；一般两组分的浓度控制在 0.05～0.5mol·L$^{-1}$之间较合适；其二，当两缓冲组分的总浓度一定时，缓冲组分的浓度比越接近 1，则缓冲容量越大，等于 1 时，缓冲容量最大。通常缓冲溶液的两组分的浓度比控制在 0.1～10 之间，超出此范围则由于缓冲容量太小而认为失去缓冲作用。

根据公式 $pH=pK_a-\lg\frac{c_a}{c_b}$，当$\frac{c_a}{c_b}=\frac{1}{10}=0.1$ 时，$pH=pK_a+1$；当$\frac{c_a}{c_b}=\frac{10}{1}=10$ 时，$pH=pK_a-1$。$pH=pK_a\pm1$ 称为缓冲范围。不同缓冲对组成的缓冲溶液，由于 $pK_a$ 不同，其缓冲范围也各异。

## 四、缓冲溶液的选择和配制

### 1. 缓冲溶液的选择

常用的缓冲溶液是由一定浓度的缓冲对组成的，一般来说，不同的缓冲溶液具有不同的缓冲容量和缓冲范围。实际工作中，为了满足需要，在选择缓冲溶液时应注意以下两个方面。

（1）为了满足化学反应在某 pH 值范围内进行，缓冲溶液的缓冲组分不应参与反应。

（2）为了保证缓冲溶液具有足够的缓冲容量，缓冲对除了应有适量的足够浓度外，根据 $pH=pK_a-\lg\frac{c_a}{c_b}$及$\frac{c_a}{c_b}=1$ 时缓冲容量最大这一特点，应选择 $pK_a$ 与 pH 最接近的弱酸及其共轭碱来配制缓冲溶液。

### 2. 缓冲溶液的配制

缓冲溶液的配制方法常用的有以下三种。

（1）在一定量的弱酸（或弱碱）溶液中加入固体共轭碱（或酸）

**【例 7】** 欲配制 pH 值为 5.00，$c(HAc)=0.20mol\cdot L^{-1}$ 的缓冲溶液 1.0L。求所需要 $NaAc\cdot3H_2O$ 的质量以及所需 1.0mol·L$^{-1}$HAc 的体积。

**解：** pH=5.00，$c(H^+)=1.0\times10^{-5}mol\cdot L^{-1}$

根据 $c(H^+)=K_a\cdot\frac{c_a}{c_b}$

$$c_b=\frac{K_ac_a}{c(H^+)}=\frac{1.76\times10^{-5}\times0.20}{1.0\times10^{-5}}=0.352(mol\cdot L^{-1})$$

$$m(NaAc\cdot3H_2O)=M(NaAc\cdot3H_2O)\cdot c_b\cdot V$$
$$=136.1\times0.352\times1.0=47.9(g)$$

HAc的体积为

$$1.0\times\frac{0.20}{1.0}=0.20\ (\mathrm{L})$$

配制方法：称取47.9g $NaAc\cdot3H_2O$ 溶于适量水中，加入0.20L 1.0mol·$L^{-1}$的HAc溶液，然后用水稀释至1L即可。必要时可用pH试纸或pH计检验pH值是否符合要求。

(2) 用相同浓度的弱酸（或弱碱）及其共轭碱（或酸）溶液，按适当体积混合

假设弱酸及其共轭碱溶液的浓度都是$c$，设所取体积分别为$V_a$、$V_b$。混合后溶液的总体积为$V$，浓度分别为$c_a$、$c_b$，则

$$c_a=\frac{cV_a}{V}\qquad c_b=\frac{cV_b}{V}$$

即

$$\frac{c_a}{c_b}=\frac{\frac{cV_a}{V}}{\frac{cV_b}{V}}\qquad \frac{c_a}{c_b}=\frac{V_a}{V_b}$$

将上式代入$c(H^+)=K_a\frac{c_a}{c_b}$及$pH=pK_a-\lg\frac{c_a}{c_b}$中，得：

$$c(H^+)=K_a\frac{V_a}{V_b}$$

$$pH=pK_a-\lg\frac{V_a}{V_b}$$

**【例8】** 如何配制pH值为4.80的缓冲溶液100mL?

**解：** 缓冲溶液的pH值4.80很接近HAc的$pK_a$值4.75，可选用HAc-NaAc缓冲对。根据公式

$$pH=pK_a-\lg\frac{c_a}{c_b}，得$$

$$4.80=4.75-\lg\frac{V_a}{V_b}$$

$$\frac{V_a}{V_b}=0.89$$

因为$V_a+V_b=100\mathrm{mL}$，故$V_a=47\mathrm{mL}$，$V_b=53\mathrm{mL}$。

将浓度相同的47mL HAc溶液与53mL NaAc溶液混合，即可得pH=4.80的缓冲溶液100mL。

(3) 在一定量的弱酸（碱）中加入一定量的强碱（酸），通过酸碱反应生成的共轭碱（酸）与剩余的弱酸（碱）组成缓冲溶液

**【例9】** 欲配制pH值为5.00的缓冲溶液，试计算在0.10L浓度为0.10mol·$L^{-1}$ HAc溶液中应加浓度为0.10mol·$L^{-1}$ NaOH的体积。

**解：** 缓冲溶液是由HAc与NaOH反应生成的NaAc与剩余的HAc组成的。

$$HAc+NaOH=\!=\!=NaAc+H_2O$$

设加入$x$L NaOH溶液，缓冲溶液的体积为$(x+0.10)$ L

$$c_a=\frac{0.10\times0.10-0.10x}{0.10+x}$$

$$c_b=\frac{0.10x}{0.10+x}$$

$$\frac{c_a}{c_b}=\frac{0.10\times0.10-0.10x}{0.10x}=\frac{0.10-x}{x}$$

$$c(H^+)=K_a \cdot \frac{c_a}{c_b}$$

$$10^{-5}=1.76\times10^{-5}\times\frac{0.10-x}{x}$$

解方程得：

$$x=0.064$$

将 0.064L 浓度为 0.10mol・$L^{-1}$ NaOH 溶液加入到 0.10L 浓度为 0.10mol・$L^{-1}$ HAc 溶液可得 pH=5.00 的缓冲溶液。

缓冲溶液通常认为有两类，前面所讲的由缓冲对组成的缓冲溶液，是用来控制溶液酸度的（见表 5-1）；另有一类所谓的标准缓冲溶液，是用作测量溶液 pH 值的参照溶液（见表 5-2）。当用酸度计测量溶液的 pH 值时，用它来校正仪器。如 25℃时，0.010mol・$L^{-1}$ 硼砂溶液，经准确测定，其 pH 值为 9.18。

**表 5-1　常用缓冲溶液体系**

| 缓冲溶液 | 酸的存在形式 | 碱的存在形式 | $pK_a$ |
|---|---|---|---|
| 氨基乙酸-HCl | $H_3N^+CH_2COOH$ | $H_3N^+CH_2COO^-$ | 2.35 |
| 一氯乙酸-NaOH | $CH_2ClCOOH$ | $CH_2ClCOO^-$ | 2.86 |
| 邻苯二甲酸氢钾-HCl | 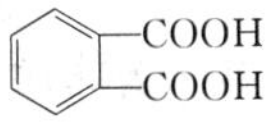 | 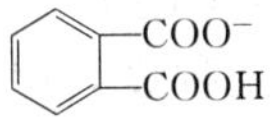 | 2.95 |
| 甲酸-NaOH | HCOOH | $HCOO^-$ | 3.74 |
| HAc-NaAc | HAc | $Ac^-$ | 4.74 |
| 六亚甲基四胺-HCl | $(CH_2)_6N_4H^+$ | $(CH_2)_6N_4$ | 5.15 |
| $NaH_2PO_4$-$Na_2HPO_4$ | $H_2PO_4^-$ | $HPO_4^{2-}$ | 7.20 |
| 三乙醇胺-HCl | $HN^+(CH_2CH_2OH)_3$ | $N(CH_2CH_2OH)_3$ | 7.76 |
| 三(羟甲基)甲胺-HCl | $H_3N^+C(CH_2OH)_3$ | $H_2NC(CH_2OH)_3$ | 8.21 |
| $Na_2B_4O_7$-HCl | $H_3BO_3$ | $H_2BO_3^-$ | 9.24 |
| $NH_3$-$NH_4Cl$ | $NH_4^+$ | $NH_3$ | 9.26 |
| 乙醇胺-HCl | $H_3N^+CH_2CH_2OH$ | $H_2NCH_2CH_2OH$ | 9.50 |
| 氨基乙酸-NaOH | $H_2NCH_2COOH$ | $H_2NCH_2COO^-$ | 9.60 |
| $NaHCO_3$-$Na_2CO_3$ | $HCO_3^-$ | $CO_3^{2-}$ | 10.25 |

**表 5-2　常用的标准缓冲溶液**

| pH 标准溶液 | pH(实验值，298K) | pH 标准溶液 | pH(实验值，298K) |
|---|---|---|---|
| 饱和酒石酸氢钾(0.34mol・$L^{-1}$) | 3.56 | 0.025mol・$L^{-1}$$KH_2PO_4$-0.025mol・$L^{-1}$$Na_2HPO_4$ | 6.86 |
| 0.05mol・$L^{-1}$邻苯二甲酸氢钾 | 4.01 | 0.01mol・$L^{-1}$硼砂 | 9.18 |

# 第五节　酸碱指示剂

## 一、酸碱指示剂的变色原理

酸碱滴定过程本身不发生任何外观的变化，常借用其他物质来指示滴定终点。在酸碱滴定中用来指示滴定终点的物质叫酸碱指示剂。

酸碱指示剂一般是有机弱酸或弱碱，其酸式与其共轭碱式，具有不同结构，且颜色不同。当溶液 pH 值改变时，指示剂得到质子由碱式转变为酸式，或者失去质子由酸式转变为碱式。由于结构的改变，引起颜色发生变化。

例如，酚酞在水溶液中存在以下平衡：

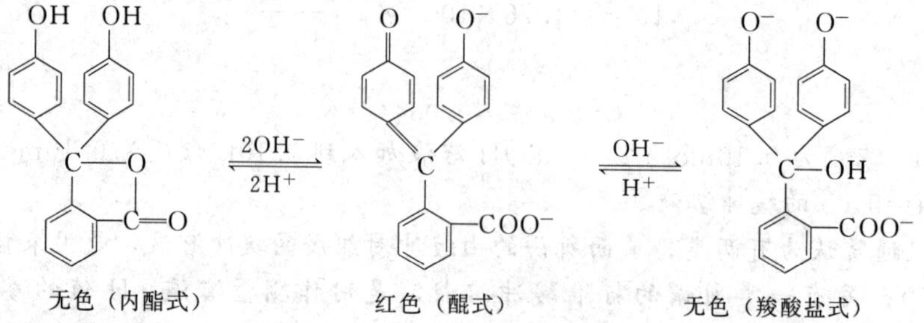


由平衡关系可以看出，在酸性条件下，酚酞以无色的分子形式存在，是内酯结构；在碱性条件下，转化为醌式结构的阴离子，显红色；当碱性强时，则形成无色的羧酸盐式。

又如甲基橙，它的碱式为偶氮式结构，呈黄色。酸式为醌式结构，呈红色。

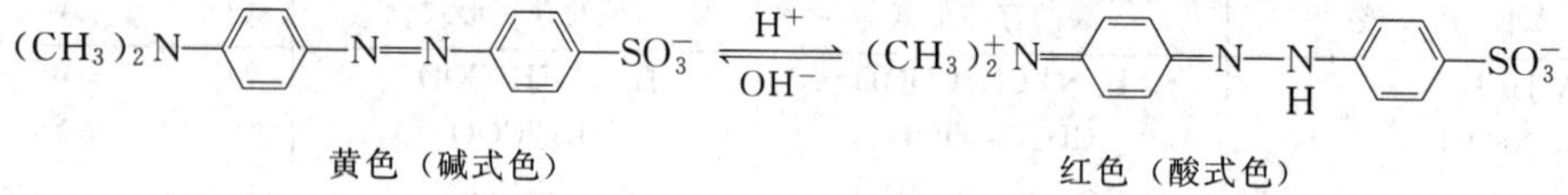


当溶液的酸度增大到一定程度，甲基橙主要以醌式结构的离子形式存在，溶液呈红色；酸度降低到一定程度，则主要以偶氮式结构存在，溶液呈黄色。

## 二、指示剂的变色范围

下面以有机弱酸指示剂 HIn 为例，讨论指示剂颜色的变化与酸度的关系。

HIn 在水溶液中存在下列离解平衡：

$$HIn \rightleftharpoons H^+ + In^-$$

$$K(HIn)=\frac{c(H^+)\cdot c(In^-)}{c(HIn)}$$

$$\frac{c(In^-)}{c(HIn)}=\frac{K(HIn)}{c(H^+)}$$

指示剂所呈的颜色由 $c(In^-)/c(HIn)$ 决定。一定温度下，$K(HIn)$ 为常数，则 $c(In^-)/c(HIn)$的变化取决于 $H^+$ 的浓度。当 $c(H^+)$ 发生变化时，$c(In^-)/c(HIn)$ 发生变化，溶液的颜色也逐渐改变。根据人的眼睛辨别颜色的能力，当 $c(In^-)/c(HIn)<\frac{1}{10}$时，看到的是指示剂的酸色；当 $c(In^-)/c(HIn)>10$ 时，看到的是指示剂的碱色；而当 $\frac{1}{10}<c(In^-)/c(HIn)<10$ 时，看到的是指示剂的酸式和碱式的混合色。因此 $pH=pK(HIn)\pm1$，称为指示剂变色的 pH 范围，简称指示剂变色范围。不同的指示剂，其 $K(HIn)$ 值不同，所以其变色范围也不同。常用的酸碱指示剂的变色范围见表 5-3。

**表 5-3　常用酸碱指示剂**

| 指示剂 | 变色范围 pH | 颜色 | | HIn 的 $pK_a$ | 浓度 |
|---|---|---|---|---|---|
| | | 酸色 | 碱色 | | |
| 百里酚蓝(第一次变色) | 1.2～2.8 | 红 | 黄 | 1.6 | 0.1%的 20%乙醇溶液 |
| 甲基黄 | 2.9～4.0 | 红 | 黄 | 3.3 | 0.1%的 90%乙醇溶液 |
| 甲基橙 | 3.1～4.4 | 红 | 黄 | 3.4 | 0.05%的水溶液 |

续表

| 指示剂 | 变色范围 pH | 颜色 | | HIn 的 $pK_a$ | 浓度 |
|---|---|---|---|---|---|
| | | 酸色 | 碱色 | | |
| 溴酚蓝 | 3.1～4.6 | 黄 | 紫 | 4.1 | 0.1%的 20%乙醇溶液或其钠盐的水溶液 |
| 溴甲酚绿 | 3.8～5.4 | 黄 | 蓝 | 4.9 | 0.1%水溶液，每 100mg 指示剂加 0.05mol·$L^{-1}$ NaOH 2.9mL |
| 甲基红 | 4.4～6.2 | 红 | 黄 | 5.2 | 0.1%的 60%乙醇溶液或其钠盐的水溶液 |
| 溴百里酚蓝 | 6.0～7.6 | 黄 | 蓝 | 7.3 | 0.1%的 20%乙醇溶液或其钠盐的水溶液 |
| 中性红 | 6.8～8.0 | 红 | 黄橙 | 7.4 | 0.1%的 60%乙醇溶液 |
| 苯酚红 | 6.7～8.4 | 黄 | 红 | 8.0 | 0.1%的 60%乙醇溶液或其钠盐的水溶液 |
| 酚酞 | 8.0～10.0 | 无 | 红 | 9.1 | 0.1%的 90%乙醇溶液 |
| 百里酚蓝(第二次变色) | 8.0～9.6 | 黄 | 蓝 | 8.9 | 0.1%的 20%乙醇溶液 |
| 百里酚酞 | 9.4～10.6 | 无 | 蓝 | 10.0 | 0.1%的 90%乙醇溶液 |

当 $c(In^-)/c(HIn)=1$ 时，$pH=pK(HIn)$，此 pH 值称为指示剂的理论变色点。指示剂的变色范围理论上应该是 2 个 pH 单位，但实测的各种指示剂的变色范围并非如此。这是因为指示剂的实际变色范围不是根据 $pK(HIn)$ 值计算出来的，而是根据人眼通过实验观察的结果得来的。人眼对各种颜色的敏感程度不同，加上指示剂的两种颜色之间相互掩盖，导致实测值与理论值有一定差异。

例如甲基橙 $K(HIn)=4\times10^{-4}$，$pK(HIn)=3.4$，理论变色范围应为 2.4～4.4，而实测范围为 3.1～4.4。当 pH=3.1 时，$c(H^+)=8\times10^{-4}mol\cdot L^{-1}$，则 $\frac{c(In^-)}{c(HIn)}=\frac{K(HIn)}{c(H^+)}=\frac{4\times10^{-4}}{8\times10^{-4}}=\frac{1}{2}$；当 pH=4.4 时，$c(H^+)=5\times10^{-5}mol\cdot L^{-1}$，那么 $\frac{c(In^-)}{c(HIn)}=\frac{K(HIn)}{c(H^+)}=\frac{4\times10^{-4}}{4\times10^{-5}}=10$ 。

可见，$c(In^-)/c(HIn)\geqslant10$ 时，才能看到碱式色（黄色），当 $c(HIn)/c(In^-)\geqslant2$ 就能观察出酸式色（红色），产生这种差异的原因是由于人眼对红色较黄色更为敏感的缘故。

## 三、混合指示剂

在酸碱滴定中，为了使滴定终点和计量点的 pH 值尽可能一致，因此希望将滴定终点限制在较窄的 pH 值范围内，这时可采用混合指示剂。

混合指示剂是利用颜色互补作用使终点变色更加敏锐。混合指示剂有两类。一类是由两种或两种以上的指示剂混合而成。例如，溴甲酚绿和甲基红按一定比例混合后，酸色为酒红色，碱色为绿色，中间色为浅灰色，变化十分明显。另一类混合指示剂是由某种指示剂和一种惰性染料（如次甲基蓝、靛蓝二磺酸钠等）组成，也是利用颜色互补作用提高颜色变化的敏锐性，常见的酸碱混合指示剂列于表 5-4。

**表 5-4　几种常用的酸碱混合指示剂**

| 指示剂溶液的组成 | 变色时 pH 值 | 颜色 | | 备注 |
|---|---|---|---|---|
| | | 酸色 | 碱色 | |
| 一份 0.1%甲基黄乙醇溶液<br>一份 0.1%次甲基蓝乙醇溶液 | 3.25 | 蓝紫 | 绿 | pH 3.4 绿色<br>pH 3.2 蓝紫色 |

续表

| 指示剂溶液的组成 | 变色时 pH 值 | 颜色 | | 备注 |
|---|---|---|---|---|
| | | 酸色 | 碱色 | |
| 一份 0.1%甲基橙水溶液<br>一份 0.25%靛蓝二磺酸水溶液 | 4.1 | 紫 | 黄绿 | |
| 一份 0.1%溴甲酚绿钠盐水溶液<br>一份 0.02%甲基橙水溶液 | 4.3 | 橙 | 蓝绿 | pH 3.5 黄色，4.05 绿色，4.8 浅绿 |
| 三份 0.1%溴甲酚绿乙醇溶液<br>一份 0～2%甲基红乙醇溶液 | 5.1 | 酒红 | 绿 | |
| 一份 0.1%溴甲酚绿钠盐水溶液<br>一份 0.1%氯酚红钠盐水溶液 | 6.1 | 黄绿 | 蓝紫 | pH 5.4 蓝绿色，5.8 蓝色，6.0 蓝带紫，6.2 蓝紫 |
| 一份 0.1%中性红乙醇溶液<br>一份 0.1%次甲基蓝乙醇溶液 | 7.0 | 蓝紫 | 绿 | pH 7.0 蓝紫 |
| 一份 0.1%甲酚红钠盐水溶液<br>三份 0.1%百里酚蓝钠盐水溶液 | 8.3 | 黄 | 紫 | pH 8.2 玫瑰红<br>pH 8.4 清晰的紫色 |
| 一份 0.1%百里酚蓝 50%乙醇溶液<br>三份 0.1%酚酞 50%乙醇溶液 | 9.0 | 黄 | 紫 | 从黄到绿再到紫 |
| 一份 0.1%酚酞乙醇溶液<br>一份 0.1%百里酚酞乙醇溶液 | 9.9 | 无 | 紫 | pH 9.6 玫瑰红，10 紫色 |
| 二份 0.1%百里酚酞乙醇溶液<br>一份 0.1%茜素黄 R 乙醇溶液 | 10.2 | 黄 | 紫 | |

# 第六节 酸碱滴定法及应用

## 一、酸碱滴定曲线和指示剂的选择

酸碱滴定法是以酸碱反应为基础的滴定分析方法，是最重要的和应用最广泛的方法之一。在酸碱滴定过程中，溶液的 pH 值可利用酸度计直接测量出来，也可以通过公式进行计算。以滴定剂的加入量为横坐标，溶液的 pH 值为纵坐标作图，便可得到滴定曲线。

**1. 强碱（酸）滴定强酸（碱）**

现以 $0.1000\text{mol}\cdot\text{L}^{-1}$ NaOH 溶液滴定 20.00mL $0.1000\text{mol}\cdot\text{L}^{-1}$ 的 HCl 溶液为例，讨论滴定曲线和指示剂的选择。

（1）滴定前　溶液中 $c(\text{H}^+)$ 为：

$$c(\text{H}^+)=0.1000\text{mol}\cdot\text{L}^{-1}；\ \text{pH}=1.00。$$

（2）滴定开始至化学计量点前　例如，加入 18.00mL $0.1000\text{mol}\cdot\text{L}^{-1}$NaOH 溶液（中和百分数为 90%）时：

$$c(\text{H}^+)=0.1000\times\frac{2.00}{20.00+18.00}=5.26\times10^{-3}(\text{mol}\cdot\text{L}^{-1})；\qquad \text{pH}=2.28$$

当加入 19.98mL NaOH 溶液（中和百分数为 99.9%）时：

$$c(\text{H}^+)=0.1000\times\frac{0.02}{20.00+19.98}=5.00\times10^{-5}(\text{mol}\cdot\text{L}^{-1})；\qquad \text{pH}=4.30$$

（3）计量点时　当加入 20.00mL NaOH 溶液（中和百分数为 100%）时，HCl 全部被中和成中性的 NaCl 水溶液。

$$c(\text{H}^+)=c(\text{OH}^-)=1.00\times10^{-7}(\text{mol}\cdot\text{L}^{-1})；\qquad \text{pH}=7.00$$

（4）计量点后　按过量的碱进行计算。当加入 20.02mL，即多加入 0.02mL $0.1000\text{mol}\cdot$

$L^{-1}$ NaOH 溶液（中和百分数为 100.1%），此时溶液的体积为 40.02mL，溶液中 $c(OH^-)$ 为：

$$c(OH^-)=0.1000\times\frac{0.02}{40.02}=5.00\times10^{-5}(mol\cdot L^{-1});\qquad pH=9.70$$

如此逐一计算，将计算结果列于表 5-5 中，以 NaOH 的加入量（或中和百分数）为横坐标，以 pH 值为纵坐标作图，就可得滴定曲线（图 5-1）。

**表 5-5 0.1000mol · $L^{-1}$ NaOH 溶液滴定 20.00mL 0.1000mol · $L^{-1}$ HCl 溶液**

| 加入 NaOH 溶液体积 $V$/mL | 剩余 HCl 溶液体积 $V$/mL | 过量 NaOH 溶液体积 $V$/mL | 溶液 $H^+$ 浓度 /(mol · $L^{-1}$) | pH 值 |
|---|---|---|---|---|
| 0.00 | 20.00 | | $1.00\times10^{-1}$ | 1.00 |
| 18.00 | 2.00 | | $5.26\times10^{-3}$ | 2.28 |
| 19.80 | 0.20 | | $5.00\times10^{-4}$ | 3.30 |
| 19.98 | 0.02 | | $5.00\times10^{-5}$ | 4.30 |
| 20.00 | 0.00 | | $1.00\times10^{-7}$ | 7.00 |
| 20.02 | | 0.02 | $2.00\times10^{-10}$ | 9.70 |
| 20.20 | | 0.20 | $2.00\times10^{-11}$ | 10.70 |
| 22.00 | | 2.00 | $2.00\times10^{-12}$ | 11.70 |
| 40.00 | | 20.00 | $3.00\times10^{-13}$ | 12.50 |

从表 5-5 和图 5-1 中可以看出，从滴定开始到加入 19.98mL NaOH 溶液，即 99.9% 的 HCl 被滴定，溶液的 pH 值变化较慢，只改变了 3.3 个 pH 单位；但从 19.98～20.02mL，即由剩余的 0.1% HCl (0.02mL) 未被滴定到 NaOH 过量 0.1% (0.02mL)，虽然只加了 0.04mL (约一滴 NaOH)，pH 值却从 4.30 增加到 9.70，变化 5.4 个 pH 单位；再继续加入 NaOH 溶液，pH 的变化又逐渐趋缓，滴定曲线又趋于平坦。在整个滴定过程中，只有在计量点前后很小的范围内，溶液的 pH 值变化最大，称为滴定突跃。通常将计量点前后 ±0.1% 相对误差范围内溶液 pH 值变化称为滴定突跃范围。在本例中滴定突跃范围为 4.30～9.70。指示剂的选择主要以此为依据。

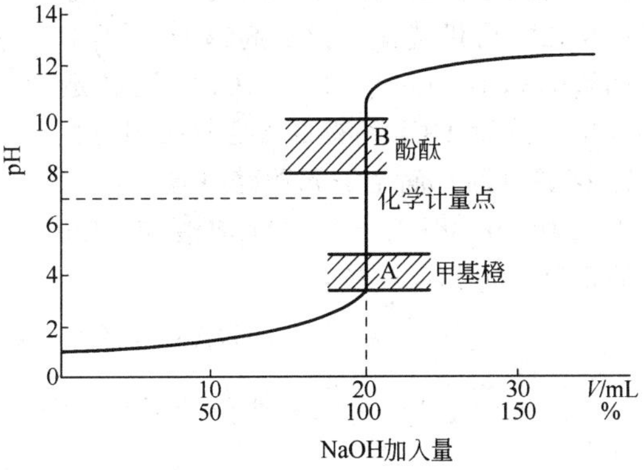


图 5-1 0.1000mol · $L^{-1}$ NaOH 溶液滴定 20.00mL 0.1000mol · $L^{-1}$ HCl 溶液的滴定曲线

根据滴定突跃范围可以选择合适的指示剂。显然，最理想的指示剂应恰好在计量点时变色，如果根据指示剂的变色结束滴定，实际上在滴定突跃范围内变色的指示剂均可使用。

甲基红（4.4～6.2，红色到黄色）在滴定开始显红色，当溶液的 pH 值刚大于 4.4，红色中开始带黄色，变成中间颜色；pH 值逐渐增大，黄色成分逐渐增加，直到 pH 值为 6.2 时，溶液完全呈黄色；继续增大 pH 值，颜色不会再改变。可见，只要在甲基红呈现中间颜色时结束滴定，不管其中是红色成分多还是黄色成分多，溶液的 pH 值都处在突跃范围以内，因此以稍偏黄的中间色或刚完全呈黄色为好。滴定终点的 pH 值与计量点更接近，终点误差更小。

酚酞（8.0～10.0，无色至紫红色）在滴定开始时是无色的，计量点也是无色的；当 pH 值稍大于 8.0 时，开始出现淡红色；pH 值继续增大时，红色加深，直到 pH 值为 10.0 时，完全呈现紫红色。再滴入 NaOH 溶液颜色不再改变。可见，只要在酚酞还没有深紫红

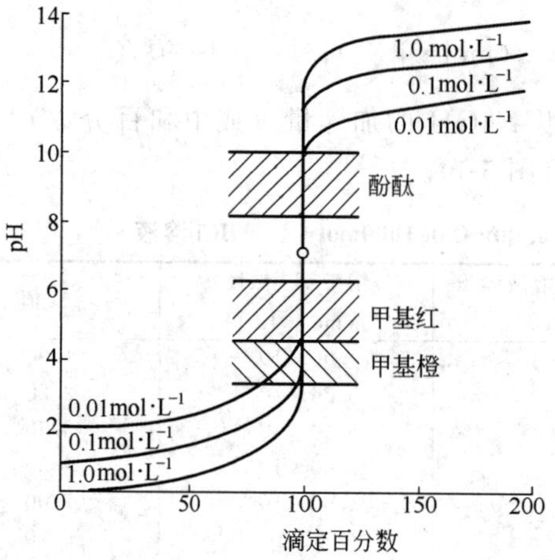


图 5-2 不同浓度的强碱滴定强酸的滴定曲线

色时结束滴定基本上都是符合要求的。因出现红色时 NaOH 已过量，所以红颜色越淡终点误差越小。

甲基橙（3.1～4.4，红色至黄色）在滴定开始为红色，刚开始改变颜色时，溶液的 pH 已大于 3.1，即使溶液呈偏黄的中间颜色，溶液的 pH 值也还可能小于 4.3，因此在甲基橙还呈现中间颜色时结束滴定是不恰当的。当甲基橙恰好完全变成黄色时，溶液的 pH 为 4.4，才处在突跃范围以内，故只有以甲基橙恰好变黄作为滴定终点才是合适的。

以上讨论可以看出，甲基红和酚酞由于变色范围基本上都处在突跃范围以内，所以它们是非常合适的指示剂；而甲基橙的变色范围仅有很小部分在突跃范围内，虽然还可采用，但不如甲基红和酚酞。

滴定突跃范围的大小与溶液的浓度有关。溶液越浓，突跃范围越大，可供选择的指示剂越多；反之，可供选择的指示剂越少。如图 5-2 所示。

如果用 0.1000mol · $L^{-1}$ HCl 溶液滴定 0.1000mol · $L^{-1}$ NaOH 溶液，其滴定曲线与 NaOH 溶液滴定 HCl 溶液的滴定曲线相对称，pH 值变化相反。

**2. 强碱（酸）滴定一元弱酸（碱）**

以 0.1000mol · $L^{-1}$ NaOH 溶液滴定 20.00mL 0.1000mol · $L^{-1}$ HAc 溶液为例进行讨论。滴定时发生如下反应：

$$HAc + OH^- \longrightarrow Ac^- + H_2O$$

（1）滴定前　由于滴定前为 0.1000mol · $L^{-1}$ HAc 溶液，$c/K_a > 500$，所以用最简式计算：

$$c(H^+) = \sqrt{c \cdot K_a} = \sqrt{0.1000 \times 1.76 \times 10^{-5}} = 1.3 \times 10^{-3}(\text{mol} \cdot L^{-1})$$

$$pH = 2.87$$

（2）滴定开始至计量点前　溶液中未反应的 HAc 和反应产物 $Ac^-$ 同时存在，组成一个缓冲体系。一般情况下可按下式计算：

$$pH = pK_a - \lg \frac{c_a}{c_b}$$

例如，当加入 19.98mL NaOH 溶液（中和百分数为 99.9%）时：

$$c_a = c(HAc) = \frac{0.02}{20.00 + 19.98} \times 0.1000 = 5.00 \times 10^{-5}(\text{mol} \cdot L^{-1})$$

$$c_b = c(Ac^-) = \frac{19.98}{20.00 + 19.98} \times 0.1000 = 5.00 \times 10^{-2}(\text{mol} \cdot L^{-1})$$

$$pH = pK_a - \lg \frac{c_a}{c_b} = pK_a - \lg \frac{c(HAc)}{c(Ac^-)} = 7.74$$

（3）计量点时　当加入 20.00mL NaOH 溶液（中和百分数为 100%）时，HAc 全部被中和生成 NaAc。由于在计量点时溶液的体积增大为原来的 2 倍，所以 $Ac^-$ 的浓度为 0.05000mol·$L^{-1}$又因为 $c/K_b>500$，所以

$$c(OH^-)=\sqrt{c\cdot K_b}=\sqrt{c\frac{K_w}{K_a}}=\sqrt{\frac{0.1000}{2}\times\frac{10^{-14}}{1.76\times10^{-5}}}=5.3\times10^{-6}(mol\cdot L^{-1})$$

$$pOH=5.28\qquad pH=14.00-5.27=8.73$$

（4）计量点后　计算方法与强碱滴定强酸时相同。例如，已滴入 NaOH 溶液 20.02mL（过量 0.02mLNaOH），此时溶液的 pH 值可计算如下：

$$c(OH^-)=0.1000\times\frac{0.02}{20.00+20.02}=5.0\times10^{-5}(mol\cdot L^{-1})$$

$$pOH=4.30\qquad pH=9.70$$

将以上计算结果列于表 5-6 中，并以此绘制滴定曲线（图 5-3）。

**表 5-6　0.1000mol·$L^{-1}$NaOH 溶液滴定 20.00mL 0.1000mol·$L^{-1}$HAc 溶液**

| 加入 NaOH 溶液体积 $V$/mL | 剩余 HAc 溶液体积 $V$/mL | 过量 NaOH 溶液体积 $V$/mL | pH 值 |
|---|---|---|---|
| 0.00 | 20.00 | | 2.87 |
| 18.00 | 2.00 | | 5.70 |
| 19.80 | 0.20 | | 6.74 |
| 19.98 | 0.02 | | 7.75 |
| 20.00 | 0.00 | | 8.72 |
| 20.02 | | 0.02 | 9.70 |
| 20.20 | | 0.20 | 10.70 |
| 22.00 | | 2.00 | 11.70 |
| 40.00 | | 20.00 | 12.50 |

图 5-3 中的虚线是相同浓度 NaOH 滴定 HCl 的滴定曲线。将两条曲线对比可以看出，NaOH 滴定 HAc 的曲线有以下一些特点：

① NaOH-HAc 滴定曲线起点 pH 值较 NaOH-HCl 的高 2 个单位。这是因为 HAc 的解离度要比等浓度的 HCl 小的缘故。

② 滴定开始后至约 20% HAc 被滴定时，NaOH-HAc 滴定曲线的斜率比 NaOH-HCl 的大。这是因为 HAc 被中和而生成 NaAc。由于 $Ac^-$ 的同离子效应，使 HAc 的解离度更加变小，因而 $H^+$ 浓度迅速降低，pH 值很快增大。但当继续滴加 NaOH 时，由于 NaAc 浓度相应增大，HAc 的浓度相应减小，缓冲作用增强，故使溶液的 pH 值增加缓慢，因此这一段曲线较为平坦。当中和百分数为 50%时，溶液缓冲容量最大，因此该中和百分数附近 pH 值改变最慢。接近计量点时，由于溶液中 HAc 已很少，缓冲作用减弱，所以继续滴入 NaOH 溶液，pH 值变化速度又逐渐加快。直到计量点

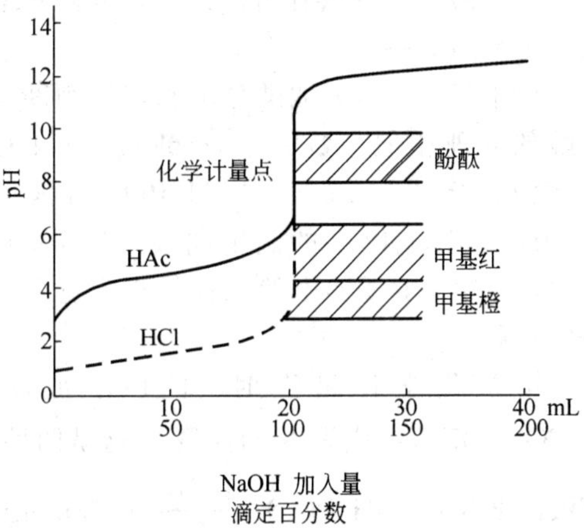


图 5-3　0.1000mol·$L^{-1}$NaOH 溶液滴定 20.00mL 0.1000mol·$L^{-1}$HAc 溶液的滴定曲线

时，由于 HAc 浓度急剧减小，使溶液的 pH 值发生突变。但是应该注意，由于溶液中产生了大量的 $Ac^-$，$Ac^-$ 是一种碱，在水溶液是解离后产生了相当数量的 $OH^-$，而使计量点的 pH 值不是 7 而是 8.72，计量点在碱性范围内。计量点以后，溶液 pH 值变化规律与强碱滴定强酸时相同。

NaOH-HAc 滴定曲线的突跃范围（pH＝7.74～9.70）较 NaOH-HCl 的小得多，且在碱性范围内。因此在酸性范围内变色的指示剂，如甲基橙，甲基红等都不能使用，而酚酞，百里酚酞等均是合适的指示剂。图 5-4 是用 $0.1000mol\cdot L^{-1}$ NaOH 溶液滴定 $0.1000mol\cdot L^{-1}$ 不同强度弱酸的滴定曲线。从中可以看出，当酸的浓度一定时，$K_a$ 值愈大，即酸愈强时，滴定突跃范围亦愈大。当 $K_a \leqslant 10^{-9}$ 时，已无明显的突跃了，在此情况下，已无法利用一般的酸碱指示剂确定其滴定终点。另一方面，当 $K_a$ 和浓度 $c$ 两个因素同时变化，滴定突跃的大小将由 $K_a$ 与 $c$ 的乘积所决定。$K_a \cdot c$ 越大，突跃范围越大，$K_a \cdot c$ 越小，突跃范围越小。当 $K_a \cdot c$ 很小时，计量点前后溶液 pH 值变化非常小，无法用指示剂准确确定终点，通常以 $K_a \cdot c \geqslant 10^{-8}$ 作为判断弱酸能否准确进行滴定的界限。

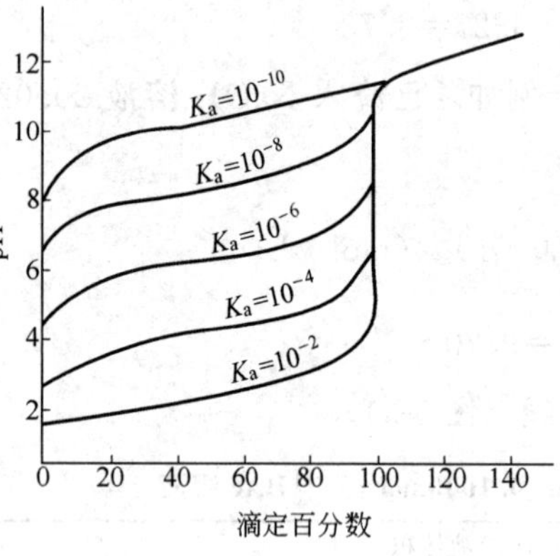


图 5-4　$0.1000mol\cdot L^{-1}$ NaOH 溶液滴定 $0.1000mol\cdot L^{-1}$ 不同 $K_a$ 的一元弱酸的滴定曲线

强酸滴定弱碱的情况与强碱滴定弱酸的情况相似，且当 $K_b \cdot c \geqslant 10^{-8}$，才能被准确滴定。

**3. 多元酸（碱）的滴定**

(1) 多元酸的滴定　多元酸的滴定，主要是指多元弱酸的滴定，重点是多元弱酸能否被准确地分步滴定。若多元弱酸的浓度 $c$ 与每一步的酸常数 $K_a$ 的乘积 $c\cdot K_a \geqslant 10^{-8}$，且相邻两个酸常数 $K_{a_n}$、$K_{a_{n+1}}$ 满足 $K_{a_n}/K_{a_{n+1}} \geqslant 10^4$，则可以准确地分步滴定。

例如，用 $0.1000mol\cdot L^{-1}$ 的 NaOH 标准溶液滴定 $0.1000mol\cdot L^{-1}$ $H_2C_2O_4$ 溶液，虽然 $c\cdot K_{a_1}=5.90\times10^{-3}>10^{-8}$，$c\cdot K_{a_2}=6.40\times10^{-6}>10^{-8}$，但由于 $K_{a_1}/K_{a_2}<10^4$，故第一计量点无明显突跃，不能准确地进行分步滴定。然而第二计量点有明显突跃，因此只能一次被滴定至第二终点。

对于三元、四元弱酸分步滴定的判断与二元弱酸的处理相似。如用 $0.1mol\cdot L^{-1}$ NaOH 标准溶液滴定 $0.1mol\cdot L^{-1}$ $H_3PO_4$ 溶液时，由 NaOH 滴定 $H_3PO_4$ 的滴定曲线（图 5-5）可以看出，在第一计量点和第二计量点附近各有一个 pH 突跃。

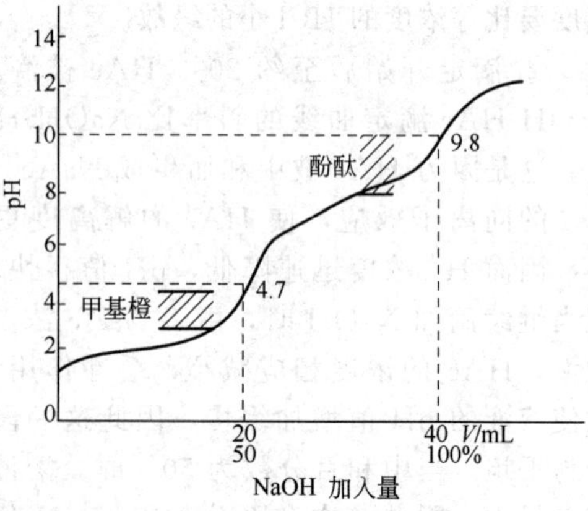


图 5-5　用 NaOH 标准溶液滴定 $H_3PO_4$ 溶液的滴定曲线

第一化学计量点时，$H_3PO_4$ 被滴定至 $H_2PO_4^-$，溶液组成为 $NaH_2PO_4$，这是两性物质，溶液浓度为 $c(NaH_2PO_4)=\frac{0.10}{2}=0.05mol\cdot L^{-1}$，其水溶液 pH 值可按下式计算：

$$c(H^+)=\sqrt{K_{a1}\cdot K_{a2}}=\sqrt{7.52\times10^{-3}\times6.23\times10^{-8}}$$
$$=2.2\times10^{-5}(mol\cdot L^{-1})$$
$$pH=4.66$$

故可选甲基橙为指示剂。滴定达到终点时，溶液由红色正好变为黄色。

第二化学计量点时，溶液组成为 $Na_2HPO_4$，也是两性物质，溶液浓度为 $c(Na_2HPO_4)=0.033mol\cdot L^{-1}$

$$c(H^+)=\sqrt{K_{a2}\cdot K_{a3}}=\sqrt{6.23\times10^{-8}\times4.4\times10^{-13}}=1.6\times10^{-10}(mol\cdot L^{-1})$$
$$pH=9.78$$

故可以选择酚酞作为指示剂，终点时由无色变为红色。

(2) 多元碱的滴定　用强酸滴定多元弱碱时，$H^+$ 与碱的作用也是分步进行的，能否分步滴定的判断原则与多元弱酸的滴定完全相似。现以 $0.1000mol\cdot L^{-1}$ HCl 溶液滴定 $0.1000mol\cdot L^{-1}$ $Na_2CO_3$ 溶液为例说明多元弱碱的滴定。

$Na_2CO_3$ 溶于水离解出 $CO_3^{2-}$，根据酸碱质子理论，$CO_3^{2-}$ 是二元弱碱。

$$CO_3^{2-}+H_2O \longrightarrow HCO_3^-+OH^-$$
$$K_{b1}=\frac{K_w}{K_{a2}(H_2CO_3)}=1.8\times10^{-4}$$
$$HCO_3^-+H_2O \rightleftharpoons H_2CO_3+OH^-$$
$$K_{b2}=\frac{K_w}{K_{a1}(H_2CO_3)}=2.4\times10^{-8}$$
$$K_{b1}/K_{b2}\approx10^4$$

对于高浓度的 $Na_2CO_3$ 溶液，近似地认为 $Na_2CO_3$ 两级解离可分步滴定，形成两个滴定突跃。滴定曲线如图 5-6 所示。

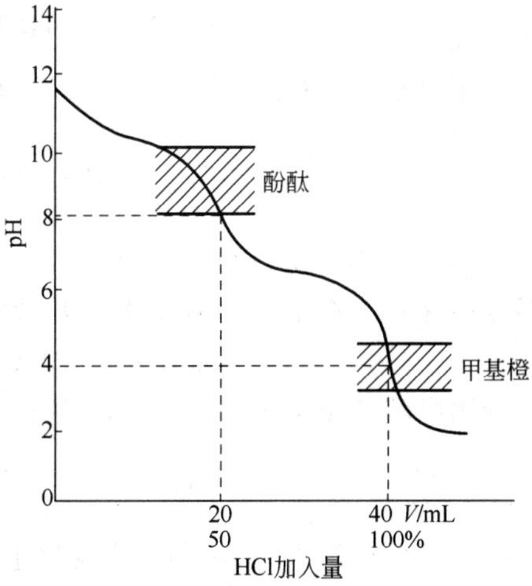

图 5-6　HCl 溶液滴定 $Na_2CO_3$ 溶液的滴定曲线

第一计量点时：溶液组成为 $NaHCO_3$，是两性物质，溶液 pH 值按下式计算：

$$pH=\frac{1}{2}(pK_{a1}+pK_{a2})=8.31$$

第二计量点时，产物为饱和的 $CO_2$ 水溶液，浓度约为 $0.04mol\cdot L^{-1}$，溶液 pH 值按下式计算：

$$c(H^+)=\sqrt{c\cdot K_{a1}}=\sqrt{0.04\times4.2\times10^{-7}}$$
$$=1.3\times10^{-4}(mol\cdot L^{-1})$$
$$pH=3.9$$

根据计量点时溶液的 pH 值，可分别选用酚酞、甲基橙作指示剂，由于 $K_{b2}$ 不够大，第二计量点时突跃范围也不够大，滴定结果不够理想。又因 $CO_2$ 易形成过饱和溶液，酸度增大，使终点过早出现，所以在滴定接近终点时，应剧烈地摇动。

(3) 混合酸（碱）的滴定　混合酸（碱）的滴定与多元酸（碱）的滴定条件相似。在滴定时，既要看两种酸（碱）的浓度，还要看两种酸（碱）的强度比。

(4) $CO_2$ 对酸碱滴定的影响　空气或水中溶解的 $CO_2$ 与水生成的 $H_2CO_3$ 是二元弱酸，有时会影响测定的结果。$H_2CO_3$ 在不同 pH 值的溶液中各种存在形式的浓度不同，因而终

点时 $CO_2$ 带来的误差大小也不相同。终点时 pH 值越低，$CO_2$ 的影响越小。如果终点时溶液的 pH 值小于 5，则 $CO_2$ 的影响可以忽略不计。

强酸强碱之间相互滴定，浓度不太低时，甲基橙作指示剂，终点 pH≈4.0，这时 $CO_2$ 基本上不与碱相互作用，而碱溶液中的 $CO_3^{2-}$ 也被中和变为 $CO_2$，此时 $CO_2$ 的影响可以忽略。当两种溶液浓度很低时，由于突跃范围减小，甲基橙的变色范围不在突跃范围之内，如果选用甲基橙已不合适，应选择甲基红，此时 $CO_2$ 影响不能忽略。这种情况下，应煮沸溶液，除去水中溶解的 $CO_2$，并重新配制不含 $CO_3^{2-}$ 的标准碱溶液。

配制不含 $CO_3^{2-}$ 的标准 NaOH 溶液的方法：①配制 NaOH 溶液前，蒸馏水先加热煮沸除去水中的 $CO_2$；②先配成 NaOH 溶液（约 50%），用除去 $CO_2$ 的蒸馏水稀释至所需浓度，然后标定。

对于强碱滴定弱酸的过程，终点在碱性范围内，$CO_2$ 的影响不可忽略。

## 二、酸碱滴定法的应用

**1. 标准溶液的配制和标定**

酸碱滴定中最常用的标准溶液是 HCl 溶液和 NaOH 溶液，其浓度在 0.01～1.0mol·$L^{-1}$之间较合适，最常用的浓度为 0.10mol·$L^{-1}$左右。

(1) 酸标准溶液　HCl 易挥发，其标准溶液应采用间接法配制。

① 无水碳酸钠　无水碳酸钠是标定 HCl 溶液的常用基准物质，其优点是易制得纯品，但由于其易吸收空气中的水分，因此使用之前应在 180～200℃下干燥 2～3h 后置于干燥器内冷却备用。标定反应如下：

$$Na_2CO_3 + 2HCl = 2NaCl + CO_2\uparrow + H_2O$$

选用甲基橙做指示剂，标定结果可按下式计算：

$$c(HCl) = \frac{2m(Na_2CO_3)}{M(Na_2CO_3)\cdot V(HCl)}$$

② 硼砂 ($Na_2B_4O_7\cdot 10H_2O$)　硼砂在水中重结晶两次后，再放在相对湿度为 60% 的恒湿器中保存。在空气中易风化失去部分结晶水。标定反应如下：

$$Na_2B_4O_7 + 2HCl + 5H_2O = 4H_3BO_3 + 2NaCl$$

选用甲基红做指示剂，终点时溶液呈橙红色，标定结果可按下式计算：

$$c(HCl) = \frac{2m(Na_2B_4O_7\cdot 10H_2O)}{M(Na_2B_4O_7\cdot 10H_2O)\cdot V(HCl)}$$

(2) 碱标准溶液　NaOH 易吸收水分和空气中的 $CO_2$，其标准溶液应用间接法配制。标定 NaOH 标准溶液的基准物质常用的有邻苯二甲酸氢钾和草酸等。

① 邻苯二甲酸氢钾（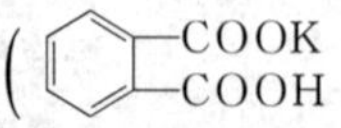）　邻苯二甲酸氢钾易制得纯品，不吸潮，容易保存，摩尔质量大，它是用来标定 NaOH 溶液较好的基准物质。标定反应如下：

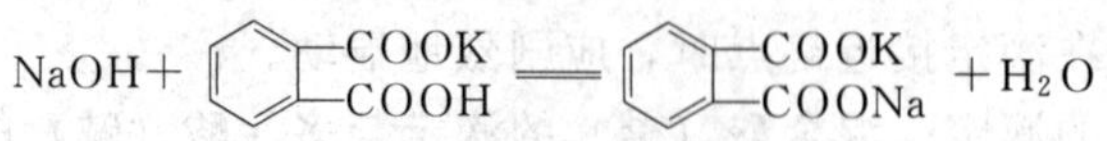

化学计量点时溶液的 pH 值为 9.1，选用酚酞做指示剂，标定结果可按下式计算：

$$c(NaOH) = \frac{m(KHC_8H_4O_4)}{M(KHC_8H_4O_4)\cdot V(NaOH)}$$

② 草酸（$H_2C_2O_4 \cdot 2H_2O$） 草酸相当稳定，相对湿度在 5%～95%时不会风化而失水。因此可保存在密闭容器中备用。标定反应如下：

$$H_2C_2O_4 + 2NaOH \xlongequal{} Na_2C_2O_4 + 2H_2O$$

化学计量点时溶液的 pH 值为 8.4，选用酚酞做指示剂，标定结果可按下式计算：

$$c(NaOH)=\frac{2m(H_2C_2O_4 \cdot 2H_2O)}{M(H_2C_2O_4 \cdot 2H_2O) \cdot V(NaOH)}$$

**2. 应用实例**

酸碱滴定法应用非常广泛。许多工业产品如烧碱、纯碱、硫酸铵、碳酸氢铵等，多采用酸碱滴定法测定其主成分的含量。另外某些药物的纯度检验，以及饲料、农产品品质评定等方面，也经常使用酸碱滴定法。

（1）混合碱的分析

① NaOH 和 $Na_2CO_3$ 的混合物或者 NaOH 吸收 $CO_2$ 而产生 $Na_2CO_3$ 后的成分分析用双指示剂法。

准确称取一定质量 $m$（s）的试样，溶于水后，先以酚酞做指示剂，用 HCl 标准溶液滴定至终点，记下用去 HCl 溶液的体积 $V_1$（L）。这时 NaOH 全部被滴定，而 $Na_2CO_3$ 只被滴定至 $NaHCO_3$。然后加入甲基橙作指示剂，用 HCl 继续滴定至由黄色变为橙色，此时 $NaHCO_3$ 被滴定至 $H_2CO_3$，记下用去 HCl 溶液的体积 $V_2$(L)。

滴定过程为：

$$\boxed{\begin{matrix}OH^-\\ CO_3^{2-}\end{matrix}} \xrightarrow[\quad]{+HCl(V_1)} \boxed{\begin{matrix}H_2O\\ HCO_3^-\end{matrix}} \xrightarrow{+HCl(V_2)} \boxed{H_2CO_3(H_2O+CO_2)}$$

NaOH 和 $Na_2CO_3$ 的质量分数（常用百分含量表示）分别为：

$$w(Na_2CO_3)=\frac{c(HCl) \cdot V_2(HCl) \cdot M(Na_2CO_3)}{m(s)}$$

$$w(NaOH)=\frac{c(HCl) \cdot [V_1(HCl)-V_2(HCl)] \cdot M(NaOH)}{m(s)}$$

② $Na_2CO_3$ 和 $NaHCO_3$ 的混合物中各自含量的测定。其测定方法与 $Na_2CO_3$ 和 $NaHCO_3$ 的混合物的分析方法类似，亦常用双指示剂法。滴定过程为：

$$\boxed{\begin{matrix}CO_3^{2-}\\ HCO_3^-\end{matrix}} \xrightarrow[\quad]{+HCl(V_1)} \boxed{\begin{matrix}HCO_3^-\\ HCO_3^-\end{matrix}} \xrightarrow[\quad]{+HCl(V_2)} \boxed{H_2CO_3(CO_2+H_2O)}$$

根据滴定过程的分析，可以得出：

$$w(Na_2CO_3)=\frac{c(HCl) \cdot V_1(HCl) \cdot M(Na_2CO_3)}{m(s)}$$

$$w(NaHCO_3)=\frac{c(HCl) \cdot [V_2(HCl)-V_1(HCl)] \cdot M(NaHCO_3)}{m(s)}$$

NaOH 和 $NaHCO_3$ 是不能共存的。若某试样中可能含有 NaOH、$Na_2CO_3$ 或 $NaHCO_3$，或由它们组成的混合物，设以酚酞及甲基橙为指示剂的滴定终点用去 HCl 的体积分别为 $V_1$、$V_2$，则未知试样的组成与 $V_1$、$V_2$ 的关系见表 5-7。

（2）氮含量的测定 常用的铵盐，如 $(NH_4)_2SO_4$、$NH_4Cl$ 等常需要测定其中氮的含量。但由于 $K_a(NH_4^+)=5.64\times10^{-10}$，酸性太弱，不能直接用 NaOH 进行滴定。

表 5-7 $V_1$、$V_2$ 的大小与试样组成的关系

| $V_1$、$V_2$ 的大小关系 | $V_1>V_2,V_2\neq0$ | $V_1<V_2,V_1\neq0$ | $V_1=V_2\neq0$ | $V_1\neq0,V_2=0$ | $V_1=0,V_2\neq0$ |
|---|---|---|---|---|---|
| 试样组成 | $OH^-$、$CO_3^{2-}$ | $CO_3^{2-}$、$HCO_3^-$ | $CO_3^{2-}$ | $OH^-$ | $HCO_3^-$ |

① 蒸馏法　将一定质量 $m$（s）的铵盐试样放入蒸馏瓶中，加过量的浓 NaOH 溶液使 $NH_4^+$ 转化为气态 $NH_3$，并用过量 HCl 标准溶液（或 $H_3BO_3$ 溶液）吸收 $NH_3$，再用 NaOH 标准溶液返滴过量的 HCl。计量点时，溶液的 pH 值由生成的 $NH_4Cl$ 决定，pH＝5.10，可用甲基红做指示剂。氮的含量按下式计算：

$$w(N)=\frac{[c(HCl)\cdot V(HCl)-c(NaOH)\cdot V(NaOH)]\cdot M(N)}{m(s)}$$

蒸馏出的 $NH_3$ 若用过量的 $H_3BO_3$ 溶液吸收，反应方程式为：

$$NH_3+H_3BO_3 = NH_4H_2BO_3$$

用 HCl 标准溶液滴定 $NH_4H_2BO_3$ 的方程式为：

$$NH_4H_2BO_3+HCl = NH_4Cl+H_3BO_3$$

计量点时 pH≈5，可用甲基红作指示剂，按下式计算氮的含量：

$$w(N)=\frac{c(HCl)\cdot V(HCl)\cdot M(N)}{m(s)}$$

对于有机物，如蛋白质中氮含量的测定，一般采用凯式定氮法。将试样经过一系列的处理后，氮则转化为铵态氮（$NH_4^+$），然后按蒸馏法进行测定。

② 甲醛法　甲醛与铵盐作用可表示如下：

$$4NH_4^+ +6HCHO = (CH_2)_6N_4H^+ +3H^+ +6H_2O$$

在滴定前溶液为酸性，$(CH_2)_6N_4$（六亚甲基四胺）与质子结合，以它的共轭酸形式存在。在 NaOH 滴定至终点时，仍被中和成 $(CH_2)_6N_4$。计量点时溶液的 pH 值为 8.70，可选用酚酞做指示剂。氮的含量按下式计算：

$$w(N)=\frac{c(NaOH)\cdot V(NaOH)\cdot M(N)}{m(s)}$$

## 本章小结

(1) 酸是质子的给予体，碱是质子的接受体，酸碱反应是两个共轭酸碱对之间质子的转移。

(2) $K_a$ 和 $K_b$ 作为弱酸和弱碱的解离平衡常数可用作计算 $c(H^+)$、$c(OH^-)$ 及解离度 $\alpha$。

对于一元弱酸和弱碱的最简式：$c(H^+)=\sqrt{c\cdot K_a}$，$c(OH^-)=\sqrt{c\cdot K_b}$

多元弱酸：$c(H^+)=\sqrt{c\cdot K_{a_1}}$

两性物质：$c(H^+)=\sqrt{K_{a_1}\cdot K_{a_2}}$　$c(H^+)=\sqrt{K_{a_2}\cdot K_{a_3}}$

共轭酸碱对之间存在 $K_aK_b=K_w$ 的关系式。

(3) 缓冲溶液具有抵抗少量外来酸碱和适当稀释的能力，它是由具有抗酸和抗碱作用的共轭酸碱对即缓冲对组成，缓冲溶液的 pH 可由下式计算。$pH=pK_a-\lg\frac{c_a}{c_b}$

（4）酸碱滴定法是以酸碱反应为基础的滴定分析法。

（5）酸碱指示剂一般是有机弱酸或有机弱碱，它们在酸碱滴定中也参与质子转移反应，它们的酸式和碱式因结构不同而显不同的颜色，因此当溶液的 pH 改变到一定的数值时，就会发生明显的颜色变化。

（6）强碱（酸）滴定强酸（碱）的滴定突跃的大小与溶液的浓度有关，酸碱浓度增大 10 倍，突跃范围增大 2 个 pH 单位。强碱（强酸）滴定弱酸（弱碱），pH 的突跃范围大小不仅与酸、碱浓度有关，而且与弱酸（弱碱）的解离常数 $K$ 有关。当 $K$ 值一定时，弱酸浓度增大 10 倍，突跃范围只增大 1 个 pH 单位。当浓度一定时，$K$ 值增大 10 倍，突跃范围也增大了一个 pH 单位。如弱酸（弱碱）的浓度和 $K$ 值的乘积小到某一程度时，pH 的突跃就不明显了。当 $c \cdot K < 10^{-8}$ 时，就不能借助指示剂来判断终点。所以，$c \cdot K \geqslant 10^{-8}$ 是弱酸（弱碱）能否被直接滴定的判据。

（7）多元酸分级解离产生的 $H^+$ 首先要判断它是否能被直接滴定，若能滴定，那么能否被准确地分步滴定。所谓分步滴定（以二元酸 $H_2B$ 为例）是指第一级解离的 $H^+$ 被完全中和之后，第二次离解的 $H^+$ 才开始被中和，在滴定曲线上出现两个明显的突跃。二元弱酸能分步滴定的判据是 $c \cdot K_{a_1} \geqslant 10^{-8}$，而且 $K_{a_1}/K_{a_2} \geqslant 10^4$，若能满足则可滴定至第一终点；若还能满足 $c \cdot K_{a_2} \geqslant 10^{-8}$，则可准确地分步滴定；若 $c \cdot K_{a_1}$ 和 $c \cdot K_{a_2}$ 都大于 $10^{-8}$，但 $K_{a_1}/K_{a_2} < 10^4$，则不能准确地分步滴定但可以作为二元酸被准确滴定，滴定过程中只有一个滴定突跃。

## 思考题

1. 写出下列各酸的共轭碱。

HAc、$H_2O$、$H_2CO_3$、HCl、$OH^-$、$NH_3$、$HSO_4^-$、$H_3PO_4$

2. 写出下列各碱的共轭酸。

$H_2O$、$HCO_3^-$、$OH^-$、$NH_3$、$HS^-$、$HPO_4^{2-}$、$CN^-$、HAc

3. 标出下列各反应中的共轭酸碱对。

（1）$H_2O + H_2O \rightleftharpoons H_3O^+ + OH^-$

（2）$HAc + H_2O \rightleftharpoons H_3O^+ + Ac^-$

（3）$NH_3 + H_2O \rightleftharpoons NH_4^+ + OH^-$

（4）$Ac^- + H_2O \rightleftharpoons HAc + OH^-$

4. 解离平衡常数的意义是什么？浓度对其有无影响？

5. 什么叫同离子效应和盐效应？它们对弱酸、弱碱的解离度各有什么影响？

6. 什么叫稀释定律？试计算下列不同浓度氨溶液的 $c(OH^-)$ 和电离度。

（1）$1.0mol \cdot L^{-1}$（2）$0.10mol \cdot L^{-1}$（3）$0.01mol \cdot L^{-1}$

当溶液稀释时，怎样影响解离度？怎样影响 $OH^-$ 浓度？二者是否矛盾？解释之。

7. 计算下列各水溶液在浓度为 $0.10mol \cdot L^{-1}$ 时的 pH 值。

（1）HCOOH　（2）$NH_4Cl$　（3）NaAc　（4）$Na_2CO_3$

8. 计算室温下饱和 $CO_2$ 水溶液（即 $0.04mol \cdot L^{-1}$）中 $c(H^+)$、$c(HCO_3^-)$、$c(CO_3^{2-})$。

9. 什么叫做缓冲溶液？举例说明缓冲溶液的缓冲原理。

10. 欲配制 pH＝3.0 的缓冲溶液，下列三种酸：（1）HCOOH；（2）HAc；（3）$ClCH_2COOH$。应选择哪一种酸及其共轭碱？

11. 在酸碱滴定中，选择指示剂的基本原则是什么？

12. 甲基橙的 $pK_a = 3.4$，其实测变色范围为 3.1～4.4，为什么？

13. NaOH 标准溶液因保持不当吸收了 $CO_2$，用此溶液来滴定 HCl 溶液，分别以酚酞及甲基橙为指示剂，测得的结果是否一致？

## 习　题

1. 欲配制 pH=10.0 的缓冲溶液，如果用 0.10mol・$L^{-1}$ 氨溶液 500mL，问（1）要加入 0.10mol・$L^{-1}$ HCl 多少 mL？或者加入固体 $NH_4Cl$ 多少克？（溶液加入固体前后的体积视为不变）

（75.5mL；0.48g）

2. 欲配制 pH=5.0 的缓冲溶液，应在 500mL 0.5mol・$L^{-1}$ HAc 中加入 NaAc・$3H_2O$ 多少克？

（60.51g）

3. 在 100mL 0.10mol・$L^{-1}$ HAc 溶液中加入 50mL 0.10mol・$L^{-1}$ NaOH 溶液，所制得的缓冲溶液的 pH 值是多少？

（4.75）

4. 用 0.1000mol・$L^{-1}$ NaOH 溶液滴定 0.1000mol・$L^{-1}$ 的 HCl 溶液的突跃范围是多少？是怎样确定的？

（4.30～9.70）

5. 下列多元酸能否分步滴定？若能，有几个 pH 突跃，能滴至第几级？

（1）0.10mol・$L^{-1}$ 草酸　（2）0.10mol・$L^{-1}$ $H_2SO_3$　（3）0.10mol・$L^{-1}$ $H_2SO_4$

6. 某一元弱酸（HA）纯试样 1.250g，溶于 50.00mL 水中，需 41.20mL 0.09000mol・$L^{-1}$ NaOH 滴至终点，已知加入 8.24mL NaOH 时，溶液的 pH=4.30，（1）求弱酸的摩尔质量 $M$；（2）计算 HA 的酸常数 $K_a$；（3）求化学计量点时的 pH 值，并选择合适的指示剂指示终点。

（337.1g・$mol^{-1}$；$1.3\times10^{-5}$；8.75，酚酞）

7. 一样品仅含有 NaOH 和 $Na_2CO_3$，质量为 0.3720g，需 40.00mL 0.1500mol・$L^{-1}$ HCl 溶液滴定至酚酞变色，那么还需要加多少毫升 0.1500mol・$L^{-1}$ HCl 溶液可达到以甲基橙为指示剂的终点？并分别计算试样中 NaOH 和 $Na_2CO_3$ 的含量。

（13.33mL；43.01%；56.99%）

8. 称取混合碱试样 0.6839g，以酚酞为指示剂，用 0.2000mol・$L^{-1}$ HCl 溶液滴至终点，用去 23.20mL，再加甲基橙为指示剂滴定至终点，又用去 HCl 溶液 26.81mL，求（1）试样中混合碱的成分；（2）各组分的含量。（混合碱的组成是 $Na_2CO_3$ 和 $NaHCO_3$；71.92%，8.87%）

9. 称取含惰性杂质的混合碱（含 NaOH、$Na_2CO_3$、$NaHCO_3$ 或它们的混合物）试样一份，溶解后，以酚酞做指示剂，滴定至终点消耗标准酸液 $V_1$ mL；另取相同质量的试样一份，溶解后以甲基橙为指示剂，用相同酸标准溶液滴定至终点，消耗 $V_2$ mL，（1）如果滴定中发现 $2V_1=V_2$，则试样组成如何？（2）如果试样仅含有等物质的量 NaOH 和 $Na_2CO_3$，则 $V_1$ 与 $V_2$ 有什么数量关系？（$Na_2CO_3$；$V_1/V_2=2/3$）

10. 称粗铵盐 1.000g，加过量的 NaOH 溶液，产生的氨经蒸馏吸收在 56.00mL 0.5000mol・$L^{-1}$ HCl 溶液中。过量的盐酸用 0.5000mol・$L^{-1}$ NaOH 溶液回滴，用去 21.56mL，计算试样中 $NH_3$ 的质量分数。

（29.27%）

11. 蛋白质试样 0.2320g 经凯氏法处理后，加浓 NaOH 蒸馏，用过量的硼酸吸收蒸出的氨，然后用 0.1200mol・$L^{-1}$ HCl 21.00mL 滴定至终点，计算试样中氮的质量分数。

（15.21%）

## 知识阅读

### 超　酸

按照酸碱质子论，在水溶液中最强的酸是 $H_3O^+$。任何比 $H_3O^+$ 更强的酸在水中都会全部解离，放出的 $H^+$ 与 $H_2O$ 结合生成 $H_3O^+$。这时，这些酸的强度（即给出 $H^+$ 的能力）完全由 $H_3O^+$ 来体现。这种现象在化学上称为“拉平效应”。即在水溶液中任何

比 $H_3O^+$ 更强的酸，其强度都被“拉平”到 $H_3O^+$ 的水平。离开水溶液就可获得比 $H_3O^+$ 更强的酸。例如，100%的纯 $H_2SO_4$ 给出 $H^+$ 的能力比 $H_3O^+$ 大得多。通常把比100%的纯 $H_2SO_4$ 酸性还强的酸称为超酸。实际上，化学家已合成比纯 $H_2SO_4$ 酸性强 $10^7 \sim 10^{19}$ 倍的超酸。纯 $HClO_4$ 就是一种较强的超酸。当 $HClO_4$ 和纯 $H_2SO_4$ 混合时，$H_2SO_4$ 实际上作为碱：

$$HClO_4(H_2SO_4) + H_2SO_4(l) \xlongequal{} ClO_4^-(H_2SO_4) + H_3SO_4^+(H_2SO_4)$$

反应式括号内的物质代表溶剂。例如，$HClO_4(H_2SO_4)$ 表示 $HClO_4$ 溶于纯 $H_2SO_4$ 所形成的溶液。

氟磺酸（$HSO_3F$）是一种很强的超酸，其酸性比纯 $H_2SO_4$ 强1000倍。在氟磺酸中加入 $SbF_3$（它是一种路易斯酸），又可使其酸性增强数千倍。这两种酸之间的反应是很复杂的，但在此混合酸中提供超氢离子的是 $H_2SO_3F^+$。此混合酸可与许多物质反应，甚至不能与普通酸反应的烃类，也能与其反应。例如，丙烯与其反应可得到丙基阳离子：

$$C_3H_6(HSO_3F) + H_2SO_3F^+(HSO_3F) \longrightarrow C_3H_7^+(HSO_3F) + HSO_3F(l)$$

习惯上把氟磺酸和 $SbF_3$ 的混合酸称为“魔酸”。此名称来源于 Case Western Reserve 大学专门从事超酸研究的欧拉（Olah G A）实验室。有一次在实验室举行的圣诞聚会上，欧拉的一位同事不小心将一只蜡烛掉入这种超酸中，发现它很快溶入这种超酸。进一步研究发现，石蜡烃分子在此超酸中已与氢离子结合变成正离子，而且原来长链的石蜡烃分子重排成支链分子。这种结果是他们当时完全没有预料到的，故其称为“魔酸”。欧拉因对正碳离子化学的贡献而获得1994年诺贝尔化学奖。

多种超酸已广泛应用于石油工业，它可使价值较低的直链烃转化为生产高辛烷值汽油所必需的支链烃。

# 第六章

# 沉淀溶解平衡与沉淀滴定法

■【知识目标】

1. 了解沉淀溶解平衡、溶度积、溶解度的概念。
2. 掌握溶度积规则，了解影响沉淀溶解平衡的因素。
3. 掌握 Mohr 法和 Volhard 法的原理和特点。

■【能力目标】

1. 掌握用溶度积规则判断沉淀的生成和溶解的条件。
2. 掌握 $AgNO_3$ 和 $NH_4SCN$ 标准溶液的配制与标定的方法、操作技术及应用。
3. 掌握 Mohr 法和 Volhard 法滴定终点的判断，会应用沉淀滴定法进行有关物质的测定。

## 第一节 沉淀溶解平衡

### 一、溶度积和溶度积规则

**1. 溶度积常数**

在一定温度下，将难溶电解质 AgCl 放入水中，在 AgCl 的表面，一部分 $Ag^+$ 和 $Cl^-$ 脱离 AgCl 表面，成为水合离子进入溶液（这一过程称为沉淀的溶解）。进入溶液中的水合 $Ag^+$ 和 $Cl^-$ 在不停地运动，当其碰撞到 AgCl 表面后，一部分又重新形成难溶性固体 AgCl（这一过程称为沉淀的生成，简称沉淀）。经过一段时间的溶解和沉淀，溶解的速率和沉淀的速率相等时，即达到沉淀-溶解平衡，此时溶液为 AgCl 的饱和溶液。

对任一难溶强电解质（用 $A_mB_n$ 表示），在一定温度下，在水溶液中达到沉淀-溶解平衡时，其平衡方程式为：

$$A_mB_n \underset{\text{沉淀}}{\overset{\text{溶解}}{\rightleftharpoons}} mA^{n+} + nB^{m-}$$

平衡时，$c(A^{n+})$、$c(B^{m-})$ 不再变化，$c^m(A^{n+})$ 与 $c^n(B^{m-})$ 的乘积为一常数，用 $K_{sp}$ 表示，即

$$K_{sp} = c^m(A^{n+}) \cdot c^n(B^{m-}) \tag{6-1}$$

$K_{sp}$ 称为溶度积常数，简称溶度积，它表示在一定温度下，难溶电解质的饱和溶液中，

各离子浓度以其计量数为指数的幂的乘积为一常数。

**2. 溶度积规则**

对任一难溶电解质，其水溶液都存在下列离解平衡：

$$A_mB_n(s) \underset{\text{沉淀}}{\overset{\text{溶解}}{\rightleftharpoons}} mA^{n+} + nB^{m-}$$

任一状态时，离子浓度以其计量数为指数的幂乘积用$Q_i$表示，则

$$Q_i = c^m(A^{n+}) \cdot c^n(B^{m-}) \quad (6\text{-}2)$$

$Q_i$称为该难溶电解质的离子积。

当$Q_i = K_{sp}$时，溶液处于沉淀溶解平衡状态，此时为饱和溶液，既无沉淀生成，又无固体溶解；

当$Q_i > K_{sp}$时，溶液为过饱和溶液，可以析出沉淀，并直至溶液中$Q_i = K_{sp}$，即溶液达到沉淀溶解平衡状态为止；

当$Q_i < K_{sp}$时，溶液为不饱和溶液，若溶液中有难溶电解质固体存在，固体将溶解形成离子进入溶液。若难溶电解质固体的存在量大于其溶解度，则溶液最终达到沉淀溶解平衡，形成饱和溶液。

以上三条称为溶度积规则，我们不仅可以利用溶度积规则来判断溶液中是否有沉淀析出，而且也可以利用溶度积规则，通过控制溶液中某离子的浓度，使沉淀溶解或产生沉淀。

## 二、沉淀的生成与溶解

**1. 沉淀的生成**

根据溶度积规则，$Q_i > K_{sp}$是沉淀生成的必要条件。

**【例 1】** 溶液中铬酸根浓度为$0.001\text{mol}\cdot\text{L}^{-1}$，向溶液中滴加硝酸银溶液（不考虑体积变化）。银离子浓度达到多大时，便开始有铬酸银沉淀析出？已知$K_{sp}(Ag_2CrO_4) = 1.1\times10^{-12}$。

**解：**

$$2Ag^+ + CrO_4^{2-} \rightleftharpoons Ag_2CrO_4\downarrow$$

$$Q_i = c^2(Ag^+) \cdot c(CrO_4^{2-})$$

在$c(CrO_4^{2-}) = 0.001\text{mol}\cdot\text{L}^{-1}$的条件下，沉淀溶解平衡时，$c(Ag^+)$为：

$$c(Ag^+) = \sqrt{\frac{K_{sp}}{c(CrO_4^{2-})}} = \sqrt{\frac{1.1\times10^{-12}}{0.001}} = 3.3\times10^{-5}\ (\text{mol}\cdot\text{L}^{-1})$$

根据溶度积规则，当$c(Ag^+) > 3.3\times10^{-5}\text{mol}\cdot\text{L}^{-1}$时才会有铬酸银沉淀析出。

由溶度积规则可知，向溶液中加入的沉淀剂量愈大，则被沉淀离子的残留浓度愈小，但不可能将该离子完全沉淀下来。如果需要将某离子生成沉淀而除去，沉淀剂的用量一般应比计算的量过量20%～50%，但不宜过量太多。在分析化学中，某一离子是否沉淀完全，一般是根据该离子的残留浓度进行判断，若该离子的残留浓度不大于$10^{-5}\text{mol}\cdot\text{L}^{-1}$，则认为该离子已经沉淀完全，否则，认为沉淀不完全。

**【例 2】** 向硝酸银溶液中加入过量盐酸溶液，生成氯化银沉淀，反应完成后，溶液中氯离子浓度为$0.010\text{mol}\cdot\text{L}^{-1}$，问此时溶液中银离子是否沉淀完全？$K_{sp}(AgCl) = 1.8\times10^{-10}$。

**解：**

$$Ag^+ + Cl^- \rightleftharpoons AgCl\downarrow$$

已知$c(Cl^-) = 0.010\text{mol}\cdot\text{L}^{-1}$，根据溶度积规则，这时残留银离子浓度为：

$$c(Ag^+) = \frac{K_{sp}(AgCl)}{c(Cl^-)} = \frac{1.8\times10^{-10}}{0.010} = 1.8\times10^{-8}\ (\text{mol}\cdot\text{L}^{-1})$$

计算得出的银离子浓度小于 $10^{-5}mol \cdot L^{-1}$，所以银离子已被完全沉淀。

**2. 沉淀的溶解**

根据溶度积规则，沉淀溶解的必要条件是 $Q_i < K_{sp}$。

当 $Q_i < K_{sp}$ 时，溶液中的沉淀开始溶解。常用的沉淀溶解方法是在平衡体系中加入一种化学试剂，让其与溶液中难溶电解质的阴离子或阳离子发生化学反应，从而降低该离子的浓度，使难溶电解质溶解。根据反应的类型或反应产物的不同，使沉淀溶解的方法可分为下列几类。

(1) 生成弱电解质　对于弱酸盐沉淀，可通过加入一种试剂使其生成弱电解质而溶解。如草酸钙、磷酸钙及碳酸盐难溶物，大多数能溶于强酸。以碳酸钙溶于盐酸为例，其溶解过程可表示为：

$$CaCO_3(s) \rightleftharpoons Ca^{2+} + CO_3^{2-}$$
$$CO_3^{2-} \xrightarrow{2H^+} H_2CO_3 \rightleftharpoons CO_2\uparrow + H_2O$$

即在碳酸钙的沉淀平衡体系中，碳酸根与氢离子结合生成了弱电解质 $H_2CO_3$（进一步分解为二氧化碳和水），降低了碳酸根的浓度，破坏了碳酸钙在水中的离解平衡，使反应向碳酸钙沉淀溶解的方向进行，并最终溶解。对于一些难溶性氢氧化物，也可以通过加入一种试剂使其生成弱电解质而溶解。如 $Mg(OH)_2$、$Mn(OH)_2$、$Al(OH)_3$ 和 $Fe(OH)_3$ 都能溶于强酸溶液，其中 $Mg(OH)_2$ 和 $Mn(OH)_2$ 还能溶于足量的铵盐溶液中。以 $Mg(OH)_2$ 沉淀溶于强酸和铵盐为例，其溶解过程为：

$$Mg(OH)_2(s) \rightleftharpoons Mg^{2+} + 2OH^-$$
$$OH^- \xrightarrow{NH_4^+} NH_3 \cdot H_2O$$
$$OH^- \xrightarrow{H^+} H_2O$$

$Mg(OH)_2$ 在水中电离出 $Mg^{2+}$ 和 $OH^-$，达到平衡时 $Q_i = K_{sp}$，此时若加入含有 $H^+$ 或 $NH_4^+$ 的溶液，则生成水或氨水，降低了氢氧根离子的浓度，破坏了 $Mg(OH)_2$ 在水中的沉淀溶解平衡，使 $Q_i < K_{sp}$，平衡向沉淀溶解的方向移动，致使 $Mg(OH)_2$ 沉淀溶解。

(2) 发生氧化还原反应　对于一些能够发生氧化还原反应的难溶电解质，则可加入氧化剂或还原剂使其溶解。如硫化铜、硫化铅等硫化物，溶度积特别小，一般不能溶于强酸，而加入强氧化剂后发生氧化还原反应，可使硫化物溶解。

$$3CuS(s) + 2NO_3^- + 8H^+ = 3Cu^{2+} + 2NO(g) + 3S(s) + 4H_2O$$

由于硫离子被氧化成单质硫析出，降低了硫离子的浓度，使 $Q_i < K_{sp}$，所以，硫化铜能溶于硝酸。

(3) 生成配合物　对于一些能够发生配位反应的难溶电解质，加入适当配位剂则可使其溶解。如氯化银沉淀中加入适量氨水，由于银离子形成配合离子，降低了银离子浓度，使 $Q_i < K_{sp}$，从而使氯化银沉淀溶于氨水。

$$AgCl(s) \rightleftharpoons Ag^+ + Cl^-$$
$$Ag^+ \xrightarrow{2NH_3} [Ag(NH_3)_2]^+$$

## 三、分步沉淀和沉淀转化

**1. 分步沉淀**

如果在某一溶液中含有几种离子能与同一沉淀剂反应生成不同的沉淀，那么，当向溶液中加入该沉淀剂时，根据溶度积规则，生成沉淀时需要沉淀剂浓度小的离子先生成沉淀；需要沉淀剂浓度大的离子，则后生成沉淀。这种溶液中几种离子按先后顺序沉淀的现象称为分步沉淀。

**【例 3】** 溶液中氯离子和碘离子的浓度均为 $0.010mol \cdot L^{-1}$，向该溶液滴加硝酸银溶液，何者先沉淀？后一个沉淀时，前一离子是否沉淀完全？

**解：**

$$Ag^+ + Cl^- \rightleftharpoons AgCl\downarrow \qquad K_{sp}(AgCl)=1.8\times10^{-10}$$

$$Ag^+ + I^- \rightleftharpoons AgI\downarrow \qquad K_{sp}(AgI)=8.5\times10^{-17}$$

当氯离子和碘离子发生沉淀时，所需银离子浓度分别为：

$$c(Ag^+)=\frac{1.8\times10^{-10}}{0.010}=1.8\times10^{-8}(mol \cdot L^{-1})$$

$$c(Ag^+)=\frac{8.5\times10^{-17}}{0.010}=8.5\times10^{-15}(mol \cdot L^{-1})$$

由计算结果可知，当氯离子和碘离子同时存在时，生成碘化银沉淀所需银离子的浓度较小，所以，滴加硝酸银溶液时，先生成黄色的碘化银沉淀，当溶液中的银离子浓度大于 $1.8\times10^{-8}mol \cdot L^{-1}$时，才开始生成氯化银白色沉淀。

当氯离子开始沉淀时，溶液中残留的碘离子浓度为：

$$c(I^-)=\frac{K_{sp}(AgI)}{c(Ag^+)}=\frac{8.5\times10^{-17}}{1.8\times10^{-8}}=4.7\times10^{-9}\ (mol \cdot L^{-1})$$

碘离子的浓度远小于 $10^{-5}mol \cdot L^{-1}$，说明氯离子还未开始沉淀，碘离子已被沉淀完全，所以两离子可完全分离。

**【例 4】** 在氯离子和铬酸根浓度均为 $0.050mol \cdot L^{-1}$的溶液中，滴加硝酸银溶液后（设体积不变），发生沉淀的先后顺序如何？

**解：**

$$Ag^+ + Cl^- \rightleftharpoons AgCl\downarrow \qquad K_{sp}(AgCl)=1.8\times10^{-10}$$

$$2Ag^+ + CrO_4^{2-} \rightleftharpoons Ag_2CrO_4\downarrow \qquad K_{sp}(Ag_2CrO_4)=1.1\times10^{-12}$$

滴加硝酸银后，产生氯化银、铬酸银沉淀所需银离子浓度分别为：

$$c(Ag^+)=\frac{1.8\times10^{-10}}{0.05}=3.6\times10^{-9}(mol \cdot L^{-1})$$

$$c(Ag^+)=\sqrt{\frac{1.1\times10^{-12}}{0.050}}=4.7\times10^{-6}\ (mol \cdot L^{-1})$$

由上面计算可知，虽然 $K_{sp}(AgCl)>K_{sp}(Ag_2CrO_4)$，但氯化银与铬酸银的沉淀类型不同，铬酸银开始沉淀所需银离子的浓度大于氯化银形成沉淀所需银离子的浓度，所以，氯化银先沉淀，铬酸银后沉淀。

对于同类型难溶电解质，当被沉淀离子的浓度相同或相近时，生成的难溶物其 $K_{sp}$小的离子先沉淀出来，$K_{sp}$大的离子则后沉淀下来。

在分析化学中，分步沉淀被广泛地应用于测定或分离混合离子。

**2. 沉淀的转化**

在硝酸银溶液中加入淡黄色铬酸钾溶液后，产生砖红色铬酸银沉淀，再加氯化钠溶液后，砖红色铬酸银沉淀转化为白色氯化银沉淀。这种由一种难溶化合物借助于某试剂转化为另一种难溶化合物的过程叫做沉淀的转化。一种难溶化合物可以转化为更难溶化合物，反之则难以实现。

上述反应的过程为：

$$2Ag^+ + CrO_4^{2-} \rightleftharpoons Ag_2CrO_4(s)\downarrow$$

$$Ag_2CrO_4(s) + 2Cl^- \rightleftharpoons 2AgCl(s)\downarrow + CrO_4^{2-}$$

已知 $K_{sp}(Ag_2CrO_4)=1.1\times10^{-12}$，$K_{sp}(AgCl)=1.8\times10^{-10}$

则第二个反应式的平衡常数为：

$$K_j=\frac{c(CrO_4^{2-})}{c^2(Cl^-)}=\frac{c(CrO_4^{2-})\cdot c^2(Ag^+)}{c^2(Cl^-)\cdot c^2(Ag^+)}=\frac{K_{sp}(Ag_2CrO_4)}{[K_{sp}(AgCl)]^2}$$

$$=\frac{1.1\times10^{-12}}{(1.8\times10^{-10})^2}=3.4\times10^7$$

$K_j$值很大，说明正向反应进行的程度很大，即砖红色铬酸银沉淀转化为白色氯化银沉淀很容易发生。

## 第二节 沉淀滴定法及应用

### 一、沉淀滴定法对沉淀反应的要求

沉淀滴定法是以沉淀反应为基础的一种滴定分析法。根据滴定分析对滴定反应的要求，沉淀反应必须满足下列条件；①反应必须迅速，沉淀的溶解度很小；②沉淀的组成要固定，即反应按化学计量式定量进行；③有适当的方法或指示剂指示终点；④吸附现象不妨碍终点的确定。

在已知的化学反应中，能够形成沉淀的反应很多，但由于很多沉淀反应不能完全满足上述基本条件，所以能用于滴定分析的沉淀反应很少。

在沉淀滴定分析中，应用较多的是生成难溶银盐的一些反应。如：

$$Ag^++Cl^-\rightleftharpoons AgCl\downarrow$$

$$Ag^++I^-\rightleftharpoons AgI\downarrow$$

$$Ag^++SCN^-\rightleftharpoons AgSCN\downarrow$$

以生成难溶银盐反应为基础的沉淀滴定法称为银量法。银量法主要用于测定氯离子、溴离子、碘离子、硫氰酸根和银离子等。

### 二、沉淀滴定法

根据滴定分析中所使用的指示剂不同，银量法可以分为：莫尔法、佛尔哈德法、法扬氏法。

**1. 莫尔（Mohr）法**

莫尔法是以硝酸银为标准溶液，以铬酸钾为指示剂的银量法。

（1）基本原理　莫尔法主要用于测定氯的含量，其滴定反应为：

$$Ag^++Cl^-\rightleftharpoons AgCl\downarrow \qquad K_{sp}(AgCl)=1.8\times10^{-10}$$

$$2Ag^++CrO_4^{2-}\rightleftharpoons Ag_2CrO_4\downarrow \qquad K_{sp}(Ag_2CrO_4)=1.1\times10^{-12}$$

在滴定分析时，首先将适量的$K_2CrO_4$指示剂加入含有$Cl^-$的中性溶液中，然后滴加硝酸银标准溶液。根据溶度积规则，$Ag^+$与$Cl^-$先生成白色的AgCl沉淀，当$Cl^-$沉淀完全后，稍加过量的硝酸银标准溶液，$Ag^+$与$CrO_4^{2-}$生成砖红色的$Ag_2CrO_4$沉淀，即为滴定终点。

（2）滴定条件

① 指示剂的用量　滴定达到化学计量点时，溶液中$Ag^+$和$Cl^-$浓度相等。

$$c(Ag^+)=c(Cl^-)=\sqrt{1.8\times10^{-10}}=1.34\times10^{-5}(mol\cdot L^{-1})$$

此时，若刚好有砖红色的 $Ag_2CrO_4$沉淀生成，指示反应终点到达，则 $CrO_4^{2-}$ 的浓度应控制为：

$$c(CrO_4^{2-})=\frac{K_{sp}(Ag_2CrO_4)}{c^2(Ag^+)}=\frac{1.1\times10^{-12}}{(1.34\times10^{-5})^2}$$
$$=6.1\times10^{-3}\ (mol\cdot L^{-1})$$

根据溶度积规则，滴定到终点时，若铬酸根的浓度过大，出现砖红色 $Ag_2CrO_4$沉淀所需银离子的浓度就比较小，即滴定终点提前，溶液中剩余氯离子的浓度过大，测定结果偏低，产生负误差；反之，铬酸根浓度过小，滴定到终点时，要使 $Ag_2CrO_4$沉淀析出，必须多加一些硝酸银溶液才行，即终点拖后于化学计量点，将产生正误差。因此，指示剂的用量过大过小都不合适。实践证明，若铬酸根浓度太高，则其本身的颜色会影响对 $Ag_2CrO_4$沉淀颜色的观察，即影响滴定终点的判断，所以，在滴定分析中，溶液中铬酸根的浓度一般控制在 $5.0\times10^{-3}mol\cdot L^{-1}$左右。

由上述分析可知，铬酸根浓度降低为 $5.0\times10^{-3}mol\cdot L^{-1}$后，将造成终点拖后，产生正误差，但这种误差一般比较小，能够满足滴定分析的要求。若分析结果要求的准确度比较高，必须做空白实验进行校正。

② 溶液的酸度　使用莫尔法测定氯离子的含量，溶液的 pH 值为 6.5～10.5。若酸度过高，则由于铬酸的酸性较弱，铬酸根将产生下列副反应：

$$H^++CrO_4^{2-}\rightleftharpoons HCrO_4^-$$
$$2HCrO_4^-\rightleftharpoons Cr_2O_7^{2-}+H_2O$$

即有一部分铬酸根离子转化成 $HCrO_4^-$ 和 $Cr_2O_7^{2-}$，致使 $CrO_4^{2-}$ 浓度下降，$Ag_2CrO_4$沉淀出现过迟，甚至不生成沉淀，无法正确指示滴定终点。因此，实验中 pH 值不能低于 6.5。

若溶液碱性过强，则银离子与氢氧根离子结合生成氧化银沉淀，所以实验中溶液的 pH 值不能高于 10.5。

$$2Ag^++2OH^-\rightleftharpoons 2Ag(OH)\downarrow\longrightarrow Ag_2O\downarrow+H_2O$$

若溶液的酸性太强，可用硼砂中和；若溶液碱性太强，可用稀硝酸中和。

③ 除去干扰　当溶液中有铵离子存在时，若 pH 值较高，铵离子将变成 $NH_3$，与银离子生成银氨配离子，消耗部分硝酸银标准溶液，影响滴定。所以，溶液中有铵盐存在时，pH 值一般应控制在 6.5～7.2 之间。

溶液中如果有与银离子、铬酸根离子形成沉淀的干扰离子存在，如；磷酸根、砷酸根、硫离子、碳酸根、草酸根等阴离子或钡离子、铅离子、汞离子等阳离子，都应设法除去。

④ 防止沉淀的吸附作用　用莫尔法测定卤离子或拟卤离子时，生成的沉淀颗粒很小，具有强烈的吸附作用。根据沉淀的吸附原理，生成的卤化银沉淀将优先吸附溶液中的卤离子，使卤离子浓度下降，终点提前到达，因此，滴定时必须剧烈摇动。

碘化银和硫氰酸银沉淀对碘离子和硫氰酸根离子的吸附能力更强，剧烈摇动也达不到解吸的目的。所以，莫尔法可以测定氯离子和溴离子，但不适宜测定碘离子和硫氰酸根离子。

(3) 应用范围　莫尔法的选择性较差，一般应用于测定氯离子、溴离子或银离子。测定氯离子和溴离子时必须用硝酸银标准溶液直接滴定，而不能用氯离子和溴离子直接滴定银离子。这是因为在银离子溶液中加入铬酸钾指示剂后，先生成砖红色 $Ag_2CrO_4$沉淀，再用卤离子滴定时，滴定终点是由铬酸银沉淀转化成卤化银沉淀，这种转化反应非常缓慢，不能正确指示滴定终点。同理，银离子的测定要用返滴定法。

**2. 佛尔哈德（Volhard）法**

佛尔哈德法是用硫氰酸铵作标准溶液，以铁铵矾 $NH_4Fe(SO_4)_2$ 作指示剂的银量法。根据滴定方式的不同，佛尔哈德法又可分为直接滴定法和返滴定法两种。

（1）基本原理

① 直接滴定法　在含银离子的酸性溶液中，加入铁铵矾指示剂，用硫氰酸钾或硫氰酸铵标准溶液进行滴定，溶液中首先出现白色的硫氰酸银沉淀，达到化学计量点时，过量的硫氰酸根离子与 $Fe^{3+}$ 形成红色配离子，即为滴定终点。反应如下：

$$Ag^+ + SCN^- \rightleftharpoons AgSCN\downarrow（白色） \qquad K_{sp}=1.0\times10^{-12}$$

$$Fe^{3+} + SCN^- \rightleftharpoons Fe(SCN)^{2+}（红色） \qquad K_f=1.38\times10^2$$

在化学计量点时，若刚好能看到 $Fe(SCN)^{2+}$ 的红色，则滴定终点最为理想，因此 $Fe^{3+}$ 的用量非常重要。达到化学计量点时，硫氰酸根的浓度为：

$$c(SCN^-)=c(Ag^+)=\sqrt{K_{sp}(AgSCN)}$$

$$=\sqrt{1.0\times10^{-12}}=1.0\times10^{-6}\ (mol\cdot L^{-1})$$

如果此时刚好能看到 $Fe(SCN)^{2+}$ 的红色，$Fe(SCN)^{2+}$ 的浓度一般应在 $6.0\times10^{-6}mol\cdot L^{-1}$ 左右，则 $Fe^{3+}$ 的浓度可由下式计算：

$$c(Fe^{3+})=\frac{c[Fe(SCN)^{2+}]}{K_f[(FeSCN)^{2+}]\cdot c(SCN^-)}$$

$$=\frac{6.0\times10^{-6}}{1.38\times10^2\times1.0\times10^{-6}}=0.04\ (mol\cdot L^{-1})$$

在上述条件下，溶液呈较深的橙黄色，影响终点观察，所以，$Fe^{3+}$ 的浓度一般控制在 $0.015mol\cdot L^{-1}$ 左右。此时的终点误差很小，不足以影响分析结果的准确度。

在滴定过程中产生的硫氰酸银沉淀易吸附银离子，使终点提前到达，因此在滴定过程中，必须剧烈摇动，使被吸附的银离子解吸出来。

② 返滴定法　对于不适宜用硫氰酸铵作标准溶液直接滴定的离子（如 $Cl^-$、$Br^-$、$I^-$ 和 $SCN^-$ 等），可以使用返滴定法。即滴定前首先向待测溶液中加入过量的已知准确浓度的硝酸银标准溶液，然后加入铁铵矾作指示剂，以硫氰酸铵标准溶液滴定过量的硝酸银，至化学计量点时，稍过量的硫氰酸铵即可与 $Fe^{3+}$ 作用，生成红色配合物，指示滴定终点。

用返滴定法测定氯离子时，测定过程可用下列方程式表示：

$$Ag^+（过量）+Cl^- \rightleftharpoons AgCl\downarrow$$

$$SCN^- + Ag^+（余量）\rightleftharpoons AgSCN\downarrow$$

$$SCN^- + Fe^{3+} \rightleftharpoons Fe(SCN)^{2+}（红色）$$

根据沉淀的转化原理，由于氯化银的溶解度比硫氰酸银的溶解度大，在化学计量点加入的硫氰酸铵标准溶液，能够和氯化银沉淀反应生成硫氰酸银沉淀，而引起滴定误差。

$$AgCl(s) + SCN^- \rightleftharpoons AgSCN(s) + Cl^-$$

尽管上述反应转化速度较慢，但经剧烈摇动后，红色会消失，使滴定终点难以判断，而产生很大的误差。为避免上述沉淀转化引起的误差，可采取如下方法解决。

a. 在加入过量硝酸银溶液后，将溶液煮沸，使氯化银沉淀聚沉，并过滤，然后在滤液中进行滴定。

b. 加入少量硝基苯等有机溶剂，使生成的氯化银沉淀被有机溶剂包裹后，再用硫氰酸铵标准溶液滴定。

在测定溴离子和碘离子时，由于溴化银和碘化银的溶解度比硫氰酸银的溶解度小，不会发生沉淀转化反应，所以，不必将其沉淀过滤或加入有机溶剂。在测定碘离子时，指示剂必须在加入过量的硝酸银后再加入，否则铁离子将碘离子氧化成为单质碘而干扰测定。

$$2Fe^{3+}+2I^{-}\rightleftharpoons 2Fe^{2+}+I_2$$

（2）滴定条件

① $Fe^{3+}$的浓度一般控制在0.015mol·$L^{-1}$左右。$Fe^{3+}$的浓度过大时，溶液呈较深的橙黄色，影响终点观察；$Fe^{3+}$的浓度过小时，滴定终点拖后。

② 在滴定过程中，溶液的pH值一般控制在0～1之间。溶液为碱性时，不仅$Fe^{3+}$会生成氢氧化铁沉淀，而且银离子也会生成氧化银沉淀而干扰测定。在该酸度范围内，$Fe^{3+}$的黄色较浅，对终点的影响较小。

③ 在接近终点时，应充分摇动，使硫氰酸银沉淀吸附的银离子解吸出来，否则，终点提前达到。

④ 凡能与硫氰酸根起反应的物质，必须预先除去，如：铜离子和汞离子等，能与铁离子发生氧化还原反应的物质也应除去。

（3）应用范围　佛尔哈德法的最大优点是在酸性溶液中进行测定，许多能够和银离子生成沉淀的干扰离子不影响分析结果。采用不同的滴定方式，佛尔哈德法可测定氯离子、溴离子、碘离子、硫氰酸根和银离子等，因此其用途较为广泛。

**3. 法扬氏（Fajans）法**

用吸附指示剂指示滴定终点的银量法，称为法扬氏法。

在沉淀滴定过程中，生成的银盐沉淀一般为胶状沉淀，具有强烈的吸附作用，能选择性地吸附溶液中的构晶离子。吸附指示剂一般是一类有色的有机化合物，当它被吸附在沉淀表面之后，可能是由于其结构发生了某种变化，因而引起了颜色的变化。法扬氏法就是利用指示剂的这种性质来指示滴定终点的。

常用的吸附指示剂有多种，其名称和性质见表6-1。以荧光黄指示剂为例，它是一种有机弱酸，可用HFIn表示。它在水溶液中存在下列平衡：

$$HFIn\rightleftharpoons H^{+}+FIn^{-}$$

其中$FIn^{-}$呈黄绿色，被沉淀吸附后，结构发生变化而呈红色。

**表6-1　常用的吸附指示剂**

| 指示剂名称 | 待测离子 | 滴定剂 | 适用pH范围 | 指示剂名称 | 待测离子 | 滴定剂 | 适用pH范围 |
|---|---|---|---|---|---|---|---|
| 荧光黄 | 氯 | 银离子 | 7～10 | 二甲基二碘荧光黄 | 碘 | 银离子 | 中性 |
| 二氯荧光黄 | 氯 | 银离子 | 4～10 | 钍试剂 | 硫酸根 | 钡离子 | 1.5～3.5 |
| 曙红 | 溴、碘、硫氰酸根 | 银离子 | 2～10 | 溴甲酚绿 | 硫氰酸根 | 银离子 | 4～5 |
| 甲基紫 | 银 | 氯离子 | 酸性溶液 | | | | |

以硝酸银标准溶液测定氯离子为例，化学计量点之前，溶液中存在大量的氯离子，生成的氯化银沉淀优先吸附氯离子而带负电，带负电的荧光黄阴离子因受同电荷的排斥作用而不被吸附。化学计量点之后，银离子过量，氯化银沉淀优先吸附银离子而带正电，带正电荷的氯化银胶粒吸附$FIn^{-}$，使$FIn^{-}$的结构发生变化，呈现红色，即为滴定终点。

由上可知，吸附指示剂起作用的是它们的阴离子。因此，当溶液pH值太小时，吸附指示剂以分子的形式存在而不被吸附，无法指示终点；若pH值太大时，吸附指示剂几乎全部离解，使阴离子浓度太大，以至在等量点前就出现颜色的变化，造成滴定误差。因此，使用每种吸附指示剂时都应选择适当酸度。

由于吸附作用发生在沉淀微粒表面，因此，溶液浓度愈大，沉淀颗粒愈小，其表面积愈大，对吸附愈有利。为防止胶粒聚沉，常加入防止胶体凝聚的试剂（如糊精），以增加其吸附能力。

## 三、硝酸银和硫氰酸铵标准溶液的配制和标定

**1. 硝酸银标准溶液的配制和标定**

硝酸银标准溶液可以采用直接法配制，也可采用间接法配制。对于基准物硝酸银试剂，可采用直接法配制，但在配制前应先将硝酸银在280℃进行干燥。由于硝酸银见光易分解，因此，作为基准物的硝酸银固体和配制好的溶液都应避光保存。

如果硝酸银纯度不高，必须采用间接法配制，即先配制近似浓度的溶液，然后用基准物氯化钠标定。但基准物氯化钠应先在500℃下灼烧至不发生爆裂声为止，然后放入干燥器内备用。标定时可用莫尔法或法扬氏法。选用的方法应和测定待测试样的方法一致，这样可抵消测定方法所引起的系统误差。

**2. 硫氰酸铵标准溶液的配制和标定**

硫氰酸铵与硫氰酸钾易吸潮，而且易含杂质，不能用直接法配制其标准溶液，因此，应先配制近似浓度的溶液，然后用硝酸银标准溶液按佛尔哈德法进行标定。

**3. 应用示例**

银量法可以用来测定无机卤化物，也可测定有机卤化物，应用范围比较广泛。

（1）天然水中氯含量的测定　在水质分析中，一般采用莫尔法对氯的含量进行测定。若水样中含有磷酸根、亚硫酸根等阴离子，则应采用佛尔哈德法。

（2）有机卤化物中卤素的测定　有机物中所含卤素一般为共价键结合的，因此，测定前应将其进行处理，使其转化为卤素离子后再进行测定。

（3）银合金中银的测定　首先用硝酸溶解银合金，将银转化为硝酸银，但必须逐出氮的氧化物，否则它能与硫氰酸根作用而影响滴定终点。然后用佛尔哈德法测定银的含量。

## 本章小结

（1）溶度积　难溶电解质$A_mB_n$存在的水溶液中，存在沉淀溶解平衡。

$$A_mB_n(s) \rightleftharpoons mA^{n+} + nB^{m-}$$

其平衡常数可表示为$K_{sp}(A_mB_n)=c(A^{n+})^m \cdot c(B^{m-})^n$，简称溶度积。$K_{sp}$可通过热力学计算，也可通过实验方法测得。

（2）溶度积规则　任意状态下溶液中各种离子浓度方次的乘积：

$$Q_i(A_mB_n)=c^m(A^{n+}) \cdot c^n(B^{m-})\begin{cases}Q_i < K_{sp}，沉淀溶解\\ Q_i > K_{sp}，沉淀生成\\ Q_i = K_{sp}，沉淀溶解平衡\end{cases}$$

（3）溶度积和溶解度的关系　若S为难溶电解质$A_mB_n$在纯水中的溶解度，则

$$S=\sqrt[m+n]{\frac{K_{sp}}{m^m \cdot n^n}}$$

同离子效应使难溶电解质$A_mB_n$的溶解度显著降低，它与溶度积的关系不符合上述关系式。盐效应使难溶电解质$A_mB_n$的溶解度略有增大。同离子效应也存在盐效应。

（4）溶度积规则的应用

① 沉淀的生成条件：$Q_i > K_{sp}$。分步沉淀：$Q_i$先大于其$K_{sp}$者先沉淀；影响沉淀完全的

因素：$K_{sp}$的大小、沉淀剂的用量、溶液的 pH。

② 沉淀的溶解条件：$Q_i<K_{sp}$。溶液的 pH；生成弱电解质；生成配合物；离子发生氧化还原反应。

③ 沉淀转化。溶解度大的易转化为溶解度小的，$K_{sp}$相差越大转化越完全；溶解度相近，$K_{sp}$相差较小，控制一定的条件可相互转化。

(5) 沉淀滴定法是利用标准溶液和待测组分形成的沉淀反应为基础的一种滴定分析法。目前应用较多的是以生成难溶银盐反应为基础的沉淀滴定法，称为银量法。

(6) 银量法主要用于测定氯离子、溴离子、碘离子、硫氰酸根和银离子等。按照确定滴定终点的方法不同可分为莫尔法、佛尔哈德法和法扬司法。使用时需要注意控制适当的 pH 范围和指示剂的用量等条件，可得到准确的滴定结果。

## 思考题

1. 莫尔法测氯时，为什么溶液的 pH 须控制在 6.5～10.5？若存在铵离子，溶液的 pH 应控制在什么范围，为什么？

2. 莫尔法以 $K_2CrO_4$为指示剂，指示剂浓度过大或过小对测定有何影响？

3. 试讨论莫尔法的局限性。

4. 用银量法测定下列试样中 $Cl^-$ 时，选用什么指示剂指示滴定终点最合适？

(1) $CaCl_2$　(2) $BaCl_2$　(3) $FeCl_2$　(4) $NaCl+Na_3PO_4$　(5) $NH_4Cl$　(6) $NaCl+Na_2SO_4$

(7) $Pb(NO_3)_2+NaCl$　(8) $CuCl_2$

5. 下列情况下，测定结果是准确的，还是偏低或偏高？为什么？

(1) pH 约为 4 时，用莫尔法滴定 $Cl^-$；

(2) 如果试液中含有铵盐，在 pH 约等于 10 时，用莫尔法滴定 $Cl^-$；

(3) 用法扬司法滴定 $Cl^-$ 时，用曙红作指示剂；

(4) 用佛尔哈德法滴定 $Cl^-$ 时，未将沉淀过滤也未加入 1,2-二氯乙烷；

(5) 用佛尔哈德法滴定 $I^-$ 时，先加铁铵矾指示剂，再加入过量 $AgNO_3$标准溶液。

6. 采用佛尔哈德法分析 $Cl^-$，需要返滴定。加入已知量过量的 $AgNO_3$，沉淀为 AgCl，用 KSCN 返滴定未反应的 $Ag^+$，但因为 AgCl 溶解度比 AgSCN 大，请回答：

(1) 为什么 AgCl 和 AgSCN 的相对溶解度会产生滴定误差？

(2) 产生的滴定误差是正误差还是负误差？

(3) 怎样能够改善这个过程中的测定误差？

(4) 当用佛尔哈德法分析 $Br^-$ 时，测定误差还是这样吗？

7. 什么叫分步沉淀？在含有相同浓度的氯离子、溴离子、碘离子的溶液中滴加硝酸银溶液，沉淀的顺序如何？

8. 判断题

(1) 溶度积相同的两物质，溶解度也相同。

(2) 能生成沉淀的两种离子混合后没有立即生成沉淀，一定是 $K_{sp}>Q_i$。

(3) 沉淀剂用量越大，沉淀越完全。

(4) 溶液中若同时含有两种离子都能与沉淀剂发生沉淀反应，则加入沉淀剂总会同时产生两种沉淀。

(5) 分步沉淀的结果总能使两种溶度积不同的离子通过沉淀反应完全分离开。

(6) 所谓沉淀完全就是用沉淀剂将溶液中某一离子除净。

(7) 若某体系的溶液中离子积等于溶度积，则该体系必然存在固相。

## 习　题

1. 根据$K_{sp}$值计算下列各难溶电解质的溶解度：(1) $Mg(OH)_2$在纯水中；(2) $Mg(OH)_2$在 0.010mol·$L^{-1}$ $MgCl_2$溶液中；(3) $CaF_2$在 pH＝2 的水溶液中。

（$1.12\times10^{-4}\,mol\cdot L^{-1}$；$1.2\times10^{-5}\,mol\cdot L^{-1}$；$3.08\times10^{-3}\,mol\cdot L^{-1}$）

2. 氟化钙在水溶液中饱和浓度为 $3.3\times10^{-4}\,mol\cdot L^{-1}$，求氟化钙的溶度积常数。

（$1.44\times10^{-10}$）

3. 欲从 $0.0020mol\cdot L^{-1}$ $Pb(NO_3)_2$溶液中产生 $Pb(OH)_2$沉淀，问溶液的 pH 至少为多少?

（5.43）

4. 下列溶液中能否产生沉淀?（1）$0.020mol\cdot L^{-1}$ $BaCl_2$溶液与 $0.010mol\cdot L^{-1}$ $Na_2CO_3$溶液等体积混合；（2）$0.050mol\cdot L^{-1}$ $MgCl_2$溶液与 $0.10mol\cdot L^{-1}$氨水等体积混合；（3）在 $0.10mol\cdot L^{-1}$ HAc 和 $0.10mol\cdot L^{-1}$ $FeCl_2$混合溶液中通入 $H_2S$ 气体达饱和（约 $0.10mol\cdot L^{-1}$）。

（有沉淀产生；有沉淀产生；有 FeS 沉淀产生）

5. 将 50.0mL $0.20mol\cdot L^{-1}$ $MnCl_2$溶液与等体积的 $0.020mol\cdot L^{-1}$氨溶液混合，欲防止 $Mn(OH)_2$沉淀，问至少需向此溶液中加入多少克 $NH_4Cl$ 固体?

（0.66g）

6. 将 $H_2S$ 气体通入 $0.10mol\cdot L^{-1}$ $FeCl_2$溶液中达到饱和，问 pH 必须控制在什么范围才能阻止 FeS 沉淀?

（pH ≤1.10）

7. 称量碘化物 3.000g，溶解后，加入 $0.2000mol\cdot L^{-1}$硝酸银标准溶液 49.00mL，剩余银离子需用 $0.1000mol\cdot L^{-1}$的硫氰酸钾标准溶液 6.50mL 返滴定，求试样中碘的百分含量。

（38.70%）

8. 取某生理盐水 10.00mL，加入 $K_2CrO_4$指示剂，以 $0.1043mol\cdot L^{-1}$ $AgNO_3$标准溶液滴定至砖红色出现，用去标准溶液 14.58mL，计算每 100mL 生理盐水所含 NaCl 的质量。（已知 $M$（NaCl）$=58.44g\cdot mol^{-1}$）

（0.8887g/100mL）

## 知识阅读

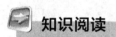

### Tooth Decay and Fluoridation

Tooth enamel（牙釉质）consists mainly of a mineral called hydroxyapatite（羟基磷灰石），$Ca_{10}(PO_4)_6(OH)_2$. It is the hardest substance in the body. Tooth cavities are caused by the dissolving action of acids on tooth enamel：

$$Ca_{10}(PO_4)_6(OH)_2(s) + 8H^+(aq) \longrightarrow 10Ca^{2+}(aq) + 6HPO_4^{2-}(aq) + 2H_2O(l)$$

The resultant $Ca^{2+}$ and $HPO_4^{2-}$ ions diffuse out of the tooth enamel and are washed away by saliva（唾液）. The acids that attack the hydroxyapatite are formed by the action of specific bacteria on sugars and other carbohydrates present in the plaque adhering to the teeth.

Fluoride ion，present in drinking water，toothpaste，or other sources，can react with hydroxyapatite to form fluoroapatite（氟磷灰石），$Ca_{10}(PO_4)_6F_2$. This mineral，in which $F^-$ has replaced $OH^-$，is much more resistant to attack by acids because the fluoride ion is a much weaker Bronsted- Lowry base than the hydroxide ion.

Because the fluoride ion is so effective in preventing cavities it is added to the public water supply in many places to give a concentration of $1mg\cdot L^{-1}$. The compound added may be NaF or $Na_2SiF_6$. The latter compound reacts with water to release fluoride ions by the following reaction：

$$SiF_6^{2-}(aq) + 2H_2O(l) \longrightarrow 6F^-(aq) + 4H^+(aq) + SiO_2(s)$$

About 80 percent of all toothpastes now sold contain fluoride compounds usually at the level of 0.1 percent fluoride by mass. The most common compounds in toothpastes are stannous fluoride, $SnF_2$, sodium monofluorophosphate, $Na_2PO_3F$, and sodium fluoride, NaF.

# 第七章

# 配位平衡与配位滴定法

■【知识目标】

1. 理解配位化合物的定义、组成和命名。

2. 掌握配位解离平衡常数的概念，掌握配位平衡的有关计算。

3. 掌握影响配位解离平衡的移动的因素及有关计算。

4. 掌握螯合物的结构特点及稳定性，了解 EDTA 的性质，熟悉金属指示剂的变色原理，掌握金属指示剂的使用。

5. 理解和掌握配位滴定法的基本原理。

■【能力目标】

1. 运用所学知识解决在配位滴定中所遇到的一般问题。

2. 熟练掌握以 EDTA 为配位剂的配位滴定法的原理及应用，掌握单一金属离子准确滴定的条件及配位滴定中酸度的控制。

3. 掌握配位滴定的方式和分步滴定的方法与途径。

4. 能熟练掌握常见的配位滴定方法。

## 第一节　配合物的基本概念

配位化合物（简称配合物）是一类非常重要的化合物。配位化学已成为化学中十分活跃的研究领域，在贵金属的湿法冶炼、分离与提纯、配位催化、电镀与电镀液的处理及生命科学等领域都有重要的应用，现已成为一门独立的分支学科。

### 一、配合物的定义

由形成体和一定数目的配位体以配位键相结合而形成的结构单元称为配位单元。配位单元可以是带电荷的配离子，如 $[Cu(NH_3)_4]^{2+}$，也可以是电中性的，如 $Ni(CO)_4$。含有配位单元的电中性化合物称为配位化合物（配合物），如 $[Cu(NH_3)_4]SO_4$。电中性的配位单元本身就是配位化合物。

### 二、配合物的组成

大多数配合物是由内界和外界两部分组成的，如 $[Cu(NH_3)_4]SO_4$。配合物中所含的比较复杂的配位单元，称为配合物的内界。一般用方括号括起来，如 $[Cu(NH_3)_4]^{2+}$。方括号之外的部分称为外界，如 $SO_4^{2-}$。内界与外界通过离子键相结合，与一般离子化合物一样，在溶液中完全电离。内界是配合物的特征部分，由形成体和配位体通过配位键结合而成。

（1）形成体　是配合物的核心，在配位单元中与配位体以配位键相连接的部分称为配合物的形成体。它一般为金属离子（常为过渡金属元素）：$Fe^{3+}$、$Co^{2+}$、$Ni^{2+}$、$Cu^{2+}$、$Zn^{2+}$、$Ag^{+}$ 等，也可以是中性原子和高氧化态的非金属元素，如 $[Fe(CO)_5]$ 中的 Fe 原子，$[SiF_6]^{2-}$ 中的 Si 离子等。

（2）配位体　在内界中，分布在形成体周围与其紧密结合的阴离子或分子称为配位体（简称配体）。如 $[Cu(NH_3)_4]^{2+}$、$[Fe(CO)_5]$ 中的 $NH_3$、CO。配位体中直接与形成体结合的原子称为配位原子。配位原子带孤电子对，主要是非金属元素如 N、O、S、C 和卤素原子等。如配体 CO、$F^-$，$NH_3$、$H_2O$ 中的 C、F、N 和 O 的原子是配位原子。

根据配体所含配位原子数目的不同，分为单基配体和多基配体。只含有一个配位原子的配体称为单基配体，如 CO、$F^-$、$NH_3$、$H_2O$ 等。含有两个或两个以上配位原子的配体称为多基配体，如乙二胺、草酸根、酒石酸根等。

（3）配位数　与形成体直接以配位键相结合的配位原子总数称为形成体的配位数。若配体为单基配体，配位数就等于配体的个数；配位体为同一种多基配位体时配位数等于配体数乘以每个配体中所含的配位原子数。

形成体的配位数通常为 2、4、6，而配位数为 3、5、8 较少见（见表 7-1）。影响配位数大小的主要因素是中心离子的电荷数与半径大小，其次是配体的电荷数与半径，配合物形成时的外界条件也有一定的影响。一般来讲，中心离子所带电荷越多，吸引配体的能力越强，配位数越大。如 $PtCl_4^{2-}$ 中的 $Pt^{2+}$ 的配位数是 4，$PtCl_6^{2-}$ 中的 $Pt^{4+}$ 的配位数为 6。中心离子的半径越大，其周围能容纳配体的有效空间就大，配位数就越大。如 $Al^{3+}$ 的离子半径比 $B^{3+}$ 大，$AlF_6^{3-}$ 中 $Al^{3+}$ 的配位数为 6，而 $BF_4^-$ 中 $B^{3+}$ 的配位数为 4。

**表 7-1　不同价态金属离子的配位数**

| 中心离子电荷 | +1 | +2 | +3 |
|---|---|---|---|
| 配位数 | 2(4) | 4(6) | (4)6 |
| 举例 | $Ag^+$　2<br>$Cu^+$,$Au^+$ 2,4 | $Cu^{2+}$,$Zn^{2+}$,$Ni^{2+}$,$Co^{2+}$ 4,6<br>$Fe^{2+}$,$Ca^{2+}$　6 | $Al^{3+}$　4,6<br>$Fe^{3+}$,$Co^{3+}$,$Cr^{3+}$　6 |

配体的半径越小，所带电荷越少，中心离子的配位数就越大。

（4）配离子的电荷数　配离子的电荷数等于形成体的电荷数与各配体电荷数的代数和。如配离子 $[CoCl(NH_3)_5]^{2+}$ 的电荷数为 $(+3)+(-1)+0\times5=+2$。

## 三、配合物的命名

配合物的命名遵循一般无机物命名的原则。阴离子为简单离子的称为“某化某”，阴离子为复杂离子的称为“某酸某”。配位化合物的命名重点在于对配位单元的命名。其配位单元的命名顺序为：

配体数（汉字）-配位体名称-“合”字-中心离子名称及其氧化数（在括号内以罗马数字说明）

如果含有不同的配体，则配体的命名顺序与列出顺序一致，即：阴离子先于中性分子，无机配体先于有机配体，简单配体先于复杂配体。例如：

$[Cu(NH_3)_4]SO_4$　　硫酸四氨合铜（Ⅱ）
$K_3[Fe(CN)_6]$　　六氰合铁（Ⅲ）酸钾
$H_2[PtCl_6]$　　六氯合铂（Ⅳ）酸
$[CoCl(NH_3)_5]Cl_2$　　二氯化一氯五氨合钴（Ⅲ）

| | |
|---|---|
| $[Pt(NH_3)_6][PtCl_4]$ | 四氯合铂（Ⅱ）酸六氨合铂（Ⅱ） |

有的配体在与不同的中心离子结合时，所用配体原子不同，命名时应加以区别。例如：

| | |
|---|---|
| $K_3[Fe(\mathbf{N}CS)_6]$ | 六异硫氰酸根合铁（Ⅲ）酸钾 |
| $[CoCl(\mathbf{S}CN)(en)_2]NO_3$ | 硝酸一氯一硫氰酸根二乙二胺合钴（Ⅲ） |
| $[Co(\mathbf{N}O_2)_3(NH_3)_3]$ | 三硝基三氨合钴（Ⅲ） |
| $[Co(\mathbf{O}NO)(NH_3)_5]SO_4$ | 硫酸一亚硝酸根五氨合钴（Ⅲ） |

# 第二节 配位平衡

## 一、配位平衡

### 1. 配离子的稳定常数

在 $Cu^{2+}$ 的溶液中滴加氨水，起初生成蓝色 $Cu(OH)_2$ 沉淀，继续滴加氨水，沉淀溶解，生成深蓝色溶液。经研究证明 $Cu^{2+}$ 与 $NH_3$ 发生了如下可逆反应：

$$Cu^{2+}+4NH_3 \rightleftharpoons Cu(NH_3)_4^{2+}$$

反应达到平衡状态时

$$K_f=\frac{c[Cu(NH_3)_4^{2+}]}{c(Cu^{2+})\cdot c^4(NH_3)} \tag{7-1}$$

$K_f$ 称为配离子的稳定常数（又称形成常数），$K_f$ 的大小反映了配位反应完成的程度。同类型的配离子可用 $K_f$ 来比较它们的稳定性。$K_f$ 越大，说明配离子越稳定。不同类型的配离子不能直接用 $K_f$ 来比较它们的稳定性。

配离子在生成或离解时，反应是分步（逐级）进行的，因此溶液中存在一系列的配位平衡。每一步平衡都有一稳定常数，称为逐级稳定常数。

以 $[Cu(NH_3)_4]^{2+}$ 的形成为例，逐级配位反应如下：

$$Cu^{2+}+NH_3 \rightleftharpoons [Cu(NH_3)]^{2+} \qquad K_1=\frac{c([Cu(NH_3)]^{2+})}{c(Cu^{2+})\cdot c(NH_3)}=1.35\times10^4$$

$$[Cu(NH_3)]^{2+}+NH_3 \rightleftharpoons [Cu(NH_3)_2]^{2+} \qquad K_2=\frac{c([Cu(NH_3)_2]^{2+})}{c([Cu(NH_3)]^{2+})\cdot c(NH_3)}=3.02\times10^3$$

$$[Cu(NH_3)_2]^{2+}+NH_3 \rightleftharpoons [Cu(NH_3)_3]^{2+} \qquad K_3=\frac{c([Cu(NH_3)_3]^{2+})}{c([Cu(NH_3)_2]^{2+})\cdot c(NH_3)}=7.41\times10^2$$

$$[Cu(NH_3)_3]^{2+}+NH_3 \rightleftharpoons [Cu(NH_3)_4]^{2+} \qquad K_4=\frac{c([Cu(NH_3)_4]^{2+})}{c([Cu(NH_3)_3]^{2+})\cdot c(NH_3)}=1.29\times10^2$$

$K_1$、$K_2$、$K_3$、$K_4$ 称为配离子的逐级稳定常数，配离子总的稳定常数等于逐级稳定常数之积：

$$K_f=K_1\cdot K_2\cdot K_3\cdot K_4 \tag{7-2}$$

通常 $K_1$、$K_2$、$K_3$、$K_4$ 相差不大，即在 $Cu\text{-}NH_3$ 配合物的水溶液中总是存在有 $Cu(NH_3)^{2+}$、$Cu(NH_3)_2^{2+}$、$Cu(NH_3)_3^{2+}$ 这些低配位离子，在进行配位平衡有关计算时，必须考虑各级配离子的存在。在配体过量较多时，配离子通常是以最高配位数形式存在，因而可用总稳定常数 $K_f$ 进行计算。但在精确计算时，一定要考虑分级配位所产生的其他配位离子。

### 2. 配位平衡的计算

**【例 1】** 分别计算含 $0.01mol\cdot L^{-1}CN^-$ 的 $0.01mol\cdot L^{-1}Ag(CN)_2^-$ 溶液和含 $0.01mol\cdot L^{-1}NH_3$ 的 $0.01mol\cdot L^{-1}Ag(NH_3)_2^+$ 溶液中 $Ag^+$ 浓度。

**解**：(1) 设平衡时 $Ag^+$ 浓度为 $x$mol·$L^{-1}$，则：

$$Ag^+ + 2CN^- \rightleftharpoons [Ag(CN)_2]^-$$

平衡浓度/(mol·$L^{-1}$)　$x$　$0.01+2x \approx 0.01$　$0.01-x \approx 0.01$

$$K_f = \frac{c([Ag(CN)_2]^-)}{c(Ag^+) \cdot c^2(CN^-)}$$

$$c(Ag^+) = x = \frac{c([Ag(CN)_2]^-)}{K_f \cdot c^2(CN^-)} = \frac{0.01}{1.3 \times 10^{21} \times (0.01)^2} = 7.7 \times 10^{-20}\ (mol \cdot L^{-1})$$

(2) 设平衡时 $Ag^+$ 浓度为 $y$mol·$L^{-1}$，则：

$$Ag^+ + 2NH_3 \rightleftharpoons [Ag(NH_3)_2]^+$$

平衡浓度/(mol·$L^{-1}$)　$y$　$0.01+2y \approx 0.01$　$0.01-y \approx 0.01$

$$c(Ag^+) = \frac{c([Ag(NH_3)_2]^+)}{K_f \cdot c^2(NH_3)} = \frac{0.01}{1.1 \times 10^{7} \times (0.01)^2} = 9.1 \times 10^{-6}\ (mol \cdot L^{-1})$$

从计算结果看出，同类型的配离子，$K_f$值越大离解程度越小，稳定性越高。

**【例 2】** 将 0.02mol·$L^{-1}$ $ZnSO_4$的溶液与 1.08mol·$L^{-1}$的氨水等体积混合溶液，溶液中游离的 $Zn^{2+}$ 的浓度为多少？

**解**：设混合后溶液中 $Zn^{2+}$ 浓度为 $x$mol·$L^{-1}$，则：

$$Zn^{2+} + 4NH_3 \rightleftharpoons [Zn(NH_3)_4]^{2+}$$

初始浓度/(mol·$L^{-1}$)　0.01　0.54　0

平衡浓度/(mol·$L^{-1}$)　$x$　$0.54-4\times(0.01-x) \approx 0.50$　$0.01-x \approx 0.01$

$$K_f = \frac{c([Zn(NH_3)_4]^{2+})}{c(Zn^{2+}) \cdot c^4(NH_3)}$$

$$c(Zn^{2+}) = x = \frac{c([Zn(NH_3)_4]^{2+})}{K_f \cdot c^4(NH_3)} = \frac{0.01}{2.9 \times 10^{9} \times (0.50)^4} = 5.52 \times 10^{-11}\ (mol \cdot L^{-1})$$

## 二、配位平衡的移动

在溶液中，配离子与组成它的中心离子及配体之间存在配位平衡，可用下列通式表示：

$$M^{n+} + xL^{m-} \rightleftharpoons ML_x^{(n-xm)+}$$

若向溶液中加入某种试剂（如酸、碱、沉淀剂、氧化还原剂或其他配位剂等），平衡将发生移动。配位平衡通常与其他平衡（酸碱平衡、沉淀平衡、氧化还原平衡等）共存，相互影响（竞争），即存在着竞争平衡问题。

### 1. 沉淀溶解平衡与配位平衡

溶液中沉淀溶解平衡与配位平衡共存时，其竞争反应的实质是配位剂和沉淀剂争夺金属离子的过程。

例如，在含有 $[Ag(NH_3)_2]^+$ 的溶液中加入 NaCl，则 $NH_3$ 和 $Cl^-$ 争夺 $Ag^+$，溶液中同时存在配位平衡和沉淀平衡：

$$[Ag(NH_3)_2]^+ \rightleftharpoons Ag^+ + 2NH_3$$

$$Ag^+ + Cl^- \rightleftharpoons AgCl\downarrow$$

总的竞争反应为：

$$[Ag(NH_3)_2]^+ + Cl^- \rightleftharpoons AgCl\downarrow + 2NH_3$$

竞争平衡常数 $K_j$ 表示为：

$$K_j = \frac{c^2(NH_3)}{c([Ag(NH_3)_2]^+)\cdot c(Cl^-)} = \frac{c^2(NH_3)\cdot c(Ag^+)}{c([Ag(NH_3)_2]^+)\cdot c(Cl^-)\cdot c(Ag^+)} = \frac{1}{K_f K_{sp}}$$

$K_{sp}$越小（沉淀越难溶解），$K_f$越小（配离子越不稳定），沉淀反应进行的程度越大，配离子越易离解；$K_{sp}$越大（沉淀越易溶解），$K_f$越大（配离子越稳定），沉淀反应进行的程度越小，沉淀越易溶解。

**【例 3】** 要使 0.1mol AgCl 完全溶解在 1L 氨水中，问氨水的初始浓度至少需多大？若是 0.1mol AgI 呢？

**解**：0.1mol AgCl 完全溶解后，$Ag^+$几乎要完全转化为 $[Ag(NH_3)_2]^+$，则

$$AgCl(s) + 2NH_3 \rightleftharpoons [Ag(NH_3)_2]^+ + Cl^-$$

平衡浓度/($mol\cdot L^{-1}$)　　$x$　　0.1　　0.1

$$K_j = \frac{c([Ag(NH_3)_2]^+)\cdot c(Cl^-)}{c^2(NH_3)} = K_f K_{sp}$$

$$c(NH_3) = x = \sqrt{\frac{c([Ag(NH_3)_2]^+)\cdot c(Cl^-)}{K_f K_{sp}}} = \sqrt{\frac{0.1\times 0.1}{1.1\times 10^7 \times 1.77\times 10^{-10}}}$$

$$= 2.3\ (mol\cdot L^{-1})$$

$2.3mol\cdot L^{-1}$为 0.1mol AgCl 完全溶解后氨水的平衡浓度。因此，氨水的初始浓度至少应为：$2.3+0.2=2.5\ (mol\cdot L^{-1})$

同样可计算出完全溶解 0.1mol AgI 所需氨水的最低浓度为 $3.3\times 10^3 mol\cdot L^{-1}$。实际上氨水不可能达到如此高的浓度，所以 AgI 沉淀不可能溶解在氨水中。

**【例 4】** 将 $0.2mol\cdot L^{-1}$ $AgNO_3$溶液与 $1.0mol\cdot L^{-1}$ $Na_2S_2O_3$溶液等体积混合，再向此溶液中加入 KBr 固体，使 $Br^-$浓度为 $0.01mol\cdot L^{-1}$，问有无 AgBr 沉淀产生？

**解**：设平衡时 $Ag^+$浓度为 $x mol\cdot L^{-1}$，则

| 混合后： | $Ag^+$ | + | $2S_2O_3^{2-}$ | $\rightleftharpoons$ | $[Ag(S_2O_3)_2]^{3-}$ |
|---|---|---|---|---|---|
| 初始浓度/($mol\cdot L^{-1}$) | 0.1 | | 0.5 | | 0 |
| 平衡浓度/($mol\cdot L^{-1}$) | $x$ | | $0.5-2(0.1-x)$ | | $0.1-x$ |
| | | | $\approx 0.3$ | | $\approx 0.1$ |

$$c(Ag^+) = x = \frac{c([Ag(S_2O_3)_2]^{3-})}{K_f\cdot c^2(S_2O_3^{2-})} = \frac{0.1}{2.9\times 10^{13}\times (0.3)^2}$$

$$= 3.38\times 10^{-14}$$

$$Q_i = c(Ag^+)\cdot c(Br^-) = 3.83\times 10^{-14}\times 0.01 = 3.83\times 10^{-16}$$

查表可知　　$K_{sp}(AgBr) = 5.35\times 10^{-13}$

$Q_B < K_{sp}$故没有 AgBr 沉淀生成。

**2. 配位平衡与酸碱平衡**

配位体在广义上都是酸碱组分，在一个配位平衡体系中，始终存在着酸碱反应和配位反应的竞争，金属离子（M）与 $H^+$争夺配体（L）。由于酸碱平衡的存在，使得配体浓度降低，参与配位的能力下降，配位平衡向着离解的方向移动，配离子稳定性降低。这种现象称为配位体的酸效应。

**【例 5】** 在 $[Ag(NH_3)_2]^+$ 溶液中加入 $HNO_3$ 溶液，会发生什么变化？

**解：** 溶液混合后，$HNO_3$ 离解的 $H^+$ 与 $[Ag(NH_3)_2]^+$ 离解产生的 $NH_3$ 结合生成 $NH_4^+$，溶液中同时存在酸碱平衡和配位平衡：

$$[Ag(NH_3)_2]^+ \rightleftharpoons Ag^+ + 2NH_3$$

$$NH_3 + H^+ \rightleftharpoons NH_4^+$$

总的反应式为：

$$[Ag(NH_3)_2]^+ + 2H^+ \rightleftharpoons Ag^+ + 2NH_4^+$$

$$K_j = \frac{c(Ag^+) \cdot c^2(NH_4^+)}{c([Ag(NH_3)_2]^+) \cdot c^2(H^+)}$$

$$= \frac{c(Ag^+) \cdot c^2(NH_3) \cdot c^2(NH_4^+) \cdot c^2(OH^-)}{c([Ag(NH_3)_2]^+) \cdot c^2(NH_3) \cdot c^2(H^+) \cdot c^2(OH^-)}$$

$$= \frac{K_b^2}{K_f K_w^2} = \frac{(1.77\times10^{-5})^2}{1.1\times10^7\times(10^{-14})^2} = 2.85\times10^{11}$$

$K_j$ 值很大，说明反应进行的程度很大，$[Ag(NH_3)_2]^+$ 完全离解。

**3. 配离子之间的转化和平衡**

属两个配位平衡之间的竞争反应。加入某种配体后，由 $K_f$ 小的配离子转化为 $K_f$ 大的配离子。两种配体间竞争的是中心离子。

例如，在血红色 $Fe(SCN)_3$ 溶液中加入 NaF，$F^-$ 和 $SCN^-$ 争夺 $Fe^{3+}$，溶液中同时存在两个配位平衡：

$$Fe(SCN)_3 \rightleftharpoons Fe^{3+} + 3SCN^-$$

$$Fe^{3+} + 6F^- \rightleftharpoons FeF_6^{3-}$$

总的反应为：

$$Fe(SCN)_3 + 6F^- \rightleftharpoons FeF_6^{3-} + 3SCN^-$$

$$K_j = \frac{c([FeF_6]^{3-}) \cdot c^3(SCN^-)}{c([Fe(SCN)_3]) \cdot c^6(F^-)} = \frac{c([FeF_6]^{3-}) \cdot c(Fe^{3+}) \cdot c^3(SCN^-)}{c(Fe^{3+}) \cdot c^6(F^-) \cdot c([Fe(SCN)_3])}$$

$$= \frac{K_f(FeF_6^{3-})}{K_f([Fe(SCN)_3])} = \frac{1.0\times10^{16}}{4.0\times10^5} = 2.5\times10^{10}$$

$K_j$ 很大，说明竞争反应进行很完全，$Fe(SCN)_3$ 可完全转化为 $FeF_6^{3-}$。这也可从溶液的颜色变化看出：在 $Fe(SCN)_3$ 溶液中加入足量 $F^-$ 后，溶液即从血红色变为无色。

**4. 氧化还原平衡与配位平衡**

对配位平衡来说，利用氧化剂或还原剂改变金属离子的价态，从而可使配位平衡发生移动；对氧化还原反应来说，加入配位剂可使金属离子的氧化还原能力发生改变。

例如，在 $Fe(SCN)_3$ 溶液中加入还原剂 $SnCl_2$，由于 $Sn^{2+}$ 能将 $Fe^{3+}$ 还原为 $Fe^{2+}$，因而降低了 $Fe^{3+}$ 的浓度，促进 $Fe(SCN)_3$ 的离解：

$$Fe(SCN)_3 \rightleftharpoons Fe^{3+} + 3SCN^-$$

$$2Fe^{3+} + Sn^{2+} \rightleftharpoons 2Fe^{2+} + Sn^{4+}$$

总的反应为： $2Fe(SCN)_3 + Sn^{2+} \rightleftharpoons 2Fe^{2+} + Sn^{4+} + 6SCN^-$

又如溶液中有下列反应：

$$2Fe^{3+} + 2I^- \rightleftharpoons 2Fe^{2+} + I_2$$

若在此溶液中加入 NaF，$F^-$ 与 $Fe^{3+}$ 生成稳定的 $FeF_6^{3-}$ 配离子，从而降低了 $Fe^{3+}$ 的浓度，使得 $Fe^{3+}$ 氧化能力减弱，$Fe^{2+}$ 的还原能力增强，氧化还原反应因而逆向进行：

$$2Fe^{2+}+I_2+12F^- \rightleftharpoons 2FeF_6^{3-}+2I^-$$

# 第三节 配位滴定法及应用

## 一、EDTA 及其螯合物的特点

### 1. 配位滴定法及其对反应的要求

配位滴定法是以配位反应为基础的滴定分析方法。

大多数金属离子都能与多种配位剂形成稳定性不同的配合物，但不是所有的配位反应都能用于配位滴定。能用于配位滴定的配位反应除必须满足滴定分析的基本条件外，还必须能生成稳定的、中心离子与配体比例恒定的配合物，而且最好能溶于水。

大多数简单配位反应存在着分级配合现象，如前所述 $Cu^{2+}$ 和 $NH_3$ 的反应，它们的各级稳定常数相差不大，使得配位数不同的配合物同时存在。因而 Cu-$NH_3$ 之间没有固定的化学计量关系并且稳定性差，所以不能用于滴定分析。在简单配位反应中只有汞量法和氰量法能用于滴定分析。

例如，$Ag^+$ 与 $CN^-$ 可生成稳定的配离子：

$$Ag^+ + 2CN^- \rightleftharpoons Ag(CN)_2^- \qquad K_f = 1.3\times10^{21}$$

当用 $AgNO_3$ 溶液滴定 $CN^-$ 到化学计量点时，稍微过量的 $Ag^+$ 即与 $Ag(CN)_2^-$ 反应生成白色的 $Ag[Ag(CN)_2]$ 沉淀，指示达到终点，利用这个方法可以测定氰化物的含量。

由多基配体与金属离子形成的螯合物稳定性高，螯合比恒定，能满足滴定分析的基本要求。目前应用最多的滴定剂是乙二胺四乙酸等氨羧配位剂，它们能与大多数的金属离子形成稳定的可溶的螯合物，能满足配位滴定的要求。因此配位滴定法主要是指形成螯合物的配位滴定法。

### 2. 螯合物

（1）螯合物的形成　由多基配体与金属离子形成的具有螯环结构的配合物称为螯合物。它是具有特殊结构的配合物，通常具有五元环或六元环，如 $[Co(en)_3]^{3+}$。

形成螯合物的多基配体称为螯合剂，它们大多是含 N、S、O 等配位原子的有机分子或离子。螯合剂中两个配位原子之间应间隔 2～3 个其他原子，以便形成稳定的五元或六元环。螯合物中，中心离子与螯合剂数目之比称为螯合比。

（2）螯合物的稳定性　具有螯环结构的配离子比一般的配离子具有较大的稳定性。这种由于螯环的形成而使配离子稳定性显著增强的作用称为螯合效应。影响螯合物稳定性的主要因素有以下几种。

① 熵效应　形成螯合物后体系熵增加越多，稳定性越高。

② 螯环的大小　以五元环或六元环最稳定。

③ 螯环的数目　螯合物中螯环数目越多，稳定性越高。

### 3. EDTA 及其配合物的性质

（1）EDTA 的结构与性质　乙二胺四乙酸简称 EDTA，或 EDTA 酸，常用 $H_4Y$ 表示。其结构式为：

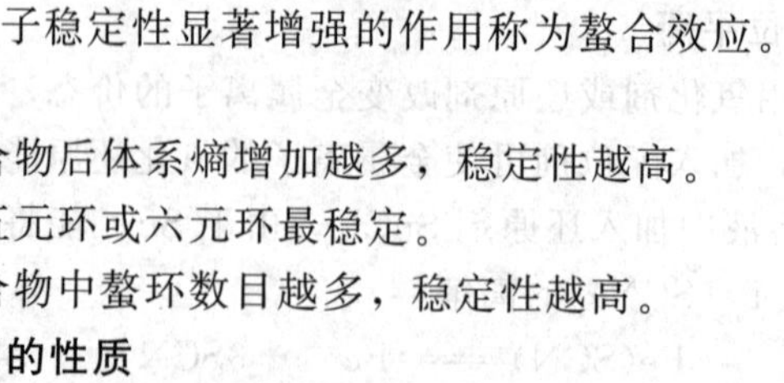


其配位原子分别为 N 原子和—COOH 中的羟基 O 原子。在水溶液中，乙二胺四乙酸两

个羧基上的质子转移到氮原子上，形成双偶极离子：

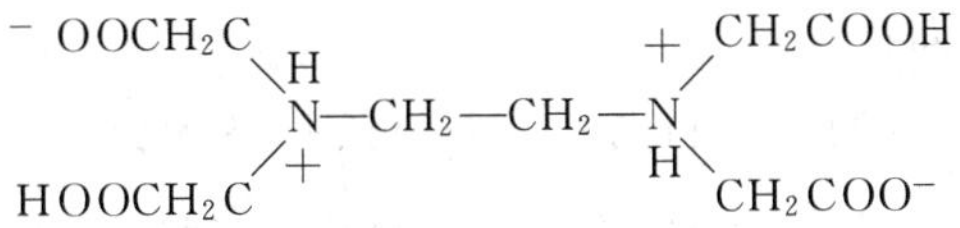


$H_4Y$ 在水中的溶解度太低（295K 时每 100mL 水溶解 0.02g），所以滴定剂常用的是其二钠盐 $Na_2H_2Y \cdot 2H_2O$，也称 EDTA。它在水溶液中的溶解度较大，295K 时每 100mL 水可溶解 11.2g，此时溶液的浓度约为 $0.3mol \cdot L^{-1}$，pH 值约为 4.4。

在酸度较高的溶液中，$H_4Y$ 的两个羧基可再接受两个 $H^+$ 而形成 $H_6Y^{2+}$，这样它就相当于一个六元酸，有六级离解平衡：

$$H_6Y^{2+} \rightleftharpoons H_5Y^+ + H^+ \qquad K_{a1} = \frac{c(H^+) \cdot c(H_5Y^+)}{c(H_6Y^{2+})} = 10^{-0.9}$$

$$H_5Y^+ \rightleftharpoons H_4Y + H^+ \qquad K_{a2} = \frac{c(H^+) \cdot c(H_4Y)}{c(H_5Y^+)} = 10^{-1.6}$$

$$H_4Y \rightleftharpoons H_3Y^- + H^+ \qquad K_{a3} = \frac{c(H^+) \cdot c(H_3Y^-)}{c(H_4Y)} = 10^{-2.0}$$

$$H_3Y^- \rightleftharpoons H_2Y^{2-} + H^+ \qquad K_{a4} = \frac{c(H^+) \cdot c(H_2Y^{2-})}{c(H_3Y^-)} = 10^{-2.67}$$

$$H_2Y^{2-} \rightleftharpoons HY^{3-} + H^+ \qquad K_{a5} = \frac{c(H^+) \cdot c(HY^{3-})}{c(H_2Y^{2-})} = 10^{-6.16}$$

$$HY^{3-} \rightleftharpoons Y^{4-} + H^+ \qquad K_{a6} = \frac{c(H^+) \cdot c(Y^{4-})}{c(HY^{3-})} = 10^{-10.26}$$

在水溶液中，EDTA 有 $H_6Y^{2+}$、$H_5Y^+$、$H_4Y$、$H_3Y^-$、$H_2Y^{2-}$、$HY^{3-}$、$Y^{4-}$ 七种型体存在，但是在不同的酸度下，各种型体的浓度是不同的，他们的浓度分布与溶液 pH 的关系如图 7-1 所示。由图可见，在 pH<1 的强酸性溶液中，EDTA 主要以 $H_6Y^{2+}$ 型体存在；在 pH 为 2.67～6.16 的溶液中，主要以 $H_2Y^{2-}$ 型体存在；在 pH>10.26 的碱性溶液中，主要以 $Y^{4-}$ 型体存在。这种关系也可从平衡移动的原理定性说明：

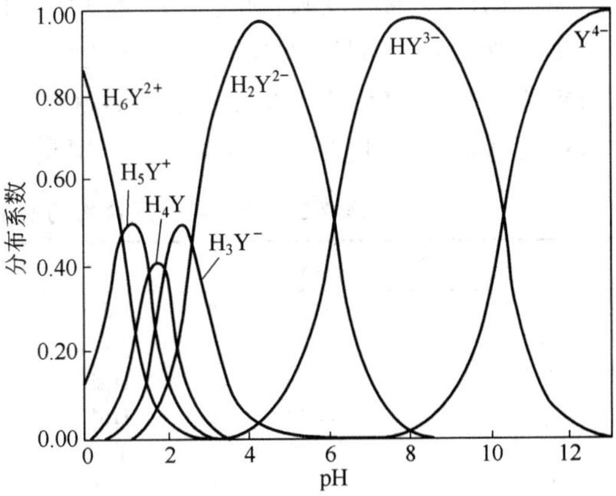


图 7-1　EDTA 各种型体的分布曲线

$$H_6Y^{2+} \underset{+H^+}{\overset{-H^+}{\rightleftharpoons}} H_5Y^+ \underset{+H^+}{\overset{-H^+}{\rightleftharpoons}} H_4Y \underset{+H^+}{\overset{-H^+}{\rightleftharpoons}}$$

$$H_3Y^- \underset{+H^+}{\overset{-H^+}{\rightleftharpoons}} H_2Y^{2-} \underset{+H^+}{\overset{-H^+}{\rightleftharpoons}}$$

$$HY^{3-} \underset{+H^+}{\overset{-H^+}{\rightleftharpoons}} Y^{4-}$$

pH 增大，平衡向右移动；反之左移。由于只有 $Y^{4-}$ 离子才能与金属离子直接发生配位反应，所以溶液的酸度便成为影响 EDTA 配合物稳定性及滴定终点敏锐性的一个重要因素。

（2）EDTA 的配位特性　EDTA 分子中含有两个氨基和四个羧基，属于多基配体，它的酸根离子 $Y^{4-}$ 与金属离子形成的配合物具有以下特性。

① 广谱性　EDTA 具有广泛的配位性能，属于广谱型配位剂，它几乎能与所有金属离子形成配合物。但其选择性差，因而如何提高滴定的选择性是 EDTA 滴定中突出的问题。

② 螯合比恒定　每个 EDTA 分子中含有六个配位原子，能与金属离子形成六个配位

键，而且 EDTA 分子的体积很大，所以 EDTA 与金属离子（不论氧化数高低）形成的配合物的螯合比一般为 1∶1。如：

$$M^{2+}+H_2Y^{2-} \rightleftharpoons MY^{2-}+2H^+$$

$$M^{3+}+H_2Y^{2-} \rightleftharpoons MY^{-}+2H^+$$

$$M^{4+}+H_2Y^{2-} \rightleftharpoons MY+2H^+$$

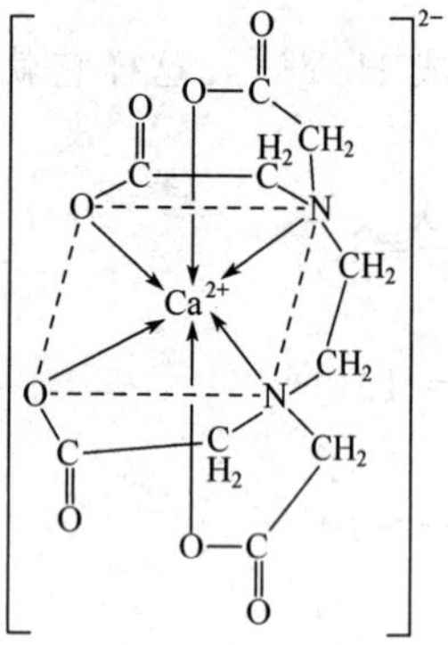

图 7-2 $CaY^{2-}$ 螯合物的立体结构

③ 稳定性高　EDTA 与大多数金属离子形成五元环的螯合物，具有较高的稳定性。图 7-2 为 $Ca^{2+}$ 与 EDTA 所形成螯合物的立体结构示意图。由图可见，配离子中具有五个五元环，因而稳定性较高。为方便起见，金属离子与 EDTA 之间的配位反应简写为：

$$M+Y \rightleftharpoons MY$$

将各组分的电荷略去不写，配合物 MY 的稳定常数为：

$$K_{MY}=\frac{c(MY)}{c(M)\cdot c(Y)} \tag{7-3}$$

一些金属离子与 EDTA 形成的配合物 MY 的稳定常数见表 7-2。由表 7-2 中数据可看出，绝大多数金属离子与 EDTA 形成的配合物都相当稳定。

④ 有鲜明的颜色　EDTA 与无色金属离子形成无色配合物，与有色金属离子形成颜色更深的配合物，如：

| | | | |
|---|---|---|---|
| $CaY^{2-}$ 无色 | $CoY^-$ 紫红色 | $MgY^{2-}$ 无色 | $MnY^{2-}$ 紫红色 |
| $NiY^{2-}$ 蓝绿色 | $CrY^-$ 深紫色 | $CuY^{2-}$ 深蓝色 | $FeY^-$ 黄色 |

溶液的酸度或碱度较高时，$H^+$ 或 $OH^-$ 也参与配位，形成酸式或碱式配合物，如 $Al^{3+}$ 形成酸式配合物 AlHY 或碱式配合物 $[Al(OH)Y]^{2-}$。有时还有混合配合物形成，如在氨性溶液中，$Hg^{2+}$ 与 EDTA 可生成 $[Hg(NH_3)Y]^{2-}$。这些配合物都不太稳定，他们的生成不影响金属离子与 EDTA 之间的 1∶1 定量关系。

**表 7-2　金属离子配合物的 $\lg K_{MY}$**（$I=0.1$，$T=293\sim298K$）

| 离子 | $\lg K_{MY}$ | 离子 | $\lg K_{MY}$ | 离子 | $\lg K_{MY}$ |
|---|---|---|---|---|---|
| $Ag^+$ | 7.32 | $Cd^{3+}$ | 17.37 | $Sc^{3+}$ | 23.1 |
| $Al^{3+}$ | 16.3 | $HfO^{2+}$ | 19.1 | $Sm^{3+}$ | 17.14 |
| $Ba^{2+}$ | 7.86 | $Hg^{2+}$ | 21.7 | $Sn^{2+}$ | 22.11 |
| $Be^{2+}$ | 9.3 | $Ho^{3+}$ | 18.74 | $Sr^{2+}$ | 8.73 |
| $Bi^{3+}$ | 27.94 | $In^{3+}$ | 25.0 | $Tb^{3+}$ | 17.67 |
| $Ca^{2+}$ | 10.69 | $La^{3+}$ | 15.50 | $Th^{4+}$ | 23.2 |
| $Cd^{2+}$ | 16.46 | $Li^+$ | 2.79 | $Ti^{3+}$ | 21.3 |
| $Ce^{3+}$ | 15.98 | $Lu^{3+}$ | 19.83 | $TiO^{2+}$ | 17.3 |
| $Co^{2+}$ | 16.31 | $Mg^{2+}$ | 8.7 | $Tl^{3+}$ | 37.8 |
| $Co^{3+}$ | 36 | $Mn^{2+}$ | 13.87 | $Tm^{3+}$ | 19.07 |
| $Cr^{2+}$ | 23.4 | $Mo^{2+}$ | 28 | U(Ⅳ) | 25.8 |
| $Cu^{2+}$ | 18.80 | $Na^+$ | 1.66 | $VO^{2+}$ | 18.8 |
| $Dy^{3+}$ | 18.30 | $Nd^{3+}$ | 16.6 | $VO_2^+$ | 18.1 |
| $Er^{3+}$ | 18.85 | $Ni^{2+}$ | 18.62 | $Y^{3+}$ | 18.09 |
| $Eu^{3+}$ | 17.35 | $Pb^{2+}$ | 18.04 | $Yb^{3+}$ | 19.57 |
| $Fe^{2+}$ | 14.32 | $Pd^{2+}$ | 18.5 | $Zn^{2+}$ | 16.50 |
| $Fe^{3+}$ | 25.1 | $Pm^{3+}$ | 16.75 | $ZrO^{2+}$ | 29.5 |
| $Ga^{3+}$ | 20.3 | $Pr^{3+}$ | 16.40 | | |

## 二、影响金属 EDTA 配合物稳定性的因素

**1. 主反应和副反应**

在配位滴定中，往往涉及多个化学平衡。除 EDTA 与被测金属离子 M 之间的配位反应外，溶液中还存在着 EDTA 与 $H^+$ 和其他共存金属离子 N 的反应，被测金属离子 M 与溶液中其他共存配位剂或 $OH^-$ 的反应，反应产物 MY 与 $H^+$ 或 $OH^-$ 的作用等。一般将 EDTA 与被测金属离子 M 的反应称为主反应，而溶液中存在着其他反应都称为副反应，它们之间的平衡关系如下所示：

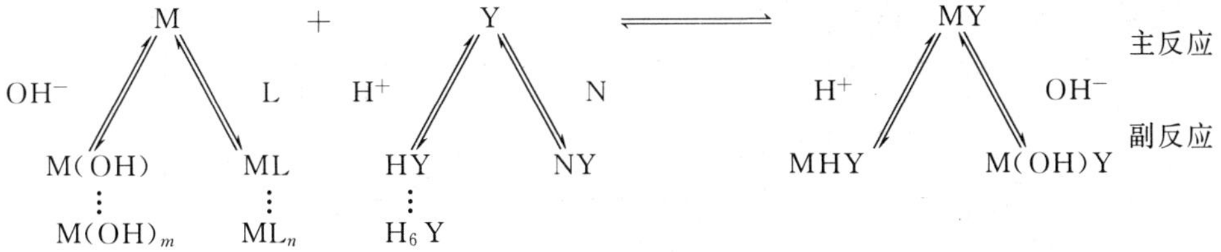


由于副反应的存在，使主反应的化学平衡发生移动，主反应产物 MY 的稳定性发生变化，因而对配位滴定的准确度可能有较大影响，其中以介质酸度的影响最为重要。

**2. 酸效应和酸效应系数**

在滴定体系中有 $H^+$ 存在时，$H^+$ 离子与 EDTA 之间发生反应，使参与主反应的 $Y^{4-}$ 浓度减小，主反应化学平衡向左移动，配位反应的程度降低，这种现象称为 EDTA 的酸效应。酸效应的大小用酸效应系数来衡量，它是指未参与配位反应的 EDTA 各种型体的总浓度 $c(Y')$ 与 $Y^{4-}$ 的平衡浓度 $c(Y^{4-})$ 之比，用符号 $\alpha_{Y(H)}$ 表示，即

$$\alpha_{Y(H)}=\frac{c(Y')}{c(Y^{4-})} \tag{7-4}$$

式中，$c(Y')=c(Y^{4-})+c(HY^{3-})+c(H_2Y^{2-})+c(H_3Y^-)+c(H_4Y)+c(H_5Y^+)+c(H_6Y^{2+})$。表 7-3 给出了不同 pH 值下的 $\lg\alpha_{Y(H)}$ 值。

**表 7-3　不同 pH 值时的 $\lg\alpha_{Y(H)}$ 值**

| pH | $\lg\alpha_{Y(H)}$ | pH | $\lg\alpha_{Y(H)}$ | pH | $\lg\alpha_{Y(H)}$ |
|---|---|---|---|---|---|
| 0.0 | 23.64 | 3.6 | 9.27 | 7.2 | 3.10 |
| 0.2 | 22.47 | 3.8 | 8.85 | 7.4 | 2.88 |
| 0.4 | 21.32 | 4.0 | 8.44 | 7.6 | 2.68 |
| 0.6 | 20.18 | 4.2 | 8.04 | 7.8 | 2.47 |
| 0.8 | 19.08 | 4.4 | 7.64 | 8.0 | 2.27 |
| 1.0 | 18.01 | 4.6 | 7.24 | 8.2 | 2.07 |
| 1.2 | 16.98 | 4.8 | 6.84 | 8.4 | 1.87 |
| 1.4 | 16.02 | 5.0 | 6.45 | 8.6 | 1.67 |
| 1.6 | 15.11 | 5.2 | 6.07 | 8.8 | 1.48 |
| 1.8 | 14.27 | 5.4 | 5.69 | 9.0 | 1.28 |
| 2.0 | 13.51 | 5.6 | 5.33 | 9.2 | 1.10 |
| 2.2 | 12.82 | 5.8 | 4.98 | 9.6 | 0.75 |
| 2.4 | 12.19 | 6.0 | 4.65 | 10.0 | 0.45 |
| 2.6 | 11.62 | 6.2 | 4.34 | 10.5 | 0.20 |
| 2.8 | 11.09 | 6.4 | 4.06 | 11.0 | 0.07 |
| 3.0 | 10.60 | 6.6 | 3.79 | 11.5 | 0.02 |
| 3.2 | 10.14 | 6.8 | 3.55 | 12.0 | 0.01 |
| 3.4 | 9.70 | 7.0 | 3.32 | 13.0 | 0.00 |

由表 7-3 可知，随介质酸度增大，$\lg\alpha_{Y(H)}$ 增大，即酸效应显著，EDTA 参与配合反应的能力显著降低。而在 pH＝12 时，$\lg\alpha_{Y(H)}$ 接近于 0，所以，pH≥12 时，可忽略 EDTA 酸效应的影响。以 pH 对 $\lg\alpha_{Y(H)}$ 作图，即得 EDTA 的酸效应曲线（图 7-3），从酸效应曲线上可查得不同 pH 下的 $\lg\alpha_{Y(H)}$ 值。

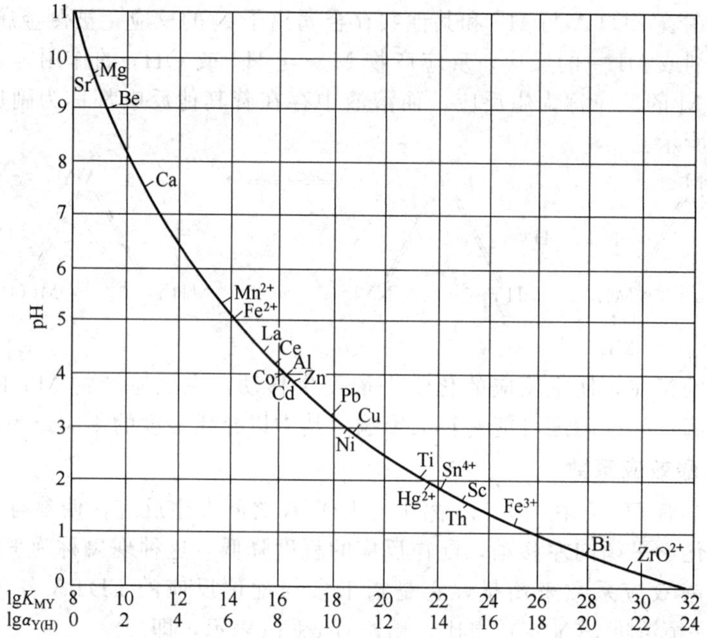


图 7-3　EDTA 的酸效应曲线

**3. 配位效应和配位效应系数**

如果滴定体系中存在其他配位剂，并能与被测金属离子形成配合物，则参与主反应的被测金属离子浓度减小，使主反应平衡向左移动，EDTA 与 金属离子形成的配合物的稳定性下降。这种由于共存配位剂的作用而使被测金属离子参与主反应的能力下降的现象称为配位效应。溶液中的 $OH^-$ 能与金属离子形成氢氧化物或羟基配合物，从而降低其参与主反应的能力，称为金属离子的水解效应，属于配位效应的一种。

配位效应的大小可用配位效应系数来衡量，它是指未与 EDTA 配位的金属离子的各种存在型体的总浓度 $c(M')$ 与游离金属离子的浓度 $c(M)$ 之比，用 $\alpha_{M(L)}$ 表示，即

$$\alpha_{M(L)}=\frac{c(M')}{c(M)} \tag{7-5}$$

配位效应系数 $\alpha_{M(L)}$ 的大小与共存配位剂 L 的种类和浓度有关。共存配位剂的浓度越大，与被测金属离子形成的配合物越稳定，则配位效应越显著，对主反应的影响越大。

**4. 配合物的条件稳定常数**

EDTA 与金属离子形成配合物的稳定常数 $K_{MY}$ 越大，表示配位反应进行得越完全，生成的配合物 MY 越稳定。由于 $K_{MY}$ 是在一定温度和离子强度理想条件下的平衡常数，不受溶液其他条件的影响，故也称为 EDTA 配合物的绝对稳定常数。但是在滴定分析中，我们是通过滴定剂的加入量及其与被测物质之间的化学计量关系来计算被测物质含量的。也就是说在配位滴定中，化学计量点时所加入的 EDTA 总的物质的量与被测金属离子 M 总的物质的量是相等的，生成配合物所消耗的 EDTA 与金属离子 M 的物质的量也是相等的，因此未参与

主反应的 EDTA 与未参与主反应的金属离子 M 的物质的量也应是相等的。即：$c(Y')=c(M')$ 需要注意的是 $c(Y)\neq c(M)$，它们之间无定量的关系。而在 EDTA 配合物的绝对稳定常数中，只反映了 $c(Y)$ 和 $c(M)$ 的关系，引入条件稳定常数可以使计算更符合实际。

配合物的条件稳定常数 $K'_{MY}$，它可表示为：

$$K'_{MY}=\frac{c(MY)}{c(M')\cdot c(Y')} \tag{7-6}$$

由 $\alpha_{Y(H)}=\dfrac{c(Y')}{c(Y^{4-})}$，$\alpha_{M(L)}=\dfrac{c(M')}{c(M)}$可得

$$c(Y')=c(Y^{4-})\cdot\alpha_{Y(H)}$$
$$c(M')=c(M)\cdot\alpha_{M(L)}$$

所以
$$K'_{MY}=\frac{c(MY)}{c(M')\cdot c(Y')}=\frac{c(MY)}{c(M)\cdot c(Y^{4-})\cdot\alpha_{Y(H)}\cdot\alpha_{M(L)}}$$
$$=\frac{K_{MY}}{\alpha_{Y(H)}\cdot\alpha_{M(L)}} \tag{7-7}$$

即
$$\lg K'_{MY}=\lg K_{MY}-\lg\alpha_{Y(H)}-\lg\alpha_{M(L)} \tag{7-8}$$

显然，副反应系数越大，$K'_{MY}$越小，酸效应和配位效应越严重，配合物的实际稳定性越低。由于 EDTA 在滴定过程中存在酸效应和配位效应，所以应使用条件稳定常数来衡量 EDTA 配合物的实际稳定性。

**【例 6】** 计算 pH=5.0 时，溶液中 $AlY^-$ 的 $\lg K'_{AlY^-}$ 值。

**解**：查表可知　pH=5.0 时，$\lg\alpha_{Y(H)}=6.45$；

故
$$\lg K'_{MY}=\lg K_{AlY}-\lg\alpha_{Y(H)}$$
$$=16.3-6.45=9.85$$

配位滴定中应注意控制溶液的酸度及其他辅助配位剂的使用，以保证 EDTA 与金属离子所形成的配合物具有足够的稳定性。

## 三、金属指示剂

### 1. 金属指示剂及其工作原理

在配位滴定中，通常利用一种能与金属离子生成有色配合物的显色剂来指示滴定终点，这种显色剂称为金属离子指示剂，简称金属指示剂。

在滴定开始时，金属指示剂（In）与少量被滴定金属离子反应，形成一种与指示剂本身颜色不同的配合物（MIn）：

$$\mathrm{M} + \mathrm{In} \rightleftharpoons \mathrm{MIn}$$

颜色 A　　颜色 B

随着 EDTA 的加入，游离金属离子逐渐被配位，形成 MY。当 EDTA 与游离的金属完全反应后，EDTA 从 MIn 中夺取金属离子 M，使指示剂 In 游离出来，这样溶液的颜色就从 MIn 的颜色（B 色）变为 In 的颜色（A 色），指示终点到达：

$$\mathrm{MIn} + \mathrm{Y} \rightleftharpoons \mathrm{MY} + \mathrm{In}$$

颜色 B　　　　　　颜色 A

### 2. 金属指示剂应具备下列条件：

① 指示剂与金属离子形成的配合物 MIn 的颜色与指示剂 In 自身的颜色有显著差别。

② 显色反应灵敏、迅速，且有良好的变色可逆性。

③ 指示剂与金属离子形成的配合物的稳定性要适当，也就是说既要有足够的稳定性但又要比该金属离子的 EDTA 配合物稳定性小。如果 MIn 的稳定性太低，就会提前出现终点，且变色不敏锐；如果 MIn 稳定性太高，终点就会拖后，甚至使 EDTA 不能夺取其中的金属，得不到滴定终点。

④ 金属指示剂应比较稳定，便于储藏和使用。

⑤ 指示剂与金属离子形成的配合物应易溶于水，如果生成胶体溶液或沉淀，会使变色不明显。

应当指出，金属指示剂一般为有机弱酸，具有酸碱指示剂性质，即指示剂自身的颜色随溶液 pH 的不同而不同，因而在选用金属指示剂时，必须注意这一点。

如果滴定体系中存在干扰离子，并能与金属指示剂形成稳定的配合物，虽然加入过量的 EDTA，在化学计量点附近仍没有颜色变化。这种现象称为指示剂的封闭现象，可通过加入适当的掩蔽剂来消除（见表 7-5）。

有些指示剂或指示剂与金属离子形成的配合物在水中溶解度较小，以致在化学计量点时 EDTA 与指示剂置换缓慢，使终点拖长，这种现象称为指示剂的僵化。可通过放慢滴定速度，加入适当的有机溶剂或加热，以增加有关物质的溶解度来消除这一影响。

**3. 常用金属指示剂简介**

（1）铬黑 T　简称 EBT，使用最适应酸度是 pH＝9～10.5，因为在此酸度范围内其自身为蓝色，与 $Mg^{2+}$、$Zn^{2+}$、$Ca^{2+}$、$Pb^{2+}$、$Hg^{2+}$、$Mn^{2+}$ 等离子形成的红色配合物明显不同。$Al^{3+}$、$Fe^{3+}$ 等对 EBT 有封闭作用。铬黑 T 固体性质稳定，但其水溶液只能保存几天，因此常将 EBT 与干燥的纯 NaCl 按 1∶100 混合均匀，研细，密闭保存。也可以用乳化剂 OP（聚乙二醇辛基苯基醚）和 EBT 配成水溶液，其中 OP 为 1%，EBT 为 0.001%，这样的溶液可使用两个月。

（2）钙指示剂　简称 NN，适用酸度为 pH＝8～13，在 pH＝12～13 时与 $Ca^{2+}$ 形成红色配合物，自身为蓝色。$Fe^{3+}$、$Al^{3+}$ 等对 NN 有封闭作用。

（3）二甲酚橙　简称 XO，适用酸度为 pH＜6，在 pH＝5～6 时，与 $Pb^{2+}$、$Zn^{2+}$、$Cd^{2+}$、$Hg^{2+}$、$Ti^{3+}$ 等形成红色配合物，自身显亮黄色。$Fe^{3+}$、$Al^{3+}$ 等对 XO 有封闭作用。

（4）PAN　适用酸度为 pH＝2～12，在适宜酸度下与 $Th^{4+}$、$Bi^{3+}$、$Cu^{2+}$、$Ni^{2+}$、$Pb^{2+}$、$Cd^{2+}$、$Zn^{2+}$、$Mn^{2+}$、$Fe^{2+}$ 形成紫红色配合物，自身显黄色。红色配合物水溶性差、易僵化。

（5）磺基水杨酸　简称 ssal，适用酸度范围为 pH＝1.5～2.5，在此范围内与金属离子生成紫红色配合物，自身为无色。

## 四、配位滴定的基本原理

**1. 配位滴定曲线**

在配位滴定过程中，随着 EDTA 的不断加入，被滴定的金属离子浓度逐渐减小。我们以 EDTA 的加入量（或加入百分数）为横坐标，金属离子浓度的负对数 pM 为纵坐标作图，这种反映滴定过程中金属离子浓度变化规律的曲线，称为滴定曲线（图 7-4，图 7-5）。可以看出，在达到化学计量点附近± 0.1%范围内，溶液的 pM 值发生突变，称为滴定突跃。若利用适当的方法，可以指示滴定终点。

现以 pH＝12.00 时用 $0.01000\text{mol}\cdot\text{L}^{-1}$ EDTA 标准溶液滴定 20.00mL0.01000$\text{mol}\cdot\text{L}^{-1}$ $Ca^{2+}$ 溶液为例，说明不同滴定阶段金属离子浓度的计算。

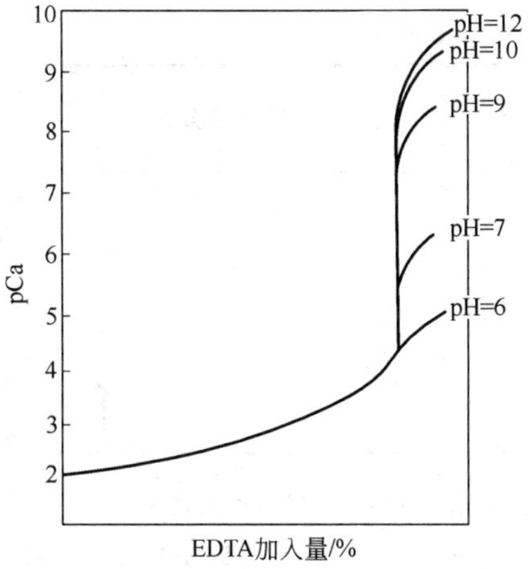


图 7-4 不同 pH 值时用 0.01mol·L$^{-1}$EDTA 溶液滴定 0.01mol·L$^{-1}$$Ca^{2+}$溶液的滴定曲线

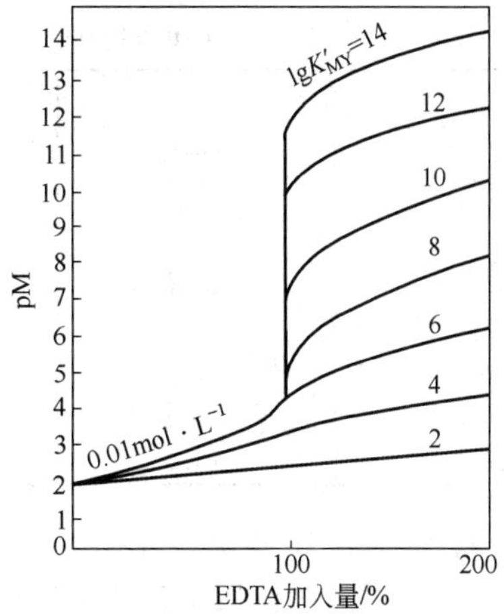


图 7-5 不同 $\lg K'_{MY}$时用 0.01mol·L$^{-1}$ EDTA 溶液滴定 0.01mol·L$^{-1}$ $M^{n+}$的滴定曲线

假设滴定体系中不存在其他辅助配位剂，只考虑 EDTA 的酸效应。已知：$K_{CaY}=10^{10.69}$；pH=12.0 时 $\alpha_{Y(H)}=10^{0.01}\approx1$，所以酸效应也可以忽略。

（1）滴定前 $c(Ca^{2+})=0.01000\text{mol}\cdot L^{-1}$

$$pCa=2.0$$

（2）化学计量点前 由于 $\lg K_{CaY}=10.69$，即 $CaY^{2-}$很稳定，计量点前其离解作用可忽略。设加入 EDTA 溶液 19.98mL，此时还剩余的 0.1%的 $Ca^{2+}$没被配位，所以

$$c(Ca^{2+})=\frac{20.00-19.98}{20.00+19.98}\times0.01000=5.0\times10^{-6}\ (\text{mol}\cdot L^{-1})$$

$$pCa=5.3$$

（3）化学计量点时 $Ca^{2+}$与 EDTA 几乎全部配位产生 CaY，所以

$$c(CaY)=\frac{20.00}{20.00+20.00}\times0.01000=5.0\times10^{-3}(\text{mol}\cdot L^{-1})$$

因为此时 $c(Ca^{2+})=c(Y^{4-})$，所以

$$K_{CaY}=\frac{c(CaY)}{c(Ca^{2+})\cdot c(Y^{4-})}=\frac{c(CaY)}{c^2(Ca^{2+})}$$

$$c(Ca^{2+})=\sqrt{\frac{c(CaY)}{K_{CaY}}}=\sqrt{\frac{5.0\times10^{-3}}{10^{10.69}}}=3.2\times10^{-7}\text{mol}\cdot L^{-1}$$

$$pCa=6.5$$

（4）化学计量点后 设加入 EDTA 溶液 20.02mL，此时 EDTA 溶液过量 0.1%，所以

$$c(Y^{4-})=\frac{20.02-20.00}{20.02+20.00}\times0.01000=5.0\times10^{-6}\text{mol}\cdot L^{-1}$$

而此时 $$c(CaY)=\frac{20.00}{20.02+20.00}\times0.01000=5.0\times10^{-3}(\text{mol}\cdot L^{-1})$$

所以 $$c(Ca^{2+})=\frac{c(CaY)}{K_{CaY}\cdot c(Y^{4-})}=\frac{5.0\times10^{-3}}{10^{10.69}\times5.0\times10^{-6}}=10^{-7.69}\ (\text{mol}\cdot L^{-1})$$

$$pCa=7.7$$

按照上述计算方法，所得结果列于表 7-4。以 pCa 对加入 EDTA 溶液的百分数作图，即得到用 EDTA 溶液滴定 $Ca^{2+}$的滴定曲线，如图 7-4 所示。

**表 7-4 pH=12 时用 0.01000mol·$L^{-1}$ EDTA 溶液滴定 20.00mL 0.01000mol·$L^{-1}$ $Ca^{2+}$ 溶液过程中 pCa 值的变化**

| 加入 EDTA 溶液 | | $Ca^{2+}$ 被配位的百分数 | 过量 EDTA 的百分数 | pCa |
|---|---|---|---|---|
| $V$/mL | 百分数 | | | |
| 0.00 | 0.0 | 0.0 | | 2.0 |
| 18.00 | 90.0 | 90.0 | | 3.3 |
| 19.80 | 99.0 | 99.0 | | 4.3 |
| 19.98 | 99.9 | 99.9 | | 5.3 |
| 20.00 | 100.0 | 100.0 | 0.0 | 6.5 |
| 20.02 | 100.1 | | 0.1 | 7.7 |
| 20.20 | 101.0 | | 1.0 | 8.7 |

用同样的方法计算 pH=10，9，7，6 时滴定过程中的 pCa，其结果绘成图 7-4。

如果滴定过程中使用了辅助配位剂，与被滴定金属离子发生了其他配位反应，这时要同时考虑酸效应和配位效应对滴定过程的影响，滴定曲线应该用 pM′代替 pM。

当用 0.01mol·$L^{-1}$EDTA 溶液滴定 0.01mol·$L^{-1}$金属离子 $M^{n+}$ 时，若配合物 MY 的 $\lg K'_{MY}$分别为 2、4、6、8、10、12、14，绘制出相应的滴定曲线，如图 7-5 所示。

若 $\lg K'_{MY}=10$，用相同浓度的 EDTA 溶液分别滴定不同浓度的金属离子，如 $c$(M) 分别为 $10^{-1}\sim10^{-4}$ mol·$L^{-1}$，滴定过程滴定曲线如图 7-6。

在配位滴定中确定滴定突跃范围和化学计量点是十分重要的，有助于选择合适的指示剂和确定滴定误差。

从图 7-4～图 7-6 可看出，在配位滴定中，化学计量点前后存在着滴定突跃，而且突跃的大小与配合物的条件稳定常数和被滴定金属离子的浓度直接相关。

**2. 影响滴定突跃的因素**

(1) 配合物条件稳定常数的影响　$K'_{MY}$越大，滴定突跃也越大，$K'_{MY}$增大 10 倍，滴定突跃增加一个单位（见图 7-5）。而 $\lg K'_{MY}$值的大小取决于 $K_{MY}$，$\alpha_{M(L)}$和 $\alpha_{Y(H)}$。因而：

① 一定条件下，$\lg K_{MY}$值越大，相应的 $\lg K'_{MY}$也越大，pM 突跃越大，反之就小。

② 滴定体系的酸度越大，酸效应系数 $\alpha_{Y(H)}$就越大，$\lg K'_{MY}$变小，引起滴定曲线尾部平台下降，导致 pM 突跃变小。

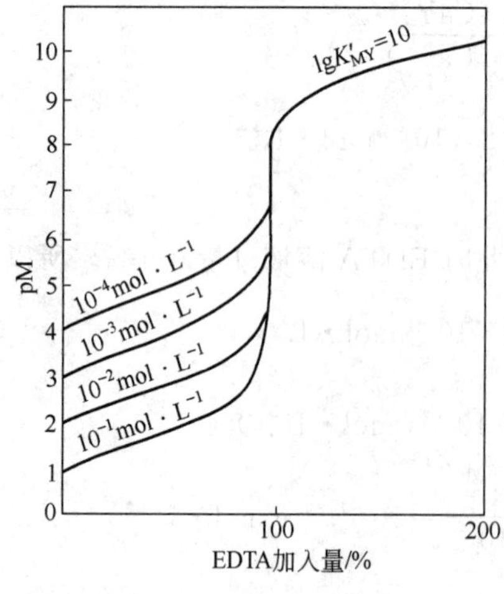


图 7-6　EDTA 滴定不同浓度 M 的滴定曲线

③ 缓冲剂及辅助配位剂的配位作用　当缓冲剂或为防止 M 的水解而加入的辅助配位剂都会对 M 产生配位效应时，缓冲剂或辅助配合剂浓度越大，$\alpha_{M(L)}$值就越大，$\lg K'_{MY}$变小，使 pM 突跃变小。这里特别要指出的是 $OH^-$ 作为辅助配位剂的影响，当 pH 增大时，$\alpha_{Y(H)}$减小，酸效应减弱，但同时 $c(OH^-)$ 增大，$\alpha_{M(OH^-)}$也增大，$K'_{MY}$可能减小，因此配位滴定中并不是 pH 越高越好，选择和控制溶液的 pH 值对滴定非常重要。

(2) 被滴定金属离子浓度的影响　金属离子的浓度越低，滴定曲线的起点就越高，滴定突跃越小，$c$(M)增大 10 倍，滴定突跃增加一个单位（图 7-6）。

**3. 单一金属离子准确滴定的界限**

在采用指示剂指示终点和人眼判断颜色的情况下，

终点的判断与化学计量点之间会有±0.2pM单位的差距，而配位滴定一般要求相对误差不大于0.1%。根据上面影响滴定突跃大小的因素可知，金属离子的初始浓度和条件稳定常数越大，滴定的突跃范围越大。要满足滴定分析的误差要求，则被滴定的金属离子的初始浓度 $c(\mathrm{M})$ 与配合物的条件稳定常数 $K'_{\mathrm{MY}}$ 的乘积应不小于 $10^6$，即

$$\lg[c(\mathrm{M})K'_{\mathrm{MY}}]\geqslant 6 \tag{7-9}$$

式（7-9）即为配位滴定中准确测定单一金属离子的条件。

**【例 7】** 在 pH=5.0 时，能否用 $0.02\mathrm{mol\cdot L^{-1}}$ EDTA 标准溶液直接准确滴定 $0.01\mathrm{mol\cdot L^{-1}}$ $Mg^{2+}$？在 pH=10.0 的氨性缓冲溶液中呢？

**解：** pH=5.0 时，查表知 $\lg\alpha_{\mathrm{Y(H)}}=6.45$，则

$$\lg K'_{\mathrm{MgY}}=\lg K_{\mathrm{MgY}}-\lg\alpha_{\mathrm{Y(H)}}=8.7-6.45=2.25$$

$$\lg c(\mathrm{Mg^{2+}})K'_{\mathrm{MgY}}=-2+2.25=0.25<6$$

故 pH=5.0 时不能直接准确滴定 $Mg^{2+}$。

pH=10.0 时，查表知 $\lg\alpha_{\mathrm{Y(H)}}=0.45$，则

$$\lg K'_{\mathrm{MgY}}=8.7-0.45=8.25$$

$$\lg c(\mathrm{Mg^{2+}})K'_{\mathrm{MgY}}=-2+8.25=6.25>6$$

在 pH=10.0 时，$Mg^{2+}$ 可被准确滴定。

用 $\lg c(\mathrm{M})\ K'_{\mathrm{MY}}\geqslant 6$ 作为判断能否准确滴定的界限是有条件的，如果允许误差较大，则 $\lg c(\mathrm{M})K'_{\mathrm{MY}}$ 可以允许小一点。又如果采用灵敏准确的仪器分析方法来检测滴定终点，则终点与化学计量点间的差距会减小，$\lg c(\mathrm{M})K'_{\mathrm{MY}}$ 也可允许小一点。

**4. 配位滴定中的酸度控制**

（1）配位滴定中最高酸度和最低酸度　单一金属离子被准确滴定的界限是 $\lg[c(\mathrm{M})K'_{\mathrm{MY}}]\geqslant 6$，假设在配位滴定中除 EDTA 的酸效应之外没有其他副反应，则 $\lg K'_{\mathrm{MY}}$ 主要受溶液酸度的影响。保证单一金属离子准确滴定所允许溶液的最高酸度称为最高酸度，与之相应的溶液 pH 称为最低 pH。

在配位滴定中，被滴定金属离子的浓度 $c(\mathrm{M})$ 一般为 $0.01\mathrm{mol\cdot L^{-1}}$，根据式（7-9）有

$$\lg(0.01\times K'_{\mathrm{MY}})\geqslant 6$$

即

$$\lg K'_{\mathrm{MY}}\geqslant 8$$

若只考虑 EDTA 的酸效应，则

$$\lg K'_{\mathrm{MY}}=\lg K_{\mathrm{MY}}-\lg\alpha_{\mathrm{Y(H)}}\geqslant 8$$

即

$$\lg\alpha_{\mathrm{Y(H)}}\leqslant\lg K_{\mathrm{MY}}-8 \tag{7-10}$$

在 $c(\mathrm{M})=0.01\mathrm{mol\cdot L^{-1}}$ 且仅考虑酸效应影响时，可由式（7-10）求出配位滴定的最大 $\lg\alpha_{\mathrm{Y(H)}}$，然后从表 7-3 或酸效应曲线便可求得相应的 pH，即最低 pH 值。

**【例 8】** 计算用 $0.01\mathrm{mol\cdot L^{-1}}$ EDTA 滴定 $0.01\mathrm{mol\cdot L^{-1}}$ $Mg^{2+}$ 的最高酸度（最低 pH）。

**解：** 已知

$$\lg K_{\mathrm{MgY}}=8.7$$

则

$$\lg\alpha_{\mathrm{Y(H)}}\leqslant\lg K_{\mathrm{MgY}}-8=0.7$$

查表或酸效应曲线可知，此时 pH≥9.7，所以滴定 $0.01\mathrm{mol\cdot L^{-1}}$ $Mg^{2+}$ 的最低 pH 约为 10。

在 $c(\mathrm{M'})=0.01\mathrm{mol\cdot L^{-1}}$，相对误差为 0.1%时，可以计算出用 EDTA 滴定各种金属离子时的最低 pH，并将其标注在 EDTA 的酸效应曲线上（图 7-3），可供实际工作时参考。这曲线通常又称为 Ringbom（林邦）曲线。

从滴定曲线的讨论中可知，pH 越大，由于酸效应减弱，$\lg K'_{MY}$ 增大，配合物越稳定，被滴定金属离子与 EDTA 的反应也越完全，滴定突跃也越大。但是，随着 pH 增大，金属离子也可能会发生水解，生成多羟基配合物，降低 EDTA 配合物的稳定性，甚至会因生成氢氧化物沉淀而影响 EDTA 配合物的形成，对滴定不利。因此，对不同的金属离子，因其性质不同而在滴定时又有不同的最高允许 pH 值或最低酸度。在没有辅助配位剂存在时，准确滴定某一金属离子的最低允许酸度通常可粗略地由一定浓度的金属离子形成氢氧化物沉淀时的 pH 估算。

**【例 9】** 试计算用 0.01mol·$L^{-1}$ EDTA 滴定 0.01mol·$L^{-1}$ $Fe^{3+}$ 溶液时的最高酸度和最低酸度。

**解：** 由式（7-10）得

$$\lg\alpha_{Y(H)} \leqslant \lg K_{FeY^-} - 8 = 25.1 - 8 = 17.1$$

查表或酸效应曲线，得到 pH≥1.2

故滴定时的最低 pH 为 1.2。

最低酸度由 $Fe(OH)_3$ 的 $K_{sp}$ 求得

$$c(OH^-) = \sqrt[3]{\frac{K_{sp}}{c(Fe^{3+})}} = \sqrt[3]{\frac{2.62\times10^{-39}}{0.01}} = 6.41\times10^{-13}\ (mol \cdot L^{-1})$$

$$pOH = 12.2 \qquad pH = 1.8$$

即滴定时的最高 pH 为 1.8。

显然，此处计算出的最高 pH，是刚开始析出 $Fe(OH)_3$ 沉淀时的 pH。这样按 $K_{sp}$ 计算所得的最低酸度，可能与实际情况略有出入，因为在计算过程中忽略了羟基配合物、离子强度及沉淀是否易于再溶解等因素的影响。对于个别氢氧化物沉淀溶解度较大的金属离子，如 $Mg^{2+}$，就明显的存在这种情况。尽管如此，按这种方式计算而得到的最低酸度仍可供实际滴定时参考。

配位滴定应控制在最高酸度和最低酸度之间进行，将此酸度范围称为配位滴定的适宜酸度范围。

（2）缓冲溶液的作用　在配位滴定过程中，随着配合物的不断生成，不断有 $H^+$ 释放出来：

$$M^{n+} + H_2Y \rightleftharpoons MY^{(4-n)-} + 2H^+$$

因此，溶液的酸度不断增大，不仅降低了配合物的实际稳定性（$K'_{MY}$ 减小），使滴定突跃减小，同时也可能改变指示剂变色的适宜酸度，导致很大的误差，甚至无法滴定。因此，在配位滴定中，通常要加入缓冲溶液来控制 pH 值。

## 五、提高配位滴定选择性的方法

实际的分析对象中往往有多种金属离子共存，而 EDTA 又能与很多金属离子形成稳定的配合物，所以在滴定某一金属离子时常常受到共存离子的干扰。如何在多种离子中进行滴定就成为配位滴定的一个重要问题。

假设溶液中含有两种金属离子 M、N，它们均可与 EDTA 形成配合物，且 $K'_{MY} > K'_{NY}$。当用 EDTA 滴定时，若 $c(M)=c(N)$，M 首先被滴定。若 $K'_{MY}$ 与 $K'_{NY}$ 相差足够大，则 M 被定量滴定后，EDTA 才与 N 作用，这样，N 的存在并不干扰 M 的准确滴定。两种金属离子的 EDTA 配合物的条件稳定常数相差越大，准确滴定 M 离子的可能性就越大。对于有干扰离子存在的配位滴定，一般允许有不超过 0.5% 的相对误差，而如前述，肉眼判断终点颜色变化时，滴定突跃至少应有 0.2 个 pM 单位，根据理论推导，在 M、N 两种离子共存时在满足式(7-9) 的情况下还须满足：

$$\frac{c(\mathrm{M})K'_{\mathrm{MY}}}{c(\mathrm{N})K'_{\mathrm{NY}}} \geqslant 10^5 \tag{7-11}$$

此时我们可以通过控制酸度进行分别滴定。该式称为分别滴定判别式。

**【例 10】** 若一溶液中 $Fe^{3+}$、$Al^{3+}$ 浓度均为 0.01mol·$L^{-1}$，能否控制酸度用 EDTA 滴定 $Fe^{3+}$？如何控制溶液的酸度？

**解：** 已知 $K_{FeY^-}=10^{25.1}$，$K_{AlY^-}=10^{16.3}$

同一溶液中的 EDTA 酸效应一定，在无其他副反应时：

$$\frac{c(\mathrm{Fe^{3+}})K'_{\mathrm{FeY^-}}}{c(\mathrm{Al^{3+}})K'_{\mathrm{AlY^-}}}=\frac{K_{\mathrm{FeY^-}}}{K_{\mathrm{AlY^-}}}=10^{8.8}>10^5$$

所以可以控制溶液的酸度来滴定 $Fe^{3+}$，而 $Al^{3+}$ 不干扰。

根据 $\lg c(\mathrm{Fe^{3+}})K'_{\mathrm{FeY^-}} \geqslant 6$，可计算出滴定 $Fe^{3+}$ 的最低 pH 约为 1.2。而在 pH>1.8 时，$Fe^{3+}$ 发生水解生成 $Fe(OH)_3$ 沉淀，所以，由例 9 知，可控制 pH=1.2～1.8 滴定 $Fe^{3+}$。从酸效应曲线可看出，这时 $Al^{3+}$ 不被滴定。

如果溶液中存在两种以上金属离子，要判断能否用控制溶液酸度的方法进行分别滴定，应该首先考虑配合物稳定常数最大和与之最接近的那两种离子，然后依次两两考虑。

在考虑滴定的适宜 pH 范围时还应注意所选用指示剂的适宜 pH 范围。如例 10 中滴定 $Fe^{3+}$ 时，用磺基水杨酸作指示剂，在 pH=1.5～1.8 时，它与 $Fe^{3+}$ 形成红色配合物。若在此 pH 范围内用 EDTA 直接滴定 $Fe^{3+}$，终点颜色变化明显，$Al^{3+}$ 不干扰。滴定 $Fe^{3+}$ 后，调节溶液 pH=3，加入过量 EDTA，煮沸，使 $Al^{3+}$ 与 EDTA 完全配位，再调 pH 至 5～6，用 PAN 作指示剂，用 $Cu^{2+}$ 标准溶液滴定过量的 EDTA，即可测出 $Al^{3+}$ 的含量。

当被测金属离子与干扰离子的配合物的稳定性相差不大，即不能满足式（7-11）时，可以通过下列方法提高滴定的选择性。

**1. 掩蔽与解蔽**

加入某种试剂，使之仅与干扰离子 N 反应，这样溶液中游离 N 的浓度大大降低，N 对被测离子 M 的干扰也会减弱以至消除，这种方法称为掩蔽法。常用的掩蔽法有配位掩蔽法、沉淀掩蔽法和氧化还原掩蔽法等，其中以配位掩蔽法最常用。

（1）配位掩蔽法　利用配位剂（掩蔽剂）与干扰离子形成稳定的配合物，从而消除干扰的掩蔽方法。例如，pH=10 时用 EDTA 滴定 $Mg^{2+}$ 时，$Zn^{2+}$ 的存在会干扰滴定，若加入 KCN，与 $Zn^{2+}$ 形成稳定配离子，$Zn^{2+}$ 即被掩蔽而消除干扰。又如用 EDTA 滴定水中的 $Ca^{2+}$、$Mg^{2+}$ 以测定水的硬度时，$Fe^{3+}$、$Al^{3+}$ 的干扰可用三乙醇胺掩蔽。

采用配位掩蔽法时，所用掩蔽剂必须具备下列条件：①干扰离子与掩蔽剂形成的配合物应远比它与 EDTA 形成的配合物稳定，且配合物应为无色或浅色，不影响终点判断；②掩蔽剂不与被测离子反应，即使反应形成配合物，其稳定性也应远低于被测离子与 EDTA 形成的配合物，这样在滴定时掩蔽剂可被 EDTA 置换；③掩蔽剂适用的 pH 范围应与滴定的 pH 范围一致。EDTA 滴定法中常用的掩蔽剂见表 7-5。

（2）沉淀掩蔽法　利用某一沉淀剂与干扰离子生成难溶性沉淀，降低干扰离子浓度，在不分离沉淀的条件下可直接滴定被测离子。例如，在 pH=10 时用 EDTA 滴定 $Ca^{2+}$，这时 $Mg^{2+}$ 也被滴定，若加入 NaOH，使溶液 pH>12，则 $Mg^{2+}$ 形成 $Mg(OH)_2$ 沉淀而不干扰 $Ca^{2+}$ 的滴定。

沉淀掩蔽法不是一种理想的掩蔽方法，在实际应用中有一定的局限性。必须注意：①沉淀反应要进行完全，沉淀溶解度要小，否则掩蔽效果不好；②生成的沉淀应是无色或浅色致

表 7-5 滴定中常用的掩蔽剂

| 掩蔽剂 | 掩蔽离子 | 测定离子 | pH | 指示剂 | 备注 |
|---|---|---|---|---|---|
| 二巯基丙醇(BAL) | $Ag^+$, $As^{3+}$, $Bi^{3+}$<br>$Cd^{2+}$, $Hg^{2+}$, $Pb^{2+}$<br>$Sb^{3+}$, $Sn^{4+}$, $Co^{2+}$<br>$Cu^{2+}$, $Ni^{2+}$ | $Ca^{2+}$, $Mg^{2+}$<br>$Mn^{2+}$ | 10 | 铬黑 T | $Co^{2+}$, $Cu^{2+}$, $Ni^{2+}$ 与 BAL 的配合物有色 |
| 三乙醇胺(TEA) | $Al^{3+}$,<br>$Al^{3+}$, $Fe^{3+}$, $Mn^{2+}$<br><br><br>$Al^{3+}$, $Fe^{2+}$, $Sn^{4+}$, $Ti^{2+}$ | $Mg^{2+}$, $Zn^{2+}$<br>$Ca^{2+}$<br>$Ca^{2+}$<br>$Ni^{2+}$<br>$Cd^{2+}$, $Mg^{2+}$, $Mn^{2+}$<br>$Pb^{2+}$, $Zn^{2+}$ | 10<br>碱性<br>>12<br>10<br>10 | 铬黑 T<br>Cu-PAN<br>紫脲酸铵或钙指示剂<br>紫脲酸铵<br>铬黑 T | |
| 酒石酸盐 | $Al^{3+}$,<br>$Al^{3+}$, $Fe^{3+}$<br>$Al^{3+}$, $Fe^{3+}$, 少量 $Ti^{4+}$ | $Zn^{2+}$<br>$Ca^{2+}$, $Mn^{2+}$<br>$Ca^{2+}$ | 5.2<br>10<br>>12 | 二甲酚橙<br>Cu-PAN<br>钙黄绿素或钙指示剂 | |
| 柠檬酸 | 少量 $Al^{3+}$<br>$Fe^{3+}$ | $Zn^{2+}$<br>$Cd^{2+}$, $Cu^{2+}$<br>$Pb^{2+}$ | 8.5～9.5<br>8.5 | 铬黑 T<br>萘基偶氮羟啉 S | 30℃<br>丙酮(黄→粉红)<br>测定 $Cu^{2+}$ 和 $Pb^{2+}$ 时加入 Cu-EDTA |
| 氰化物 | $Ag^+$, $Cd^{2+}$, $Co^{2+}$,<br>$Cu^{2+}$, $Fe^{2+}$, $Hg^{2+}$<br>$Ni^{2+}$, $Zn^{2+}$ 和铂系金属<br><br><br>$Cu^{2+}$, $Zn^{2+}$ | $Ba^{2+}$, $Sr^{2+}$<br><br>$Ca^{2+}$<br>$Mg^{2+}$<br>$Mg^{2+}+Ca^{2+}$<br>$Mn^{2+}$, $Pb^{2+}$ | 10.5～11<br><br><br>>12<br>10<br>10 | 金属酞<br><br><br>钙指示剂<br>铬黑 T<br>铬红 B | 50%甲醇溶液 |
| 氟化物 | $Al^{3+}$<br>$Al^{3+}$, $Fe^{3+}$ | $Cu^{2+}$<br>$Zn^{2+}$<br>$Cu^{2+}$ | 3～3.5<br>5～6<br>6～6.5 | 萘基偶氮羟啉 S<br>二甲酚橙<br>铬天青 S | 氟化物又是沉淀掩蔽剂 |
| 碘化钾 | $Hg^{2+}$ | $Cu^{2+}$<br>$Zn^{2+}$ | 7<br>6.4 | PAN<br>萘基偶氮羟啉 S | 70℃ |

密的，最好是晶形沉淀，否则由于颜色深、体积大，吸附被测离子或指示剂而影响对终点观察。

(3) 氧化还原掩蔽法　当某种价态的共存离子对滴定有干扰时，利用氧化还原反应改变干扰离子的价态，则可消除对被测离子的干扰。例如，用 EDTA 滴定 $Hg^{2+}$、$Bi^{3+}$、$ZrO^{2+}$、$Sn^{4+}$、$Th^{4+}$ 等离子时，$Fe^{3+}$ 有干扰（$\lg K_{FeY^-}=25.1$），若用盐酸羟胺或抗坏血酸将 $Fe^{3+}$ 还原为 $Fe^{2+}$，由于 $Fe^{2+}$ 的 EDTA 配合物稳定性较差（$\lg K_{FeY^-}=14.33$），因而可消除 $Fe^{3+}$ 的干扰。有些离子（如 $Cr^{3+}$）对滴定有干扰，而其高价态与 EDTA 形成的配合物稳定性较差，不干扰 EDTA 滴定，可先将其氧化为高价态离子（如 $Cr_2O_7^{2-}$），就可消除干扰。

(4) 解蔽　将干扰离子掩蔽以滴定被测离子后，再加入一种试剂，使已被掩蔽剂掩蔽的干扰离子重新释放出来。这种作用称为解蔽，所用试剂称为解蔽剂。利用某些选择性的解蔽剂，可提高配位滴定的选择性。

例如，测定铜合金中的 $Zn^{2+}$、$Pb^{2+}$ 时，可在氨性溶液中用 KCN 掩蔽 $Cu^{2+}$、$Zn^{2+}$，在 pH=10 时以铬黑 T 作指示剂，用 EDTA 滴定 $Pb^{2+}$。在滴定 $Pb^{2+}$ 后的溶液中加入甲醛或三氯乙醛，则 $[Zn(CN)_4]^{2-}$ 被破坏而释放出来 $Zn^{2+}$，然后用 EDTA 滴定释放出来的 $Zn^{2+}$：

$$[Zn(CN)_4]^{2-}+4HCHO+4H_2O \rightleftharpoons Zn^{2+}+4HOCH_2CN+4OH^-$$

$[Cu(CN)_4]^{2-}$很稳定，不易被解蔽，但要注意甲醛应分次滴加，不宜过多，且温度不能高，否则$[Cu(CN)_4]^{2-}$会部分被解蔽而使 $Zn^{2+}$ 的测定结果偏高。

**2. 预先分离**

如果用控制溶液酸度和使用掩蔽剂等方法都不能消除共存离子的干扰而选择滴定被测离子，就只有预先将干扰离子分离出来，再滴定被测离子。分离的方法很多，可根据干扰离子和被测离子的性质进行选择。例如，磷矿石中一般含 $Fe^{3+}$、$Al^{3+}$、$Ca^{2+}$、$Mg^{2+}$、$PO_4^{3-}$、$F^-$等离子，欲用 EDTA 滴定其中的金属离子，$F^-$有严重干扰，它能与 $Fe^{3+}$、$Al^{3+}$ 生成很稳定的配合物，酸度小时又能与 $Ca^{2+}$ 生成 $CaF_2$ 沉淀，因此在滴定前必先加酸、加热，使 $F^-$生成 HF 而挥发出去。

**3. 其他配位剂**

除 EDTA 外，其他许多配位剂也能与金属离子形成稳定性不同的配合物，因而选用不同的配位剂进行滴定，有可能提高滴定某些离子的选择性。例如，多数金属离子与 EDTP 形成的配合物的稳定性比它们的 EDTA 配合物差很多，而 $Cu(EDTP)^{2-}$ 与 $Cu(EDTA)^{2-}$ 稳定性相差不大，因而可用 EDTP 直接滴定 $Cu^{2+}$，而 $Zn^{2+}$、$Cd^{2+}$、$Mg^{2+}$、$Mn^{2+}$ 等都不干扰。又如 $Ca^{2+}$、$Mg^{2+}$ 的 EDTA 配合物的稳定性相差不大，若用 EGTA 作为配位剂，则 $Ca(EGTA)^{2-}$ 稳定性要比 $Mg(EGTA)^{2-}$ 稳定性高很多，故可用 EGTA 直接滴定 $Ca^{2+}$ 而 $Mg^{2+}$ 不干扰。

## 六、配位滴定的方式和应用

**1. 滴定方式**

在配位滴定中，采用不同的滴定方式，不仅可以扩大配位滴定的应用范围，使许多不能直接滴定的元素能够进行配位滴定，而且还可以提高滴定的选择性。

（1）直接滴定法　反应符合滴定分析的要求且有合适的指示剂时，可直接进行滴定。

（2）返滴定法　是在试液中先加入已知过量的 EDTA 标准溶液，用另一种金属离子的标准溶液滴定过量的 EDTA，求得被测物质含量的方法。通常在采用直接滴定法时，①缺乏符合要求的指示剂；②被测金属离子与 EDTA 反应的速度慢；③在测定条件下，被测金属离子水解等情况下使用。

（3）置换滴定法　利用置换反应，置换出等物质的量的另一种金属离子，或置换出 EDTA，然后滴定。就是置换滴定。是提高配位滴定选择性途径之一。

① 置换出金属离子。被测离子 M 与 EDTA 反应不完全或所形成的配合物不稳定。可让 M 置换出另一配合物（如 NL）中等物质的量的 N，用 EDTA 滴定 N，即可求得 M 的含量。

$$M+NL \rightleftharpoons ML+N$$

例如，$Ag^+$ 与 EDTA 的配合物不稳定，不能用 EDTA 直接滴定，但将 $Ag^+$ 加入到 $Ni(CN)_4^{2-}$ 溶液中，可发生下列反应。

$$2Ag^+ + [Ni(CN)_4]^{2-} \rightleftharpoons 2[Ag(CN)_2]^- + Ni^{2+}$$

在 pH=10 的氨性溶液中，以紫脲酸铵作指示剂，用 EDTA 滴定置换出来的 $Ni^{2+}$，即可求得 $Ag^+$ 的含量。

② 置换出 EDTA。将被测离子 M 与干扰离子全部用 EDTA 配合，加入选择性高的配合剂 L 以夺取 M，并释放出 EDTA：

$$MY + L \rightleftharpoons ML + Y$$

反应后，释放出与 M 等物质的量的 EDTA，用金属盐类标准溶液滴定释放出来的 EDTA，即可测得 M 的含量。

例如，测定锡合金中的 Sn 时，可于试液中加入过量的 EDTA，将可能存在的 $Pb^{2+}$、$Zn^{2+}$、$Cd^{2+}$、$Bi^{3+}$ 等与 Sn(Ⅳ) 一起配位。用 $Zn^{2+}$ 标准溶液滴定，配位过量的 EDTA。加 $NH_4F$，选择性地将 SnY 中的 EDTA 释放出来，再用 $Zn^{2+}$ 标准溶液滴定释放出来的 EDTA，即可求得 Sn(Ⅳ) 的含量。

置换滴定法是提高络合滴定选择性的途径之一。

此外，利用置换滴定法的原理，可以改善指示剂指示滴定终点的敏锐性。例如，铬黑 T 与 $Mg^{2+}$ 显色很灵敏，但与 $Ca^{2+}$ 显色的灵敏度较差，为此，在 pH＝10 的溶液中用 EDTA 滴定 $Ca^{2+}$ 时，常于溶液中先加入少量 MgY，此时发生下列置换反应：

$$MgY + Ca^{2+} \rightleftharpoons CaY + Mg^{2+}$$

置换出来的 $Mg^{2+}$ 与铬黑 T 显很深的红色。滴定时，EDTA 先与 $Ca^{2+}$ 配合，当达到滴定终点时，EDTA 夺取 Mg-铬黑 T 配合物中的 $Mg^{2+}$，形成 MgY，游离出指示剂，显蓝色，颜色变化很明显。在这里，滴定前加入的 MgY 和最后生成的 MgY 的物质的量是相等的，故加入的 MgY 不影响滴定结果。

(4) 间接滴定法　一些不能与 EDTA 发生配位反应的金属离子，可采用此方法。如钠的测定，将 $Na^+$ 沉淀为醋酸铀酰锌钠 $NaAc \cdot Zn(Ac)_2 \cdot 3UO_2(Ac)_2 \cdot 9H_2O$，分出沉淀，洗净并将它溶解，然后用 EDTA 滴定 $Zn^{2+}$，从而求得试样中 $Na^+$ 的含量。

**2. 配位滴定的应用实例**

(1) 水硬度的测定　一般含有钙、镁盐类的水称为硬水（hard water）。水的硬度通常分为总硬度和钙、镁硬度。总硬度是指钙盐和镁盐的总量，钙、镁硬度则是分指两者的含量。水的硬度是水质控制的一个重要指标。

各国表示硬度的单位不同。我国通常以 $1mg \cdot L^{-1}$ $CaCO_3$ 或 $10\ mg \cdot L^{-1}$ CaO 表示水的硬度。前者称为美国度，后者称为德国度。

测定水的硬度时，通常在两个等份试样中进行。一份测定 $Ca^{2+}$、$Mg^{2+}$ 含量，另一份测定 $Ca^{2+}$，由两者之差即可求出 $Mg^{2+}$ 的量。测定 $Ca^{2+}$、$Mg^{2+}$ 含量时，在 pH＝10 的氨性缓冲溶液中，以 EBT 为指示剂，用 EDTA 滴定至酒红色变为纯蓝色；测定 $Ca^{2+}$ 时，调节 pH＝12，使 $Mg^{2+}$ 形成 $Mg(OH)_2$ 沉淀，用钙指示剂作指示剂，用 EDTA 滴定至红色变为纯蓝色。

(2) 盐卤水中 $SO_4^{2-}$ 的测定　盐卤水是电解制备烧碱的原料。卤水中 $SO_4^{2-}$ 的测定原理是在微酸性溶液中，加入一定量的 $BaCl_2$-$MgCl_2$ 混合溶液，使 $SO_4^{2-}$ 形成 $BaSO_4$ 沉淀。然后调节至 pH＝10，以 EBT 为指示剂，用 EDTA 滴定至酒红色变为纯蓝色，设滴定体积为 $V$，滴定的是 $Mg^{2+}$ 和剩余的 $Ba^{2+}$。另取同样体积的 $BaCl_2$-$MgCl_2$ 混合溶液，用同样的步骤作空白，设滴定体积为 $V_0$，显然两者之差 $V_0 - V$ 即为与 $SO_4^{2-}$ 反应的 $Ba^{2+}$ 的量。

## 本章小结

(1) 配位化合物是一类组成复杂的化合物，是由可以给出孤对电子的一定数目的离子或分子（称为配位体）和具有接受孤对电子的空轨道的原子或离子（称为中心离子或原子），按一定的组成和空间构型所形成的化合物。配合物通常包括相反电荷的两种离子，分别称为内界和外界。内界是配合物的特征部分通常写在方括号内，其中包括中心离子（或原子）和一定数目的配位体；外界一般为简单离子。中心离子（或原子）位于其结构的几何中心位置，配位体配置于中心离子周围，配位体中直接与中心离子键结合的原子称为配位原子，同时与中心离子直接结合的配位原子的总数或形成的配位键的总数称为该中心离子的配位数，它是配合物的重要特征之一。

（2）配位化合物的命名服从一般无机化合物命名原则。配合物中内界配离子的命名一般依照如下顺序：配位体（中文数字）→配位体名称→合→中心离子（原子）名称［罗马字表示中心离子（原子）氧化数］，中心原子的氧化数为零时可以不标明。

（3）配离子在溶液中存在配位解离平衡，平衡时，可用平衡常数 $K_f$ 或 $K_d$ 来表示配合物的稳定性。此平衡与其他化学平衡一样是一种动态平衡，当条件发生改变会导致配位平衡发生移动，使配离子的稳定性发生改变。利用配位平衡常数表达式可以进行许多相关的计算。

（4）螯合物是由多基配位体与中心离子形成的具有环状结构的配合物。由于螯环的形成，螯合物的主要特征是具有较高的稳定性。

（5）配位滴定法是以配位反应为基础的一种分析方法，配位滴定中广泛使用金属指示剂来确定配位滴定的终点。使用金属指示剂要防止封闭和僵化现象发生。

（6）本章在讨论主反应、副反应、副反应系数和条件稳定常数等概念的基础上，推导出计算条件稳定常数的公式，从而确定单一离子准确滴定的条件：$\lg[c(\mathrm{M})\cdot K'_{\mathrm{MY}}]\geqslant 6$。

（7）酸效应和配位效应是影响配位滴定的主要因素，必须注意配位滴定允许的最高酸度和最低酸度。配位滴定中广泛使用缓冲溶液来控制溶液的酸度。

（8）EDTA 能与多种金属离子形成稳定的配合物，因此，必须提高配位滴定的选择性。可通过控制酸度、加入掩蔽剂与解蔽剂、分离干扰物质等方法消除干扰，准确地滴定待测金属离子。

## 思考题

1. 指出下列配合物的中心离子、配体、配位数、配离子电荷数和配合物名称。

$K_3[Fe(CN)_6]$　　$Na_2[Zn(OH)_4]$　　$(NH_4)_2[Co(SO_4)_2]$

$K_2[SiF_6]$　　$[Pt(NH_3)_2Cl_2]$　　$[PtCl(NO_2)(NH_3)_4]CO_3$

2. 下列和化合物中，哪些可作为有效的螯合剂？

（1）$CH_3CH_2OH$　　（2）$HS-CH_2-COOH$　　（3）$HOOC-CH(CH_3)-OH$

（4）$HS-CH_2-CH_2-SH$　　（5）$NH_2-NH_2$　　（6）EDTA

3. 配合物与一般化合物有什么区别？

4. 举例说明如何确定中心离子的氧化数？

5. 配位化合物中心离子与配位原子之间形成的是什么键？是如何形成的？

6. 配位化学创始人维尔纳发现，分别将 1mol 的黄色 $CoCl_3\cdot 6NH_3$、紫红色 $CoCl_3\cdot 5NH_3$、绿色 $CoCl_3\cdot 4NH_3$ 和紫色 $CoCl_3\cdot 4NH_3$ 四种配合物溶于水，加入硝酸银，立即生成的氯化银沉淀分别为 3mol、2mol、1mol 和 1mol，请根据实验事实推断它们所含的配离子的组成？

7. $[FeF_6]^{3-}$ 为六配位，而 $[FeCl_4]^-$ 为四配位，应如何解释？

8. 配合物中的配位原子一般为哪些元素？为什么？

9. 采取哪些措施可使配合物的稳定性降低？

10. 为什么 EDTA 与金属离子形成的配合物一般为 1∶1 的关系？

11. 在配位滴定中，EDTA、金属离子可发生哪些副反应？其大小可以用什么来衡量？

12. 配位滴定曲线的纵、横坐标各为什么量？酸度对滴定突跃范围有什么影响？

13. 在配位滴定中，最高酸度和最低酸度有什么区别？

14. 在配位滴定中，金属指示剂是如何指示滴定终点的？请举例说明。

15. 在含有 $Ag^+$ 的溶液中加入 NaCl，有沉淀生成，若再加入 KCN，有何现象？并说明原因。

## 习　题

1. 在 1mL 0.04mol·$L^{-1}$ $AgNO_3$ 溶液中加入 1mL 2mol·$L^{-1}$ 氨水。计算平衡时溶液中 $Ag^+$ 的浓度。

($2.0\times10^{-9}$ mol·$L^{-1}$)

2. 在 100mL 0.05mol·$L^{-1}$ $[Ag(NH_3)_2]^+$ 溶液中加入 1mL 1mol·$L^{-1}$ NaCl 溶液，溶液中 $NH_3$ 的浓度至少需多大才能阻止 AgCl 沉淀生成？

(0.51mol·$L^{-1}$)

3. 如果在 1L 氨水中溶解 0.1mol 的 AgCl，需要氨水的最初浓度是多少？若溶解 0.1mol 的 AgI，氨水的浓度应该是多少？

(2.5mol·$L^{-1}$；$3.3\times10^3$ mol·$L^{-1}$)

4. 在 1L1mol·$L^{-1}$ 的 $[Ag(NH_3)_2]^+$ 溶液中加入 7.46gKCl，问是否有 AgCl 沉淀生成？

(有 AgCl 沉淀生成)

5. 在 1.0L 水中加入 1.0mol $AgNO_3$ 与 2.0mol $NH_3$（假设无体积变化）。计算溶液中各组分浓度。当加入 $HNO_3$（设无体积变化），使配离子消失掉 99%时，溶液的 pH 为多少？($K_b(NH_3)=1.8\times10^{-5}$)

($c(Ag^+)=2.8\times10^{-3}$ mol·$L^{-1}$；$c(NH_3)=5.6\times10^{-3}$ mol·$L^{-1}$；$c([Ag(NH_3)_2]^+)=1$mol·$L^{-1}$；pH=4.44)

6. 在 0.30mol·$L^{-1}$ $[Cu(NH_3)_4]^{2+}$ 溶液中，加入等体积的 0.20mol·$L^{-1}$ $NH_3$ 和 0.02mol·$L^{-1}$ $NH_4Cl$ 混合液，是否有 $Cu(OH)_2$ 沉淀生成？

($Q=2.32\times10^{-18}>K_{sp}$，有沉淀产生)

7. 下列化合物中，哪些可作为有效的螯合剂？

(1) $CH_3CH_2OH$　　(2) $HSCH_2COOH$　　(3) $HOOCCH(CH_3)OH$

(4) $HSCH_2CH_2SH$　　(5) $NH_2NH_2$　　(6) EDTA

8. pH=4.00 时，用 $2.0\times10^{-3}$ mol·$L^{-1}$ 的 EDTA 滴定 $2.0\times10^{-3}$ mol·$L^{-1}$ 的 $Zn^{2+}$ 溶液，能否准确滴定？

(不能准确滴定)

9. pH=4.0 时，能否用 EDTA 准确滴定 0.010mol·$L^{-1}$ $Fe^{2+}$？pH=6.0，8.0 时？

(pH=4.0 时不能准确滴定；pH=6.0 时能准确滴定，pH=8.0 时不能准确滴定)

10. 在 25.00mL 含 $Ni^{2+}$，$Zn^{2+}$ 的溶液中，加入 50.00mL 0.01500mol·$L^{-1}$ EDTA 溶液，用 0.01000mol·$L^{-1}$ $Mg^{2+}$ 返滴定过量的 EDTA，用去 17.52mL，然后加入二巯基丙醇解蔽 $Zn^{2+}$，释放出 EDTA，再用去 22.00mL $Mg^{2+}$ 溶液滴定。计算原溶液中 $Ni^{2+}$，$Zn^{2+}$ 的浓度。

(0.01419mol·$L^{-1}$；0.008800mol·$L^{-1}$)

11. 间接法测定 $SO_4^{2-}$ 时，称取 3.000g 试样溶解后，稀释至 250.00mL。在 25.00mL 试液中加入 25.00mL 0.05000mol·$L^{-1}$ $BaCl_2$ 溶液，过滤 $BaSO_4$ 沉淀后，滴定剩余 $Ba^{2+}$ 用去 29.15mL 0.02002mol·$L^{-1}$ EDTA。试计算 $SO_4^{2-}$ 的质量分数。

(21.33%)

12. 计算 pH=2.0 和 pH=5.0 时的 $\lg K'_{ZnY}$。

(2.99；10.05)

13. 印染厂购进无水 $ZnCl_2$ 原料，用 EDTA 络合滴定法测定其含量，称取试样 0.2500g 溶解后，控制溶液的酸度 pH=6。以二甲苯橙为指示剂，用 0.1024mol·$L^{-1}$ 的 EDTA 标准溶液滴定，用去 17.90mL。求试样中 $ZnCl_2$ 的百分含量。

(99.93%)

14. 铝盐中含有铜盐和锌盐的杂质，称取试样 0.4000g 溶解后，加入过量的 EDTA，在 pH=5～6 时，用二甲酚橙作指示剂，用 0.1000mol·$L^{-1}$ $ZnCl_2$ 标准溶液滴定过量的 EDTA 至终点，再加入 $NH_4F$，继续用 0.1000mol·$L^{-1}$ 的 $ZnCl_2$ 溶液滴定至终点，用去 22.30mL。求铝盐中 Al 的百分含量。

(15.05%)

15. 计算用 0.01000mol·$L^{-1}$ EDTA 滴定 0.01000mol·$L^{-1}$ $Zn^{2+}$ 时，允许的最低 pH。

(4.00)

16. 用 0.01000mol·$L^{-1}$ EDTA 滴定 0.0100mol·$L^{-1}$ 的 $Fe^{3+}$ 溶液，计算允许的最高酸度和最低酸度。[$\lg K_f(FeY)=25.1$，$K_{sp}(Fe(OH)_3)=2.62\times10^{-39}$]

(1.2；1.8)

17. 称取 Bi，Pb，Cd 的合金试样 2.420g，用 $HNO_3$ 溶解并定容至 250mL，移取 50.00mL 试液于 250mL 锥形瓶中，调节 pH=1，以二甲酚橙为指示剂，用 0.02479mol·$L^{-1}$ EDTA 滴定，消耗 25.67mL，然后用六亚甲基四胺缓冲溶液将 pH 调至 5。再以上述 EDTA 溶液滴定，消耗 24.76mL；加入邻二氮菲，置换出 EDTA 配合物中的 $Cd^{2+}$，用 0.02174mol·$L^{-1}$ $Pb(NO_3)_2$ 标准溶液滴定游离的 EDTA，消耗 6.76mL。计算此合金试样中 Bi，Pb，Cd 的质量分数。

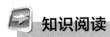

(27.48%；20.07%；3.38%)

## 知识阅读

### 铂配合物和癌症的治疗

1965 年，美国密执安州立大学罗森堡（Rosenberg B）及其合作者，在电场存在下进行细菌生长速率研究中，惊奇地发现细菌不发生分裂。于是大家花费大量时间去寻找这种现象产生的原因，比如 pH 变化，温度变化等，却一无所获。最后，在排除各种可能因素的情况下，发现用于实验的铂电极被氧化了，产生了氧化物：[$Pt(NH_3)_2Cl_2$] 和 [$Pt(NH_3)_2Cl_4$] 两种分子。这些配合物分子的存在致使细菌生长反常。再进一步研究发现，在配合物中只有顺式异构体才具有生物活性。

铂配合物的这种生物学活性完全是一种偶然的发现，但是可以肯定地说，这是人类抗击癌症的重大发现。一些铂配合物能够阻止细胞分裂，具有抗肿瘤活性，其中被称为“顺铂”（cisplatin），学名称为二氯二氨合铂(Ⅱ)（*cis*-dichlorodiammineplatinum，*cis*-DDP）的配合物 [$Pt(NH_3)_2Cl_2$] 尤为有效。直到现在，“顺铂”对人体生殖泌尿系统、头颈部及软组织的恶性肿瘤具有显著疗效，它若和其他抗癌剂联合使用则效果更佳。当然“顺铂”尚有缓解期短、肾毒性较大、水溶性较小及催吐性等缺点，致使其临床应用受到了限制。普遍认为，“顺铂”的抗癌活性是其中的顺式—($H_3N$—Pt) 结构单元有选择性和生物体内癌细胞的 DNA（脱氧核糖核酸）结合，以抑制此 DNA 进一步复制，阻止癌细胞分裂。而反式配合物是没有抗癌活性的。以上事实证明了配合物的异构现象能影响配合物的化学和生物化学行为。

# 第八章

# 氧化还原平衡与氧化还原滴定法

【知识目标】

1. 明确氧化还原反应的基本概念及规律。
2. 掌握原电池的基本知识。
3. 掌握 Nernst 方程并熟练应用 Nernst 方程对溶液浓度、酸碱性、生成沉淀和配合物等因素对电极电势的影响。
4. 掌握电极电势的应用。
5. 了解氧化还原滴定法的特点、氧化还原指示剂的分类。
6. 熟悉并掌握高锰酸钾法、重铬酸钾法和碘量法的基本原理及其应用。

【能力目标】

1. 学会氧化还原方程式配平。
2. 掌握有关原电池的知识，对于给定的氧化还原反应，能够写出电极反应和电池反应，对于能够自发进行的氧化还原反应，能够写出其组成原电池的符号。
3. 掌握原电池电动势 $E^{\ominus}$ 与电池反应的 $\Delta_r G_m^{\ominus}$、氧化还原反应标准平衡常数 $K^{\ominus}$ 的关系并能进行氧化还原反应进行方向和进行程度的判断。
4. 培养能独立进行氧化还原滴定的操作能力。
5. 会对氧化还原滴定分析结果进行计算。

## 第一节　氧化还原反应

氧化还原反应是一类重要的化学反应，其定义已有不同的说法，在引入氧化数的概念之后对氧化还原反应以及有关的概念将给以新的表述。

### 一、氧化数

氧化数（又叫氧化值）是指某元素一个原子的表观电荷数（又叫荷电数），这种荷电数是假设把每个化学键中的电子指定给电负性更大的原子而求得。如在氯化钠中氯元素的电负性比钠元素大，所以氯原子获得一个电子，氧化数为－1，而钠原子的氧化数为＋1；二氧化碳中的碳可以认为在形式上失去 4 个电子，表观电荷数是＋4，每个氧原子形式上得到 2 个电子，表观电荷数是－2，这种形式上的表观电荷数就表示原子在化合物中的氧化数。

确定氧化数一般规则如下：

（1）任何形态的单质中元素的氧化数为零。如：Ne，$F_2$，$P_4$和$S_8$中的Ne，F，P和S的氧化数均为零。

（2）在化合物中，氢元素的氧化数一般为+1，但在与活泼金属生成的离子型氢化物如NaH、$CaH_2$中H的氧化数为−1；氧在化合物中的氧化数一般是−2，但在过氧化物如$H_2O_2$、$Na_2O_2$等中为−1；在超氧化物如$KO_2$中为−1/2；在氟氧化物，如$OF_2$中，氧的氧化数为+2；在所有的氟化物中，氟的氧化数均为−1；碱金属的氧化数为+1，碱土金属的氧化数为+2。

（3）在离子化合物中，元素的氧化数为该元素离子的电荷数。

（4）离子中元素的氧化数　单原子离子的氧化数等于它所带的电荷数。多原子离子中所有元素的氧化数之代数和等于该离子所带的电荷数。

（5）在共价化合物中，把两个原子共用的电子对指定给电负性较大的原子后，各原子所具有的形式电荷数就是它们的氧化数。如在HCl分子中，将一对共用电子指定给电负性较大的氯原子，则氯的氧化数是−1，氢的氧化数是+1。

（6）在中性分子中，各元素氧化数的代数和为零。

根据上述规则，可以计算元素的氧化数。例如，$KMnO_4$中Mn的氧化数为+7；$S_4O_6^{2-}$中S的氧化数为+5/2；$Fe_3O_4$中Fe的氧化数为+8/3。

应当指出，大多数情况下氧化数与化合价是一致的。氧化数与化合价也有混用的，但它们是两个不同的概念。氧化数是人为规定的，不仅可以是整数，而且还可以是分数，化合价表示一种元素的一定数目的原子跟其他元素一定数目的原子化合的性质，化合价只能是整数。

## 二、氧化还原反应

在化学反应前后元素的氧化数发生变化的一类反应称为氧化还原反应，例如下列反应

$$2\overset{0}{Mg}+\overset{0}{O_2}=\!=\!=2\overset{+2}{Mg}\overset{-2}{O}$$

$$\overset{+2}{Cu}O+\overset{0}{H_2}=\!=\!=\overset{0}{Cu}+\overset{+1}{H_2}O$$

都有元素的氧化数发生改变，均是氧化还原反应。反应前后元素的氧化数不发生变化的化学反应称非氧化还原反应，如：

$$NaOH+HCl=\!=\!=NaCl+H_2O$$

### 1. 氧化和还原

在氧化还原反应中，失去电子而元素氧化数升高的过程称为氧化，获得电子而元素氧化数降低的过程称为还原。一物质（分子、原子或离子）失去电子，同时必然有另一物质获得电子。例如：

氧化数升高，氧化

$$\overset{+2}{Cu}O+\overset{0}{H_2}=\!=\!=\overset{0}{Cu}+\overset{+1}{H_2}O$$

氧化数降低，还原

在氧化还原反应中，元素的氧化数之所以发生改变，其实质是反应中某些元素原子之间有电子的得失（包括电子对的偏移），一些元素失去电子，氧化数升高，必定同时有另一些

元素得到电子，氧化数降低。也就是说，一个氧化还原反应必然包括氧化和还原两个同时发生的过程。

**2. 氧化剂和还原剂**

在氧化还原反应中，得到电子、氧化数降低的物质称为氧化剂；失去电子、氧化数升高的物质称为还原剂。例如：

$$H_2\overset{-1}{O_2}+2Fe^{2+}+2H^+ = 2Fe^{3+}+2H_2\overset{-2}{O} \quad (H_2O_2\text{作氧化剂})$$

$$H_2\overset{-1}{O_2}+Cl_2 = 2HCl+\overset{0}{O_2} \quad (H_2O_2\text{作还原剂})$$

氧化剂和还原剂为同一种物质的氧化还原反应称为自身氧化还原反应，例如：

$$2KClO_3 \xlongequal{MnO_2} 2KCl+3O_2\uparrow$$

某一物质中同一氧化态的同一元素的原子部分被氧化，部分被还原的反应称为歧化反应，是自身氧化还原反应的一种特殊类型，例如：

$$Cl_2+H_2O = HClO+HCl$$

**3. 氧化还原半反应和氧化还原电对**

在氧化还原反应中，氧化剂（氧化型）在反应过程中氧化数降低，其产物具有较低的氧化数，转化为还原型；还原剂（还原型）在反应过程中氧化数升高，其产物具有较高的氧化数，转化为氧化型。一对氧化型和还原型构成的共轭体系称为氧化还原电对，简称电对，可用“氧化型/还原型”表示。如 $Cu^{2+}/Cu$ 电对，$Zn^{2+}/Zn$ 电对。

任何一种物质的氧化型和还原型都可以组成氧化还原电对，而每个电对构成相应的氧化还原半反应，写成通式是：

$$\text{氧化型}+ne^- = \text{还原型}$$

式中，$n$ 表示半反应中电子转移的个数。例如，$Cu^{2+}/Cu$ 电对和 $Zn^{2+}/Zn$ 电对的半反应可以表示为：

$$Cu^{2+}+2e^- = Cu \quad ①$$

$$Zn^{2+}+2e^- = Zn \quad ②$$

## 三、氧化还原反应方程式的配平

配平氧化还原反应方程式的方法很多，通常采用氧化数法和离子-电子法。

**1. 氧化数法**

氧化数法是根据氧化还原反应中氧化剂和还原剂的氧化数的变化总数相等，反应前后各元素的原子总数相等的原则来配平反应式。以 $KMnO_4$ 和 HCl 反应为例说明此法配平氧化还原反应式的具体步骤。

（1）写出氧化数发生变化的反应物和它们对应的产物基本反应式。

$$KMnO_4+HCl \longrightarrow MnCl_2+Cl_2$$

（2）标出有关元素的氧化数及其变化的数值。

$$2[0-(-1)]=+2$$

$$K\overset{+7}{Mn}O_4+H\overset{-1}{Cl} \longrightarrow \overset{+2}{Mn}Cl_2+\overset{0}{Cl_2}$$

$$2-7=-5$$

（3）按照最小公倍数的原则对各氧化数的变化值乘以相应的系数，使氧化剂和还原剂的氧化数变化相等，并据此调节反应物和产物的系数。

$$\begin{array}{r|l} 2-7=-5 & \times 2=-10 \\ 2[0-(-1)]=+2 & \times 5=+10 \end{array}$$

$$2KMnO_4+10HCl \longrightarrow 2MnCl_2+5Cl_2$$

（4）配平反应前后氧化数未发生变化的原子数。可用观察法依次对钾、氯、氧、氢原子进行配平。

$$2KMnO_4+16HCl \longrightarrow 2MnCl_2+2KCl+5Cl_2+8H_2O$$

（5）核对反应方程式两边各元素原子的总数是否相等，若相等，则将箭头改为等号，得到配平的反应式。

$$2KMnO_4+16HCl = 2MnCl_2+2KCl+5Cl_2+8H_2O$$

**2. 离子-电子法**

离子-电子法是根据氧化还原反应中氧化剂和还原剂得失的电子总数相等，反应前后各元素的原子总数相等的原则配平反应式。以酸性溶液中 $KMnO_4$ 与 $K_2SO_3$ 的反应为例加以说明。

（1）写出氧化还原反应中主要反应物和产物的离子反应式：

$$MnO_4^-+SO_3^{2-} \longrightarrow Mn^{2+}+SO_4^{2-}$$

（2）将离子反应式写成两个配平的半反应式，即半反应式两边的原子数和电荷数应相等。如果半反应式两边的氢、氧原子数不相等，则应按反应进行的酸碱条件，添加适当数目的 $H^+$、$OH^-$ 或 $H_2O$。

$$MnO_4^-+8H^++5e^- \longrightarrow Mn^{2+}+4H_2O$$

$$SO_3^{2-}+H_2O \longrightarrow SO_4^{2-}+2H^++2e^-$$

（3）将两个半反应式各乘以适当系数，使反应中得失电子总数相等，然后将两个半反应式相加。

$$\begin{array}{r|l} MnO_4^-+8H^++5e^- \longrightarrow Mn^{2+}+4H_2O & \times 2 \\ +\ SO_3^{2-}+H_2O \longrightarrow SO_4^{2-}+2H^++2e^- & \times 5 \\ \hline \end{array}$$

$$2MnO_4^-+5SO_3^{2-}+6H^++5H_2O \longrightarrow 2Mn^{2+}+5SO_4^{2-}+8H_2O$$

（4）核对方程式两边的原子数和电荷数，然后将离子反应式改写为分子反应式，将箭头改为等号。

$$2KMnO_4+5K_2SO_3+3H_2SO_4 = 2MnSO_4+6K_2SO_4+3H_2O$$

上述两种配平氧化还原方程式的方法各有特点。离子-电子法突出了化学计量数的变化是电子得失的结果，反映水溶液中反应的实质，特别对有介质参加的复杂反应配平比较方便。但是需要注意的是：离子-电子法仅适用于配平水溶液中的反应。氧化数法适用范围较广，不仅可用于在水溶液中进行的反应，在非水溶液中、高温反应及熔融态物质间的反应均适用，对于有有机化合物参与的氧化还原反应的配平也很方便。

## 第二节 原 电 池

### 一、原电池

在硫酸铜溶液中放入一锌片，将发生如下的氧化还原反应：

$$Zn+Cu^{2+} = Zn^{2+}+Cu$$

由于反应中 Zn 片和 $CuSO_4$ 溶液接触，所以电子直接从 Zn 片转移给 $Cu^{2+}$，而得不到电流，反应释放出来的化学能即转变为热能。

如图 8-1 所示，在一个盛有 $CuSO_4$ 溶液的烧杯中插入 Cu 片，组成铜电极，在另一个盛有 $ZnSO_4$ 溶液的烧杯中插入 Zn 片，组成锌电极，把两个烧杯中的溶液用一个倒置的 U 形管（盐桥）连接起来。当用导线把铜电极和锌电极连接起来时，检流计指针就会发生偏转，说明导线中有电流通过。这种能将化学能转变为电能的装置，称为原电池。

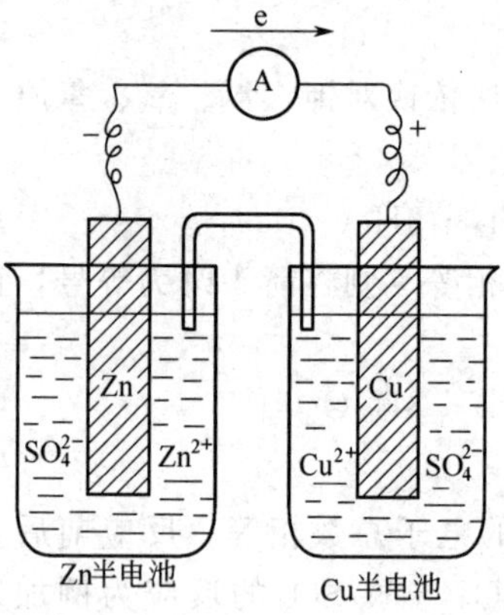

图 8-1　Cu-Zn 原电池

在上述原电池中，锌极上的锌失去电子变成 $Zn^{2+}$ 进入溶液，留在锌极上的电子通过导线流到铜电极，铜电极上的 $Cu^{2+}$ 得到电子而析出金属铜。随着反应的进行，$Zn^{2+}$ 不断进入溶液，过剩的 $Zn^{2+}$ 将使电极附近的 $ZnSO_4$ 溶液带正电，这样就会阻止继续生成 $Zn^{2+}$；另一方面，由于铜的析出，将使铜电极附近的 $CuSO_4$ 溶液因 $Cu^{2+}$ 减少而带负电从而阻碍 Cu 的继续析出，最终导致电流中断。盐桥的作用就是消除溶液中正电荷、负电荷的影响，使负离子向 $ZnSO_4$ 溶液扩散，正离子向 $CuSO_4$ 溶液扩散，以保持溶液的电中性，这样，氧化还原反应就能够继续进行，从而获得持续电流。

上述原电池由两部分组成：一部分是 Cu 片和 $CuSO_4$ 溶液，另一部分是 Zn 片和 $ZnSO_4$ 溶液，这两部分各称为半电池或电极，上述原电池中则称为铜电极和锌电极，分别对应着 $Cu^{2+}/Cu$ 电对和 $Zn^{2+}/Zn$ 电对。在电极的金属和溶液界面上发生的反应（半反应）称为电极反应或半电池反应。由 Cu 电极和 Zn 电极组成的原电池称为 Cu-Zn 原电池。

在原电池中，流出电子的电极称为负极，接受电子的电极为正极。负极上发生氧化反应，正极上发生还原反应。电子流动的方向是从负极到正极，而电流流动的方向正相反。

例如，在 Cu-Zn 原电池中，电极反应为：

负极　　$Zn \rightleftharpoons Zn^{2+} + 2e^-$

正极　　$Cu^{2+} + 2e^- \rightleftharpoons Cu$

将两个电极反应相加，即可得到原电池的总反应，即电池反应：

$$Zn + Cu^{2+} \rightleftharpoons Zn^{2+} + Cu$$

## 二、原电池的符号

为了书写方便，原电池可用电池符号表示。例如 Cu-Zn 原电池可表示如下：

$$(-)Zn \mid ZnSO_4(c_1) \parallel CuSO_4(c_2) \mid Cu(+)$$

其中“|”表示固液两相的界面；“‖”表示盐桥，盐桥两边为两个半电池；$c_1$ 和 $c_2$ 分别是 $ZnSO_4$ 溶液和 $CuSO_4$ 溶液的浓度（如果电极反应中有气体物质，则应标出其分压）。在书写原电池符号时，习惯上把负极（−）写在左边，正极（+）写在右边，所以原电池符号两边的（+）和（−）有时也可以省略不写。

从理论上来说，任何氧化还原反应，或者说任何两个电对都可以设法构成原电池，例如，电对 $Fe^{3+}/Fe^{2+}$，虽没有金属参加氧化还原反应，但可在一个含有 $Fe^{3+}$ 和 $Fe^{2+}$ 的溶液中插入金属 Pt 片作为导体，构成电极。同样，电对 $Sn^{4+}/Sn^{2+}$ 也可以构成一个电极，称为氧化还原电极，这两个电极可构成如下的原电池：

$$(-)Pt \mid Sn^{2+}(c_1), Sn^{4+}(c_2) \parallel Fe^{3+}(c_3), Fe^{2+}(c_4) \mid Pt(+)$$

在这里，Pt 片本身并不参与氧化还原反应，而只起导体的作用。

# 第三节 电极电势

## 一、电极电势

### 1. 电极电势的产生

以金属电极为例，说明电极电势的产生。在金属晶体中有金属离子和自由电子。当把金属（M）插入它的盐溶液中时，一方面金属表面的金属离子受到极性水分子的吸引，有溶解进入溶液的倾向。金属越活泼或溶液中金属离子浓度越小，金属溶解的趋势越大。另一方面，溶液中的金属离子受到金属表面电子的吸引，也有沉积到金属表面的倾向，金属越不活泼或溶液中金属离子浓度越大，金属离子沉积的趋势越大。在一定条件下，这两种相反的倾向可达到动态平衡：

$$M(s) \underset{沉积}{\overset{溶解}{\rightleftharpoons}} M^{n+} + ne^-$$

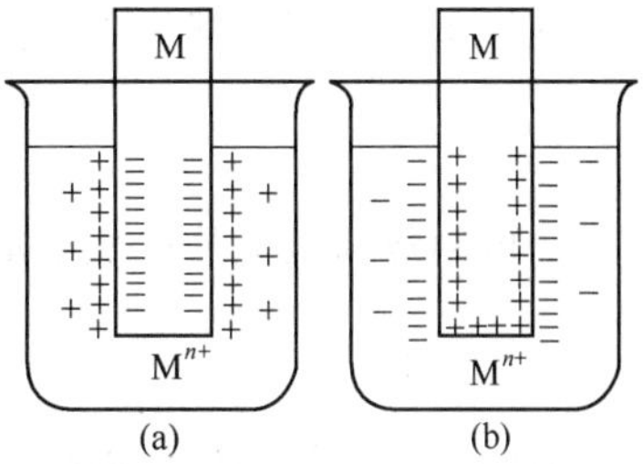


图 8-2 双电层结构示意图

如果溶解倾向大于沉积倾向，达到平衡后金属表面将有一部分金属离子进入溶液，使金属表面带负电，而金属附近的溶液带正电［图 8-2(a)］。反之，如果沉积倾向大于溶解倾向，达到平衡后金属表面则带正电，而金属附近的溶液带负电［图 8-2(b)］。不论是哪一种情况，在达到平衡后，金属与其盐溶液界面之间都会因带相反电荷而形成双电层结构，双电层之间存在电位差，这种由于双电层的作用在金属和它的盐溶液之间产生的电位差称为电极的绝对电势。电极电势的大小除与电极的本性有关外，还与温度、介质及离子浓度等因素有关。

### 2. 原电池的电动势与电极电势

目前还无法由实验测定单个电极的绝对电势，但可用电位差计测定电池的电动势，并规定电动势 $E$ 等于两个电极的电极电势的差值。

$$E = \varphi_+ - \varphi_- \tag{8-1}$$

在标准状态下，$E^{\ominus} = \varphi^{\ominus}_+ - \varphi^{\ominus}_-$ (8-2)

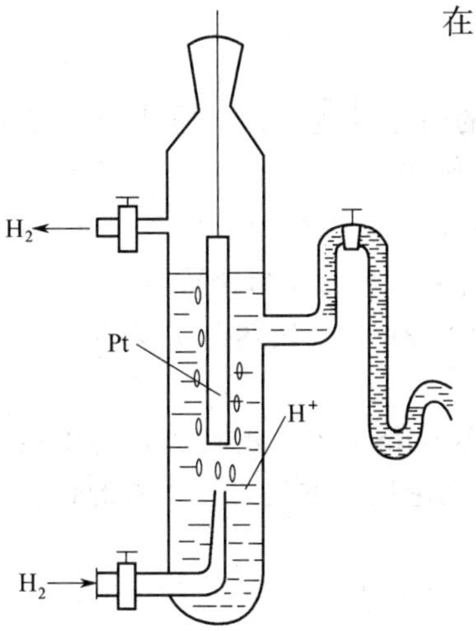


图 8-3 标准氢电极

## 二、标准电极电势

### 1. 标准氢电极

迄今为止，还无法测得单个电极的绝对电势，只能选定某一电极，以其电极电势作为参比标准，将其他电极的电极电势与之比较，从而得到各种电极的电极电势相对值，一般用标准氢电极作为标准。标准氢电极的构造如图 8-3 所示。把一块镀有铂黑的铂片插入含有氢离子（浓度为 $1mol \cdot L^{-1}$，严格地说，应是 $H^+$ 的活度为 1）的溶液中，在一定温度下（通常是 298K）通入压力为 $10^5$ Pa 的纯氢气，氢气被铂黑所吸附，被 $H_2$ 饱和的铂片与溶液中的 $H^+$ 之间建立动态平衡：

$$2H^+(1mol \cdot L^{-1}) + 2e^- \rightleftharpoons H_2(p^{\ominus})$$

$H_2$与$H^+$在界面形成双电层，这种状态下的电极电势即为氢电极的标准电极电势。国际上规定标准氢电极的电极电势的值为零：

$$\varphi^{\ominus}(H^+/H_2)=0.000V$$

**2. 标准电极电势 $\varphi^{\ominus}$**

在热力学标准状态下，某电极的电极电势称为该电极的标准电极电势。

欲确定某电极的电极电势，在标准状态下，把给定电极和标准氢电极组成一个原电池，测定该原电池的电动势。

$$\text{Pt}, H_2(p^{\ominus}) \mid H^+(1\text{mol}\cdot L^{-1}) \parallel \text{给定电极}$$

或　　　给定电极 $\parallel H^+(1\text{mol}\cdot L^{-1}) \mid H_2(p^{\ominus})$，Pt

例如，要测定铜电极的标准电极电势，可将标准状态下的铜电极作为正极，与标准氢电极组成电池。该原电池可表示为：

$$(-)\text{Pt}, H_2(p^{\ominus}) \mid H^+(1\text{mol}\cdot L^{-1}) \parallel$$
$$Cu^{2+}(1\text{mol}\cdot L^{-1}) \mid Cu(+)$$

此时的电动势为电池的标准电动势，以 $E^{\ominus}$表示，298K 时，测得 $E^{\ominus}=0.3419V$，所以

$$E^{\ominus}=\varphi^{\ominus}_{Cu^{2+}/Cu}-\varphi^{\ominus}_{H^+/H_2}$$

得

$$\varphi^{\ominus}_{Cu^{2+}/Cu}=0.3419V$$

要测定锌电极的标准电极电势，将标准状态下的锌电极与标准氢电极组成原电池。由实验可知，锌电极为负极，氢电极为正极，该原电池表示为：

$$(-)Zn \mid Zn^{2+}(1\text{mol}\cdot L^{-1}) \parallel H^+(1\text{mol}\cdot L^{-1}) \mid H_2(p^{\ominus}), \text{Pt}(+)$$

测得 $E^{\ominus}=0.7618V$，所以

$$E^{\ominus}=\varphi^{\ominus}_{H^+/H_2}-\varphi^{\ominus}_{Zn^{2+}/Zn}$$

经计算，得

$$\varphi^{\ominus}_{Zn^{2+}/Zn}=-0.7618V$$

按上述方法，可以得出各个电极的标准电极电势的数值。附录Ⅵ列出了 298K 时较常见的各种电极的标准电极电势。

使用标准电极电势时，应注意几个问题：

① 表中 $\varphi^{\ominus}$值从上向下依次增大。在氢电极上方的电对，其 $\varphi^{\ominus}$值为负值，而在氢电极下方的电对，其 $\varphi^{\ominus}$值为正值。

② 表中电极反应都统一写成还原反应

$$\text{氧化态}+ne^- \rightleftharpoons \text{还原态}$$

$\varphi^{\ominus}$值越大，表明电对中的氧化型物质氧化性越强，还原型的还原性越弱；$\varphi^{\ominus}$值越小，表明电对中的还原型物质的还原性越强，氧化型的氧化性越弱。例如：

$$MnO_4^- + 8H^+ + 5e^- \rightleftharpoons Mn^{2+} + 4H_2O \qquad \varphi^{\ominus}_{MnO_4^-/Mn^{2+}}=1.507V$$

$$Zn^{2+} + 2e^- \rightleftharpoons Zn \qquad \varphi^{\ominus}_{Zn^{2+}/Zn}=-0.7618V$$

可知，$MnO_4^-$是较强的氧化剂，$Mn^{2+}$是较弱的还原剂；相反 $Zn^{2+}$是较弱的氧化剂，金属 Zn 是较强的还原剂。

③ $\varphi^{\ominus}$是强度性质，它的数值的大小仅表示物质在水溶液中得失电子的能力，与电极反应的写法和得失电子的多少无关，例如，$Fe^{3+}/Fe^{2+}$电极，无论反应方程式中物质的计量数是多少，$\varphi^{\ominus}$值保持不变。

$$Fe^{3+} + e^- \rightleftharpoons Fe^{2+} \qquad \varphi^{\ominus}_{Fe^{3+}/Fe^{2+}}=0.771V$$

$$2Fe^{3+} + 2e^- \rightleftharpoons 2Fe^{2+} \qquad \varphi^{\ominus}_{Fe^{3+}/Fe^{2+}}=0.771V$$

④ $\varphi^{\ominus}$的大小只表示在标准状态时水溶液中氧化剂的氧化能力或还原剂的还原能力的相

对强弱，不适用于高温、非水等其他体系。

⑤ $\varphi^{\ominus}$的大小与反应速率无关。$\varphi^{\ominus}$的大小是电极处于平衡状态时表现出的特征值，与平衡到达的快慢、反应速率大小无关。

**3. 酸表和碱表**

(1) 酸表　若电极反应中出现 $H^+$（如 $O_2+4H^++4e^- \rightleftharpoons 2H_2O$）或者氧化型、还原型物质能在酸性溶液中存在（如 $Fe^{3+}+e^- \rightleftharpoons Fe^{2+}$，$Cl_2+2e^- \rightleftharpoons 2Cl^-$），则有关电对的$\varphi^{\ominus}$值列入酸表中。

(2) 碱表　若电极反应中出现 $OH^-$（如 $MnO_4^-+2H_2O+3e \rightleftharpoons MnO_2+4OH^-$），或者氧化型、还原型物质能在碱性溶液中存在（如 $S^{2-}$），则有关电对的$\varphi^{\ominus}$值列入碱表中。

(3) 其他　金属与它的阳离子盐的电对查酸表，如 $Mg^{2+}/Mg$ 电对的$\varphi^{\ominus}$值列入酸表中；表现两性的金属与它的阴离子盐的电对应查碱表，如 $ZnO_2^{2-}/Zn$ 的$\varphi^{\ominus}$值列入碱表中。

## 三、原电池电动势和吉布斯自由能变化的关系

从理论上讲，凡是能自发进行的氧化还原反应，均能组成原电池，当原电池的电动势（$E$）大于零时，则该原电池的总反应即为自发反应，所以原电池电动势也是判断反应方向的依据。由热力学理论可知，吉布斯自由能变化 $\Delta G$ 是化学反应方向的判断依据，这两种判断依据之间是应当有联系的。

在定温定压下，体系的吉布斯自由能的减小等于体系所做的最大非膨胀功：

$$(\Delta_r G_m)_{T,p}=W'_{max} \tag{8-3}$$

在原电池中，非膨胀功只有电功一项，所以化学反应的吉布斯自由能变转变为电能。当一个原电池借助于氧化还原反应产生电流后，体系的吉布斯自由能就要降低。由物理学知：

$$W'_{max}=-qE=-nFE \tag{8-4}$$

所以

$$(\Delta_r G_m)_{T,p}=-nFE \tag{8-5}$$

式中，$n$ 为氧化还原反应中氧化剂和还原剂得失电子总数；$F$ 称为法拉第常数，$F=96485C \cdot mol^{-1}$（本书常采用近似值 $96500C \cdot mol^{-1}$进行计算）；$E$ 是电池的电动势，单位为伏特（V）。

当电池中所有物质都处于标准状态时，电池的电动势就是标准电动势 $E^{\ominus}$，则式（8-5）可写成：

$$(\Delta_r G_m^{\ominus})_{T,p}=-nE^{\ominus}F \tag{8-6}$$

式（8-5）与式（8-6）就是原电池的电动势与吉布斯自由能变化的关系。两式把热力学和电化学联系起来了。测出原电池的电动势 $E^{\ominus}$，就可以根据式（8-6）计算出电池中进行的氧化还原反应的标准吉布斯自由能变 $\Delta_r G_m^{\ominus}$；反之，通过计算某个氧化还原反应的标准吉布斯自由能 $\Delta_r G_m^{\ominus}$，也可以求出相应原电池的 $E^{\ominus}$。

根据 $\Delta_r G_m^{\ominus}=-RT\ln K^{\ominus}$，有 $nFE^{\ominus}=RT\ln K^{\ominus}$　(8-7)

或

$$\ln K^{\ominus}=\frac{nFE^{\ominus}}{RT} \tag{8-8}$$

**【例 1】** 试计算下列电池的 $E^{\ominus}$和 $\Delta_r G_m^{\ominus}$：

$$Zn|ZnSO_4(1mol \cdot L^{-1}) \| CuSO_4(1mol \cdot L^{-1})|Cu$$

**解：** 该电池的氧化还原反应为

$$Zn+Cu^{2+} = Zn^{2+}+Cu$$

已知 $\varphi^{\ominus}_{Zn^{2+}/Zn}=-0.7618V, \varphi^{\ominus}_{Cu^{2+}/Cu}=+0.3419V$

因此 $E^{\ominus}=\varphi^{\ominus}_{+}-\varphi^{\ominus}_{-}=\varphi^{\ominus}_{Cu^{2+}/Cu}-\varphi^{\ominus}_{Zn^{2+}/Zn}=0.3419-(-0.7618)=+1.1037V$

根据式（8-6）：

$$\Delta_r G^{\ominus}_m=-nE^{\ominus}F=-(2\times1.1037\times96500)=-2.13\times10^5(J\cdot mol^{-1})=-213(kJ\cdot mol^{-1})$$

# 第四节 影响电极电势的因素

## 一、能斯特（Nernst）方程式（公式）

在一定状态下，电极电势的大小，不仅与电对的本性有关，而且也和溶液中离子的浓度、气体的压力、温度等因素有关。

$$\varphi=\varphi^{\ominus}+\frac{RT}{nF}\ln\frac{c(Ox)}{c(Red)} \tag{8-9}$$

这个关系式称为能斯特方程式或 Nernst 公式，式中 $\varphi$ 是氧化型物质和还原型物质为任意浓度时电对的电极电势；$\varphi^{\ominus}$ 是电对的标准电极电势；$R$ 是气体常数，等于 8.314J · mol$^{-1}$ · K$^{-1}$；$n$ 是电极反应得失的电子数；$F$ 是法拉第常数。

298K 时，将各常数代入上式，并将自然对数换成常用对数，即得

$$\varphi=\varphi^{\ominus}+\frac{0.0592}{n}\lg\frac{c(Ox)}{c(Red)} \tag{8-10}$$

在使用能斯特方程式时，必须注意几个问题：

（1）若电极反应中氧化型或还原型物质的计量数不是 1，能斯特方程式中各物质的浓度项变为以计量数为指数的幂。

（2）若电极反应中某物质是固体或液体，则不写入能斯特方程式中。如果是气体，则用该气体的分压和标准态压力（$p^{\ominus}$）的比值代入方程式。例如：

$$Zn^{2+}+2e^-=\!=\!=Zn$$

$$\varphi_{Zn^{2+}/Zn}=\varphi^{\ominus}_{Zn^{2+}/Zn}+\frac{0.0592}{2}\lg c(Zn^{2+})$$

$$Br_2\ (l)\ +2e^-=\!=\!=2Br^-$$

$$\varphi_{Br_2/Br^-}=\varphi^{\ominus}_{Br_2/Br^-}+\frac{0.0592}{2}\lg\frac{1}{c^2(Br^-)}$$

$$O_2+4H^++4e^-=\!=\!=2H_2O$$

$$\varphi_{O_2/H_2O}=\varphi^{\ominus}_{O_2/H_2O}+\frac{0.0592}{4}\lg\left[\frac{p(O_2)}{p^{\ominus}}c^4(H^+)\right]$$

（3）公式中的 $c(Ox)$ 和 $c(Red)$ 并非专指氧化数有变化的物质的浓度，若有氧化剂、还原剂以外的物质参加电极反应（如 $H^+$，$OH^-$ 等），则在公式中也应体现出来。例如：

$$MnO_4^-+8H^++5e^-=\!=\!=Mn^{2+}+4H_2O$$

$$\varphi_{MnO_4^-/Mn^{2+}}=\varphi^{\ominus}_{MnO_4^-/Mn^{2+}}+\frac{0.0592}{5}\lg\frac{c(MnO_4^-)c^8(H^+)}{c(Mn^{2+})}$$

## 二、影响电极电势的因素

### 1. 电对参加电极反应的氧化型或还原型物质的浓度的改变对电极电势的影响

**【例 2】** 计算 298K 时电对 $Fe^{3+}/Fe^{2+}$ 在下列情况下的电极电势：（1）$c(Fe^{3+})=0.1mol\cdot L^{-1}$，

$c(Fe^{2+})=1mol \cdot L^{-1}$；(2) $c(Fe^{3+})=1mol \cdot L^{-1}$，$c(Fe^{2+})=0.1mol \cdot L^{-1}$。

**解：**

$$Fe^{3+}+e^- = Fe^{2+}$$

$$\varphi_{Fe^{3+}/Fe^{2+}}=\varphi^{\ominus}_{Fe^{3+}/Fe^{2+}}+0.0592\lg\frac{c(Fe^{3+})}{c(Fe^{2+})}$$

(1) $$\varphi_{Fe^{3+}/Fe^{2+}}=0.771+0.0592\lg\frac{0.1}{1}=0.712V$$

(2) $$\varphi_{Fe^{3+}/Fe^{2+}}=0.771+0.0592\lg\frac{1}{0.1}=0.830V$$

计算结果表明，降低电对中氧化型物质的浓度，电极电势数值减小，即电对中氧化型物质的氧化能力减弱或还原型物质的还原能力增强；降低电对中还原型物质的浓度，电极电势数值增大，即电对中氧化型物质的氧化能力增强或还原型物质的还原能力减弱。

**2. 溶液酸碱性对电极电势的影响**

如果电极反应中有 $H^+$ 或 $OH^-$ 参加，那么溶液的酸碱性将会对电极电势产生很大影响。

**【例 3】** 设 $c(Cr_2O_7^{2-})=c(Cr^{3+})=1mol \cdot L^{-1}$，计算 298K 时电对 $Cr_2O_7^{2-}/Cr^{3+}$ 分别在 $1mol \cdot L^{-1}$ HCl 和中性溶液中的电极电势。

**解：** 电极反应为 $Cr_2O_7^{2-}+6e^-+14H^+ = 2Cr^{3+}+7H_2O$

$$\varphi_{Cr_2O_7^{2-}/Cr^{3+}}=\varphi^{\ominus}_{Cr_2O_7^{2-}/Cr^{3+}}+\frac{0.0592}{6}\lg\frac{c(Cr_2O_7^{2-})c^{14}(H^+)}{c^2(Cr^{3+})}$$

$$=1.330+\frac{0.0592}{6}\lg c^{14}(H^+)$$

在 $1mol \cdot L^{-1}$ HCl 溶液中，$c(H^+)=1mol \cdot L^{-1}$

$$\varphi_{Cr_2O_7^{2-}/Cr^{3+}}=1.330+\frac{0.0592}{6}\lg c^{14}(H^+)=1.330V$$

在中性溶液中，$c(H^+)=10^{-7}mol \cdot L^{-1}$，

$$\varphi_{Cr_2O_7^{2-}/Cr^{3+}}=1.330+\frac{0.0592}{6}\lg(10^{-7})^{14}=0.363V$$

可见，$K_2Cr_2O_7$（以及大多数含氧酸盐）作为氧化剂的氧化能力受溶液酸度的影响非常大，酸度越高，其氧化能力越强。

**3. 生成沉淀对电极电势的影响**

若一个电极反应的氧化型或还原型物质生成沉淀，就会降低有关物质的浓度，从而引起电极电势数值的改变。

如电对 $Ag^+/Ag$，电极反应为：

$$Ag^++e^- = Ag \qquad \varphi^{\ominus}_{Ag^+/Ag}=0.800V$$

$Ag^+$ 为一中等强度的氧化剂。若在溶液中加入 NaCl 溶液，则生成 AgCl 沉淀，其反应式为：

$$Ag^++Cl^- = AgCl\downarrow \qquad K_{sp}=1.8\times10^{-10}$$

达到平衡时，如果 $c(Cl^-)=1mol \cdot L^{-1}$，则 $c(Ag^+)$ 为

$$c(Ag^+)=\frac{K_{sp}}{c(Cl^-)}=1.8\times10^{-10}mol \cdot L^{-1}$$

那么 $$\varphi_{Ag^+/Ag}=\varphi^{\ominus}_{Ag^+/Ag}+\frac{0.0592}{1}\lg c(Ag^+)$$

$$=0.800+0.0592\lg1.8\times10^{-10}$$

$$=0.222(\mathrm{V})$$

计算所得的电极电势值是电对 AgCl/Ag 按电极反应

$$\mathrm{AgCl+e^-=\!=\!=Ag+Cl^-}$$

的标准电极电势，即 $\varphi^{\ominus}_{\mathrm{AgCl/Ag}}=0.222\mathrm{V}$。

**4. 生成配合物对电极电势的影响**

如果参加电极反应的氧化型或还原型物质生成配合物，则氧化型或还原型物质的浓度要发生较大变化，会使电对的电极电势发生明显改变。

**【例 4】** 计算在电对 $Ag^+/Ag$ 溶液中加入 $NH_3$ 后电对的电极电势。

**解：** 电极反应为 $\mathrm{Ag^++e^-=\!=\!=Ag}$

加入 $NH_3$ 后，与 $Ag^+$ 离子形成稳定的 $[Ag(NH_3)_2]^+$ 配离子：

$$\mathrm{Ag^++2NH_3=\!=\!=[Ag(NH_3)_2]^+}$$

使溶液中的 $Ag^+$ 浓度大大降低。若平衡时溶液中的 $c(NH_3)=c([Ag(NH_3)_2]^+)=1\mathrm{mol\cdot L^{-1}}$，则：

$$c(\mathrm{Ag^+})=\frac{c([\mathrm{Ag(NH_3)_2}]^+)}{K_f c^2(\mathrm{NH_3})}=\frac{1}{K_f}$$

$$\varphi_{\mathrm{Ag^+/Ag}}=\varphi^{\ominus}_{\mathrm{Ag^+/Ag}}+\frac{0.0592}{1}\lg c(\mathrm{Ag^+})$$

$$=0.800+0.0592\lg\frac{1}{1.1\times10^7}=0.383\mathrm{V}$$

这就是电对 $[Ag(NH_3)_2]^+/Ag$ 按电极反应

$$\mathrm{[Ag(NH_3)_2]^++e^-=\!=\!=Ag+2NH_3}$$

的标准电极电势，即 $\varphi^{\ominus}_{[\mathrm{Ag(NH_3)_2}]^+/\mathrm{Ag}}=0.383\mathrm{V}$。

上例说明，在金属与其离子组成的电对溶液中，加入一种能与该金属离子形成配离子的配合剂后，金属离子的浓度降低，从而引起电对的电极电势降低，金属离子的氧化性变弱，或金属单质的还原性增强，而且形成的配离子的 $K_f$ 值越大，上述趋势也越大。

在铜锌原电池中，铜电极为正极，锌电极为负极。若在铜半电池中加入氨水，由于 $Cu^{2+}$ 形成 $[Cu(NH_3)_4]^{2+}$ 配离子，铜电极的电极电势降低，即正极电极电势降低，电池的电动势减小。反之，若在锌半电池中加入氨水，$Zn^{2+}$ 离子形成 $[Zn(NH_3)_4]^{2+}$ 配离子，锌电极的电极电势降低，即负极的电极电势降低，引起电池的电动势升高。

## 第五节 电极电势的应用

利用 Nernst 公式分别计算原电池中正负极的电极电势，或利用电极电势表查得原电池的标准电极电势，则可计算原电池的电动势。除此之外，还有以下几方面的应用。

### 一、判断氧化还原反应进行的方向

定温定压下，氧化还原反应进行的方向可根据反应的吉布斯自由能变化来判断。

根据

$$\Delta_r G_m=-nFE=-nF(\varphi_+-\varphi_-)$$

对于氧化还原反应，当 $E>0$ 即 $\varphi_+>\varphi_-$ $\Delta_r G_m<0$ 正反应能自发进行

$E=0$ 即 $\varphi_+=\varphi_-$ $\Delta_r G_m=0$ 反应达到平衡

$E<0$ 即 $\varphi_+<\varphi_-$ $\Delta_r G_m>0$ 逆反应能自发进行

如果在标准状态下，则可用 $E^{\ominus}$ 或 $\varphi^{\ominus}$ 进行判断。

所以，要判断一个氧化还原反应的方向，只要将此反应组成原电池，使反应物中的氧化剂电对作正极，还原剂电对作负极，比较两电极电势值的相对大小即可。

**【例 5】** 判断下列两种情况下反应自发进行的方向：

(1) $Pb + Sn^{2+}(1mol \cdot L^{-1}) \rightleftharpoons Pb^{2+}(0.1mol \cdot L^{-1}) + Sn$

(2) $Pb + Sn^{2+}(0.1mol \cdot L^{-1}) \rightleftharpoons Pb^{2+}(1mol \cdot L^{-1}) + Sn$

**解：** $\varphi^{\ominus}_{Sn^{2+}/Sn} = -0.138V$ $\quad \varphi^{\ominus}_{Pb^{2+}/Pb} = -0.126V$

(1) $\varphi_{+} = \varphi^{\ominus}_{Sn^{2+}/Sn} = -0.138V$

$$\varphi_{-} = \varphi_{Pb^{2+}/Pb} = -0.126 + \frac{0.0592}{2}\lg 0.1 = -0.156V$$

$\varphi_{+} > \varphi_{-}$，反应正向进行。

(2) $\varphi_{+} = \varphi_{Sn^{2+}/Sn} = -0.138 + \frac{0.0592}{2}\lg 0.1 = -0.168V$

$\varphi_{-} = \varphi^{\ominus}_{Pb^{2+}/Pb} = -0.126V$

$\varphi_{+} < \varphi_{-}$，反应逆向进行。

此例说明，当氧化剂电对和还原剂电对的 $\varphi^{\ominus}$ 相差不大时，物质的浓度将对反应方向起决定性作用。在非标准状态下，须用电对的电极电势值的相对大小来判断氧化还原反应的方向。大多数氧化还原反应如果组成原电池，其电动势一般大于 0.2V，在这种情况下，浓度的变化虽然会影响电极电势，但一般情况下不会使电动势值正负变号。

## 二、判断氧化还原反应进行的程度

把一个可逆的氧化还原反应设计成原电池，利用可逆电池的标准电动势 $E^{\ominus}$ 可计算该氧化还原反应的标准平衡常数 $K^{\ominus}$：

$$\Delta_r G^{\ominus}_m = -nFE^{\ominus} = -nF(\varphi^{\ominus}_{+} - \varphi^{\ominus}_{-})$$

根据式 (8-8)，可得

$$\lg K^{\ominus} = \frac{nFE^{\ominus}}{2.303RT} \tag{8-11}$$

当 $T = 298K$ 时，将有关常数代入，得

$$\lg K^{\ominus} = \frac{nE^{\ominus}}{0.0592} \tag{8-12}$$

如果知道了电池的标准电动势或两电对的标准电极电势及电池反应电荷数 $n$，即可计算出该氧化还原反应的标准平衡常数 $K^{\ominus}$。应用式 (8-11) 和式 (8-12) 时应注意，同一反应式的计量方程式写法不同，标准平衡常数 $K^{\ominus}$ 有不同的数值。

## 三、测定溶度积常数和稳定常数

通过测定原电池的电动势或直接根据电对的电极电势可求得难溶强电解质的溶度积常数和配离子的稳定常数等。

**【例 6】** 已知 298K 时下列半反应的 $\varphi^{\ominus}$ 值，试求 AgCl 的 $K_{sp}$ 值。

$$Ag^{+} + e^{-} \rightleftharpoons Ag \qquad \varphi^{\ominus}_{Ag^{+}/Ag} = 0.800V$$

$$AgCl + e^{-} \rightleftharpoons Ag + Cl^{-} \qquad \varphi^{\ominus}_{AgCl/Ag} = 0.222V$$

**解：** 设计一个原电池

$$(-)Ag\text{-}AgCl|Cl^{-}(1.0mol \cdot L^{-1}) \parallel Ag^{+}(1.0mol \cdot L^{-1})|Ag(+)$$

电极反应为：　　　正极　　　$Ag^{+}+e^{-} \rightleftharpoons Ag$

　　　　　　　　　负极　　　$Ag+Cl^{-} \rightleftharpoons AgCl+e^{-}$

电池反应为：$Ag^{+}+Cl^{-} \rightleftharpoons AgCl$

则电池的电动势为：$E^{\ominus}=\varphi^{\ominus}_{Ag^{+}/Ag}-\varphi^{\ominus}_{AgCl/Ag}=0.800V-0.222V=0.578V$

则反应的平衡常数为：$\lg K^{\ominus}=\frac{nE^{\ominus}}{0.0592}=\frac{1\times 0.578}{0.0592}=9.764$

而
$$K_{sp}=\frac{1}{K^{\ominus}}$$

解得
$$K_{sp}=1.72\times 10^{-10}$$

## 四、元素电势图及应用

### 1. 元素电势图

将同一种元素的各种氧化态按氧化数从高到低的顺序自左而右排列，并用连线连接，在联线上标明各电对的标准电极电势，这种图形称为元素电势图，又称为 Latimer 图。

例如铁元素通常有+3，+2，0 等氧化态，铁元素电势图为：

$$Fe^{3+} \xrightarrow{0.771V} Fe^{2+} \xrightarrow{-0.441V} Fe$$

$$\underbrace{Fe^{3+} \longrightarrow Fe}_{-0.037V}$$

### 2. 元素电势图的应用

从元素电势图可以全面看出一种元素各氧化态之间的电极电势的高低，元素的电势图的一个重要用途就是判断歧化反应发生的可能性。

例如，在酸性溶液中铜元素电势图：

$$Cu^{2+} \xrightarrow{0.153V} Cu^{+} \xrightarrow{0.521V} Cu$$

$$\underbrace{Cu^{2+} \longrightarrow Cu}_{-0.3419V}$$

由电势图可知：$\varphi^{\ominus}_{Cu^{+}/Cu}>\varphi^{\ominus}_{Cu^{2+}/Cu^{+}}$，将两电对组成原电池，则正、负极的电极反应分别为：

正极：$Cu^{+}+e^{-} \rightleftharpoons Cu$

负极：$Cu^{+} \rightleftharpoons Cu^{2+}+e^{-}$

原电池反应为：$2Cu^{+} = Cu^{2+}+Cu$

即 $Cu^{+}$ 可以发生歧化反应。

某元素的电势图若为 $A \xrightarrow{\varphi^{\ominus}_{左}} B \xrightarrow{\varphi^{\ominus}_{右}} C$，A、B、C 为同一种元素的不同氧化态，如果 $\varphi^{\ominus}_{右}>\varphi^{\ominus}_{左}$，则 B 可以发生歧化反应，若 $\varphi^{\ominus}_{右}<\varphi^{\ominus}_{左}$ 则 B 不能发生歧化反应。

# 第六节　氧化还原滴定法及应用

## 一、氧化还原滴定法的特点

氧化还原滴定法是以氧化还原反应为基础的滴定分析方法，是滴定分析中应用最广泛的方法之一。通常根据所用氧化剂或还原剂的不同，可将氧化还原滴定法分为高锰酸钾法、重铬酸钾法、碘量法、溴酸钾和铈量法等。

氧化还原滴定法可以直接测定许多具有还原性或氧化性的物质，也可以间接测定某些不具有氧化还原性能的物质。如土壤有机质、水中耗氧量、水中溶解氧的测定等。

氧化还原滴定对氧化还原反应的一般要求是：

① 滴定剂与被滴定物质电对的电极电势要有较大的差值（一般要求 $\Delta\varphi^{\ominus} \geqslant 0.40V$）。

② 能有适当的方法或指示剂指示反应的终点。

③ 滴定反应能迅速完成。

## 二、条件电极电势与氧化还原平衡

### 1. 条件电极电势

在实际工作中，若溶液浓度大且离子价态高时，不能忽略离子强度的影响。在实际溶液中，电对的氧化型或还原型具有多种存在形式，溶液的条件一旦发生变化或有副反应发生，电对的氧化型或还原型的存在形式也随之改变，从而引起电极电势的改变。在使用 Nernst 公式时应考虑以上因素，才能使计算结果与实际情况较为相符。

当考虑离子强度的影响时，Nernst 公式可写成：

$$\varphi_{Ox/Red}=\varphi^{\ominus}_{Ox/Red}+\frac{0.0592}{n}\lg\frac{\gamma_{Ox}c(Ox)}{\gamma_{Red}c(Red)} \tag{8-13}$$

当电对的氧化型或还原型有副反应发生时，可引进副反应系数 $\alpha$ 来计算电对的氧化型和还原型的浓度，则 Nernst 公式可化为：

$$\begin{aligned}\varphi_{Ox/Red}&=\varphi^{\ominus}_{Ox/Red}+\frac{0.0592}{n}\lg\frac{\gamma_{Ox}\cdot\alpha_{Red}\cdot c'(Ox)}{\gamma_{Red}\cdot\alpha_{Ox}\cdot c'(Red)}\\&=\varphi^{\ominus}_{Ox/Red}+\frac{0.0592}{n}\lg\frac{\gamma_{Ox}\cdot\alpha_{Red}}{\gamma_{Red}\cdot\alpha_{Ox}}+\frac{0.0592}{n}\lg\frac{c'(Ox)}{c'(Red)}\end{aligned} \tag{8-14}$$

式中，$c'(Ox)$ 和 $c'(Red)$ 分别为氧化型物质和还原型物质的分析浓度。当 $c'(Ox)=c'(Red)=1mol\cdot L^{-1}$时：

$$\varphi_{Ox/Red}=\varphi^{\ominus}_{Ox/Red}+\frac{0.0592}{n}\lg\frac{\gamma_{Ox}\cdot\alpha_{Red}}{\gamma_{Red}\cdot\alpha_{Ox}}=\varphi^{\ominus\prime} \tag{8-15}$$

$\varphi^{\ominus\prime}$称为条件标准电极电势。它是在特定条件下，电对的氧化型和还原型的分析浓度均为 $1mol\cdot L^{-1}$，或它们的比值为 1 时的实际电极电势。若电对中氧化型物质发生了副反应，如生成沉淀、配合物等，$\alpha_{Ox}$较大，则条件电极电势低于标准电极电势。反之，$\alpha_{Red}$较大则条件电极电势高于标准电极电势。因此条件电极电势更好地反映了一定条件下物质的氧化还原能力。在离子强度和副反应系数等条件不变时 $\varphi^{\ominus\prime}$为常数。引入条件电极电势的概念以后，Nesnet 公式可以写成

$$\varphi_{Ox/Red}=\varphi^{\ominus\prime}_{Ox/Red}+\frac{0.0592}{n}\lg\frac{c'(Ox)}{c'(Red)} \tag{8-16}$$

可以看出，因电对的氧化型和还原型的分析浓度易知，如果知道电对条件电极电势的数值，则电对的实际电极电势很容易计算。附录Ⅶ列出了部分氧化还原半反应的条件电极电势，供有关计算使用。

条件电极电势的大小，说明在各种条件的影响下，电对的实际氧化还原能力。因此，应用条件电极电势比用标准电极电势更能正确判断氧化还原反应的方向、次序和反应完成的程度。

理论上条件电极电势的数值可以通过计算来求得，但实际上，副反应常比较复杂，副反应的有关常数还不完全，而且溶液中的离子强度较大时，活度系数 $\gamma$ 不易计算。所以条件电极电势主要由实验测得。目前条件电极电势的数据很不齐全，在解决实际问题时应尽量采

用条件电极电势，若条件电极电势实测数值缺乏，可采用以下方法：

① 根据标准电极电势和溶液的具体情况，按条件电极电势的定义进行理论计算。

② 当没有相同条件下的实测 $\varphi^{\ominus\prime}$数值时，可选用近似条件下的 $\varphi^{\ominus\prime}$值。

③ 用标准电极电势值 $\varphi^{\ominus}$代替条件电极电势 $\varphi^{\ominus\prime}$值近似计算。

**2. 氧化还原反应的条件平衡常数**

氧化还原反应

$$a\mathrm{Ox}_1 + b\mathrm{Red}_2 \rightleftharpoons c\mathrm{Red}_1 + d\mathrm{Ox}_2$$

的平衡常数

$$K=\frac{[c(\mathrm{Red}_1)]^c[c(\mathrm{Ox}_2)]^d}{[c(\mathrm{Ox}_1)]^a[c(\mathrm{Red}_2)]^b} \tag{8-17}$$

数值的大小，表示了反应完全趋势的大小，但反应实际完全程度如何、与反应进行的条件，如反应物是否发生了副反应等有关。类似于引入配合物条件稳定常数，氧化还原反应的条件平衡常数 $K'$能更好地说明一定条件下反应实际进行的程度：

$$K'=\frac{[c'(\mathrm{Red}_1)]^c[c'(\mathrm{Ox}_2)]^d}{[c'(\mathrm{Ox}_1)]^a[c'(\mathrm{Red}_2)]^b} \tag{8-18}$$

式中，$c'$为有关物质的总浓度，即分析浓度。$K'$可依下式计算：

$$\lg K'=\frac{n[\varphi^{\ominus\prime}(+)-\varphi^{\ominus\prime}(-)]}{0.0592} \tag{8-19}$$

式中，$\varphi^{\ominus\prime}(+)-\varphi^{\ominus\prime}(-)$ 是两电对条件电极电势差值。显然 $\varphi^{\ominus\prime}(+)-\varphi^{\ominus\prime}(-)$ 越大，反应进行的越完全。氧化还原滴定中，一般用强氧化剂作为滴定剂，还可控制条件改变电对的条件电极电势以满足这个要求。

## 三、氧化还原滴定曲线

**1. 滴定曲线**

在氧化还原滴定过程中，随着滴定剂（标准溶液）的加入，溶液中氧化态物质和还原态物质浓度逐渐改变，有关电对的电极电势不断发生变化。这种变化与其他类型的滴定过程一样，可用滴定曲线描述，从而找出化学计量点和滴定突跃。滴定曲线一般可以通过实验方法测得的数据进行描绘，也可以应用能斯特方程进行计算。现以 $0.1000\mathrm{mol\cdot L^{-1}}\ Ce(SO_4)_2$滴定 20.00mL $0.1000\mathrm{mol\cdot L^{-1}}\ Fe^{2+}$溶液（$H_2SO_4$为介质）为例，计算说明氧化还原滴定曲线。

滴定反应为 $$Ce^{4+}+Fe^{2+} \rightleftharpoons Ce^{3+}+Fe^{3+}$$

其中各半反应和条件电极电势为

$$Fe^{3+}+e^- \rightleftharpoons Fe^{2+} \qquad \varphi^{\ominus\prime}_{Fe^{3+}/Fe^{2+}}=0.68\mathrm{V}$$

$$Ce^{4+}+e^- \rightleftharpoons Ce^{3+} \qquad \varphi^{\ominus\prime}_{Ce^{4+}/Ce^{3+}}=1.44\mathrm{V}$$

（1）滴定前　滴定前，对于 $Fe^{2+}$溶液，由于空气中氧的作用会有痕量 $Fe^{3+}$存在，组成 $Fe^{3+}/Fe^{2+}$电对，但由于 $Fe^{3+}$的浓度未知，所以溶液的电势无从求得。

（2）滴定开始至化学计量点前　在此阶段，溶液中存在 $Fe^{3+}/Fe^{2+}$和 $Ce^{4+}/Ce^{3+}$两个电对，滴定过程中，这两个电对的电极电势相等，溶液的电势等于其中任一电对的电极电势，即

$$\varphi=\varphi_{Fe^{3+}/Fe^{2+}}=\varphi_{Ce^{4+}/Ce^{3+}}$$

在化学计量点前，溶液中 $Ce^{4+}$浓度很小，且不容易直接计算，而溶液中 $Fe^{3+}$和 $Fe^{2+}$的浓度容易求出，故在化学计量点前用 $Fe^{3+}/Fe^{2+}$电对计算溶液中各平衡点的电势。即

$$\varphi=\varphi^{\ominus\prime}_{Fe^{3+}/Fe^{2+}}+0.0592\lg\frac{c'(Fe^{3+})}{c'(Fe^{2+})}$$

为计算方便，可用滴定过程的百分比代替。例如，当加入 2.00mL $Ce^{4+}$ 溶液时，有10%的 $Fe^{2+}$ 被滴定，未被滴定的 $Fe^{2+}$ 为 90%，其电极电势为：

$$\varphi=\varphi^{\ominus\prime}_{Fe^{3+}/Fe^{2+}}+0.0592\lg\frac{c'(Fe^{3+})}{c'(Fe^{2+})}=0.68+0.0592\lg\frac{10}{90}=0.62V$$

当加入 19.98mL $Ce^{4+}$ 溶液时，即滴定到化学计量点前半滴时，有 99.9%的 $Fe^{2+}$ 被滴定，未被滴定的 $Fe^{2+}$ 为 0.1%，此时：

$$\varphi=0.68+0.0592\lg\frac{99.9}{0.1}=0.68+0.0592\times3=0.86V$$

(3) 化学计量点后　化学计量点后，滴定剂 $Ce^{4+}$ 过量，溶液中 $Ce^{4+}$ 和 $Ce^{3+}$ 的浓度均易求得，而 $Fe^{2+}$ 是痕量，故此时用 $Ce^{4+}/Ce^{3+}$ 电对计算溶液的电势。当 $Ce^{4+}$ 加入到 20.02mL 时，即过量了 0.1%，则有

$$\varphi=\varphi^{\ominus\prime}_{Ce^{4+}/Ce^{3+}}+0.0592\lg\frac{c'(Ce^{4+})}{c'(Ce^{3+})}=1.44+0.0592\lg\frac{0.1}{100}=1.26V$$

当加入 20.20mL 时，即有 1%过量

$$\varphi=1.44+0.0592\lg\frac{1}{100}=1.32V$$

按照上述方法，可以计算出不同滴定剂加入量时，溶液各平衡点的电势值见表 8-1 和图 8-4。

**表 8-1　在 1mol·L$^{-1}$ $H_2SO_4$ 溶液中用 0.1000mol·L$^{-1}$ $Ce(SO_4)_2$ 溶液滴定 20.00mL 0.1000mol·L$^{-1}$ $FeSO_4$ 溶液电势的变化情况**

| 滴入溶液/mL | 滴入百分数/% | 电势/V | 滴入溶液/mL | 滴入百分数/% | 电势/V |
|---|---|---|---|---|---|
| 2.00 | 10.0 | 0.62 | 19.98 | 99.9 | 0.86 滴定突跃 |
| 10.00 | 50.0 | 0.68 | 20.00 | 100.0 | 1.06 滴定突跃 |
| 18.00 | 90.0 | 0.74 | 20.02 | 100.1 | 1.26 滴定突跃 |
| 19.80 | 99.0 | 0.80 | 22.00 | 101.0 | 1.38 |
| | | | 30.00 | 150.0 | 1.42 |
| | | | 40.00 | 200.0 | 1.44 |

到计量点后 $Ce^{4+}$ 过量 0.1%，溶液的电势值由 0.86V 突增到 1.26V，改变了 0.40V，这个变化称为 $Ce^{4+}$ 滴定 $Fe^{2+}$ 的电势突跃。电势突跃范围是选择氧化还原指示剂的依据。

**2. 影响氧化还原滴定曲线的因素**

化学计量点附近电势突跃范围与两个电对的条件电极电势有关。条件电极电势差值越大，突跃范围越大；差值越小，突跃范围越小。突跃范围越大，滴定时准确度越高。借助指示剂目测化学计量点时，通常要求有 0.2V 以上的电势突跃。图 8-5 是用 $KMnO_4$ 溶液滴定不同介质中 $Fe^{2+}$ 的实测滴定曲线。其中，以 HCl 和 $H_3PO_4$ 和混合酸作介质时，由于 $H_3PO_4$ 对 $Fe^{3+}$ 的配位作用，使得 $\varphi^{\ominus\prime}_{Fe^{3+}/Fe^{2+}}$ 降低，从而使滴定曲线中的突跃起点低，突跃增大，颜色变化较为敏锐。氧化还原电对常粗略地分为可逆电对与不可逆电对两大类。可逆电对在反应的任一瞬间能建立起氧化还原平衡，能斯特公式计算所得电势值与实测值基本相符，$Fe^{3+}/Fe^{2+}$ 和 $Ce^{4+}/Ce^{3+}$ 电对属于此类电对。而不可逆电对则不同，在反应的一瞬间，并不能马上建立起化学平衡，其电势计算值与实测值有时相差可达 0.1～0.2V。如 $MnO_4^-/Mn^{2+}$ 为不可逆电对，在用 $KMnO_4$ 滴定 $Fe^{2+}$ 时，化学计量点前，溶液电势由 $Fe^{3+}/Fe^{2+}$ 电对计算，故滴定曲线的计算值与实测值无明显差别。但在化学计量点后，溶液电势由

$MnO_4^-/Mn^{2+}$电对计算，这时计算得到的滴定曲线在形状上与实测滴定曲线有明显的不同（图 8-5）。即使这样，用能斯特方程式计算得到的可逆电对滴定曲线，对滴定过程进行初步研究，仍然有一定意义。

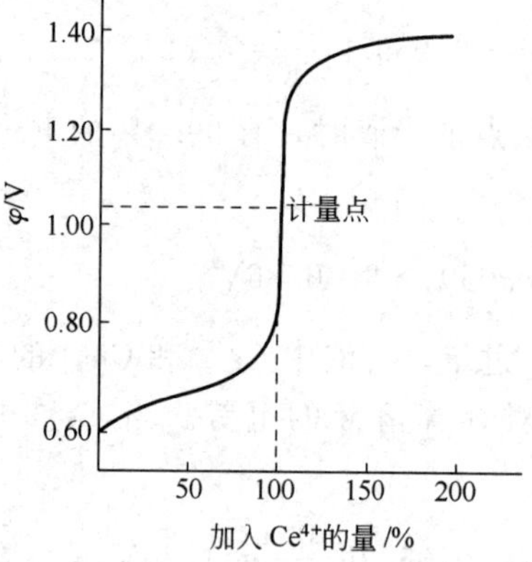


图 8-4　在 $1mol\cdot L^{-1}\ H_2SO_4$ 溶液中用 $0.1000mol\cdot L^{-1}Ce(SO_4)_2$ 溶液滴定 20.00mL $0.1000mol\cdot L^{-1}Fe^{2+}$ 溶液的滴定曲线

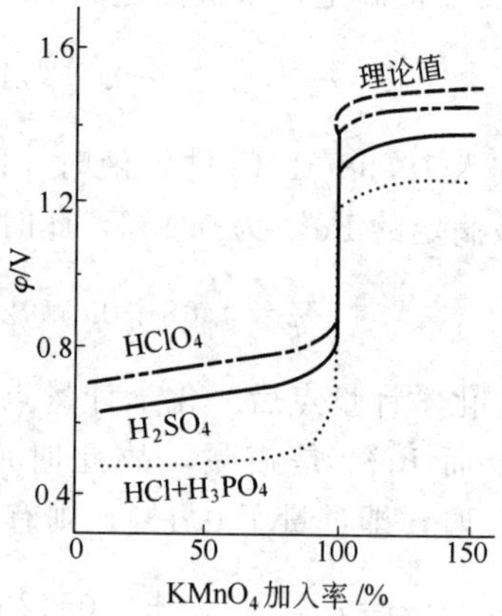


图 8-5　在不同介质中用 $KMnO_4$ 溶液滴定 $Fe^{2+}$ 时实测滴定曲线

## 四、氧化还原滴定法的指示剂

在氧化还原滴定中，可借用某些物质颜色的变化来确定滴定的终点，这类物质就是氧化还原指示剂。在实际应用中，根据指示剂反应性质的不同，氧化还原指示剂又可分为以下三种：

**1. 自身指示剂**

在氧化还原滴定中，有些标准溶液或被滴定的物质本身有颜色，反应的生成物为无色或颜色很浅，反应物颜色的变化可用来指示滴定终点的到达，这类物质称为自身指示剂，例如，在高锰酸钾法中，$KMnO_4$溶液本身显紫红色，在酸性溶液中，滴定无色或浅色的还原剂，$MnO_4^-$ 被还原为无色的 $Mn^{2+}$。因而滴定到计量点后，稍过量的 $KMnO_4$（浓度仅为 $5\times10^{-6}mol\cdot L^{-1}$）就可使溶液呈粉红色，指示滴定终点的到达。

**2. 显色指示剂（专属指示剂）**

有些物质本身不具有氧化还原性，但它能与氧化剂或还原剂作用产生特殊的颜色，从而达到指示滴定终点的目的，这类指示剂称为显色指示剂或专属指示剂。例如，$I_2$可以与直链淀粉形成深蓝色的包结化合物，在碘量法中，当淀粉加到浓度为 $1\times10^{-6}mol\cdot L^{-1}$ 的 $I_2$ 溶液中时，即可看到蓝色，反应特效且灵敏，当 $I_2$ 被还原为 $I^-$ 时蓝色消失。碘量法中常用可溶性淀粉溶液作指示剂。

**3. 氧化还原指示剂**

这类指示剂是一些本身具有氧化还原性的有机化合物，其氧化型和还原型具有明显不同的颜色，随着溶液电势的变化而发生颜色的变化。

如果用 $In_{Ox}$ 和 $In_{Red}$ 分别表示指示剂的氧化型和还原型，则这一电对的半反应为：

$$In_{Ox}+e^-\rightleftharpoons In_{Red}$$

其电极电势为：

$$\varphi_{In}=\varphi_{In}^{\ominus\prime}+\frac{0.0592}{n}\lg\frac{c'(In_{Ox})}{c'(In_{Red})}$$

式中，$\varphi_{In}^{\ominus\prime}$为指示剂的条件电极电势。在滴定过程中，随溶液电势的变化，指示剂氧化型与还原型的浓度比也逐渐改变，溶液的颜色也在变化，当 $c(In_{Ox})=c(In_{Red})$ 时溶液的电势称为指示剂的理论变色点，而指示剂从氧化型颜色变为还原型颜色，或相反，溶液电极电势的变化范围就称为氧化还原指示剂的变色范围，在理论上为 $\varphi_{In}^{\ominus\prime}\pm\frac{0.0592}{n}$。表 8-2 列出了一些重要的氧化还原指示剂。

**表 8-2　常用的氧化还原指示剂**

| 指示剂 | $\varphi_{In}^{\ominus\prime}$/V | 颜色变化 | | 配　置　方　法 |
|---|---|---|---|---|
| | | 氧化型 | 还原型 | |
| 次甲基蓝 | 0.36 | 蓝 | 无色 | 0.05%水溶液 |
| 二苯胺 | 0.76 | 紫 | 无色 | 1g 溶于 100mL 2%的 $H_2SO_4$中 |
| 二苯胺磺酸钠 | 0.85 | 紫红 | 无色 | 0.8g 溶于 100mL 的 $Na_2CO_3$中 |
| 邻苯胺基苯甲酸 | 1.08 | 紫红 | 无色 | 0.107g 溶于 20mL 5%$Na_2CO_3$，用水稀释至 100mL |
| 邻二氮菲亚铁 | 1.06 | 浅蓝 | 红 | 1.485g 邻二氮菲及 0.965g $FeSO_4$溶于 100mL 水中 |

当指示剂半反应的电子转移数 $n=1$ 时，指示剂变色范围为 $\varphi_{In}^{\ominus\prime}\pm0.0592V$，$n=2$ 时，为 $\varphi_{In}^{\ominus\prime}\pm0.030V$。指示剂的变色范围较窄，而氧化还原滴定的突跃范围又较宽（一般要求 $\Delta\varphi>0.20V$），所以一般可以用指示剂的条件电极电势和滴定的突跃范围来选用氧化还原指示剂。也就是说，只要指示剂的条件电极电势落在滴定的突跃范围内就可选用。

例如，在 $1mol\cdot L^{-1}$ $H_2SO_4$ 溶液中，用 $Ce^{4+}$ 滴定 $Fe^{2+}$，滴定的电势突跃范围是 0.86～1.26V，计量点电势为 1.06V，显然可供选择的指示剂有邻苯胺基苯甲酸（$\varphi^{\ominus\prime}=1.08V$）及邻二氮菲亚铁（$\varphi^{\ominus\prime}=1.06V$）。

## 五、常见的氧化还原滴定法

### 1. 高锰酸钾法

（1）概述　高锰酸钾法的优点是氧化能力强，可以采用直接、间接、返滴定等多种滴定方式，对多种有机物和无机物进行测定，应用非常广泛。另外，$KMnO_4$本身为紫红色，在滴定无色或浅色溶液时无需另加指示剂，其本身即可作为自身指示剂。其缺点是试剂中常含有少量的杂质，配制的标准溶液不太稳定，易与空气和水中的多种还原性物质发生反应，干扰严重，滴定的选择性差。

（2）标准溶液的配制与标定

① $KMnO_4$标准溶液的配制　市售的 $KMnO_4$试剂纯度为 99%～99.5%，其中常含有少量硫酸盐、氯化物、硝酸盐及二氧化锰等多种杂质，易还原析出 $MnO_2$和 $MnO(OH)_2$沉淀。$KMnO_4$还能自行分解：

$$4KMnO_4+2H_2O=\!=\!=4MnO_2\downarrow+4KOH+3O_2\uparrow$$

$Mn^{2+}$和 $MnO_2$又能促进 $KMnO_4$的分解，上述反应见光时速率更快。所以 $KMnO_4$标准溶液只能间接配制：

a. 称取稍多于理论量的 $KMnO_4$，溶解于一定体积的蒸馏水中。

b. 将溶液加热至沸，并保持微沸约一小时，然后放置 2～3 天，使溶液中可能含有的还原性物质完全被氧化。

c. 将溶液中的沉淀过滤除去。

d. 将过滤后的 $KMnO_4$ 溶液储存于棕色瓶中，放在暗处，以避免 $KMnO_4$ 的光分解，使用前再进行标定。

② $KMnO_4$ 标准溶液的标定　标定 $KMnO_4$ 溶液的基准物质很多，常用的有 $Na_2C_2O_4$，$H_2C_2O_4 \cdot 2H_2O$ 等。其中以 $Na_2C_2O_4$ 最常用，因它易提纯、稳定及不含结晶水。在 105～110℃烘干 2 小时，置于干燥器中冷却后即可使用。

用 $Na_2C_2O_4$ 标定 $KMnO_4$ 的反应在 $H_2SO_4$ 溶液中进行：

$$2MnO_4^- + 5C_2O_4^{2-} + 16H^+ \xlongequal{} 2Mn^{2+} + 10CO_2\uparrow + 8H_2O$$

为了使滴定反应定量且迅速，应注意以下条件：

a. 温度　在室温下此反应缓慢，为了提高反应速率，需加热到 75～85℃进行滴定。但温度也不宜过高，温度超过 90℃，$H_2C_2O_4$ 会发生分解：

$$H_2C_2O_4 \xrightarrow{>90℃} H_2O + CO\uparrow + CO_2\uparrow$$

b. 酸度　为了保证滴定反应能正常进行，溶液必须保持一定的酸度。酸度过高会促使 $H_2C_2O_4$ 分解，酸度过低会使 $KMnO_4$ 部分还原为 $MnO_2$。开始滴定时，溶液酸度为 0.5～1mol·L$^{-1}$，滴定终点时溶液酸度约为 0.2～0.5mol·L$^{-1}$。

c. 滴定速度　即便加热，$MnO_4^-$ 与 $C_2O_4^{2-}$ 在无催化剂存在时反应速率也很慢。滴定开始时，第一滴高锰酸钾溶液滴入后，红色很难褪去，这时需待红色消失后再滴加第二滴。由于反应中产生的 $Mn^{2+}$ 对反应具有催化作用。几滴 $KMnO_4$ 加入后，反应明显加速，这时可适当加快滴定速度。否则加入的 $KMnO_4$ 在热溶液中来不及与 $C_2O_4^{2-}$ 反应，而发生分解：

$$4MnO_4^- + 12H^+ \xlongequal{} 4Mn^{2+} + 5O_2\uparrow + 6H_2O$$

若在滴定前加入几滴 $MnSO_4$ 溶液，滴定一开始反应速率就较快。

d. 终点判断　$KMnO_4$ 可作为自身指示剂，滴定至化学计量点时，稍过量的 $KMnO_4$ 溶液就可使溶液呈粉红色，若在 30 秒内不褪色，即可认为已到滴定终点。

(3) 应用实例　有些不具有氧化还原性的物质，也可用高锰酸钾法间接测定，如钙、铅、钡等含量的测定。钙是构成植物细胞壁的重要元素，植物样品经灰化处理，然后制成含 $Ca^{2+}$ 试液，再将含 $Ca^{2+}$ 试液与 $C_2O_4^{2-}$ 反应生成草酸钙沉淀，沉淀经过滤、洗涤后，溶于热的稀 $H_2SO_4$ 中，释放出与 $Ca^{2+}$ 等量的 $C_2O_4^{2-}$，然后用 $KMnO_4$ 标准溶液滴定。有关反应为：

$$Ca^{2+} + C_2O_4^{2-} + H_2O \xlongequal{} CaC_2O_4 \cdot H_2O$$

$$CaC_2O_4 \cdot H_2O + 2H^+ \xlongequal{} Ca^{2+} + H_2C_2O_4 + H_2O$$

$$2MnO_4^- + 5H_2C_2O_4 + 6H^+ \xlongequal{} 2Mn^{2+} + 10CO_2 + 8H_2O$$

样品中钙的质量分数：

$$w(Ca) = \frac{5c(KMnO_4) \cdot V(KMnO_4) \cdot M(Ca)}{2m}$$

**2. 重铬酸钾法**

(1) 概述　$K_2Cr_2O_7$ 在酸性条件下是一种强氧化剂，其半反应为：

$$Cr_2O_7^{2-} + 14H^+ + 6e^- \rightleftharpoons 2Cr^{3+} + 7H_2O \qquad \varphi^\ominus = 1.330V$$

由其标准电极电势可以看出，$K_2Cr_2O_7$ 氧化能力没有 $KMnO_4$ 强，测定对象没有高锰酸钾法广泛。但 $K_2Cr_2O_7$ 法具有以下特点。

① $K_2Cr_2O_7$ 容易提纯，在 140～150℃时干燥后，可以直接配制成标准溶液。

② $K_2Cr_2O_7$ 溶液相当稳定，只要存放在密闭的容器中，其浓度可长期保持不变。

③ $K_2Cr_2O_7$氧化性较弱，选择性较高，在 HCl 浓度不太高时，$K_2Cr_2O_7$不氧化 $Cl^-$，因此可在盐酸介质中滴定。

④ $K_2Cr_2O_7$滴定反应速度快，通常在常温下进行滴定。

应当指出，$K_2Cr_2O_7$ 和 $Cr^{3+}$ 离子都是污染物，使用时应注意废液的处理，以免污染环境。

（2）应用实例 $K_2Cr_2O_7$法最重要的应用是测定铁矿石中的铁含量，其方法是：试样用浓热 $H_2SO_4$分解，用 $SnCl_2$趁热将 $Fe^{3+}$还原为 $Fe^{2+}$，过量的 $SnCl_2$用 $HgCl_2$氧化，再用水稀释，并加入 $H_2SO_4$—$H_3PO_4$混合酸，以二苯胺磺酸钠为指示剂，用 $K_2Cr_2O_7$标准溶液滴定至溶液由绿色（$Cr^{3+}$）变为蓝紫色。滴定反应为：

$$Cr_2O_7^{2-}+6Fe^{2+}+14H^+ \longrightarrow 2Cr^{3+}+6Fe^{3+}+7H_2O$$

故
$$w(Fe)=\frac{6c(K_2Cr_2O_7)\cdot V(K_2Cr_2O_7)\cdot M(Fe)}{m}$$

加入 $H_3PO_4$的目的一是降低 $Fe^{3+}/Fe^{2+}$电对的电极电势，使滴定突跃增大，这样二苯胺磺酸钠变色点的电势落在滴定的电势突跃范围之内；二是生成无色的 $Fe(HPO_4)_2^-$，消除 $Fe^{3+}$的黄色，有利于滴定终点的观察。

**3. 碘量法**

（1）概述 碘量法是利用 $I_2$的氧化性和 $I^-$的还原性来进行滴定的。$I_2/I^-$电对的半反应为：

$$I_3^-+2e^- \rightleftharpoons 3I^- \qquad \varphi^{\ominus}=0.536V$$

碘量法采用淀粉作为指示剂，其灵敏度很高，$I_2$的浓度为 $5\times10^{-6}mol\cdot L^{-1}$时即显蓝色。

（2）直接碘量法 直接碘量法是以 $I_2$作滴定剂，故又称碘滴定法。该法只能用于滴定还原性较强的物质，如 $Sn^{2+}$、$S_2O_3^{2-}$和抗坏血酸等。其反应条件为酸性或中性。在碱性条件下 $I_2$会发生歧化反应：

$$3I_2+6OH^- \longrightarrow IO_3^-+5I^-+3H_2O$$

由于 $I_2$所能氧化的物质不多，所以直接碘量法在应用上受到限制。

① $I_2$标准溶液 用升华的方法制得的纯碘，可以直接配制成标准溶液。但通常是用市售的碘先配成近似浓度的碘溶液，然后用已知浓度的 $Na_2S_2O_3$标准溶液标定碘溶液的准确浓度。由于碘几乎不溶于水，但能溶于 KI 溶液，故配制碘溶液时，应加入过量的 KI。

碘溶液应避免与橡胶等有机物接触，也要防止见光、受热，否则浓度将发生变化。

② 应用实例 维生素 C 是生物体中不可缺少的维生素之一，它具有抗坏血病的功能，所以又称抗坏血酸。它也是衡量蔬菜、水果食用部分品质的常用指标之一。抗坏血酸分子中的烯醇基具有较强的还原性，能被定量氧化成二酮基：

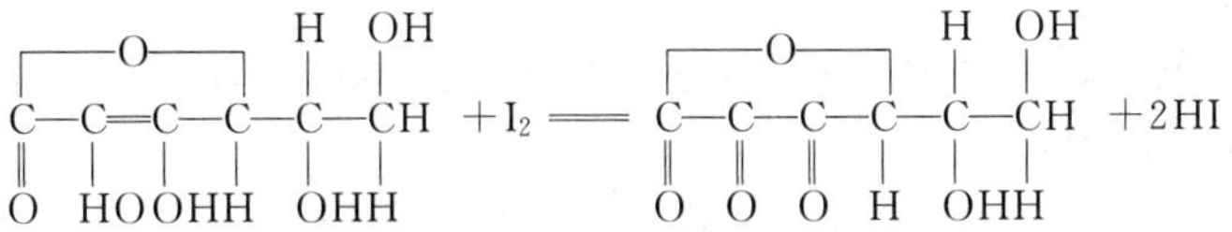

用直接碘量法可滴定抗坏血酸。从反应式看，在碱性溶液中有利于反应向右进行，但碱性条件会使抗坏血酸被空气中氧所氧化，也造成 $I_2$的歧化反应，所以一般在 HAc 介质中、避免光照等条件下滴定。

（3）间接碘量法

① 概述 间接碘量法是利用 $I^-$的还原性，测定具有氧化性的物质。测定中，首先使被

测氧化性物质与过量的 KI 发生反应，定量地析出 $I_2$，然后用 $Na_2S_2O_3$ 标准溶液滴定析出的 $I_2$，从而间接测定。间接碘量法又称为滴定碘法，其滴定反应为：

$$I_2+2S_2O_3^{2-} = 2I^-+S_4O_6^{2-}$$

在间接碘量法中，为了获得准确的分析结果，必须严格控制反应条件：

a. 控制溶液的酸度　一般在弱酸性或中性条件下进行。因在强酸性溶液中 $Na_2S_2O_3$ 会分解，$I^-$ 易被空气氧所氧化：

$$S_2O_3^{2-}+2H^+ = SO_2\uparrow+S\downarrow+H_2O$$

$$4I^-+4H^++O_2 = 2I_2+2H_2O$$

而在碱性条件下，$Na_2S_2O_3$ 与 $I_2$ 会发生如下的副反应：

$$S_2O_3^{2-}+4I_2+10OH^- = 2SO_4^{2-}+8I^-+5H_2O$$

这种副反应影响滴定反应的定量关系。另外，在碱性溶液中 $I_2$ 也会发生歧化反应。

b. 防止 $I_2$ 的挥发和 $I^-$ 的氧化　为防止 $I_2$ 的挥发可加入过量 KI（比理论量多 2～3 倍），并在室温下进行滴定。滴定的速度要适当，不要剧烈摇动。滴定时最好使用碘量瓶。

间接碘量法可以测定许多无机物和有机物，应用十分广泛。

② 硫代硫酸钠标准溶液的配制与标定

a. 配制　硫代硫酸钠（$Na_2S_2O_3\cdot5H_2O$）常含有 S、$Na_2SO_3$、$Na_2SO_4$ 等少量杂质，易风化、潮解，所以不能直接配制成标准溶液，且溶液中若溶解有氧、二氧化碳或有微生物时，$Na_2S_2O_3$ 会析出单质硫。

在配制 $Na_2S_2O_3$ 溶液时，需用新煮沸并冷却了的蒸馏水，以除去氧、二氧化碳和杀死细菌，并加入少量 $Na_2CO_3$ 使溶液呈弱碱性，以防止 $Na_2S_2O_3$ 的分解；光照会促进 $Na_2S_2O_3$ 分解，因此应将溶液储存于棕色瓶中，放置暗处 7～10 天，待其浓度稳定后，再进行标定，但不宜长期保存。

b. 标定　常用来标定 $Na_2S_2O_3$ 溶液的基准物质有 $KIO_3$，$KBrO_3$ 和 $K_2Cr_2O_7$ 等。用 $K_2Cr_2O_7$ 标定 $Na_2S_2O_3$ 的反应式为：

$$Cr_2O_7^{2-}+6I^-+14H^+ = 2Cr^{3+}+3I_2+7H_2O$$

$$2S_2O_3^{2-}+I_2 = S_4O_6^{2-}+2I^-$$

为防止 $I^-$ 的氧化，基准物质与 KI 反应时，酸度应控制在 $0.2\sim0.4mol\cdot L^{-1}$ 之间，且加入 KI 的量应超过理论用量的 5 倍，以保证反应完全进行。

滴定过程中，应先用 $Na_2S_2O_3$ 溶液将生成的碘大部分滴定后，溶液呈淡黄色时，再加入淀粉指示剂，用 $Na_2S_2O_3$ 溶液继续滴定至蓝色刚好消失即为终点。若淀粉加入过早，则大量的 $Na_2S_2O_3$ 与淀粉生成蓝色包结物，这一部分碘被淀粉分子包裹后不易与 $Na_2S_2O_3$ 起反应，造成测定误差。

③ 应用实例　间接碘量法测 $Cu^{2+}$ 是基于 $Cu^{2+}$ 与过量的 KI 反应定量的析 $I_2$，然后用标准溶液滴定，其反应式为：

$$2Cu^{2+}+4I^- = 2CuI\downarrow+I_2$$

$$2S_2O_3^{2-}+I_2 = S_4O_6^{2-}+2I^-$$

由此可得
$$w(Cu)=\frac{c(Na_2S_2O_3)\cdot V(Na_2S_2O_3)\cdot M(Cu)}{m}$$

由于 CuI 沉淀表面强烈地吸附 $I_2$，会导致测定结果偏低，为此测定时常加入 KSCN，使 CuI 沉淀转化为溶解度更小的 CuSCN 沉淀：

$$CuI + SCN^- \xlongequal{} CuSCN + I^-$$

这样就可将 CuI 吸附的 $I_2$ 释放出来，提高测定的准确度。

还应注意，KSCN 应当在滴定接近终点时加入，否则 $SCN^-$ 会还原 $I_2$ 使结果偏低。另外，为了防止 $Cu^{2+}$ 水解，反应必须在酸性溶液中进行，一般控制 pH 值在 3～4 之间。酸度过低，反应速度慢，终点拖长；酸度过高，$I^-$ 则被空气氧化为 $I_2$，使结果偏高。

## 本章小结

(1) 凡有氧化数变化的反应叫氧化还原反应。氧化数表示原子核外成键电子偏移（转移）的情况。要求熟练掌握用氧化数或离子-电子法配平氧化还原反应方程式。

(2) 原电池是将化学能直接转变成电能的装置。原电池由两个电极（正极和负极）或两个半电池组成，电极通常可用相应的电对表示。原电池可用电池符号表示。其中如果组成电极的物质是气体或者同一元素的两种不同价态的离子，则需外加惰性电极。

(3) 电极电势为本章重点。选定氢的标准电极电势等于零，可以测得其他电极的标准电极电势，标准电极电势表示各物质在水溶液中氧化能力的强弱，并且利用这些数据，可以计算标准状态下各种氧化还原反应所组成的电池电动势。

$$E^{\ominus} = \varphi_+^{\ominus} - \varphi_-^{\ominus}$$

(4) 能斯特方程式可以说明浓度（分压）与电极电势的关系。在考虑浓度变化时，要注意是否有沉淀或配位反应，以及注意介质的酸碱性等有关条件，再根据

$$\varphi = \varphi^{\ominus} + \frac{0.0592}{n}\lg\frac{c^a(\mathrm{Ox})}{c^b(\mathrm{Red})}$$

计算出非标准状态下的电极电势值。

(5) 电池反应的自由能变化和原电池的电动势关系为：

$$\Delta_r G_m = -nFE$$

若反应处于标准状态，则得

$$\Delta_r G_m^{\ominus} = -nFE^{\ominus}$$

根据以上两式可以利用热力学函数求电极电势，以及判断在非标准状态下和标准状态下氧化还原反应的方向。

(6) 利用公式

$$\lg K^{\ominus} = \frac{n(\varphi_+^{\ominus} - \varphi_-^{\ominus})}{0.0592}$$

可以计算电池反应的平衡常数，进而可判断氧化还原反应进行的程度。

(7) 由于原电池电动势容易直接测定，所以又可以根据实验测定的 $E$ 值求溶液的浓度、pH、沉淀的 $K_{sp}$ 及配合物的 $K_f$ 等。

(8) 考虑到离子强度和各种副反应的强度，引入了条件电极电势的概念。

(9) 应用能斯特方程计算氧化还原滴定过程中电极电势的变化，并绘出滴定曲线。着重强调化学计量点电极电势的计算方法以及影响滴定曲线突跃范围大小的因素。

(10) 介绍了氧化还原滴定中所使用的三类指示剂，即氧化还原指示剂、自身指示剂和专属指示剂，阐述了在氧化还原滴定中，选择指示剂的原则。

(11) 着重介绍了 $KMnO_4$ 法、$K_2Cr_2O_7$ 法和碘量法三种氧化还原滴定法，其标准溶液配置方法以及实际样品的定量分析为本章应掌握的重点内容之一。

## 思考题

1. 氧化数与电负性有什么关联？

2. 氧化还原电对（电极）有哪些类型？举例说明。

3. 若电对中有氧原子，如何配平其还原半反应中的氧原子？举例说明。

4. 氧化还原滴定时，滴定终点的电势与哪些因素有关？

5. 求下列物质中元素的氧化数：

(1) $CrO_4^{2-}$中的 Cr　　(2) $MnO_4^{2-}$中的 Mn

(3) $Na_2O_2$中的 O　　(4) $H_2C_2O_4 \cdot H_2O$中的 C

6. 在含有$Cl^-$、$Br^-$、$I^-$三种离子的溶液中，欲使$I^-$氧化为$I_2$，而不使$Br^-$和$Cl^-$被氧化，问选用$KMnO_4$与$Fe_2(SO_4)_3$中哪个最为适宜？

7. 下列物质：$KMnO_4$、$K_2Cr_2O_7$、$CuCl_2$、$FeCl_3$、$I_2$、$Br_2$、$Cl_2$、$F_2$，在一定条件下都能作氧化剂，试根据标准电极电势表，把它们按氧化能力的大小排序，并写出它们在酸性介质中的还原产物。

8. 下列物质：$FeCl_2$、$SnCl_2$、$H_2$、KI、Mg、Al，在一定条件下都能作还原剂，试根据标准电极电势表，把它们按还原能力的大小排序，并写出它们在酸性介质中的氧化产物。

9. 在 298K 时的标准状态下，$MnO_2$和盐酸反应能否制得$Cl_2$？如果改用$12mol \cdot L^{-1}$的浓盐酸呢？（设其他物质仍处在标准状态）

10. 什么是条件电极电势？它与标准电极电势的关系如何？

11. 回答下列问题：

(1) 能否用铁制容器制备硫酸铜溶液？

(2) 配置$SnCl_2$溶液时，为了防止$Sn^{2+}$被空气中的氧所氧化，通常在溶液中加入 Sn 粒，为什么？

(3) 金属铁能还原$Cu^{2+}$，而$FeCl_3$溶液又能够使金属铜溶解，为什么？

12. 在下列常见的氧化剂中，如果使溶液的酸度增加，哪些氧化剂的氧化性增强？哪些不变？

(1) $MnO_4^-$　(2) $Fe^{3+}$　(3) $Cr_2O_7^{2-}$　(4) $Cl_2$

## 习　题

1. 用离子—电子法配平下列反应式：

(1) $H_2O_2 + Cr_2(SO_4)_3 + KOH \longrightarrow K_2CrO_4 + K_2SO_4 + H_2O$

(2) $KMnO_4 + KNO_2 + KOH \longrightarrow K_2MnO_4 + KNO_3 + H_2O$

(3) $PbO_2 + HCl \longrightarrow PbCl_2 + Cl_2 + H_2O$

(4) $Na_2S_2O_3 + I_2 \longrightarrow NaI + Na_2S_4O_6$

(5) $CrO_2^- + Cl_2 + OH^- \longrightarrow CrO_4^{2-} + Cl^-$

(6) $KMnO_4 + KOH + K_2SO_3 \longrightarrow K_2MnO_4 + K_2SO_4 + H_2O$

2. 298.15K 时，在$Fe^{3+}$、$Fe^{2+}$的混合溶液中加入 NaOH 时，有$Fe(OH)_3$和$Fe(OH)_2$沉淀生成（假如没有其他反应发生）。当沉淀反应达到平衡时，保持$c(OH^-)=1.0mol \cdot L^{-1}$，计算$\varphi_{Fe^{3+}/Fe^{2+}}$。

(−0.547V)

3. 计算 298.15K 时下列各电池的标准电动势，并写出每个电池的自发电池反应：

(1) $(-)Pt|I^-, I_2 \| Fe^{3+}, Fe^{2+}|Pt(+)$

(2) $(-)Zn|Zn^{2+} \| Fe^{3+}, Fe^{2+}|Pt(+)$

(3) $(-)Pt|HNO_2, NO_3^-, H^+ \| Fe^{3+}, Fe^{2+}|Pt(+)$

(4) $(-)Pt|Fe^{3+}, Fe^{2+} \| MnO_4^-, Mn^{2+}, H^+|Pt(+)$

(0.236V，$2Fe^{3+} + 3I^- = 2Fe^{2+} + I_3^-$；1.533V，$2Fe^{3+} + Zn = 2Fe^{2+} + Zn^{2+}$；−0.163V，$2Fe^{2+} + NO_3^- + 3H^+ = 2Fe^{3+} + HNO_2 + H_2O$；0.736V，$5Fe^{2+} + MnO_4^- + 8H^+ = 5Fe^{3+} + Mn^{2+} + 4H_2O$)

4. 计算 298.15K 时下列各电对的电极电势：

(1) $Fe^{3+}/Fe^{2+}$，$c(Fe^{3+})=0.100mol \cdot L^{-1}$，$c(Fe^{2+})=0.500mol \cdot L^{-1}$

（2）$Sn^{4+}/Sn^{2+}$ $c(Sn^{4+})=1.00mol\cdot L^{-1}$，$c(Sn^{2+})=0.200mol\cdot L^{-1}$

（3）$Cr_2O_7^{2-}/Cr^{3+}$，$c(Cr_2O_7^{2-})=0.100mol\cdot L^{-1}$，$c(Cr^{3+})=0.200mol\cdot L^{-1}$，$c(H^+)=2.00mol\cdot L^{-1}$

（4）$Cl_2/Cl^-$，$c(Cl^-)=0.100mol\cdot L^{-1}$，$p_{Cl_2}=2.00\times10^5Pa$

（0.730V；0.172V；1.38V；1.428V）

5. 根据标准电极电势判断下列反应能否正向自发进行？

（1）$2Br^-+2Fe^{3+}\rightleftharpoons Br_2+2Fe^{2+}$　（2）$I_2+Sn^{2+}\rightleftharpoons 2I^-+Sn^{4+}$

（3）$2Fe^{3+}+Cu\rightleftharpoons 2Fe^{2+}+Cu^{2+}$　（4）$H_2O_2+2Fe^{2+}+2H^+\rightleftharpoons 2Fe^{3+}+2H_2O$

（正向不能自发；正向自发；正向自发；正向自发）

6. 将 Cu 片插入 $0.1mol\cdot L^{-1}Cu(NH_3)_4^{2+}$ 和 $0.1mol\cdot L^{-1}NH_3$ 的混合溶液中，298.15K 时测得该电极的电极电势 $\varphi=0.056V$。求 $[Cu(NH_3)_4]^{2+}$ 的稳定常数 $K_f$ 值。

（$4.59\times10^{12}$）

7. 什么是条件电极电势？它与标准电极电势的关系如何？

8. 一定质量的 $H_2C_2O_4$ 需用 21.26mL $0.2384mol\cdot L^{-1}$ 的 NaOH 标准溶液滴定，同样质量的 $H_2C_2O_4$ 需用 25.28mL 的 $KMnO_4$ 标准溶液滴定，计算 $KMnO_4$ 标准溶液的物质的量浓度。

（$0.04010mol\cdot L^{-1}$）

9. 在酸性溶液中用高锰酸钾测定铁。高锰酸钾溶液的浓度是 $0.02484mol\cdot L^{-1}$，求此溶液对（1）Fe；（2）$Fe_2O_3$；（3）$FeSO_4\cdot7H_2O$ 的滴定度。

（$6.937\times10^{-3}g\cdot mL^{-1}$；$9.917\times10^{-3}g\cdot mL^{-1}$；$3.453\times10^{-2}g\cdot mL^{-1}$）

10. 称取软锰矿试样 0.4012g，以 0.4488g $Na_2C_2O_4$ 处理，滴定剩余的 $Na_2C_2O_4$ 需消耗 $0.01012mol\cdot L^{-1}$ 的 $KMnO_4$ 标准溶液 30.20mL，计算试样中 $MnO_2$ 的质量分数。

（56.02%）

11. 用 $KMnO_4$ 法测定硅酸盐样品中 $Ca^{2+}$ 的含量，称取试样 0.5863g，在一定条件下，将钙沉淀为 $CaC_2O_4$，过滤，将洗净的 $CaC_2O_4$ 溶解于稀 $H_2SO_4$ 中，用 $0.05052mol\cdot L^{-1}$ 的 $KMnO_4$ 标准溶液滴定，消耗 25.64mL，计算硅酸盐中 Ca 的质量分数。

（22.14%）

12. 将 1.000g 钢样中的铬氧化为 $Cr_2O_7^{2-}$ 加入 25.00mL $0.1000mol\cdot L^{-1}$ $FeSO_4$ 标准溶液，然后用 $0.01800mol\cdot L^{-1}$ 的 $KMnO_4$ 标准溶液 7.00mL 回滴过量的 $FeSO_4$，计算钢中铬的质量分数。

（3.24%）

13. 称取 KI 试样 0.3507g 溶解后，用分析纯 $K_2Cr_2O_7$ 0.1942g 处理，将处理后的溶液煮沸，逐出释出的碘，再加过量的碘化钾与剩余的 $K_2Cr_2O_7$ 作用，最后用 $0.1053mol\cdot L^{-1}$ 的 $Na_2S_2O_3$ 标准溶液滴定，消耗 $Na_2S_2O_3$ 10.00mL，试计算试样中 KI 的质量分数。

（92.31%）

14. 抗坏血酸（摩尔质量为 $176.1g\cdot mol^{-1}$）是一个还原剂，它的半反应为：

$$C_6H_6O_6+2H^++2e^-\rightleftharpoons C_6H_8O_6$$

它能被 $I_2$ 氧化。如果 10.00mL 柠檬水果汁样品用 HAc 酸化，并加 20.00mL $0.02500mol\cdot L^{-1}I_2$ 溶液，待反应完全后，过量的 $I_2$ 用 10.00mL $0.01000mol\cdot L^{-1}Na_2S_2O_3$ 滴定，计算每毫升柠檬水果汁中抗坏血酸的质量。

（$7.925\times10^{-3}g\cdot mL^{-1}$）

15. 测定铜的分析方法为间接碘量法：

$$2Cu^{2+}+4I^-=2CuI\downarrow+I_2$$

$$I_2+2S_2O_3^{2-}=2I^-+S_4O_6^{2-}$$

用此方法分析铜矿石中铜的含量，为了使 1.00mL $0.1050mol\cdot L^{-1}$ $Na_2S_2O_3$ 标准溶液能准确表示 1.00% 的 Cu，问应称取铜矿样多少克？

（0.6673g）

16. 称取含铜试样 0.6000g，溶解后加入过量的 KI，析出的 $I_2$ 用 $Na_2S_2O_3$ 标准溶液滴定至终点，消耗了 20.00mL。已知 $Na_2S_2O_3$ 对 $KBrO_3$ 的滴定度为 $T_{Na_2S_2O_3/KBrO_3}=0.0004175g\cdot mL^{-1}$，计算试样中 CuO

的质量分数。

(39.97%)

## 知识阅读

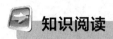

**Heartbeats and Electrocardiograph**

The human heart is a marvel of efficiency and dependability. In a typical day an adult's heart pumps more than 7000L of blood through the circulatory system. Usually with no maintenance required beyond a sensible diet and lifestyle. We generally think of the heart as a mechanical device, a muscle that circulates blood via regularly space muscular contractions. However more than two centuries ago, two pioneers in electricity, Luigi Galvani and Alessandro Volta discovered that the contractions of the heart are controlled by electrical phenomena, as are nerve impulses throughout the body. The pulses (脉冲) of electric that cause the heart to beat result from a remarkable combination of electrochemistry (电化学) and the properties of semipermeable membranes (半透膜).

Cell walls (细胞壁) are membranes with variable (渗透性) with respect to a number of physiologically (生理学上的) important ions (especially $Na^+$, $K^+$, and $Ca^{2+}$). The concentrations of these ions are different from the fluids inside the cells [the extracellular fluid or ECF]. For example, in cardiac (心脏的) muscle cells, the concentrations of $K^+$ in the ICF and ECF are typically about 135 millimolar (mmol) and 4 mmol respectively. Importantly, for $Na^+$ the concentration difference between the ICF and ECF is opposite that for $K^+$; typical, $[Na^+]_{ICF}=10$ mmol and $[Na^+]_{ECF}=145$ mmol.

The cell membrane is initially permeable to $K^+$ and $Ca^{2+}$. The different in concentration of $K^+$ ions between the ICF and ECF generates a concentration cell (浓差电池): Even though the same ions are present on both sides of the membrane, there is a potential cell (电势差) between the two fluids that we can calculate using the Nernst equation (能斯特方程) with $E^{\ominus}=0$. At the physiological temperature of 37℃ the potential in millivolts (毫伏) for moving $K^+$ form the ECF to the ICF is

$$E=E^{\ominus}-\frac{2.303RT}{nF}\lg\frac{[K^+]_{ICF}}{[K^+]_{ECF}}=0-(61.5\text{mV})\lg\left(\frac{135\text{mmol}}{4\text{mmol}}\right)=-94\text{mV}$$

In essence, the interior of the cell and the ECF together serve as a voltaic (电流) cell. The negative sign for the potential indicates that work is required to move $K^+$ into the intracellular fluid.

Changes in the relative concentrations of the ions in the ECF and ICF lead to changes in the emf (电动势) of the voltaic cell. The cells of the heart that govern the rate of heart contraction are called the pacemaker (起搏器) cells. The membranes of the cells regulate the concentrations of ions in the ICE allowing them to change in a systematic way. The concentration changes cause the emf to change in a cyclic fashion. The emf cycle deter mines the rate at which the heart beats.

If the pacemaker cells real function because of disease or injury, an artificial pacemaker can be surgically implanted . The artificial pacemaker is a small battery that generates the electrical pulses needed to trigger the contractions of the heart.

In the late 1800s scientists discovered that the electrical impulses that cause the contraction of the heart muscle are strong enough to be detected at the surface of the body. This observation formed the basis for eletrocardiography, noninvasive monitoring of the heart by using a complex array of electrodes (电极) on the skin to measure voltage (电压) changes during hearts beats . It is quite striking that, although the heart's major function is the mechanical pumping of blood, it is most easily monitored by using the electrical impulse genera-ted by tiny voltaic cells.

# 第九章 物质结构基础

■【知识目标】

1. 了解核外电子运动状态及四个量子数的含义。
2. 掌握基态原子核外电子排布规律。
3. 理解元素周期律，掌握周期表的结构以及元素性质的周期性变化规律。
4. 了解价键理论和杂化轨道理论以及分子间作用力。
5. 了解配合物的价键理论。
6. 了解生命元素在周期表中的分布以及生物效应。

■【能力目标】

1. 掌握原子轨道的角度分布图和电子云的角度分布图。
2. 能书写 1～36 号元素原子的核外电子排布式、价电子构型。
3. 能确定元素在周期表中的位置，并推测其主要性质。
4. 能够用杂化轨道理论和价键理论解释常见分子的成键情况及分子的几何构型。
5. 能分辨生命元素、非生命元素和有害元素。

## 第一节 原子结构基础

为了更好地理解物质的微观结构与元素性质的关系，本节讨论原子核外电子的运动状态，核外电子的排布情况以及元素基本性质的周期性变化规律。

### 一、原子结构理论发展简史

在原子结构理论的发展过程中，具有代表性的有以下三种理论。

**1. 卢瑟福行星式原子模型**

1911 年，英国物理学家卢瑟福（Rutherford E）根据物理学的一些重要实验指出：原子内带正电荷的部分集中在一起，称为原子核。此原子核体积很小，但集中了原子的绝大部分质量，带负电荷的电子在原子核外的广大空间做着高速运动，如同太阳系中行星绕着太阳运转一样。卢瑟福的这一观点，被称为卢瑟福行星式原子模型。

卢瑟福的原子模型理论是人类认识微观世界的一个重要里程碑。但这一理论却与当时的原子光谱实验发生了很大的矛盾。按照经典电磁理论，电子在电场中高速运动，必然会辐射出电磁波，电子的能量逐渐减小，这样必将引起两种后果：一是随着电磁波的不断辐射，逐渐失去能量的电子将以螺旋式运动向原子核靠近，最后坠落在原子核上，导致原子的毁灭；二是随着绕核旋转着的电子不断地放出辐射能，电磁波的频率应该连续地变化，那么由此而产生的光谱也应该是连续光谱。然而事实并非如此，原子是稳定存在的，所得原子光谱为线状光谱。为了解决上述矛盾，丹麦年轻的物理学家玻尔（Bohr，N.）在 1913 年提出了关于原子结构的新理论。

**2. 玻尔原子模型**

（1）氢原子光谱　将一只装有氢气的放电管，通过高压电流，氢原子被激发后的光通过分光镜，在屏幕上可见光区内得到不连续的红、青、蓝、紫、紫五条明显的特征谱线，如图 9-1 所示。这种谱线是线状的，所以称为线状光谱，它是不连续的，所以也称不连续光谱。线状光谱是原子受激后从原子内部辐射出不同波长的光而引起的，因而又称为原子光谱。

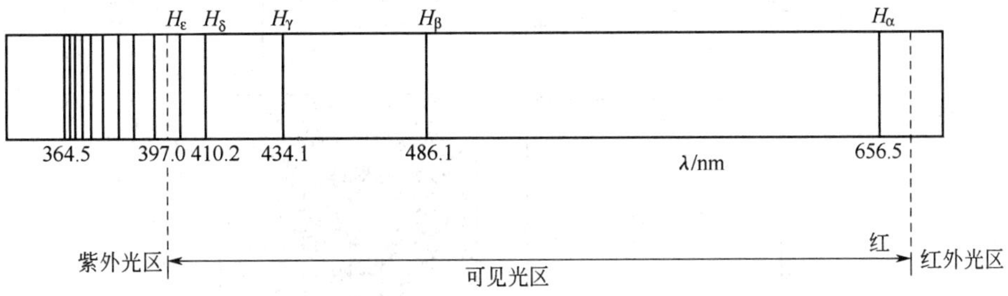


图 9-1　氢原子光谱

任何元素的气态原子在高温火焰、电火花或电弧作用下均能发光，形成各自特征的原子光谱。

（2）玻尔原子模型　玻尔在卢瑟福原子模型基础上，结合普朗克（Plank，M.）的量子论和爱因斯坦（Einstein，A.）的光子学说，于原子模型理论中引入了两个假设，成功地解释了氢原子光谱产生的原因。

① 核外电子在定态轨道上运动。在此定态轨道上运动的电子既不吸收能量又不放出能量。

② 在定态轨道上运动的电子具有一定的能量，此能量值由量子化条件决定。当激发到高能级的电子跳回到较低能级时，则会释放出能量，产生原子光谱。

$$E_n=-\frac{13.6}{n^2}e\nu=-\frac{2.179\times10^{-18}}{n^2}\mathrm{J}\quad n=1,2,3,\cdots\text{正整数}$$

如当电子由 $n=3$ 的原子轨道跃迁到 $n=2$ 的原子轨道时，产生的原子光谱的波长为 $\lambda_{3\to2}$，运用玻尔理论计算得到的 $\lambda_{3\to2}=656.4\text{nm}$，与实验值 $\lambda_{3\to2}=656.5\text{nm}$ 惊人地吻合，玻尔原子模型很好地解释了氢原子光谱。

（3）玻尔理论的局限性　玻尔理论冲破了经典物理中能量连续变化的束缚，引入量子化条件，成功地解释了经典物理无法解释的原子结构和氢原子光谱的关系。但将其用于解释多电子原子光谱时却产生了较大的误差，主要因为玻尔原子模型只是人为地加入一些量子化条件，并未完全摆脱经典力学的束缚，不能很好地揭示微观粒子运动的特征和规律。随着人们对波粒二象性和一些实验现象的研究以及量子力学的发展，产生了用波函数来描述原子结构的量子力学原子模型。

## 二、原子核外电子的运动特征

**1. 微观粒子运动具有波粒二象性**

光具有波粒二象性，光的波动性主要表现于光存在干涉、衍射等性质，光的粒子性可以由光电效应等现象来证明。

1924 年，法国物理学家德布罗意（De Broglie）预言：假如光具有波粒二象性，那么微观粒子在某些情况下，也能呈现波动性。

1927 年，戴维逊（Davisson C. J）和革尔麦（Germer. L. H）用已知能量的电子在晶体上的衍射实验证明了德布罗意的预言。一束电子经过金属箔时，得到了与 X 射线相像的衍射条纹，如图 9-2 所示。

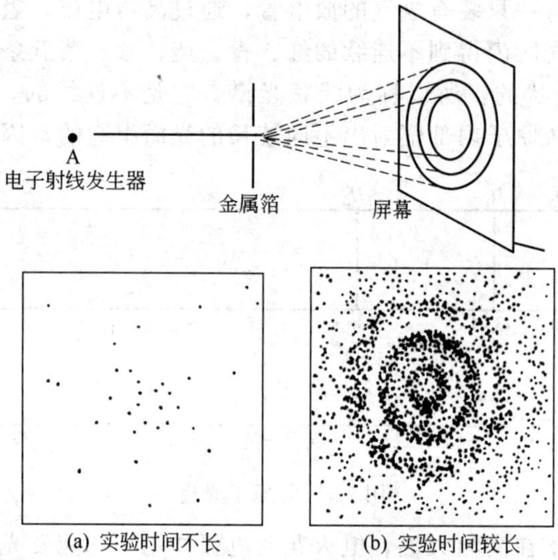


图 9-2　电子的衍射实验

后来又相继发现质子、中子等粒子流均能产生衍射现象，具有宏观物体难以表现出来的波动性，而这一点恰恰是经典力学所没有认识到的。

**2. 概率**

由于电子运动具有波粒二象性，同时准确测定电子在空间的位置和速率是不可能的，因此需用概率来描述电子的运动。

若用慢射电子枪（可控制射出的电子数的电子发射装置）取代电子束进行图 9-2 所示的实验，结果发现，每个电子在感光底片上弹着的位置是无法预料的，说明电子运动是没有确定的轨道的；但是当单个的电子不断地发射以后，在感光底片上仍然可以得到明暗相间的衍射环纹，这说明电子运动还是有规律的。亮环纹处无疑衍射强度大，说明电子出现的机会多，亦即概率大；暗环纹处则正好相反。

## 三、原子核外电子运动状态的描述

**1. 波函数和原子轨道**

1926 年，奥地利物理学家薛定谔（Schröndinger，E.）根据波粒二象性的概念，提出一个描述微观粒子运动的基本方程——薛定谔方程。

$$\frac{\partial^2\psi}{\partial x^2}+\frac{\partial^2\psi}{\partial y^2}+\frac{\partial^2\psi}{\partial z^2}+\frac{8\pi^2 m}{h^2}(E-V)\psi=0$$

式中，$\psi$ 叫做波函数；$h$ 是普朗克常数；$m$ 为微粒的质量；$E$ 是总能量；$V$ 为势能。

为了求解 $\psi$ 的方便，需将直角坐标系（$x$，$y$，$z$）表示的薛定谔方程变换为球极坐标（$r$，$\theta$，$\phi$）表示的薛定谔方程。直角坐标与球极坐标的转换关系为：

$$\begin{cases} x = r \cdot \sin\theta \cdot \cos\varphi \\ y = r \cdot \sin\theta \cdot \sin\varphi \\ z = r \cdot \cos\theta \end{cases}$$

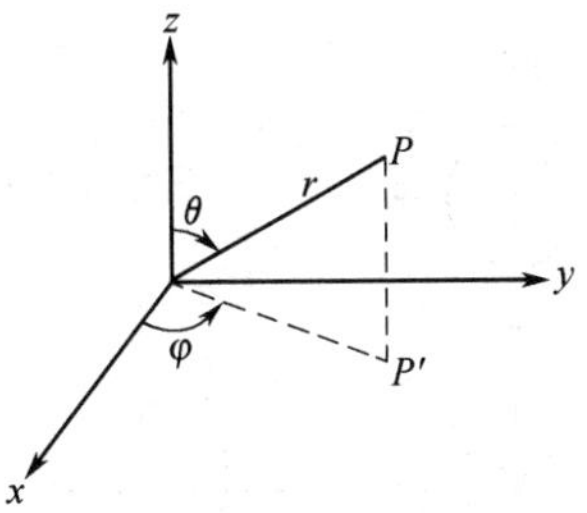


解氢原子（类氢原子，如 $He^{+}$）的薛定谔方程，可以得到两个重要结果。一是可以解得计算氢原子中原子轨道能量的公式：

$$E_n = -\frac{2.179 \times 10^{-18}}{n^2} \text{J} \quad n=1，2，3，\cdots，正整数$$

二是可以得到描述氢原子中电子运动状态的波函数。在解薛定谔方程式时，为了使得到的解有意义，必须引入三个量子数 $n$，$l$，$m$。当三个量子数在其可取值范围内取某一确定的值时，就可以得到一个波函数，如 $n=1$，$l=0$，$m=0$ 时，相应的波函数 $\psi_{1,0,0}$（或 $\psi_{1s}$）为：

$$\psi_{1,0,0} = \sqrt{\frac{1}{\pi a_0^3}} e^{-r/a_0} \quad a_0 \text{ 为玻尔半径}$$

原子中描述单个电子运动状态的波函数习惯上称为“原子轨道”，这里“轨道”只是波函数的一个代名词，代表原子中电子的一种运动状态，也有把它称为“原子轨函”，它和玻尔理论中的原子轨道是完全不同的概念。

在描述原子核外电子运动状态及化学键的形成时，原子轨道的图形更直观，更有利于说明问题。

**2. 原子轨道的角度分布图**

基态氢原子波函数可分为以下两部分：

$$\psi(r,\theta,\varphi) = R(r) \cdot Y(\theta,\varphi)$$

如果将 $Y$ 随 $\theta$，$\varphi$ 角的变化作图，即可得波函数的角度分布图即原子轨道的角度分布图。s 轨道的角度部分为：$Y_s = \frac{1}{\sqrt{4\pi}}$，作图可知，s 原子轨道角度分布图是一个半径为 $\frac{1}{\sqrt{4\pi}}$ 的球面，与角度 $\theta$，$\varphi$ 没有关系，称之为球形对称。$p_z$ 轨道的角度部分为：$Y_{p_z} = \cos\theta$，是 $\theta$ 的函数，当 $Y$ 随着 $\theta$ 变化时，其值如下表所示。将不同的 $\theta$ 角所对应的 $Y_{p_z}$ 连接起来，所得到的图形为：分布在 $xy$ 平面的上下两侧，以 $z$ 轴为对称的两个圆，常称为哑铃形，见图 9-3。

| $\theta$ | 0° | 30° | 45° | 60° | 90° | 120° | 135° | 150° | 180° |
|---|---|---|---|---|---|---|---|---|---|
| $\cos\theta$ | +1 | +0.866 | +0.707 | +0.5 | 0 | −0.5 | −0.707 | −0.866 | −1 |
| $Y_{p_z}$ | +1 | +0.866 | +0.707 | +0.5 | 0 | −0.5 | −0.707 | −0.866 | −1 |

s、p、d 原子轨道的角度分布图如图 9-3 所示，图中的“+”、“−”表示波函数的角度部分在某一象限数值的正、负，不表示正、负电荷。

**3. 电子云**

(1) 电子云　电子在核外空间某处单位体积内出现的概率为概率密度，概率密度与 $|\psi|^2$ 成正比。

为了形象地表示核外电子运动的概率分布情况，化学上惯用小黑点分布的疏密表示电子出现概率密度的相对大小，小黑点较密的地方表示概率密度较大，单位体积内电子出现的机

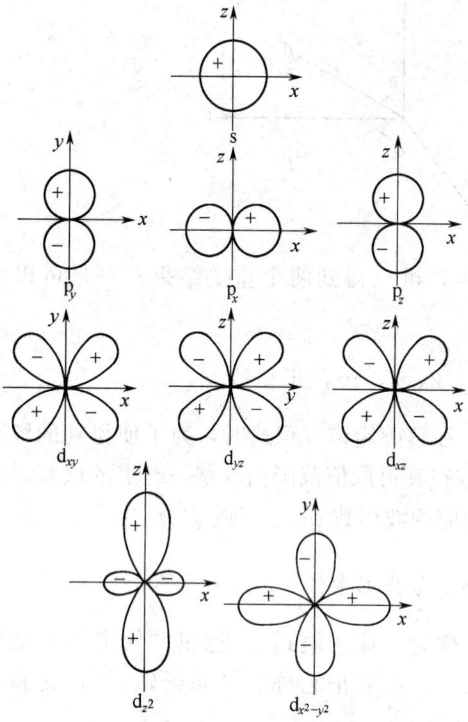

图 9-3 原子轨道的角度分布图

会多。这种用黑点的疏密表示概率密度分布的图形称为电子云图。如基态氢原子电子云呈球状，如图 9-4 所示。应当注意，对于氢原子来说，只有一个电子，图中黑点的疏密只代表电子在某一瞬间出现的可能性。

（2）电子云角度分布图　既然概率密度与 $|\psi|^2$ 成正比，那么若以 $|\psi|^2$ 作图，应得到电子云的近似图像。

将 $|\psi|^2$ 角度部分 $|Y|^2$ 作图，所得的图像就称为电子云角度分布图，其方法类似于原子轨道角度分布图，如图 9-5 所示。

电子云的角度分布图与相应的原子轨道角度分布图基本近似，但有两点不同：

① 原子轨道角度分布图带有正负号，而电子云角度分布图均为正值；

② 电子云角度分布图比原子轨道角度分布图要“瘦”些。

**4. 四个量子数**

求解薛定谔方程引入的三个量子数 $n$，$l$，$m$，它们被称为轨道量子数，另有一个自旋量子数 $m_s$ 来描述电子的自旋状态。

（1）主量子数 $n$　主量子数 $n$ 是决定多电子原子核外电子所在原子轨道能量的主要因素。$n$ 值越大，电子距核越远，能量越高。对氢原子来说，主量子数 $n$ 是决定电子能量的唯一因素。$n$ 的取值受量子化条件的限制，可取从 1 开始的所有正整数，即 $n=1$，2，3，…。每一个 $n$ 值代表原子核外的一个电子层，光谱学上用拉丁字母表示其电子层符号。

主量子数 $n=1$　2　3　4　5　6　7

光谱项符号　K　L　M　N　O　P　Q

（2）角量子数 $l$　角量子数 $l$ 又称为副量子数，在多电子原子中它与主量子数 $n$ 共同决定原子轨道的能量，确定原子轨道或电子云的形状，它对应于每一电子层上的电子亚层。$l$ 的取值受 $n$ 的影响，$l$ 可以取 0，1，2，3，…，$n-1$，共 $n$ 个值。在原子光谱学上，分别用 s，p，d，f 等符号来表示。

角量子数 $l=0$　1　2　3　…

光谱项符号　s　p　d　f　…

对于多电子原子来说，同一电子层中 $l$ 值越小，该电子亚层的能级越低，如 $E_{3s}<E_{3p}<E_{3d}$。

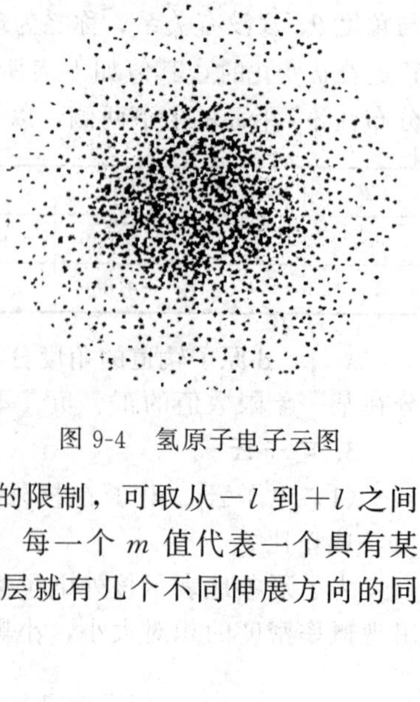
图 9-4　氢原子电子云图

（3）磁量子数 $m$　磁量子数 $m$ 决定原子轨道在磁场中的分裂，对应于原子轨道在空间的伸展方向。$m$ 的取值受 $l$ 的限制，可取从 $-l$ 到 $+l$ 之间包含零的 $2l+1$ 个值，即 $m=-l$，$-l+1$，…0，1，…$+l$，每一个 $m$ 值代表一个具有某种空间取向的原子轨道。每一亚层中，$m$ 有几个取值，该亚层就有几个不同伸展方向的同类原子轨道。

如 $l=0$ 时 $m=0$，表示 s 亚层只有一个原子轨道，为球形对称，无所谓伸展方向。

$l=1$ 时 $m=-1$，0，+1，表示 p 亚层有三个互相垂直的 p 原子轨道，即 $p_x$，$p_y$，$p_z$ 原子轨道。

$l=2$ 时 $m=-2$，$-1$，0，1，2，表示 d 亚层有五个不同伸展方向的 d 原子轨道，即 $d_{xy}$，$d_{xz}$，$d_{yz}$，$d_{z^2}$，$d_{x^2-y^2}$。

磁量子数 $m$ 与原子轨道的能量无关。$n$，$l$ 相同，$m$ 不同的原子轨道（即形状相同，空间取向不同）其能量是相同的，这些能量相同的各原子轨道称为简并轨道或等价轨道。如：$n_{p_x}$，$n_{p_y}$，$n_{p_z}$ 为等价轨道，$n_{d_{xy}}$，$n_{d_{xz}}$，$n_{d_{yz}}$，$n_{d_{z^2}}$，$n_{d_{x^2-y^2}}$ 为等价轨道。

（4）自旋量子数 $m_s$　自旋量子数 $m_s$ 只有 $+\frac{1}{2}$ 或 $-\frac{1}{2}$ 两个数值，其中每一个数值表示电子的一种自旋状态（顺时针自旋或逆时针自旋）。

综上所述，根据四个量子数可以定出电子在核外运动的状态，可以算出各电子层中可能有的运动状态，见表 9-1。

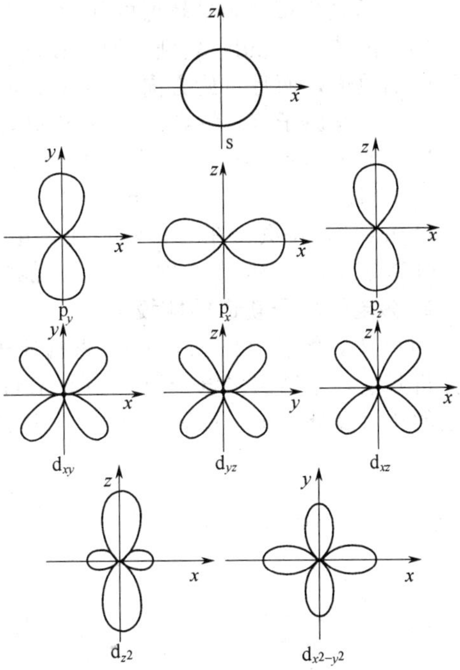


图 9-5　电子云的角度分布图

**表 9-1　四个量子数与核外电子的运动状态**

| 主量子数 $n$ | K | L | | M | | | N | | | |
|---|---|---|---|---|---|---|---|---|---|---|
| | 1 | 2 | | 3 | | | 4 | | | |
| 角量子数 $l$ | s<br>0 | s<br>0 | p<br>1 | s<br>0 | p<br>1 | d<br>2 | s<br>0 | p<br>1 | d<br>2 | f<br>3 |
| 磁量子数 $m$ | 0 | 0 | −1<br>0<br>1 | 0 | −1<br>0<br>1 | −2<br>−1<br>0<br>1<br>2 | 0 | −1<br>0<br>1 | −2<br>−1<br>0<br>1<br>2 | −3<br>−2<br>−1<br>0<br>1<br>2<br>3 |
| 原子轨道数目 | 1 | 1 | 3 | 1 | 3 | 5 | 1 | 3 | 5 | 7 |
| 各层轨道数目($n^2$) | 1 | 4 | | 9 | | | 16 | | | |
| 自旋量子数 $m_s$ | $\pm\frac{1}{2}$ | $\pm\frac{1}{2}$ | | $\pm\frac{1}{2}$ | | | $\pm\frac{1}{2}$ | | | |
| 每层容纳电子数($2n^2$) | 2 | 8 | | 18 | | | 32 | | | |

## 四、原子核外电子排布

### 1. 基态原子中核外电子排布原理

通过对原子光谱与原子中电子排布的关系研究，人们归纳出当原子处于基态时，核外电子的排布必须遵循以下原理。

（1）保利（Pauli）不相容原理　在同一原子中，不可能有运动状态完全相同的两个电子存在。即同一轨道内最多只能容纳两个自旋方向相反的电子。

（2）能量最低原理　多电子原子处在基态时，核外电子的分布在不违反保利原理的前提下，总是尽先分布在能量较低的轨道上，以使原子处于能量最低的状态。

（3）洪特（Hund）规则　原子在同一亚层的等价轨道上分布电子时，将尽可能单独分占不同的轨道，而且自旋方向相同（即自旋平行）。

例如：N 原子（$1s^2 2s^2 2p^3$）的轨道表示式为

N：$\underline{\uparrow\downarrow}$　$\underline{\uparrow\downarrow}$　$\underline{\uparrow}$　$\underline{\uparrow}$　$\underline{\uparrow}$

　　1s　　2s　　　2p

Hund 规则特例：在等价轨道中，电子处于全充满（$p^6$，$d^{10}$，$f^{14}$），半充满（$p^3$，$d^5$，$f^7$）和全空（$p^0$，$d^0$，$f^0$）时，原子的能量较低，体系稳定。

**2. 多电子原子轨道的能级**

1939 年，鲍林（L. Pauling）根据原子光谱实验，对周期系中各元素原子轨道能级图进行分析归纳，总结出多电子原子中原子轨道近似能级图（图 9-6）。它表示原子轨道之间的能量的相对高低，可以反映随着原子序数的递增电子出现的先后顺序。

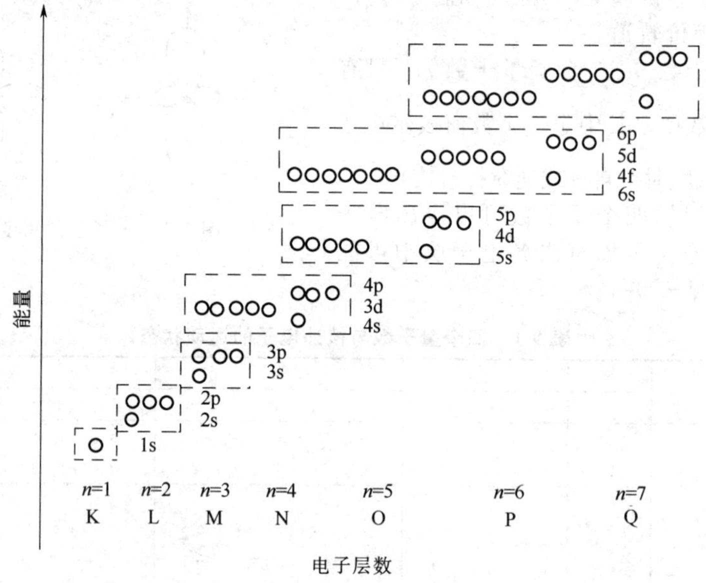


图 9-6　鲍林原子轨道能级图

从图 9-6 中可以看出：

① 电子层能级相对高低为 K＜L＜M＜N …；

② 对多电子原子来说，同一原子同一电子层内，电子间的相互作用造成同层能级的分裂，各亚层能级的相对高低为 $E_{ns}<E_{np}<E_{nd}<E_{nf}$；

③ 同一电子亚层内，各原子轨道能级相同。如：$E_{np_x}=E_{np_y}=E_{np_z}$；

④ 同一原子内，不同类型的亚层之间，有能级交错的现象，例如：$E_{4s}<E_{3d}<E_{4p}$，$E_{5s}<E_{4d}<E_{5p}$，$E_{6s}<E_{4f}<E_{5d}<E_{6p}$。

对鲍林近似能级图，需要说明几点：

① 它不可能完全反映出每种元素的原子轨道能级的相对高低，只具有近似意义。它实际上只反映同一原子外电子层中原子轨道能级的相对高低，而不一定能完全反映内电子层中原子轨道能级的相对高低；

② 不能用鲍林近似能级图来比较不同原子的轨道能级的相对高低。原子轨道能级与原子序数有关。随着原子序数增加，核对电子吸引力增加，原子轨道的能量逐渐降低。

**3. 基态原子核外电子的排布**

（1）基态原子核外电子的排布　应用鲍林近似能级图，再根据保利不相容原理，能量最低原理和洪特规则，就可以写出元素周期表中绝大多数元素的核外电子分布式，见表 9-2。

**表 9-2 基态原子核外电子的排布**

| 周期 | 原子序数 | 元素符号 | 电子分布式 |
|---|---|---|---|
| 一 | 1 | H | $1s^{1}$ |
| | 2 | He | $1s^{2}$ |
| 二 | 3 | Li | [He]$2s^{1}$ |
| | 4 | Be | [He]$2s^{2}$ |
| | 5 | B | [He]$2s^{2}2p^{1}$ |
| | 6 | C | [He]$2s^{2}2p^{2}$ |
| | 7 | N | [He]$2s^{2}2p^{3}$ |
| | 8 | O | [He]$2s^{2}2p^{4}$ |
| | 9 | F | [He]$2s^{2}2p^{5}$ |
| | 10 | Ne | [He]$2s^{2}2p^{6}$ |
| 三 | 11 | Na | [Ne]$3s^{1}$ |
| | 12 | Mg | [Ne]$3s^{2}$ |
| | 13 | Al | [Ne]$3s^{2}3p^{1}$ |
| | 14 | Si | [Ne]$3s^{2}3p^{2}$ |
| | 15 | P | [Ne]$3s^{2}3p^{3}$ |
| | 16 | S | [Ne]$3s^{2}3p^{4}$ |
| | 17 | Cl | [Ne]$3s^{2}3p^{5}$ |
| | 18 | Ar | [Ne]$3s^{2}3p^{6}$ |
| 四 | 19 | K | [Ar]$4s^{1}$ |
| | 20 | Ca | [Ar]$4s^{2}$ |
| | 21 | Sc | [Ar]$3d^{1}4s^{2}$ |
| | 22 | Ti | [Ar]$3d^{2}4s^{2}$ |
| | 23 | V | [Ar]$3d^{3}4s^{2}$ |
| | 24 | Cr | [Ar]$3d^{5}4s^{1}$ |
| | 25 | Mn | [Ar]$3d^{5}4s^{2}$ |
| | 26 | Fe | [Ar]$3d^{6}4s^{2}$ |
| | 27 | Co | [Ar]$3d^{7}4s^{2}$ |
| | 28 | Ni | [Ar]$3d^{8}4s^{2}$ |
| | 29 | Cu | [Ar]$3d^{10}4s^{1}$ |
| | 30 | Zn | [Ar]$3d^{10}4s^{2}$ |
| | 31 | Ga | [Ar]$3d^{10}4s^{2}4p^{1}$ |
| | 32 | Ge | [Ar]$3d^{10}4s^{2}4p^{2}$ |
| | 33 | As | [Ar]$3d^{10}4s^{2}4p^{3}$ |
| | 34 | Se | [Ar]$3d^{10}4s^{2}4p^{4}$ |
| | 35 | Br | [Ar]$3d^{10}4s^{2}4p^{5}$ |
| | 36 | Kr | [Ar]$3d^{10}4s^{2}4p^{6}$ |
| 五 | 37 | Rb | [Kr]$5s^{1}$ |
| | 38 | Sr | [Kr]$5s^{2}$ |
| | 39 | Y | [Kr]$4d^{1}5s^{2}$ |
| | 40 | Zr | [Kr]$4d^{2}5s^{2}$ |
| | 41 | Nb | [Kr]$4d^{4}5s^{1}$ |
| | 42 | Mo | [Kr]$4d^{5}5s^{1}$ |
| | 43 | Tc | [Kr]$4d^{5}5s^{2}$ |
| | 44 | Ru | [Kr]$4d^{7}5s^{1}$ |
| | 45 | Rh | [Kr]$4d^{8}5s^{1}$ |
| | 46 | Pd | [Kr]$4d^{10}$ |
| | 47 | Ag | [Kr]$4d^{10}5s^{1}$ |
| | 48 | Cd | [Kr]$4d^{10}5s^{2}$ |
| | 49 | In | [Kr]$4d^{10}5s^{2}5p^{1}$ |
| | 50 | Sn | [Kr]$4d^{10}5s^{2}5p^{2}$ |
| | 51 | Sb | [Kr]$4d^{10}5s^{2}5p^{3}$ |
| | 52 | Te | [Kr]$4d^{10}5s^{2}5p^{4}$ |
| | 53 | I | [Kr]$4d^{10}5s^{2}5p^{5}$ |
| | 54 | Xe | [Kr]$4d^{10}5s^{2}5p^{6}$ |
| 六 | 55 | Cs | [Xe]$6s^{1}$ |
| | 56 | Ba | [Xe]$6s^{2}$ |
| | 57 | La | [Xe]$5d^{1}6s^{2}$ |
| | 58 | Ce | [Xe]$4f^{1}5d^{1}6s^{2}$ |
| | 59 | Pr | [Xe]$4f^{3}6s^{2}$ |
| | 60 | Nd | [Xe]$4f^{4}6s^{2}$ |
| | 61 | Pm | [Xe]$4f^{5}6s^{2}$ |
| | 62 | Sm | [Xe]$4f^{6}6s^{2}$ |
| | 63 | Eu | [Xe]$4f^{7}6s^{2}$ |
| | 64 | Gd | [Xe]$4f^{7}5d^{1}6s^{2}$ |
| | 65 | Tb | [Xe]$4f^{9}6s^{2}$ |
| | 66 | Dy | [Xe]$4f^{10}6s^{2}$ |
| | 67 | Ho | [Xe]$4f^{11}6s^{2}$ |
| | 68 | Er | [Xe]$4f^{12}6s^{2}$ |
| | 69 | Tm | [Xe]$4f^{13}6s^{2}$ |
| | 70 | Yb | [Xe]$4f^{14}6s^{2}$ |
| | 71 | Lu | [Xe]$4f^{14}5d^{1}6s^{2}$ |
| | 72 | Hf | [Xe]$4f^{14}5d^{2}6s^{2}$ |
| | 73 | Ta | [Xe]$4f^{14}5d^{3}6s^{2}$ |
| | 74 | W | [Xe]$4f^{14}5d^{4}6s^{2}$ |
| | 75 | Re | [Xe]$4f^{14}5d^{5}6s^{2}$ |
| | 76 | Os | [Xe]$4f^{14}5d^{6}6s^{2}$ |
| | 77 | Ir | [Xe]$4f^{14}5d^{7}6s^{2}$ |
| | 78 | Pt | [Xe]$4f^{14}5d^{9}6s^{1}$ |
| | 79 | Au | [Xe]$4f^{14}5d^{10}6s^{1}$ |
| | 80 | Hg | [Xe]$4f^{14}5d^{10}6s^{2}$ |
| | 81 | Tl | [Xe]$4f^{14}5d^{10}6s^{2}6p^{1}$ |
| | 82 | Pb | [Xe]$4f^{14}d^{10}s^{2}6p^{2}$ |
| | 83 | Bi | [Xe]$4f^{14}d^{10}6s^{2}6p^{3}$ |
| | 84 | Po | [Xe]$4f^{14}5d^{10}6s^{2}6p^{4}$ |
| | 85 | At | [Xe]$4f^{14}5d^{10}6s^{2}6p^{5}$ |
| | 86 | Rn | [Xe]$4f^{14}5d^{10}6s^{2}6p^{6}$ |
| 七 | 87 | Fr | [Rn]$7s^{1}$ |
| | 88 | Ra | [Rn]$7s^{2}$ |
| | 89 | Ac | [Rn]$6d^{1}7s^{2}$ |
| | 90 | Th | [Rn]$6d^{2}7s^{2}$ |
| | 91 | Pa | [Rn]$5f^{2}6d^{1}7s^{2}$ |
| | 92 | U | [Rn] $5f^{3}6d^{1}7s^{2}$ |
| | 93 | Np | [Rn] $5f^{4}6d^{1}7s^{2}$ |
| | 94 | Pu | [Rn]$5f^{6}7s^{2}$ |
| | 95 | Am | [Rn] $5f^{7}7s^{2}$ |
| | 96 | Cm | [Rn] $5f^{7}6d^{1}7s^{2}$ |
| | 97 | Bk | [Rn] $5f^{9}7s^{2}$ |
| | 98 | Cf | [Rn] $5f^{10}7s^{2}$ |
| | 99 | Es | [Rn] $5f^{11}7s^{2}$ |
| | 100 | Fm | [Rn] $5f^{12}7s^{2}$ |
| | 101 | Md | [Rn] $5f^{13}7s^{2}$ |
| | 102 | No | [Rn] $5f^{14}7s^{2}$ |
| | 103 | Lr | [Rn] $5f^{14}6d^{1}7s^{2}$ |
| | 104 | Rf | [Rn] $5f^{14}6d^{2}7s^{2}$ |
| | 105 | Db | [Rn] $5f^{14}6d^{3}7s^{2}$ |
| | 106 | Sg | [Rn] $5f^{14}6d^{4}7s^{2}$ |
| | 107 | Bh | [Rn] $5f^{14}6d^{5}7s^{2}$ |
| | 108 | Hs | [Rn] $5f^{14}6d^{6}7s^{2}$ |
| | 109 | Mt | [Rn] $5f^{14}6d^{7}7s^{2}$ |

续表

| 周期 | 原子序数 | 元素符号 | 电子分布式 | 周期 | 原子序数 | 元素符号 | 电子分布式 |
|---|---|---|---|---|---|---|---|
| 七 | 110 | Ds | [Rn] $5f^{14}6d^{8}7s^{2}$ | 七 | 115 | Mc | [Rn] $5f^{14}6d^{10}7s^{2}7p^{3}$ |
| | 111 | Rg | [Rn] $5f^{14}6d^{10}7s^{1}$ | | 116 | Lv | [Rn] $5f^{14}6d^{10}7s^{2}7p^{4}$ |
| | 112 | Cn | [Rn] $5f^{14}6d^{10}7s^{2}$ | | 117 | Ts | [Rn] $5f^{14}6d^{10}7s^{2}7p^{5}$ |
| | 113 | Nh | [Rn] $5f^{14}6d^{10}7s^{2}7p^{1}$ | | 118 | Og | [Rn] $5f^{14}6d^{10}7s^{2}7p^{6}$ |
| | 114 | Fl | [Rn] $5f^{14}6d^{10}7s^{2}7p^{2}$ | | | | |

注：表中□中元素为过渡元素，▭中元素为内过渡元素，即镧系元素或锕系元素。

例如：$_{21}$Sc：$1s^2 2s^2 2p^6 3s^2 3p^6 3d^1 4s^2$

$_{29}$Cu：$1s^2 2s^2 2p^6 3s^2 3p^6 3d^{10} 4s^1$

$_{80}$Hg：$1s^2 2s^2 2p^6 3s^2 3p^6 3d^{10} 4s^2 4p^6 4d^{10} 4f^{14} 5s^2 5p^6 5d^{10} 6s^2$

对于原子序数较大的元素，为了书写方便，常将内层已达稀有气体的电子层结构部分用该稀有气体元素符号加方括号（称为原子实）来表示。例如：

$_{21}$Sc：[Ar]$3d^1 4s^2$　$_{80}$Hg：[Xe]$4f^{14} 5d^{10} 6s^2$

（2）原子电子层结构与周期系

① 周期与能级组　周期表中，元素周期的划分，实质是与鲍林近似能级组的划分是一致的。

a. 元素所在的周期序数，等于该元素原子外层电子所处的最高能级组的序数，也等于该元素原子最外电子层的主量子数（Pd 例外，其外电子构型为 $4d^{10}5s^0$，但属于第五周期）。例如，K 原子的外电子构型为 $4s^1$，而 K 位于第四周期；Ag 原子的外电子构型为 $4s^{10}5s^1$，最外电子层的主量子数 $n=5$，而 Ag 位于第五周期。

b. 各周期所包含的元素的数目，等于与周期相应的能级组内各轨道所能容纳的电子总数。例如，第四能级组内 4s，3d 和 4p 轨道总共可容纳 18 个电子，故第四周期共有 18 种元素。

② 区　根据元素最后一个电子填充的能级的不同，将周期表中的元素分为 5 个区，每个区都有其特征的外电子层构型，见表 9-3。

**表 9-3　元素周期表中分区及各区价电子构型**

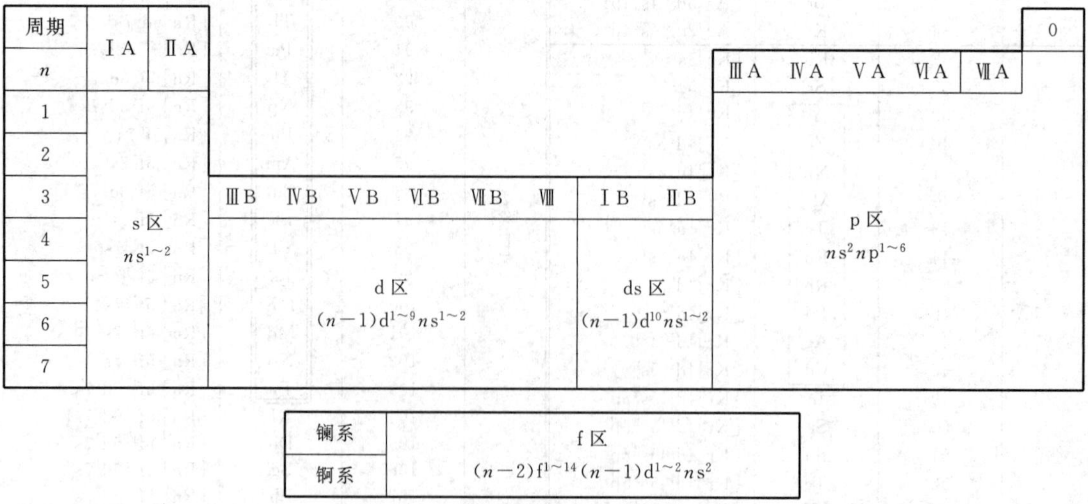


③ 族　如表 9-3 所示，如果元素原子最后填入电子的亚层为 s 或 p 亚层，该元素便是主族元素，如果最后填入电子的亚层为 d 或 f 亚层，该元素便属副族元素，又称过渡元素（其

中填入 f 亚层的又称内过渡元素，如镧系，锕系）。

## 五、原子性质的周期性

### 1. 原子半径

通常所说的原子半径是根据该原子存在的不同形式来定义的，常用的有以下三种。

（1）共价半径　两个相同原子形成共价键时，其原子核间距离的一半称为原子的共价半径。

（2）金属半径　金属单质的晶体中，两个相邻原子核间距离的一半，称为该金属原子的金属半径。

（3）范德华半径　分子晶体中，分子之间以范德华力（即分子间力）结合的，如稀有气体晶体，相邻分子核间距离的一半，称为该原子的范德华半径。

表 9-4 中列出元素周期表中各元素的共价半径，而稀有气体则为范德华半径。

**表 9-4　原子半径 $r$/pm**

| 周期 | ⅠA | ⅡA | ⅢB | ⅣB | ⅤB | ⅥB | ⅦB | Ⅷ | | | ⅠB | ⅡB | ⅢA | ⅣA | ⅤA | ⅥA | ⅦA | 0 |
|---|---|---|---|---|---|---|---|---|---|---|---|---|---|---|---|---|---|---|
| 1 | H<br>37.1 | | | | | | | | | | | | | | | | | He<br>122 |
| 2 | Li<br>123 | Be<br>89 | | | | | | | | | | | B<br>88 | C<br>77 | N<br>70 | O<br>66 | F<br>64 | Ne<br>160 |
| 3 | Na<br>157 | Mg<br>136 | | | | | | | | | | | Al<br>125 | Si<br>117 | P<br>110 | S<br>104 | Cl<br>99 | Ar<br>191 |
| 4 | K<br>202.5 | Ca<br>174 | Sc<br>144 | Ti<br>132 | V<br>122 | Cr<br>117 | Mn<br>117 | Fe<br>116.5 | Co<br>116 | Ni<br>115 | Cu<br>117 | Zn<br>125 | Ga<br>125 | Ge<br>122 | As<br>121 | Se<br>117 | Br<br>114 | Kr<br>198 |
| 5 | Rb<br>216 | Sr<br>192 | Y<br>162 | Zr<br>145 | Nb<br>134 | Mo<br>129 | Tc<br>127 | Ru<br>124 | Rh<br>125 | Pd<br>128 | Ag<br>134 | Cd<br>141 | In<br>150 | Sn<br>140 | Sb<br>141 | Te<br>137 | I<br>133.3 | Xe<br>209 |
| 6 | Cs<br>235 | Ba<br>198 | La<br>169 | Hf<br>144 | Ta<br>134 | W<br>130 | Re<br>128 | Os<br>126 | Ir<br>126 | Pt<br>129 | Au<br>134 | Hg<br>144 | Tl<br>155 | Pb<br>154 | Bi<br>152 | Po<br>153 | At<br>145 | Rn<br>220 |

| 镧系元素 | La | Ce | Pr | Nd | Pm | Sm | Eu | Gd | Tb | Dy | Ho | Er | Tm | Yb | Lu |
|---|---|---|---|---|---|---|---|---|---|---|---|---|---|---|---|
| | 169 | 164.6 | 164.3 | 164.2 | 163 | 166 | 185 | 161.4 | 159.2 | 158.9 | 158 | 156.7 | 156.2 | 169.9 | 155.7 |

（4）原子半径在周期表中的变化规律

① 同一周期从左向右，原子半径逐渐减小。因为同一周期元素原子的电子层相同，有效核电荷数逐渐增加，原子核对外层电子的引力增强，故原子半径从左向右逐渐减小。

② 同一主族元素从上至下，原子的电子层数增加，原子半径逐渐增大，同族副族元素，从上至下原子半径增大幅度较小。

### 2. 原子的电离能

基态的气态原子失去电子变为气态阳离子，必须克服原子核对电子的吸引力而消耗能量，这种能量称为元素的电离能，用符号 $I$ 表示，其单位为 $kJ \cdot mol^{-1}$。

从基态的中性气态原子失去一个电子形成氧化数为＋1 的气态阳离子所需要的能量，称为原子第一电离能用 $I_1$ 表示，由氧化数为＋1 的气态阳离子再失去一个电子形成氧化数为＋2 的气态阳离子所需要的能量，称为原子的第二电离能，用 $I_2$ 表示，其余依次类推。

$$M(g) - e^- \longrightarrow M^+(g) \qquad I_1$$

$$M^+(g) - e^- \longrightarrow M^{2+}(g) \qquad I_2$$

$$I_1 < I_2 < I_3$$

元素原子的电离能越小，原子越易失去电子，反之，原子的电离能越大，原子越难失去电子，常用元素原子的第一电离能来衡量原子失去电子的难易程度。

元素原子的电离能受原子的有效核电荷、原子半径和原子的电子层结构等因素的影响。周期表中各元素原子的第一电离能呈明显的周期性变化，见表 9-5。

**表 9-5 元素原子的第一电离能 $I_1/(kJ \cdot mol^{-1})$**

| 周期 | ⅠA | ⅡA | ⅢB | ⅣB | ⅤB | ⅥB | ⅦB | Ⅷ | | | ⅠB | ⅡB | ⅢA | ⅣA | ⅤA | ⅥA | ⅦA | 0 |
|---|---|---|---|---|---|---|---|---|---|---|---|---|---|---|---|---|---|---|
| 1 | H 1312 | | | | | | | | | | | | | | | | | He 2372 |
| 2 | Li 520 | Be 900 | | | | | | | | | | | B 810 | C 1086 | N 1402 | O 1314 | F 1681 | Ne 2081 |
| 3 | Na 496 | Mg 738 | | | | | | | | | | | Al 578 | Si 787 | P 1012 | S 1000 | Cl 1251 | Ar 1521 |
| 4 | K 419 | Ca 590 | Sc 631 | Ti 658 | V 650 | Cr 653 | Mn 711 | Fe 759 | Co 758 | Ni 737 | Cu 746 | Zn 906 | Ga 579 | Ge 762 | As 944 | Se 941 | Br 1140 | Kr 1350 |
| 5 | Rb 403 | Sr 550 | Y 616 | Zr 660 | Nb 664 | Mo 685 | Tc 702 | Ru 711 | Rh 720 | Pd 805 | Ag 731 | Cd 868 | In 558 | Sn 709 | Sb 832 | Te 869 | I 1008 | Xe 1170 |
| 6 | Cs 376 | Ba 503 | La 538 | Hf 654 | Ta 761 | W 770 | Re 760 | Os 840 | Ir 880 | Pt 870 | Au 890 | Hg 1007 | Tl 589 | Pb 716 | Bi 703 | Po 812 | At | Rn 1037 |

| 镧系元素 | La | Ce | Pr | Nd | Pm | Sm | Eu | Gd | Tb | Dy | Ho | Er | Tm | Yb | Lu |
|---|---|---|---|---|---|---|---|---|---|---|---|---|---|---|---|
| | 538 | 528 | 523 | 530 | 536 | 543 | 547 | 592 | 564 | 572 | 581 | 589 | 597 | 603 | 524 |

数据录自：J E. Huheey，Inorganic Chemistry：Principles of Structure and Reactivity，sec. edi. p40 Table 2. 4A

同一周期元素原子的第一电离能自左向右总趋势是逐渐增大。同一主族元素从上至下，第一电离能明显减小，对副族元素来说，从上至下第一电离能减小趋势不甚明显。

**3. 电子亲和能 *Y***

与电离能相反，元素原子的第一电子亲和能是指一个基态的气态原子得到一个电子形成氧化数为－1 的气态阴离子所释放出的能量。如：

$$O(g)+e^{-} \longrightarrow O^{-}(g) \qquad Y_1=-141kJ \cdot mol^{-1}$$

元素原子的第一电子亲和能代数值越小，原子越容易得到电子，反之，元素原子的第一电子亲和能代数值越大，原子越难得到电子。

在周期表中，电子亲和能代数值的变化规律是：同一周期中，从左向右，电子亲和能趋向减小；同一主族，元素原子亲和能从上至下，逐渐增大。

值得注意的是：电子亲和能、电离能只能表征孤立气态原子或离子得失电子的能力。

**4. 电负性**

为了较全面地描述不同元素原子在分子中对成键电子吸引的能力，鲍林（Pauling）提出了电负性的概念。他认为：元素的电负性是指元素的原子在分子中对电子吸引能力的大小。电负性越小，对电子吸引能力越小，金属性越强。他指定最活泼的非金属元素 F 原子的电负性 $\chi(F)=4.0$，通过比较计算出其他元素原子的电负性值，见表 9-6。

从表 9-6 可看出，随着原子序数递增，电负性明显地呈周期性变化。同一周期，自左向右，电负性增加（副族元素有些例外）。同族元素自上而下，电负性依次减小，但副族元素后半部，从上而下电负性略有增加。氟的电负性最大，因而非金属性最强，铯的电负性最小，因而金属性最强。

**表 9-6　元素的电负性 χ**

| | | | | | | | | | | | | | | | | | |
|---|---|---|---|---|---|---|---|---|---|---|---|---|---|---|---|---|---|
| 1 | H 2.1 | | | | | | | | | | | | | | | | |
| 2 | Li 1.0 | Be 1.5 | | | | | | | | | | | B 2.0 | C 2.5 | N 3.0 | O 3.5 | F 4.0 |
| 3 | Na 0.9 | Mg 1.2 | | | | | | | | | | | Al 1.5 | Si 1.8 | P 2.1 | S 2.5 | Cl 3.0 |
| 4 | K 0.8 | Ca 1.0 | Sc 1.3 | Ti 1.5 | V 1.6 | Cr 1.6 | Mn 1.5 | Fe 1.8 | Co 1.9 | Ni 1.9 | Cu 1.9 | Zn 1.6 | Ga 1.6 | Ge 1.8 | As 2.0 | Se 2.4 | Br 2.8 |
| 5 | Rb 0.8 | Sr 1.0 | Y 1.2 | Zr 1.4 | Nb 1.6 | Mo 1.8 | Tc 1.9 | Ru 2.2 | Rh 2.2 | Pd 2.2 | Ag 1.9 | Cd 1.7 | In 1.7 | Sn 1.8 | Sb 1.9 | Te 2.1 | I 2.5 |
| 6 | Cs 0.7 | Ba 0.9 | La～Lu 1.0～1.2 | Hf 1.3 | Ta 1.5 | W 1.7 | Re 1.9 | Os 2.2 | Ir 2.2 | Pt 2.2 | Au 2.4 | Hg 1.9 | Tl 1.8 | Pb 1.9 | Bi 1.9 | Po 2.0 | At 2.2 |
| 7 | Fr 0.7 | Ra 0.9 | Ac 1.1 | Th 1.3 | Pa 1.4 | U 1.4 | Np～No 1.4～1.3 | | | | | | | | | | |

# 第二节　分子结构基础

## 一、离子键

### 1. 离子键

1916 年，柯塞尔（W. Kossel）提出了离子键的概念，他认为离子键的本质是阴、阳离子之间的静电作用力。

$$F=\frac{q^{+}\times q^{-}}{d^{2}}$$

式中，$q^{+}$，$q^{-}$分别为阳离子、阴离子的电荷；$d$ 为阳、阴离子核间距。

阳、阴离子电荷越大，核间距越小，离子键的强度越大。离子键的强度一般用晶格能 $U$ 的大小来表示。

### 2. 离子键的特点

离子键的特点是没有方向性和饱和性，由于离子的电荷所产生的电场是球形对称的，所以它在空间各个方向静电效应是相同的，可以在任何方向吸引电荷相反的离子，因而离子键没有方向性。

离子键没有饱和性是指离子晶体中，每个离子总是尽可能多地吸引电荷相反的离子，使体系处于尽量低的能量状态，一个离子能吸引多少个异电离子，取决于正、负离子的半径比 $r^{+}/r^{-}$。其比值越大，正离子吸引负离子的数目越多，如表 9-7。

**表 9-7　半径比与配位数的关系**

| 半径比($r^{+}/r^{-}$) | 配　位　数 | 晶体类型 |
|---|---|---|
| 0.225～0.414 | 4 | ZnS 型 |
| 0.414～0.732 | 6 | NaCl 型 |
| 0.732～1.000 | 8 | CsCl 型 |

### 3. 离子性百分数

离子键是由正、负电荷的静电引力作用而形成的，但并不等于是纯粹的静电吸引，在正、负离子之间仍然存在有一定程度的原子轨道的重叠，也就是说仍有部分的共价性。一般情况下，相互作用的原子的电负性差值越大，所形成的离子键的离子性也就越大。通常用离子性百分数来表示键的离子性和共价性的相对大小。例如，由电负性最小的铯与电负性最大的氟所形成的最典型的离子型化合物氟化铯中，其离子键也只有 92%的离子性，仍有 8%的共价性。

## 二、共价键

1916 年，路易斯（Lewis）提出了共价键理论，认为电负性相同或差别不大的原子是通过共用电子对结合成键的，但没有说明原子间共用电子对为什么会导致生成稳定的分子及共价键的本质是什么等问题。

1927 年，德国科学家海勒特（W. Heithler）和伦敦（F. London）把量子力学的成就应用于最简单的 $H_2$分子结构上，由此建立了现代价键理论。

**1. 共价键理论的要点**

价键理论，又称电子配对法，简称 VB 法，其基本要点如下。

① 原子接近时，自旋相反的未成对单电子相互配对，原子核间的电子云密度增大，形成稳定的共价键。

② 一个原子有几个未成对电子，便能和几个来自其他原子的自旋方向相反的电子配对，生成几个共价键。

③ 成键电子的原子轨道在对称性相同的前提下，原子轨道发生重叠，重叠越多，生成的共价键越稳定——最大重叠原理。

**2. 共价键的特点**

共价键的特点是既有饱和性，又有方向性。

（1）饱和性　共价键的饱和性是指每个原子成键的总数或以单键连接的原子数目是一定的。因为共价键的本质是原子轨道的重叠和共用电子对的形成，每个原子的未成对的单电子数是一定的，所以形成共用电子对的数目也就一定。

（2）方向性　根据最大重叠原理，在形成共价键时，原子间总是尽可能地沿着原子轨道最大伸展的方向成键。共价键具有方向性的原因是因为除了 s 原子轨道是球形对称以外，p、d、f 原子轨道具有一定的伸展方向，只有沿着它的伸展方向成键才能满足最大重叠的条件。

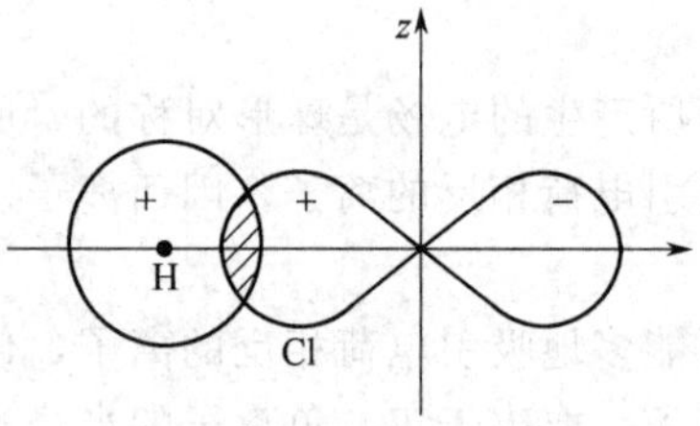

图 9-7　HCl 分子中的 σ 键

例如：在形成氯化氢分子时，氢原子的 1s 电子与氯原子的一个未成对电子（设为 $2p_x$）形成共价键，s 电子只有沿着 $p_x$ 轨道的对称轴（$x$ 轴）方向才能达到最大程度的重叠，形成稳定的共价键，见图 9-7。

**3. 共价键的类型**

根据原子轨道重叠方式的不同，共价键可分为 σ 键和 π 键。

（1）σ 键　成键原子轨道沿着两核的连线方向，以“头碰头”的方式发生重叠形成的共价键称为 σ 键（图 9-8）。σ 键特点是原子轨道重叠部分沿键轴方向具有圆柱形对称。由于原子轨道在轴向上重叠是最大程度的重叠，故 σ 键的键能大而且稳定性高。例如：$H_2$分子中的 $\sigma_{s\text{-}s}$，HCl 分子中的 $\sigma_{s\text{-}p}$ 键。

（2）π 键　成键原子轨道沿两核的连线方向，以“肩并肩”的方式发生重叠形成的共价键称为 π 键（图 9-9）。π 键的特点是原子轨道重叠部分是以通过一个键轴的平面呈镜面反对称。π 键没有 σ 键牢固，较易断裂。

共价单键一般是 σ 键，在共价双键和共价叁键中，除 σ 键外，还有 π 键。例如 $N_2$分子中的 N 原子有 3 个未成对的 p 电子，2 个 N 原子间除形成 σ 键外，还形成 2 个互相垂直的 π

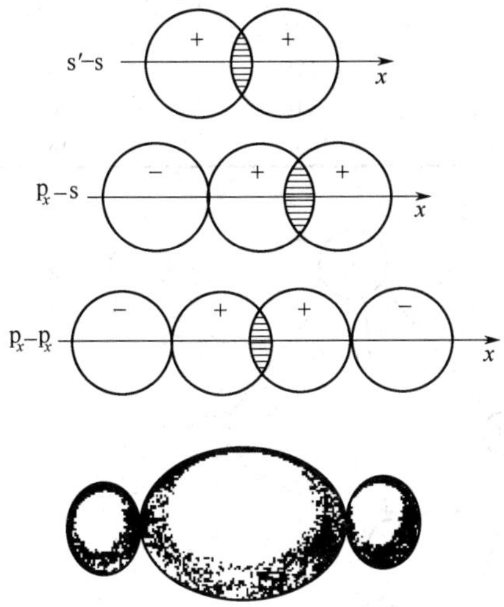


图 9-8 σ 键及其电子云

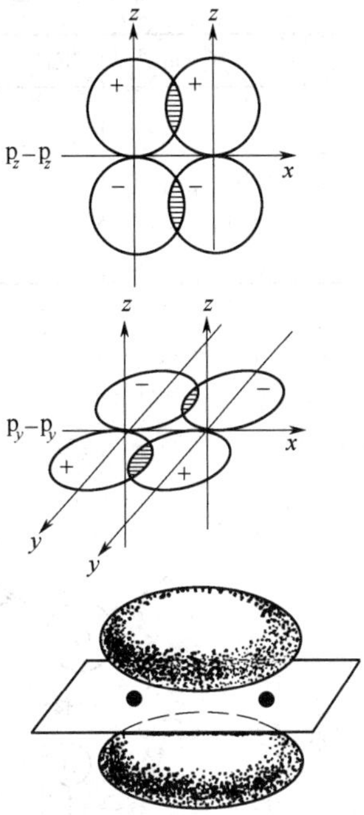


图 9-9 π 键及其电子云

键，见图 9-10。

**4. 共价键的键参数**

化学键的性质可以用某些物理量来描述，凡能表征化学键性质的量都可以称为键参数。

(1) 键能 键能是指气体分子每断裂单位物质的量的某键时体系能量的变化，近似地等于焓变，用 $E_{AB}$表示，单位为 $kJ \cdot mol^{-1}$。

$$AB(g) \longrightarrow A(g) + B(g) \qquad E_{AB} = \Delta U^{\ominus}_{298.15K} = \Delta H^{\ominus}_{298.15K}$$

键能可以作为衡量化学键牢固程度的键参数，键能越大，键越牢固。

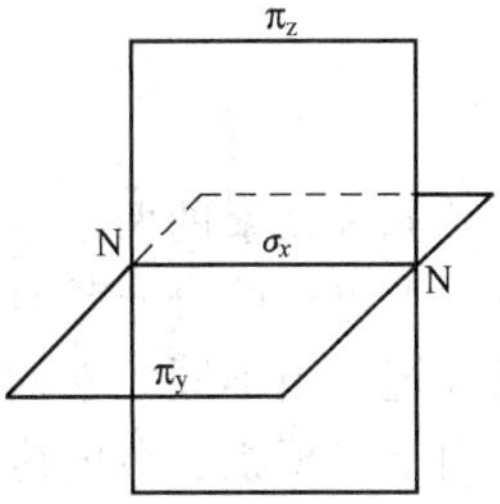


图 9-10 $N_2$ 分子中的共价键

对双原子分子来说，键能在数值上就等于键离解能 $D$。多原子分子中若某键不止一个，则该键键能为同种键逐级解离能的平均值。

$$H_2 \longrightarrow 2H(g)$$

$$E_{H-H} = D_{H-H} = 431kJ \cdot mol^{-1}$$

(2) 键长 分子内成键两原子核间的平衡距离称为键长 ($L_b$)。

两个确定的原子之间，如果形成不同的化学键，其键长越短，键能就越大，化学键就越牢固，见表 9-8。

(3) 键角 在分子中两个相邻化学键之间的夹角称为键角。

如果知道了某分子内全部化学键的键长和键角数据，那么这个分子的几何构型就确定了，如图 9-11 所示。

(4) 键的极性 由于形成共价键的两个原子的电负性完全相同或者相差不大，共价键可分为非极性键和极性键。

**表 9-8 某些分子的键能与键长**

| 化学键 | 键长/pm | 键能/(kJ·mol⁻¹) | 化学键 | 键长/pm | 键能/(kJ·mol⁻¹) |
|---|---|---|---|---|---|
| H—H | 74 | 431 | C—C | 154 | 356 |
| H—F | 91.8 | 565 | C=C | 134 | 598 |
| H—Cl | 127.4 | 428 | C≡C | 120 | 813 |
| H—Br | 140.8 | 366 | N—N | 146 | 160 |
| H—I | 160.8 | 299 | N≡N | 109.8 | 946 |

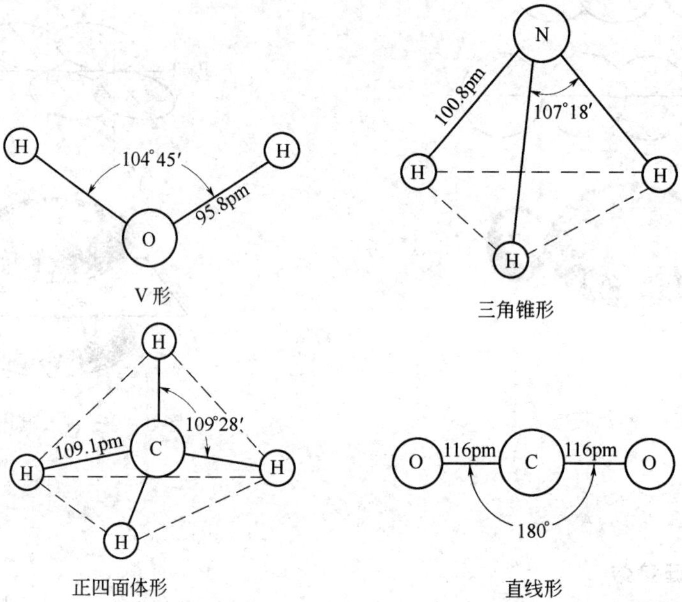


图 9-11 分子的几何构型

同种元素的两个原子形成共价键时，由于两个原子对共用电子对有相同的作用力，键轴方向上电荷的分布是对称的，正、负电荷重心重合，这种共价键称为非极性共价键，简称非极性键。当不同元素的原子形成共价键时，共用电子对偏向于电负性大的原子，从而使键轴方向上出现正、负电荷中心，这种共价键称为极性共价键，简称极性键。

成键两原子的电负性差值 $\Delta\chi=0$ 时，化学键为非极性键，如 $H_2$，$N_2$，$O_2$。$\Delta\chi$ 越大，共价键的极性越大，如键的极性：HF>HCl>HBr>HI。一般来说，当 $\Delta\chi>1.7$ 时，共用电子对完全偏向一方，便形成了离子键。

## 三、杂化轨道理论

价键理论在阐明共价键的本质和共价键的特征方面获得了相当的成功。随着近代物理技术的发展，人们已能用实验方法确定许多共价分子的空间构型，但用价键理论往往不能满意地加以解释。例如根据价键理论，水分子中氧原子的两个成键的 2p 轨道之间的夹角应为 90°，而实验测得两个 O—H 键间的夹角为 104.5°。为了阐明共价型分子的空间构型，1913 年，鲍林在价键理论的基础上，提出了杂化轨道理论。

**1. 杂化轨道理论要点**

① 形成分子时，在键合原子的作用下，中心原子的若干不同类型的能量相近的原子轨道混合起来，重新组合生成一组新的能量相同的原子轨道。这种重新组合的过程叫做杂化，所形成的新的原子轨道叫做杂化轨道。

② 杂化轨道的数目与参加杂化的原子轨道的数目相等。

③ 杂化轨道的成键能力比原来原子轨道的成键能力强，因杂化轨道波函数角度分布图一端特别突出而肥大，在满足原子轨道最大重叠基础上，所形成的分子更稳定。不同类型的杂化轨道成键能力不同。

④ 杂化轨道参与成键时，要满足化学键间最小排斥原理，键与键之间斥力的大小决定于键的方向，即决定于杂化轨道的夹角。

**2. 杂化类型与分子几何构型**

根据杂化时参与杂化的原子轨道种类不同，杂化轨道有多种类型。

（1）sp 杂化　同一原子内有一个 $n$s 原子轨道和一个 $n$p 原子轨道杂化而成，称为 sp 杂化，所形成的杂化轨道叫做 sp 杂化轨道。

sp 杂化轨道含有$\frac{1}{2}$s 轨道和$\frac{1}{2}$p 轨道成分。杂化轨道之间的夹角为 180°。

$BeH_2$，$BeCl_2$，$CO_2$，$HgCl_2$，$C_2H_2$等分子的中心原子均采取 sp 杂化轨道成键，故其分子的几何构型均为直线型，分子内键角为 180°，见图 9-12。

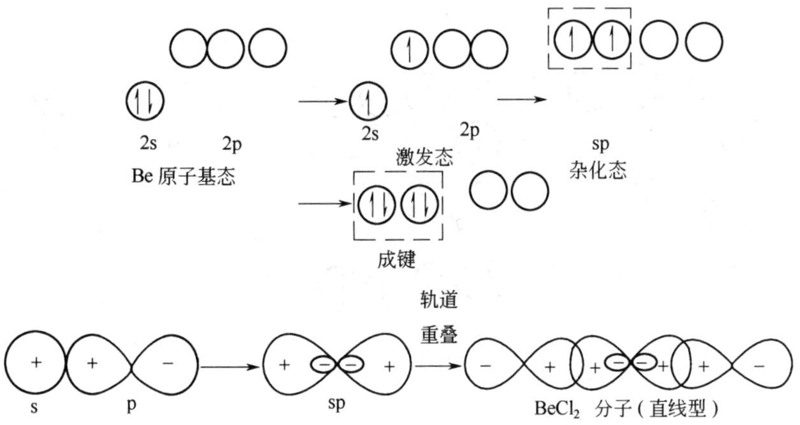


图 9-12　sp 杂化轨道与 $BeCl_2$ 分子几何构型

（2）$sp^2$ 杂化　同一原子内由一个 $n$s 原子轨道和两个 $n$p 原子轨道杂化而成，这种杂化称为 $sp^2$ 杂化。所形成的杂化轨道称为 $sp^2$ 杂化轨道，它的特点是：每个杂化轨道都含有$\frac{1}{3}$s 轨道和$\frac{2}{3}$p 轨道成分。杂化轨道之间的夹角为 120°。形成的分子的几何构型为平面三角形。如：$BF_3$，$BCl_3$，$BBr_3$，$SO_3$分子及 $CO_3^{2-}$，$NO_3^-$ 离子的中心原子均采取 $sp^2$ 杂化轨道与配位原子成键，故其分子构型为平面三角形，分子键角为 120°，见图 9-13。

（3）$sp^3$ 杂化　同一原子内由一个 $n$s 原子轨道和三个 $n$p 原子轨道杂化而成，这种杂化称为 $sp^3$ 杂化。所形成的杂化轨道称为 $sp^3$ 杂化轨道。它的特点是：每个杂化轨道都含有 $\frac{1}{4}$s 轨道和$\frac{3}{4}$p 轨道成分。杂化轨道之间的夹角为 109°28′。例如 $CH_4$分子的形成过程见图 9-14。

**3. 等性杂化与不等性杂化**

前面几种杂化都是能量和成分完全等同的杂化，称为等性杂化。如果参加杂化的原子轨道中有不参加成键的孤对电子存在，杂化后所形成的杂化轨道的形状和能量不完全等同，这类杂化称为不等性杂化。例如：$NH_3$分子中，N 原子的价层电子构型为 $2s^22p^3$，它的一个 s

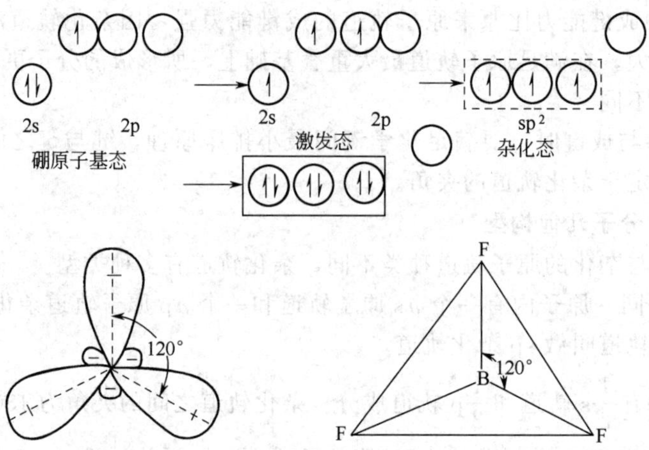


(a) $sp^2$杂化轨道　　(b) $BF_3$分子构型

图 9-13　$sp^2$ 杂化轨道与 $BF_3$ 分子几何构型

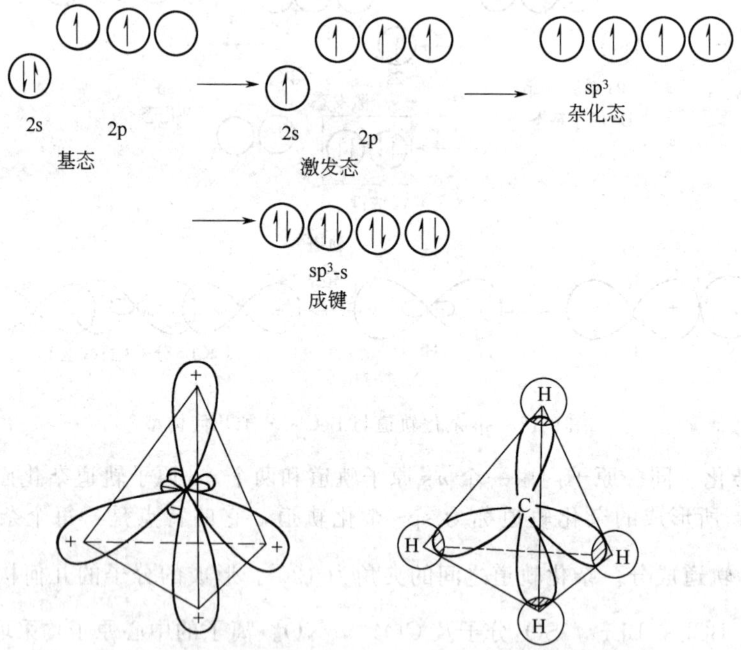


(a) $sp^3$杂化轨道　　(b) $CH_4$分子几何构型

图 9-14　$sp^3$ 杂化轨道与 $CH_4$ 分子几何构型

轨道和三个 p 轨道杂化形成 4 个 $sp^3$ 杂化轨道，其中一个杂化轨道有一对成对电子，称为孤对电子，另外三个杂化轨道各有一个单电子与 H 原子的 1s 原子轨道重叠，单电子配对成键。由于孤电子对对另外三个成键的轨道有排斥压缩作用，致使 $NH_3$ 分子的键角不是 109°28′，而是 107°18′。$NH_3$ 的几何构型是三角锥形，如图 9-15 所示。

对于 $H_2O$ 分子，同样有两个杂化轨道被孤对电子占据，对成键的两个杂化轨道的排斥作用更大，以致两个 O—H 键间的夹角压缩成 104°45′，所以水分子的几何构型呈“V”字形，如图 9-15 所示。

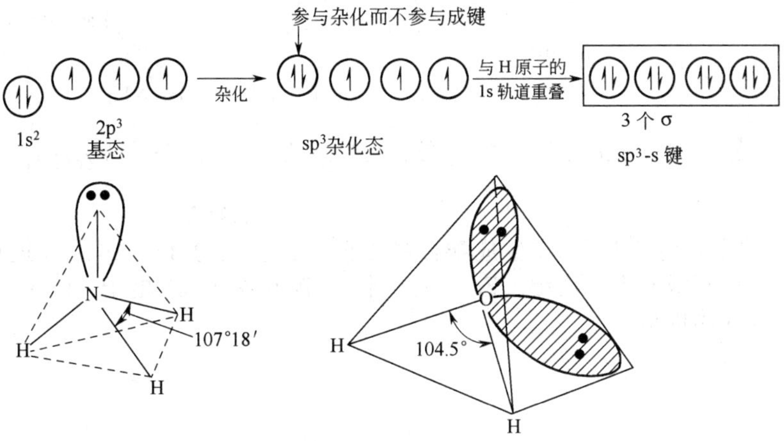


图 9-15　$NH_3$、$H_2O$ 分子的几何构型

## *四、配合物的化学键理论

### 1. 价键理论

配合物的价键理论是鲍林首先将杂化轨道理论应用于配合物中而逐渐形成和发展起来的，其基本要点如下。

① 配合物的中心离子与配体之间以配位键结合。要形成配位键，配体中配位原子必须含孤对电子（或 π 键电子），形成体必须具有空的价电子轨道。例如 $[Zn(NH_3)_4]^{2+}$ 配离子的形成：

$$Zn^{2+}+4NH_3 \longrightarrow \left[\begin{array}{c} NH_3 \\ \downarrow \\ H_3N \rightarrow Zn \leftarrow NH_3 \\ \uparrow \\ NH_3 \end{array}\right]^{2+}$$

配位体 $NH_3$ 分子中的 N 原子提供孤对电子，与 $Zn^{2+}$ 共用形成配位键。

② 中心离子的空轨道必须杂化，以杂化轨道成键。在形成配合物时，中心离子的杂化轨道与配体的孤对电子（π 键电子）所在的轨道发生重叠，从而形成配位键。在形成配合物时，中心离子全部以外层空轨道（$n$s，$n$p，$n$d）参与杂化成键，所形成的配合物称为外轨型配合物。若中心离子的次外层（$n-1$)d 内层轨道参与杂化成键，则形成的配合物称为内轨型配合物。

### 2. 配离子的形成

（1）外轨型配离子的形成　以外轨型配离子 $[Zn(NH_3)_4]^{2+}$ 为例，中心离子 $Zn^{2+}$ 价电子层结构是 $3d^{10}4s^04p^0$，在与 $NH_3$ 分子接近时，$Zn^{2+}$ 的一个 4s 和三个 4p 空轨道杂化形成四个等价的 $sp^3$ 杂化轨道，分别接受四个 N 原子提供的孤对电子，形成四个配位键。因而形成的 $[Zn(NH_3)_4]^{2+}$ 配离子属外轨型，呈正四面体构型。对于外轨型配离子，中心离子的价电子层结构保持不变，即内层 d 电子尽可能分占每个 d 轨道且自旋平行，未成对电子数一般较多，因而表现为顺磁性，且磁矩较高，称为高自旋体（或高自旋型配合物）。

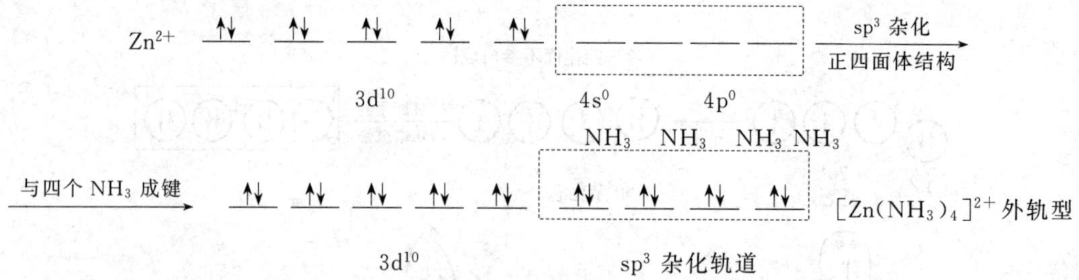


$[FeF_6]^{3-}$的中心离子$Fe^{3+}$在生成配位键之前，其空轨道4s、4p、4d进行了$sp^3d^2$杂化，与6个F原子形成6个配位键。$Fe^{3+}$的5个3d轨道各有1个电子，$[FeF_6]^{3-}$为外轨型配离子，呈正八面体构型。

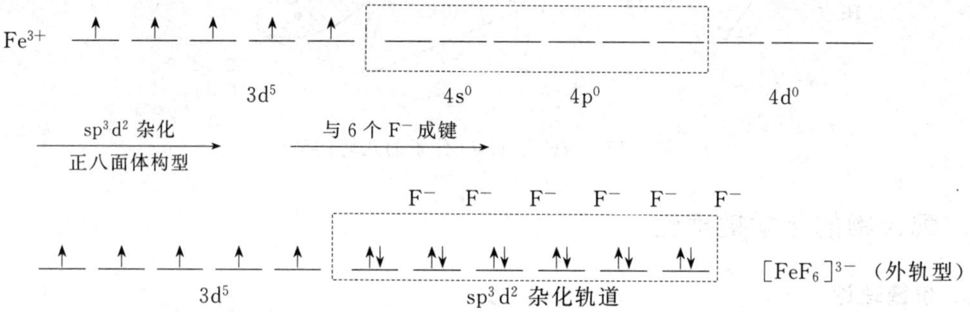


(2) 内轨型配离子的形成　以$[Fe(CN)_6]^{3-}$配离子的形成为例，$Fe^{3+}$受配体$CN^-$的强烈影响，$Fe^{3+}$的价电子发生重排，5个d电子配对集中到3个3d轨道上，空出两个3d轨道，于是$Fe^{3+}$以$d^2sp^3$杂化，与$CN^-$形成内轨型配离子。

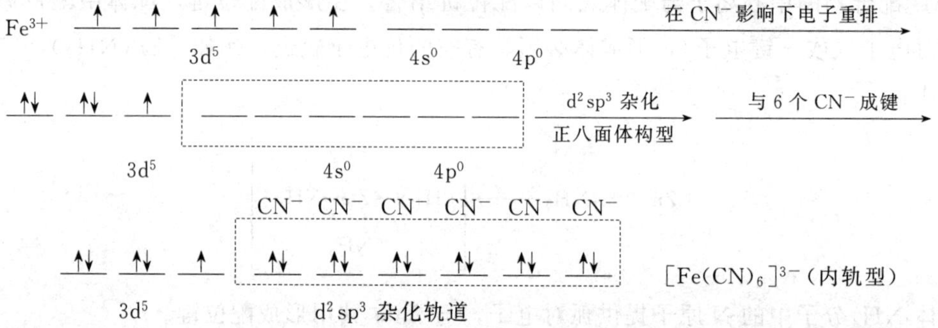


对于$[Cu(NH_3)_4]^{2+}$，中心离子$Cu^{2+}$的价电子排布为$3d^94s^04p^0$，在成键过程中，受配体$NH_3$的影响，$Cu^{2+}$的一个3d电子激发到4p空轨道上。空出一个3d轨道，因而$Cu^{2+}$以$dsp^2$杂化，与$NH_3$形成内轨型配离子。对于内轨型配离子，中心离子的内层d电子经常发生重排。使未成对电子数减少，因而表现为弱的顺磁性，磁矩较小，称为低自旋体（或低自旋型配离子）。如果中心离子的价电子完全配对或重排后完全配对，则表现为抗磁性，磁矩为零。

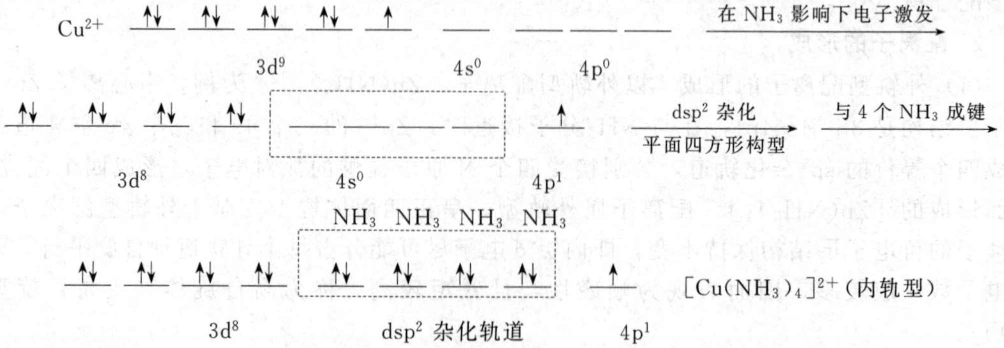

中心离子的配位数决定了中心离子的杂化类型，配离子的空间构型及其类型见表9-9。

**表 9-9 中心离子轨道杂化类型与空间构型等的关系**

| 配位数 | 杂化类型 | 空间构型 | 配离子类型 | 实 例 |
|---|---|---|---|---|
| 2 | sp | 直线形 | 外轨型 | $[Ag(CN)_2]^-$，$[Cu(NH_3)_2]^{2+}$ |
| 3 | $sp^2$ | 平面三角形 | 外轨型 | $CuCl_3^-$，$[Cu(CN)_3]^{2-}$ |
| 4 | $sp^3$ | 正四面体形 | 外轨型 | $[Ni(NH_3)_4]^{2+}$，$[Co(SCN)_4]^{2-}$ |
| | $dsp^2$ | 平面四方形 | 内轨型 | $[Cu(NH_3)_4]^{2+}$，$[PtCl_4]^{2-}$ |
| 6 | $sp^3d^2$ | 正八面体形 | 外轨型 | $[Fe(H_2O)_6]^{2+}$，$[FeF_6]^{3-}$ |
| | $d^2sp^3$ | 正八面体形 | 内轨型 | $[Fe(CN)_6]^{4-}$，$[Cr(NH_3)_6]^{3+}$ |

对于一个配离子，究竟形成的是外轨型配合物，还是内轨型配合物，与中心离子的价电子层结构和配体的性质有关，其主要因素是中心离子的价电子结构。如中心离子内层 d 轨道已经全满（如 $Zn^{2+}$，$3d^{10}$；$Ag^+$，$4d^{10}$），没有可利用的内层空轨道，只能形成外轨型配离子；中心离子本身具有空的内层 d 轨道（如 $Cr^{3+}$，$3d^3$），一般倾向于形成内轨型配离子；中心离子的内层 d 轨道都有电子占据，但未完全充满（$d^4 \sim d^9$），则既可形成外轨型配离子，也可形成内轨型配离子，这时，配体就成为决定配合物类型的主要因素。如 $F^-$、$H_2O$、$OH^-$ 等配位体中配位原子 F、O 的电负性较高，倾向于形成外轨型配离子；$CN^-$、CO 等配体中配位原子 C 的电负性较低，倾向于形成内轨型配离子。

（3）物质的磁性　物质的磁性大小可用磁矩 $\mu$ 来衡量，它与所含未成对电子数 $n$ 之间的关系可表示为：

$$\mu=\sqrt{n(n+2)}\,\mu_B$$

式中，$\mu_B$称为 Bohr（玻尔）磁子，是磁矩单位。

由磁矩计算公式可知，磁矩 $\mu$ 越大，配离子所含未成对电子越多。即配离子的磁性与中心离子中所含未成对电子数的多少密切相关。例如，$Fe^{3+}$ 在形成外轨型 $[FeF_6]^{3-}$ 配离子时，具有 5 个自旋平行的未成对电子，为高自旋体，磁矩大（实测为 $5.88\mu_B$）；而在形成内轨型 $[Fe(CN)_6]^{3-}$ 配离子时，由于 3d 电子重排后只有一个未成对电子，因而磁矩较小（实测为 $2.3\mu_B$），为低自旋体；$Fe^{2+}$ 在形成内轨型配离子 $[Fe(CN)_6]^{4-}$ 时，3d 轨道发生了重排，不含未成对电子，磁矩为零。

注意，利用磁矩判断内轨型和外轨型配离子具有一定的局限性，例如 $Cu^{2+}$（$3d^9$）离子，有一个未成对电子，它在形成内轨型配离子 $[Cu(NH_3)_4]^{2+}$ 或外轨型配离子 $[CuCl_3]^-$ 时，磁矩相同，这时就不能根据磁矩大小来判断配离子类型。

## 五、分子间力和氢键

分子中除有化学键外，在分子与分子之间还存在着一种比化学键弱得多的相互作用力，称为分子间力。例如：液态的水要汽化，必须吸收热量来克服分子间力才能汽化。早在 1873 年范德华（van der Waals）就注意到分子间力的存在并进行了卓有成效的研究，因此分子间力又叫范德华力。分子间力是决定物质物理性质的主要因素。

### 1. 分子的极性

由于形成分子的原子电负性不同，分子内出现正、负电荷中心不在同一点，这样的分子就具有极性。分子极性的大小，用偶极距 $\mu$ 来衡量，此偶极距称为固有偶极。

$$\mu=q \cdot d$$

式中，$q$ 为分子内正、负电荷中心所带电荷；$d$ 为正、负电荷中心的距离。如果 $\mu=0$，则分子为非极性分子。如果 $\mu>0$，则分子为极性分子。$\mu$ 越大，极性越强，固有偶极越大。对双原子分子，分子的极性等同于化学键的极性。对多原子分子来说，分子的极性要视分子的组成与几何构型而定，见表 9-10。

**表 9-10　分子的极性与几何构型的关系**

| 分　子 | 几何构型 | 分子极性 | 分　子 | 几何构型 | 分子极性 |
|---|---|---|---|---|---|
| $H_2$ | 直线形 | 无 | $CH_4$ | 正四面体形 | 无 |
| HF | 直线形 | 有 | $NH_3$ | 三角锥形 | 有 |
| $BeH_2$ | 直线形 | 无 | $H_2O$ | V 形 | 有 |
| $BF_3$ | 平面三角形 | 无 | $CH_3Cl$ | 四面体形 | 有 |

**2. 分子间力**

（1）取向力　当两个极性分子彼此靠近时，由于固有偶极存在，同极相斥，异极相吸。使分子发生相对移动，并定向排列。因异极间的静电引力，极性分子相互更加靠近，由于固有偶极的取向而产生的作用力，称为取向力。

取向力的本质是静电引力，它只存在于极性分子间。

（2）诱导力　当极性分子与非极性分子相互接近时，极性分子使非极性分子的正负电荷重心彼此分离，产生诱导偶极。这种由于诱导偶极而产生的作用力，称为诱导力。

诱导力不仅存在于极性分子与非极性分子间，也存在于极性分子与极性分子之间。诱导力的本质也是静电引力。

（3）色散力　当非极性分子相互接近时，由于分子中电子的不断运动和原子核的不断振动，常发生电子云和原子核之间的瞬时相对位移，而产生瞬时偶极。分子间由于瞬时偶极而产生的作用力称为色散力。

色散力普遍存在于各种分子以及原子之间。分子的质量越大，色散力也越大。对大多数分子来说，色散力是分子间主要的作用力，三种作用力的大小一般为色散力≫取向力＞诱导力。

分子间力随着分子间的距离增大而迅速减小，其作用力约比化学键小 1～2 个数量级。分子间力没有方向性和饱和性。

**3. 氢键**

（1）氢键的形成　$NH_3$、$H_2O$ 和 HF 与同族氢化物相比，沸点、熔点、汽化热等物理性质表现出显著的差异，说明这些物质的分子间除了存在一般分子间力外，还存在另一种作用力——氢键。

当 H 原子与电负性很大、半径很小的原子 X（X 可以为 F、O、N）以共价键结合生成 X—H 时，共用电子对偏向于 X 原子，使 H 原子变成几乎没有电子云的“裸”质子，呈现相当强的正电性，且半径很小，使 $H^+$ 的电势密度很大，极易与另一个分子中含有孤对电子且电负性很大的原子相结合而生成氢键。氢键可表示为 X—H…Y。

形成氢键的两个条件：

① 有一个与电负性很大的原子 X 形成共价键的氢原子。

② 有另一个电负性很大，且有孤对电子的原子 Y。

氢键既有方向性又有饱和性。

氢键的键能一般在 15～35kJ・$mol^{-1}$，比化学键的键能小得多，与分子间作用力的大小比较相近。

氢键可分为分子间氢键和分子内氢键（图 9-16）。

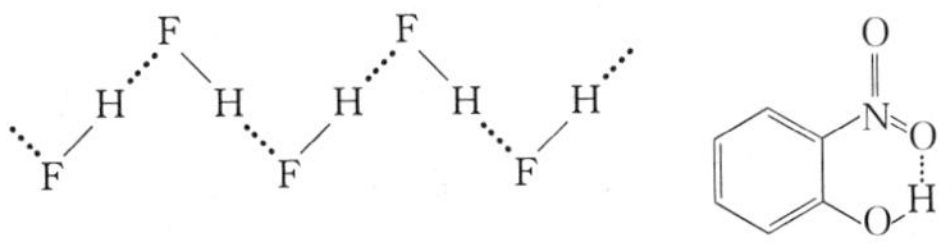

图 9-16 分子间氢键与分子内氢键

（2）氢键对化合物性质的影响 氢键的存在，影响到物质的某些性质。

① 分子间氢键的生成使物质的熔、沸点比同系列氢化物的熔、沸点高。例如，HF，$H_2O$，$NH_3$的熔、沸点比其同族氢化物的熔、沸点要高。

② 在极性溶剂中，氢键的生成使溶质的溶解度增大。例如，HF 和 $NH_3$在水中的溶解度较大。

③ 存在分子间氢键的液体，一般黏度较大。例如，磷酸、甘油、浓硫酸等多羟基化合物由于氢键的生成而为黏稠状液体。

④ 液体分子间若生成氢键，有可能发生缔合现象。分子缔合的结果会影响液体的密度。

$H_2O$ 分子间也有缔合现象。降低温度，有利于水分子的缔合。温度降至 0℃时，全部水分子结合成巨大的缔合物——冰。

## *第三节 晶体结构基础

固体物质可分为晶体和非晶体两种，物质微粒（原子、分子、离子等）有规则周期性地排列形成的具有整齐外形的固体称为晶体。微粒无规则地排列则形成非晶体。为了便于研究晶体中微粒（原子、分子或离子）的排列规律，法国结晶学家布拉维（A. Bravais）提出：把晶体中规则排列的微粒抽象为几何学中的点，并称为结点。这些结点的总和称为空间点阵。沿着一定的方向按某种规则把结点连接起来，则可以得到描述各种晶体内部结构的几何图像——晶体的空间格子（简称为晶格）。图 9-17 为最简单的立方晶格示意图。

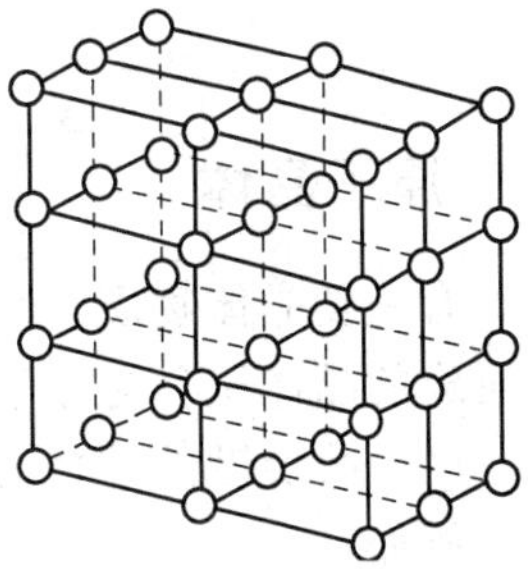

图 9-17 立方晶格

根据晶格结点上粒子种类及粒子间结合力不同，晶体可分为离子晶体、原子晶体、分子晶体和金属晶体等基本类型。

### 一、离子晶体

凡靠离子间引力结合而成的晶体统称为离子晶体。离子化合物在常温下均为离子晶体。

离子晶体中，晶格结点上有规则地交替排列着阴、阳离子。由于阴、阳离子间静电引力较大，破坏离子晶体就需要克服这种引力。因此离子晶体具有较高的熔点、沸点和硬度。晶格能越大，离子晶体的熔、沸点越高，硬度越大，离子化合物越稳定。

晶格能是指相互远离的气态正离子和负离子结合成离子晶体时所释放的能量，以符号 $U$ 表示，可通过玻恩-哈伯（Born-Haber）循环法通过热化学计算来求得。晶格能越大，表明所形成的离子键越强。对于相同类型的离子晶体来说，离子电荷越大，正、负离子的核间距越短，晶格能的绝对值就越大，见表 9-11。

表 9-11　晶格能与离子型化合物的物理性质

| NaCl 型晶体 | NaI | NaBr | NaCl | NaF | BaO | SrO | CaO | MgO | BeO |
|---|---|---|---|---|---|---|---|---|---|
| 离子电荷 | 1 | 1 | 1 | 1 | 2 | 2 | 2 | 2 | 2 |
| 核间距/pm | 318 | 294 | 279 | 231 | 277 | 257 | 240 | 210 | 165 |
| 晶格能/(kJ·mol$^{-1}$) | 686 | 732 | 786 | 891 | 3041 | 3204 | 3476 | 3916 | — |
| 熔点/K | 933 | 1013 | 1074 | 1261 | 2196 | 2703 | 2843 | 3073 | 2833 |
| 硬度(莫氏标准) | — | — | — | — | 3.3 | 3.5 | 4.5 | 6.5 | 9.0 |

通常把晶体内（或分子内）某一粒子周围最接近的粒子数目，称为该粒子的配位数。对于 AB 型离子晶体中有三种典型的结构类型：NaCl 型（配位数为 6）、CsCl 型（配位数为 8）和立方 ZnS 型（配位数为 4），如图 9-18 所示。

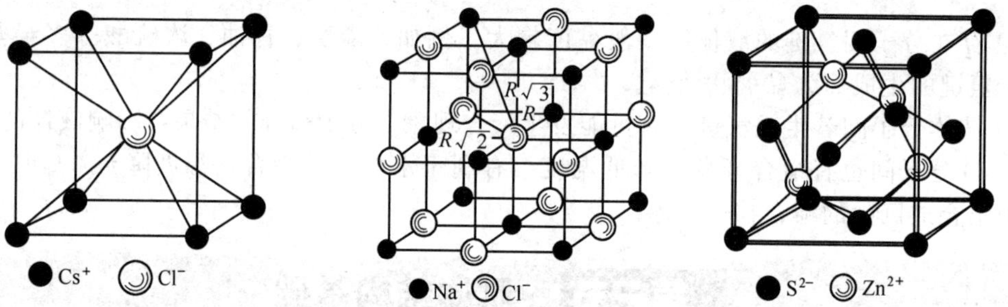


(a) CsCl 型　(b) NaCl 型　(c) 立方 ZnS 型

图 9-18　CsCl、NaCl 和立方 ZnS 型离子晶体

## 二、原子晶体

有一类晶体物质，晶格结点上排列的是原子，原子之间通过共价键结合。凡靠共价键结合而成的晶体统称为原子晶体。例如金刚石就是一种典型的原子晶体，见图 9-19。

由于共价键的结合力强，键的强度也较大，因此原子晶体的硬度很大，熔点和沸点很高，例如：

| 原子晶体物质 | 硬度 | 熔点 |
|---|---|---|
| 金刚石 | 10 | ＞3550℃ |
| 金刚砂（SiC） | 9.5 | 2700℃ |

这类晶体通常不导电（即使熔融也不导电），是热的不良导体，延展性差。

属于原子晶体的物质为数不多。除金刚石外，单质硅（Si）、单质硼（B）、碳化硅（SiC）、石英（$SiO_2$）、碳化硼（$B_4C$）、氮化硼（BN）和氮化铝（AlN）等，亦属原子晶体。

## 三、分子晶体

凡靠分子间力（有时还可能有氢键）结合而成的晶体统称为分子晶体。分子晶体中晶格结点上排列的是分子（也包括像稀有气体那样的单原子分子）。干冰（固体 $CO_2$）就是一种典型的分子晶体，如图 9-20 所示。由于分子间力比离子键、共价键要弱得多，所以分子晶体物质一般熔点低、硬度小、易挥发。

稀有气体、大多数非金属单质（如氢气、氮气、氧气、卤素单质、磷、硫磺等）和非金属之间的化合物（如 HCl、$CO_2$ 等），以及大部分有机化合物，在固态时都是分子晶体。

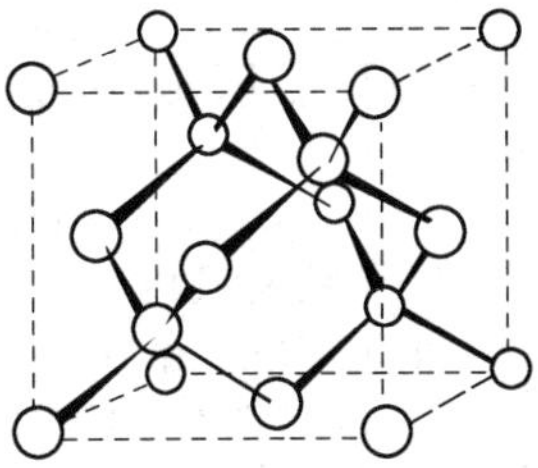

图 9-19 金刚石的原子晶体

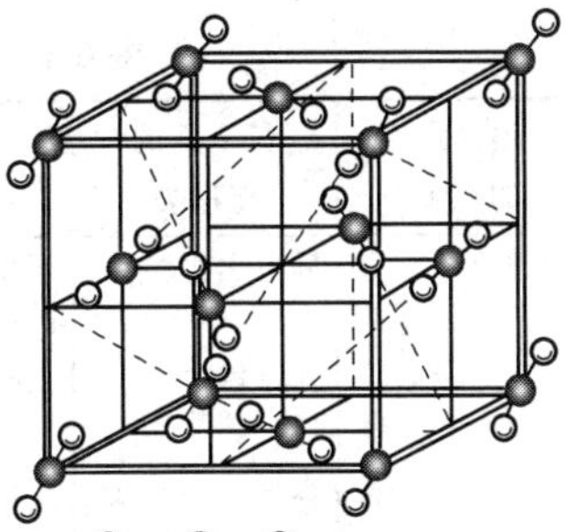


图 9-20 $CO_2$的分子晶体

## 四、金属晶体

在金属晶体中，晶格结点上排列的粒子是金属原子。

**1. 金属键理论**

金属键理论认为，在固态或液态金属中，价电子可以自由地从一个原子跑向另一个原子，这样一来就好像价电子为许多原子或离子（指每个原子释放出自己的电子便成为离子）所共有。这些共用电子起到把许多原子（或离子）黏合在一起的作用，形成了所谓的金属键。这种键可以认为是改性的共价键，这种键是由多个原子共用一些能够流动的自由电子所组成的。对于金属键有两种形象化的说法：一种说法是在金属原子（或离子）之间有电子气在自由流动；另一种说法是“金属离子浸沉在电子的海洋中”。金属键没有方向性和饱和性。

自由电子的存在使金属具有良好的导电性、导热性和延展性。但金属结构毕竟是很复杂的，致使某些金属的熔点、硬度相差很大。

**2. 金属晶体的密堆积结构**

为了形成稳定的金属结构，金属原子将尽可能采取最紧密的方式堆积起来（简称金属密堆积），所以金属一般密度较大，而且每个原子都被较多的相同金属原子包围，配位数较大。

根据研究，金属中最常见的三种晶格是：(a) 配位数为 8 的体心立方晶格；(b) 配位数为 12 的面心立方紧堆晶格；(c) 配位数为 12 的六方紧堆晶格，如图 9-21 所示。

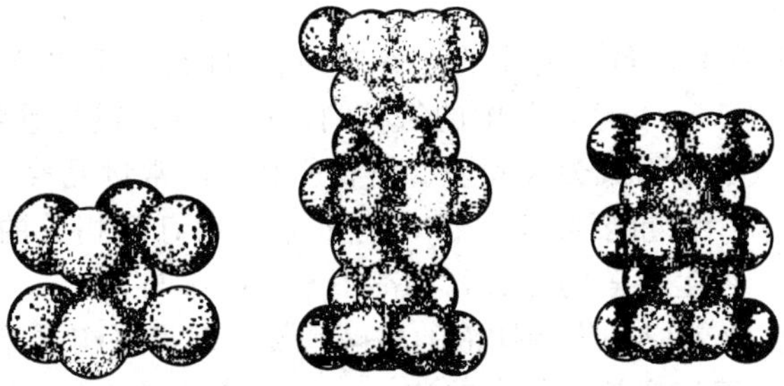

(a) 体心立方晶格　(b) 面心立方紧堆晶格　(b) 六方紧堆晶格

图 9-21 金属晶体的密堆积晶格

体心立方晶格：K，Rb，Cs，Li，Na，Cr，Mo，Fe 等；

面心立方紧堆晶格：Sr，Ca，Pb，Ag，Au，Al，Cu，Ni 等；

六方紧堆晶格：La，Y，Mg，Zr，Hf，Cd，Ti，Co 等。

以上介绍了晶体的四种基本类型，表 9-12 中列出了它们的组成、键型、一般性质等。

**表 9-12 四种晶体类型的比较**

| 晶体类型 | 晶格结点上的粒子 | 粒子间的作用力 | 晶体的一般性质 | 物质示例 |
|---|---|---|---|---|
| 离子晶体 | 阳、阴离子 | 静电引力 | 熔点较高、略硬而脆、固态不导电（熔化或溶于水时能导电） | 活泼金属的氧化物和盐类等 |
| 原子晶体 | 原子 | 共价键 | 熔点高、易挥发<br>硬度高、不导电 | 金刚石、单质硅、单质硼、碳化硅、石英、氮化硼等 |
| 分子晶体 | 分子 | 分子间力氢键 | 熔点低、易挥发硬度小、不导电 | 稀有气体、多数非金属单质、非金属之间化合物、有机化合物等 |
| 金属晶体 | 金属原子<br>金属阳离子 | 金属键 | 导电性、导热性、延展性好、有金属光泽 | 金属或合金 |

# *第四节 重要的生命元素

## 一、生命元素的组成

根据元素的生物效应，将元素分为生命元素和非生命元素。参与生命活动的元素称为生命元素（又称必需元素），目前在生命体中已检出 28 种元素；有些元素存在与否与生命活动无关，称为非生命元素（又称非必需元素）；有些元素会污染环境，损害生命体，称为有害元素。若根据在生物体中含量的多少，生命元素又分为常量元素和微量元素，其中占生物体质量 0.01%以上的称为常量元素或宏量元素，含量低于 0.01%的元素称为微量或痕量元素。

人体必需的常量元素有 11 种，分别是碳、氢、氧、氮、钙、磷、钠、镁、钾、硫、氯，共占人体总质量的 99.95%，人体必需的微量元素有 14 种，它们是：铁、钴、镍、铜、锌、硅、钒、铬、锰、氟、硒、锡、碘、溴。

## 二、生命元素在周期表中的分布及其生物效应

生命元素主要分布在周期表的第二、第三、第四、第五周期，其中宏量元素主要分布在第二、第三周期，微量元素主要集中在第四周期，有害元素主要集中在第五、第六周期的ⅢA～ⅤA 族。

**1. s 区元素**

s 区元素包括ⅠA 族和ⅡA 族。通常将ⅠA 族（除 H 外）和ⅡA 族分别称为碱金属和碱土金属，价电子构型为 $ns^1$、$ns^2$，其中的氢、钠、钾、钙、镁是重要的生命元素。

氢可以与氧结合生成水，而成为人和动、植物所必需的常量元素。同时，氢也是构成生命体中一切有机物不可缺少的重要元素，许多与生命活动息息相关的生物大分子，如蛋白质、核酸、脂肪、多糖、维生素等的合成，都离不开氢的参与。

$K^+$ 和 $Na^+$ 的主要生物效应是维持体液的酸碱平衡、解离平衡、渗透平衡，保持一定的渗透压。同时它们还承担着传递神经信息的功能，参与神经传导、心肌节律兴奋。

钙是成骨元素，99%分布在骨骼、牙齿中，是骨骼中羟基磷石灰的组成部分，$Ca^{2+}$ 既是神经递质，又参与代谢，降低毛细血管和细胞膜的通透性，维持心脏的收缩、神经肌肉兴奋性，并参与凝血过程。缺钙会引发人和动物产生多种疾病，如骨质疏松、佝偻病等，但人体内钙含量过高，也易产生结石等疾病。

镁是一种细胞内部结构的稳定剂和细胞内酶的辅因子，是许多酶的激活剂。镁主要参与

蛋白质的合成，稳定核糖体和核酸结构。叶绿素分子中 $Mg^{2+}$ 扮演着结构中心和活性中心的作用，在糖的代谢中发挥重要作用。

**2. p 区元素**

p 区元素包括ⅢA～ⅦA 族及零族元素，p 区元素价电子构型为 $ns^2np^{1\sim6}$，其中碳、氮、氧、氟、氯、碘、硒是重要的生命元素。

碳是最重要的生命元素之一，无论是植物还是动物的各种组织器官，都是由碳和其他元素构成的，自然界中的 $CO_2$ 被植物吸收后，通过叶绿素的光合作用，最终形成碳水化合物等有机物，并放出氧气，维持了自然界中的碳和氧的相对平衡。可以说，生命就是在碳元素的基础上形成和发展的。

氮是动植物体内最重要的元素之一，是组成蛋白质的主要元素，动物通过食用植物或动物蛋白质而获得氮元素，植物主要通过生物固氮或施用氮肥而补充氮元素。若氮元素缺少，由于蛋白质的合成量减少，使作物生长缓慢、植株矮小；若氮肥过多，可使细胞增大、细胞壁变薄、水分增多、含钙减少，植物变得叶大色浓、容易倒伏，进而减少收成，所以要合理施肥。

氧是地球上最丰富的元素之一，含氧化合物广泛分布于生物体的各个器官和体液中，生物依靠氧来实现呼吸作用，植物在光合作用中合成碳水化合物并放出氧气，形成了氧在生物界的循环。

氟具有很强的配位能力，能和许多金属元素配位，影响多种酶的活性，氟对于植物是有毒元素。另外，氟是人和动物必需的微量元素，但体内氟过量时，会影响钙、磷正常代谢，抑制多种酶的活性，引起其他疾病。

氯是生命必需的宏量元素，但过量食用食盐也会引起高血压，故食用的盐应适量。

碘是生命中最重要的微量元素之一，尤其对人和动物来讲是所必需的微量元素。极微量的碘对高等植物的发育有促进作用，在植物体内，一般不会有缺碘现象。若人体缺碘，会引起“大脖子病”。

成人体内硒含量为 14～21mg，主要存在于肝、胰、肾中，主要以含硒蛋白质形式存在。硒的主要生物效应是作为谷胱甘肽过氧化物酶的必需组成成分，此酶能清除体内自由基，防止脂质过氧化作用，同时还能加强维生素 E 的抗氧化作用，因而可保护细胞膜不受过氧化物损伤，维持生物膜正常结构和功能。硒在体内能拮抗和减低汞、铜、铊、砷等元素的毒性，减轻维生素 D 中毒病变和黄曲霉毒素的急性损伤。硒还能刺激抗体的产生，使中性白细胞杀菌能力增强，增加机体的免疫功能。除此之外，硒还在视觉和神经传导中起重要作用。硒缺乏与多种疾病的发生有关，如克山病、心肌炎、扩张型心肌病、大骨节病及碘缺乏病等。硒还具有抗癌作用，是肝癌、乳腺癌、皮肤癌、结肠癌及肺癌等的抑制剂。硒过多也会对人体产生毒性作用。

**3. d 区和 ds 区元素**

d 区和 ds 区元素包括了ⅢB～ⅦB、Ⅷ及ⅠB～ⅡB 的元素，位于周期表的中部，处于主族金属元素和主族非金属元素之间，称为过渡元素，均为金属元素。

铜的化合物有毒，但是微量的铜是必需元素。铜存在于体内 23 种蛋白酶中，参与体内氧化还原过程。在叶绿体中有含铜蛋白质，在光合作用中具有传递电子的作用。铜还是构成体内许多细胞色素的主要成分。铜是植物体内许多氧化酶（如多酚氧化酶、抗坏血酸氧化酶等）的组成元素。

在人和动物体内，铜与蛋白质结合成为血细胞铜蛋白，从而调节铁的代谢，参与造血活动。另外，铜还参与一些酶的合成和黑色素的合成。缺铜可以导致脑组织萎缩、灰质和白质退行性变、精神发育停滞；过量的铜会引起运动失调和精神变化。

锌是植物体内许多酶如谷氨酸酶、苹果酸酶等的必要元素。如含锌碳酸酐酶与光合作用有关，植物体内生长素的合成，也必须有锌的参与。植物体内缺锌常表现为生长停滞，可以通过喷施锌盐稀溶液来促进植物生长。人体含锌为1.4～2.3g，约为铁含量的一半，是含量仅次于铁的微量元素。人体内各个器官都含有锌，主要集中于肝脏、肌肉、骨骼、皮肤和头发中。血液中的锌大多数分布在红细胞中，主要以酶的形式存在。在人体中，锌对人体蛋白质的合成、物质代谢和能量代谢、各种酶的活性、生长发育、智力发展和免疫功能等方面都具有重要的作用。

钒主要存在于植物、动物和人的脂肪中，是植物固氮菌所必需的元素，它是固氮酶中蛋白质的构成成分，能补充和加强钼的功能，促进根瘤菌对氮的固定。此外，在植物中，钒还可参与硝酸盐的还原，促使 $NO_3^-$ 转化为氮。过量的钒对人体会产生毒性，它会抑制胆固醇、磷脂及其他脂质的合成；影响胱氨酸、半胱氨酸和蛋氨酸的形成；干扰铁在血红蛋白合成中的作用。

铬是植物、动物和人所必需的微量元素。铬在动物体内的作用是调节血糖代谢，并和核酸脂类、胆固醇的合成以及氨基酸的利用有关。人体内的铬主要来源于食物中的有机铬。因精制的白糖和面粉中铬的含量远远比不上原糖和粗制面粉，因此提倡多吃原糖和粗粮。铬（Ⅵ）对人和动物有剧毒，它有强氧化性，能影响体内的氧化、还原、水解等过程，并可使蛋白质变性，核酸沉淀。铬酸盐还会与血液中的氧反应，或使血红蛋白变成高铁血红蛋白，从而破坏红细胞携带氧的功能，导致细胞内窒息。

锰是许多氧化酶的组成部分，对动物的生长、发育、繁殖和内分泌有影响，能参与蛋白质合成和遗传信息的传递。锰还参与造血过程，改善机体对铜的利用，以及对植物的光合作用和呼吸作用都有影响。调查发现，土壤中含锰量高的地区，癌症的发病率较低。

铁是一切生命体（植物、动物和人）不可缺少的必需元素。在植物中，铁主要作为酶的组成元素，在氧化还原、叶绿素的合成中起着重要作用。成人体内含铁量为3～5g，其中60%～70%分布于血红蛋白，5%分布于肌红蛋白，细胞色素及含铁酶中约占1%，其余25%～30%以铁蛋白和含铁血黄素的形式储存于肝、脾、骨髓等组织中。吸收铁的主要部位在十二指肠及空肠上段，柠檬酸、氨基酸、果糖等可与铁结合成可溶性复合物，有利于铁的吸收。

铁的生理功能主要有：合成血红蛋白；合成肌红蛋白；构成人体必需的酶，如细胞色素酶类、过氧化物酶等。此外，铁能激活琥珀酸脱氢酶、黄嘌呤氧化酶等活性，参与体内能量代谢，并与免疫功能有关。机体缺铁会导致红细胞生成障碍，造成缺铁性贫血。

稀土元素在生物体中含量甚微，主要有抗凝血作用；还具有抗炎、杀菌、抑菌、降血糖、抗癌、抗动脉粥样硬化等作用。稀土元素还可以促进植物的生长发育，可作微肥使用。

## 三、有害元素

有害元素是指存在于生物体内，会阻碍机体正常代谢过程和影响生理功能的微量元素，如铅、汞、砷、镉等。这些有害元素进入细胞，干扰酶的功能，破坏正常的系统，影响代谢，从而产生毒害。有害元素通常是在周期表的右下角。

**1. 铅**

铅是重金属污染物中毒性较大的一种，主要来源于铅蓄电池、汽油防震剂、铅冶炼厂、汽车尾气、含铅自来水管等。铅污染的主要来源是食物，因此铅中毒最常见的途径是通过胃肠道的吸收，而不是呼吸道的吸收。铅中毒会损害神经系统、造血系统、消化系统，其症状是机体免疫力降低、易疲倦、神经过敏、贫血等，智力下降，特别是孩子铅中毒会严重影响智商，孩子长大以后的智商可能会低20%左右。人体含铅量的95%以磷酸铅形式积存在骨骼中，可用柠檬酸钠针剂治疗，溶解磷酸铅，生成柠檬酸铅配离子，从肾脏排出。

**2. 镉**

镉是人体非必需元素，自然界中常以化合物状态存在，一般含量很低，正常环境状态下，不会影响人体健康。镉污染环境后，通过食物链进入人体，在体内富集，引起慢性中毒。镉的来源有电镀废液、颜料、碱蓄电池、冶金工业等。镉与锌竞争，破坏锌酶的正常功能。损伤肾小管，病者出现糖尿、蛋白尿和氨基酸尿。镉还能取代骨骼中的钙，使骨软化，造成骨质疏松、萎缩、变形等一系列症状，引起骨痛病。

**3. 汞**

汞的存在形式分为无机汞（如可溶性无机汞盐 $HgCl_2$）和有机汞（如甲基汞、乙基汞），其中有机汞的毒害更大。汞主要引起肠胃腐蚀、肾功能衰竭，并能致死；$Hg^{2+}$ 可与细胞膜作用，改变通透性；汞与蛋白质中半胱氨酸残基的巯基结合，改变蛋白质构象或抑制酶活性，改变酶催化活性等。

**4. 砷**

砷的毒性作用主要是与细胞中酶系统的巯基结合，使细胞代谢失调。如果24h内尿液中的砷浓度大于 $100\mu g \cdot L^{-1}$，就使中枢神经系统发生紊乱，并有致癌的可能。我国饮用水标准中规定砷的最高允许浓度为 $0.01mg \cdot L^{-1}$。

## 本章小结

(1) 波粒二象性是电子等微观粒子特有的性质。原子中核外电子的运动状态可由波函数，即原子轨道来描述。

(2) 原子轨道由4个量子数决定：主量子数 $n$ 表征了原子轨道离核的远近，即通常所说的核外电子层的层数，是决定核外电子能级高低的主要因素。角量子数 $l$，表征了原子轨道角动量的大小，即通常所说的电子亚层或电子分层。磁量子数 $m$，表征了原子轨道角动量在外磁场方向上分量的大小，也就是表征了原子轨道在空间的不同取向。$m_s$ 则表征电子的自旋方向，按顺时针和逆时针两个方向自旋。

(3) 在多电子原子中，决定电子能级的主要因素是对核外电子的吸引作用及电子间的排斥作用。通常用屏蔽效应和钻穿效应的大小来描述这两种作用，同时据此可以估计多电子原子中各电子的能级高低，并解释一般的能级交错现象。继而可得原子轨道的近似能级图，并将其分成7个能级组，对应于元素周期表的7个周期。

(4) 按照能量最低原理、保里不相容原理和洪特规则，把原子中所有的电子顺序逐个排入各原子轨道，这样可清楚地了解到任何一个处于基态的原子其核外电子排布的实际情况，由此可写出该原子的电子结构式和相应的离子的电子结构式。

(5) 根据原子结构的外层电子构型，可将元素周期表分为5个区：s区、p区、d区、ds区、f区。

(6) 元素的原子半径、第一电离能、电子亲和能、电负性等性质的周期性变化，实际上是由各元素的原子结构、原子中电子构型的周期性变化所造成的。

(7) 离子键的本质是正、负离子间的静电引力。离子键的强度决定于离子的电荷、离子的半径及离子的电子构型。离子键无饱和性和方向性。

(8) 电负性相差不大的原子若具有自旋方向相反的未成对电子，当它们相互靠近时，在一定方向上达到轨道最大程度的有效重叠，形成共价键。共价键具有饱和性和方向性。根据原子轨道重叠的方式不同，共价键有$\sigma$键和$\pi$键之分。

(9) 杂化轨道理论可以较好地解释一些分子的结构。掌握不等性杂化（有孤对电子参加杂化）是正确判断共价分子空间结构的关键。特别注意杂化轨道类型与分子几何形状的关系与区别。例如水分子中的O是采取$sp^3$不等性杂化，4个$sp^3$杂化轨道中有两个被未成键的孤对电子所占有，所以水分子呈V形结构而不是四面体。

(10) 配合物化学键理论是说明中心离子与配位体之间结合本质的理论。价键理论认为，配合物中，配位体原子提供孤对电子键入中心离子（或原子）空的杂化轨道中形成配位键，而杂化轨道的数目和空间取向决定配合物的配位数和空间构型。根据杂化后成键轨道类型的不同，可将配合物分成内轨型配合物和外轨型配合物，究竟形成何种类型与中心离子的价电子构型、电荷和配位原子的电负性等因素有关，可通过磁矩来确定。

(11) 分子间力（范德华力和分子间氢键）的存在，是决定物质熔点、沸点、溶解度等性质的一个重要因素。范德华力可分为取向力、诱导力和色散力。一般以色散力为主。有些分子间除了有范德华力外，还存在氢键。

(12) 晶体也是物质存在的主要形式之一。根据晶体晶格结点上的微粒和其相互间的作用力不同，可将晶体分为离子晶体、原子晶体、分子晶体和金属晶体。由于微粒间作用力不同，晶体的性质也有很大的差别。

## 思考题

1. 波函数$\Psi$与原子轨道有何关系？$|\Psi|^2$与电子云有何关系？
2. s、2s、$2s^1$各代表什么意义？
3. 为什么元素周期表中各周期的元素数目并不一定等于原子中相应电子层电子最大容纳数$2n^2$？
4. 离子键是怎样形成的？有何特征？
5. 价键理论的要点是什么？共价键有何特征？
6. $CH_4$，$H_2O$，$NH_3$分子中键角最大的是哪个分子？键角最小的是哪个分子？为什么？
7. 下列说法哪些是不正确的？

(1) 键能越大，键越牢固，分子也越稳定。

(2) 共价键的键长等于成键原子共价半径之和。

(3) $sp^2$杂化轨道是由某个原子的1s轨道和2s轨道混合形成的。

(4) 在$CCl_4$、$CHCl_3$和$CH_2Cl_2$分子中，碳原子都采取$sp^3$杂化，因此这些分子都是正四面体。

(5) 原子在基态时没有未成对电子，就一定不能形成共价键。

8. 量子数$n=4$的电子层有几个亚层？各亚层有几个轨道？第四电子层最多能容纳多少个电子？
9. 在Fe原子核外的3d、4s轨道内，下列电子分布哪个正确？哪个错误？为什么？

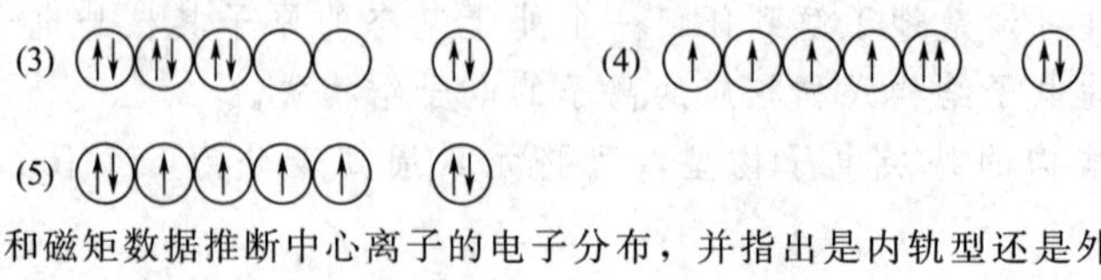

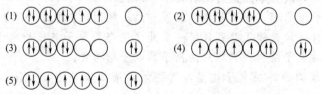


10. 根据价键理论和磁矩数据推断中心离子的电子分布，并指出是内轨型还是外轨型配合物以及杂化轨道类型和空间构型。

$[Zn(NH_3)_4]^{2+}$ ($\mu=0$)　　$[Co(en)_2Cl_2]^+$ ($\mu=0$)

$[Fe(C_2O_4)_3]^{3-}$ ($\mu=5.8$)　　$[Mn(CN)_6]^{4-}$ ($\mu=2.0$)

11. 分子的极性与哪些因素有关?

12. 氢键是如何形成的?

13. 如何利用偶极矩来判断分子的极性?

## 习 题

1. 已知某原子的电子可用下列各套量子数描述，试按能量高低的次序加以排列。

(1) 4, 1, 0, $-\frac{1}{2}$　　(2) 3, 1, 0, $+\frac{1}{2}$　　(3) 4, 2, 1, $-\frac{1}{2}$

(4) 2, 1, −1, $+\frac{1}{2}$　　(5) 2, 1, 0, $-\frac{1}{2}$　　(6) 3, 2, −1, $+\frac{1}{2}$

(7) 3, 2, 0, $-\frac{1}{2}$　　(8) 4, 2, −1, $+\frac{1}{2}$

[(8)=(3)>(1)>(6)=(7)>(2)>(5)=(4)]

2. 不参看周期表，试推测下列每一对原子中哪一个原子具有较高的第一电离能和较大的电负性?

(1) 19 号和 29 号元素　(2) 37 号和 55 号元素　(3) 37 号和 38 号元素

(29, 37, 38)

3. 试指出下列分子中哪些含有极性键?

$Br_2$　$CO_2$　$H_2O$　$H_2S$　$CH_4$

($CO_2$, $H_2O$, $H_2S$, $CH_4$分子中含有极性键)

4. 写出下列各轨道的名称。

(1) $n=2$　$l=0$　(2) $n=3$　$l=2$　(3) $n=4$　$l=1$　(4) $n=5$　$l=3$

(2s, 3d, 4p, 5f)

5. 下列各组量子数中，恰当填入尚缺的量子数。

(1) $n=?$　$l=2$　$m=0$　$m_s=+1/2$　　(2) $n=2$　$l=?$　$m=-1$　$m_s=-1/2$

(3) $n=4$　$l=2$　$m=0$　$m_s=?$　　(4) $n=2$　$l=0$　$m=?$　$m_s=+1/2$

($n>2$, $l=1$, $m_s=+\frac{1}{2}$或$-\frac{1}{2}$, $m=0$)

6. 下列轨道中哪些是等价轨道?

2s　3s　$3p_x$　$4p_x$　$2p_x$　$2p_y$　$2p_z$

($2p_x$, $2p_y$, $2p_z$)

7. 以 (1) 为例，完成下列 (2)~(6) 题中所空缺的内容。

(1) Na($z=11$)　　$1s^2 2s^2 2p^6 3s^1$

(2) ________　　$1s^2 2s^2 2p^6 3s^2 3p^3$

(3) Sc($z=21$)　　________

(4) ____ $z=24$　　[　]$3d^5 4s^1$

(5) ________　　[Ar]$3d^{10} 4s^1$

答案: [P($z=15$); $1s^2 2s^2 2p^6 3s^2 3p^6 3d^1 4s^2$; Cr, [Ar]; Cu($z=29$)]

8. 试填出下列空白。

| 原子序数 | 电子排布式 | 电子层数 | 周期 | 族 | 区 | 元素名称 |
|---|---|---|---|---|---|---|
| 16 | | | | | | |
| 19 | | | | | | |
| 42 | | | | | | |
| 48 | | | | | | |

答案：

| 原子序数 | 电子排布 | 电子层数 | 周期 | 族 | 区 | 元素名称 |
|---|---|---|---|---|---|---|
| 16 | $[Ne]3s^2 3p^4$ | 3 | 三 | ⅥA | p | 硫 |
| 19 | $[Ar]4s^1$ | 4 | 四 | ⅠA | s | 钾 |
| 42 | $[Xe]4d^5 5s^1$ | 5 | 五 | ⅥB | d | 钼 |
| 48 | $[Xe]4d^{10} 5s^2$ | 5 | 五 | ⅡB | ds | 镉 |

9. 写出下列各组中第一电离能最大的元素。

（1）Na，Mg，Al　（2）Na，K，Rb　（3）Si，P，S　（4）Li，Be，B

（Mg，Na，P，Be）

10. 写出下列各物质的分子结构式并指明σ键和π键。

$H_2$　$BBr_3$　$C_2H_2$　$N_2$

（$H_2$ 1个σ键；$BBr_3$ 3个σ键；$C_2H_2$ 3个σ键，2个π键；$N_2$ 1个σ键，2个π键）

11. 指出以下分子、离子的中心原子所采用的杂化轨道类型及分子的几何构型。

（1）$BeH_2$　（2）$HgCl_2$　（3）$NF_3$　（4）$BCl_3$

（5）$PH_3$　（6）$CO_3^{2-}$　（7）$OF_2$　（8）$SiCl_4$

答案：

| 分子 | 杂化类型 | 分子空间构型 |
|---|---|---|
| $BeH_2$ | sp 杂化 | 直线型 |
| $HgCl_2$ | sp 杂化 | 直线型 |
| $NF_3$ | $sp^3$不等性杂化 | 三角锥形 |
| $BCl_3$ | $sp^2$杂化 | 平面三角形 |
| $PH_3$ | $sp^3$不等性杂化 | 三角锥形 |
| $CO_3^{2-}$ | $sp^2$杂化 | 平面三角形 |
| $OF_2$ | $sp^3$不等性杂化 | V 字形 |
| $SiH_4$ | $sp^3$杂化 | 正四面体 |

12. 按照键的极性由强到弱的次序重新排列下列物质。

$O_2$　$H_2S$　$H_2O$　$H_2Se$　$Na_2S$

（$Na_2S$，$H_2O$，$H_2S$，$H_2Se$，$O_2$）

13. 用分子间力说明以下事实。

（1）常温下 $F_2$，$Cl_2$是气体，$Br_2$是液体，$I_2$是固体。

（2）HCl，HBr，HI 的熔点、沸点随分子量的增大而升高。

[(1) 随着分子量增大，色散力增大，分子间力增大。(2) 色散力是主要的分子间作用力，随着分子量增大，色散力增大，熔、沸点升高。]

14. 指明下列各组分之间存在哪种类型的分子间作用力（取向力、诱导力、色散力、氢键）

（1）苯和四氯化碳　（2）甲醇和水　（3）氢和水

[(1) 非极性分子，色散力　(2) 极性分子：色散力，诱导力，取向力，氢键　(3) 非极性分子与极性分子之间：色散力，诱导力]

15. 判断下列化合物中有无氢键存在，如果存在氢键，是分子间氢键还是分子内氢键？

（1）$C_6H_6$　（2）$C_2H_6$　（3）$NH_3$　（4）$H_3BO_3$　（5）邻硝基苯酚

（$C_6H_6$和 $C_2H_6$无氢键存在，其余三种有氢键存在。其中 $NH_3$和 $H_3BO_3$为分子间氢键，邻硝基苯酚为分子内氢键）

16. A、B、C、D皆为第四周期元素，原子序数依次增大，价电子数依次为1、2、2、7，A和B元素次外层电子数均为8，C和D元素次外层电子数均为18。指出A、B、C、D 4种元素的元素名称，结构特点及原子序数。

答案：

| 元素 | 结构特点 | 原子序数Z | 名称 |
|---|---|---|---|
| A | $4s^1$ | 19 | 钾 |
| B | $4s^2$ | 20 | 钙 |
| C | $3d^{10}4s^2$ | 30 | 锌 |
| D | $4s^24p^5$ | 35 | 溴 |

17. 从分子的构型说明下列分子中哪些有极性，哪些无极性？

(1) $SO_2$　(2) $SO_3$　(3) $CS_2$　(4) $NO_2$

(5) $NF_3$　(6) $SOCl_2$　(7) $CHCl_3$　(8) $SiH_4$

[$SO_2$有极性，$SO_3$无极性，$CS_2$无极性，$NO_2$有极性，$NF_3$有极性，$SOCl_2$有极性，$CHCl_3$有极性，$SiH_4$无极性)

## 知识阅读

### 超分子化学

超分子化学（supramolecular chemistry）是指两种或两种以上分子通过分子间力（范德华力、氢键等）相互作用缔结而成具有特定结构和功能的聚集体。例如图9-22所示的索烃和轮烷，因为它们在设计和构筑新型的分子器件上提供了广阔的应用前景，是近来备受人们关注的超分子。

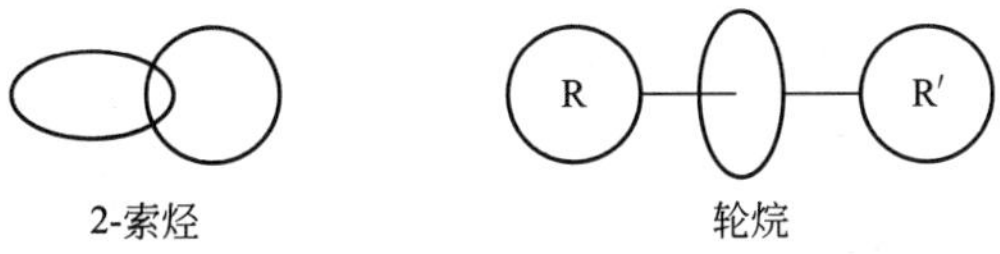


图9-22　超分子索烃和轮烷的结构示意图

索烃含有多个微小的而互扣的环状分子，但环与环之间不形成共价键，而是以分子间力相联系。图上所示的是最简单的2-索烃。轮烷是由1个（或多个）环状分子套在一个线形分子上，在线形分子两端各有一个大基团加以封闭形成的超分子。环与线形成分子之间也是以弱分子间力相联系。尽管在超分子体系中，分子间力比化学键弱得多，但通过分子间的加成效应和协调效应，使超分子呈现出单个分子所不具备的多种特性。自组装和分子识别是超分子的基本特性。自组装就是在一定的条件下，一种或多种分子，依靠分子间力自发地结合起来形成一个结构相对稳定、具有一定功能并具有一定独立性的超分子的过程。过去，人们曾以为只有活的生命体才具有将分子组装起来的能力。现已证实，自组装是超分子的普遍特性。因此，可以预料在不久的将来，一旦人们能够很好地控制超分子的自组装过程，就可以按预期的目标，更简单、更可靠地得到具有特定结构和功能的物种。分子识别是超分子的核心研究内容之一。

它是指主体（受体）对客体（底物）选择性结合并产生某种特殊功能的过程。这种过程不是依靠传统的共价键，而是依靠分子间力。在超分子中，一种受体分子的特殊部位具有某些基团，正适合与另一种底物分子的基团相结合。当受体分子与底物分子相遇时，相互选择对方形成某种分子间力而结合在一起。

超分子化学是研究生物功能、理解生命现象、探索生命起源的一个极其重要的研究领域。在生命体内细胞膜的基础是磷脂和胆固醇等，它们就是靠分子间力形成高度有序的排列体。动物眼中的视蛋白和视黄醛在视网膜中也是依靠分子间力进行有序排列，从而显示出视觉的功能。DNA 是两条脱氧核糖核酸和磷酸酯交替结合的高分子链，再经过互补的碱基对以氢键相互形成具有双螺旋结构的超分子体系，碱基出现的的顺序构成了分子信息，DNA 在复制过程中将这些信息由亲代传给子代。

超分子化学使人们对分子的概念进入一个更高的层次，对分子的认识更加全面，更加深刻。通过超分子化学的研究，人们可在分子水平上进行分子设计有序组装而制取一些新型的分子材料：如具有分子识别功能的高效催化剂，新型有效的药物，集成度高、体积小、功能强的分子器件，生物传感器以及具有光电磁声热等功能材料。因此超分子化学被认为是 21 世纪新概念和高技术的重要源头之一。

美国化学家 J Pedersen，D J Gram 和法国化学家 J M Lehn 由超分子化学方面研究成果获得 1987 年诺贝尔化学奖。

# 第十章

# 吸光光度分析法

■【知识目标】

1. 了解吸光光度法的基本原理。
2. 理解分光光度计的基本结构、定量分析的基本原理。
3. 了解吸光光度法的应用。

■【能力目标】

1. 会使用吸光光度法解决实际问题。
2. 能够正确使用和维护分光光度计。
3. 掌握工作曲线法的原理和方法。

## 第一节 吸光光度分析概述

分析化学根据其分析原理的不同分为化学分析和仪器分析两大部分。化学分析是以物质的化学反应为基础的分析方法，如重量分析法，滴定分析法等，它是分析化学的基础；仪器分析法是以物质的物理性质或物理化学性质为基础的分析方法，这类方法通常是以测量光、电、热、声等物理量求得分析结果的，因而需要特殊的仪器。

在仪器分析法中较普遍使用的一类方法是吸光光度法。它是根据物质对光的选择性吸收而建立起来的分析方法。通常包括比色分析法和分光光度法两大类。在比色分析中，根据进行的方式和使用仪器的不同，又分为目视比色法和光电比色法。在分光光度法中，根据所用光源的波长区域的不同，又分为可见光分光光度法、紫外分光光度法和红外分光光度法。本章着重讨论可见光分光光度法。

有色溶液颜色的深浅与有色溶质的浓度大小有关。浓度越大，则颜色越深；浓度越小，则颜色越浅。如 $KMnO_4$溶液，当其浓度很小时，溶液呈粉红色，随着浓度的增加，溶液呈深红、紫红色；$Fe^{2+}$可与邻二氮菲生成一稳定的红色配合物，在一定条件下，当有适量的邻二氮菲存在时，$Fe^{2+}$浓度越大，其红色颜色越深。这些现象说明，溶液颜色的深浅与溶质的含量之间存在着一定的函数关系，因此，可以根据溶液颜色的深浅来确定溶液中溶质的含量。这种通过比较溶液颜色的深浅来确定物质含量的方法称为比色分析法。

在比色分析法中，所使用的波长范围较宽（即单色性差），因此测定的准确度、灵敏度较差，应用范围较窄。随着近代分析仪器的发展，目前已普遍使用分光光度计测定溶液中有色物质的浓度。即应用波长范围很窄的可见光（较纯的单色光）与被测物作用，根据有色物质溶液对光的吸收程度来确定该物质的含量，这种方法称为可见光分光光度法。

吸光光度法主要应用于测定试样中微量组分的含量，与滴定分析法，重量分析法相比较，有以下一些特点：

第一，灵敏度高。这种方法分析测定物质的量浓度下限一般可达 $10^{-5}$～$10^{-6}$ mol·$L^{-1}$，是测定微量组分（1%～0.001%）的常用方法，甚至可测定低至 0.0001%～0.00001%的痕量组分。

第二，准确度高。一般比色分析法的相对误差为 5%～10%，分光光度法为 2%～5%，其准确度看起来比重量法和滴定法低，但对微量组分的测定来说已完全能够满足要求。重量分析法和滴定分析法测定微量组分误差更大，甚至不能测定。

第三，操作简便，测定快速。用比色分析法和分光光度法进行测定时，一般只经过显色和测定两步就可得到分析结果。特别是近年来，一些灵敏度高、选择性好的显色剂和掩蔽剂的应用，使测定不经分离就可进行，大大提高了测定速度。此外吸光光度分析所用仪器设备也不复杂，操作方便，容易掌握。

第四，应用广泛。几乎所有的无机离子和许多有机化合物都可以直接或间接地用比色分析法和分光光度法进行测定，所以吸光光度分析法广泛应用于工农业生产和生物、化学、医学、临床、环保等领域。

# 第二节 吸光光度分析基本原理

## 一、物质的颜色和对光的选择性吸收

吸光光度分析法是依据物质对光的选择性吸收而建立的。比色分析和可见分光光度法研究的是溶液对可见光的选择吸收行为，因此溶液的颜色反映出物质吸收光的波长范围，颜色的深浅反映出物质对某波长范围的光的吸收程度。物质的颜色是物质对可见光选择性吸收的结果，物质呈现何种颜色，与光的组成和物质本身的结构有关。

### 1. 光的基本性质

光是一种电磁辐射或叫电磁波。光具有波粒二象性，即波动性和粒子性。光的波动性表现在光能产生干涉、辐射、折射和偏振等现象，可由波长 $\lambda$(cm)、频率 $\nu$(Hz) 和光速 $c$(cm·$s^{-1}$，在真空中约为 $3\times10^{10}$ cm·$s^{-1}$)，来定量描述，其关系式为：

$$\lambda\nu=c \tag{10-1}$$

光电效应则表现出光具有粒子性。光可以看作是具有一定能量的粒子流，这种粒子称为光量子或光子。光子的能量与波长的关系为：

$$E=h\nu=h\frac{c}{\lambda} \tag{10-2}$$

式中，$E$ 为光子的能量（J）；$h$ 为普朗克常数（$6.625\times10^{-34}$ J·s）。由此可知，不同波长的光其能量不同，短波能量大，长波能量小。按波长顺序把各种电磁波排列成谱，称为电磁波谱，如表 10-1 所示。

表 10-1 电磁波谱

| 波谱区名称 | 波长范围 | 波谱区名称 | 波长范围 |
|---|---|---|---|
| X 射线 | $10^{-3}$～10nm | 中红外光 | 2.5～25μm |
| 远紫外线 | 10～200nm | 远红外光 | 25～100μm |
| 近紫外线 | 200～400nm | 微波 | 0.1～100cm |
| 可见光 | 400～760nm | 无线电波 | 1～100m |
| 近红外光 | 0.76～205μm | | |

在电磁波谱中，波长范围在400～760nm的电磁波能被人的视觉所感觉到，所以这一波长范围的光称为可见光。可见光具有不同的颜色，每种颜色的光具有一定的波长范围，如表10-2所示。

**表 10-2 不同波长光的颜色**

| 波长/nm | 颜色 | 波长/nm | 颜色 |
|---|---|---|---|
| 620～760 | 红色 | 480～500 | 青色 |
| 590～620 | 橙色 | 430～480 | 蓝色 |
| 560～590 | 黄色 | 400～430 | 紫色 |
| 500～560 | 绿色 | | |

实验证明，白光（如日光、白炽灯光等）是一种复合光，它是由各种不同颜色的光按一定的强度比例混合而成的。白光经过色散作用可分解为红、橙、黄、绿、青、蓝、紫七种颜色的光。这七种颜色的光叫做单色光，但并不是纯的单色光，每种单色光都具有一定的波长范围。

不仅七种单色光可以混合为白光，两种适当颜色的单色光按照一定的强度比例混合也可成为白光，这两种单色光称为互补色光。图10-1表示的是光的互补示意图，图中处于对角关系的两种单色光互为补色，如黄光与蓝光互补，绿光与紫光互补等。

图 10-1 光的互补色示意图

**2. 物质的颜色**

物质颜色的产生与光有着密切的关系。物质的颜色是由于物质对不同波长的光具有选择吸收作用而产生的。当白光照射到物质上时，由于物质对不同波长的光吸收、透过、反射、折射的程度不同，因而使其呈现出不同颜色。对于溶液来说，由于溶液中的质点（分子或离子）选择性吸收某种色光而使溶液呈现颜色。当白光透过溶液时，如果各种色光的透过程度相同，则这种溶液就是无色透明的；如果溶液将某一部分波长的光吸收，其他波长的光透过，则溶液呈现透过光的颜色，即溶液呈现的颜色是它吸收光的互补色。如硫酸铜溶液因吸收了白光中的黄色光而呈现蓝色；高锰酸钾溶液因吸收了白光中的绿色光而呈现紫色等。物质吸收光的波长与呈现的颜色关系见表10-3。由于不同物质本身的结构不同，对不同色光的选择性吸收就不同，因而不同物质的溶液就呈现不同的颜色。

**表 10-3 物质的颜色和对光的选择性吸收**

| 物质的颜色 | 吸收光 | | 物质的颜色 | 吸收光 | |
|---|---|---|---|---|---|
| | 颜色 | 波长/nm | | 颜色 | 波长/nm |
| 黄绿 | 紫 | 400～450 | 紫 | 黄绿 | 560～580 |
| 黄 | 蓝 | 450～480 | 蓝 | 黄 | 580～600 |
| 橙 | 青蓝 | 480～490 | 青蓝 | 橙 | 600～650 |
| 红 | 青 | 490～500 | 青 | 红 | 650～750 |
| 紫红 | 绿 | 500～560 | | | |

**3. 光吸收曲线**

物质对光的选择性吸收可通过实验来表征。将不同波长的光依次通过某一有色溶液，测量每一波长下有色溶液对该波长的吸收程度（吸光度$A$），然后以波长为横坐标，吸光度$A$为纵坐标，所得曲线称为光吸收曲线或吸收光谱曲线。在光吸收曲线上，我们可以直观地看

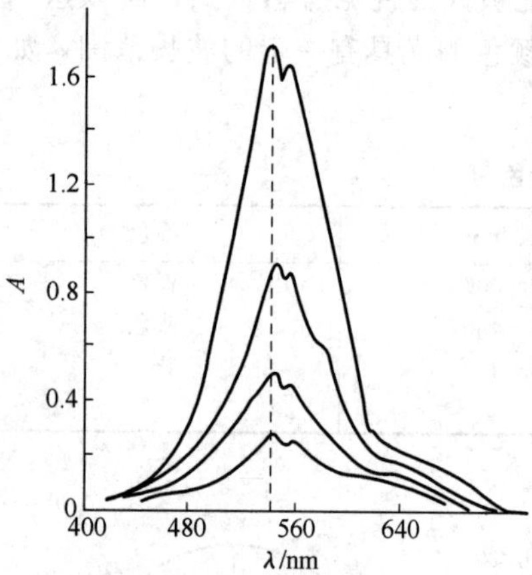


图 10-2 不同浓度的 $KMnO_4$ 溶液的吸收曲线

到物质对不同波长光吸收的选择性。

图 10-2 是四种不同浓度的 $KMnO_4$ 溶液的光吸收曲线。从图中我们可以看到：

① 在可见光范围内，$KMnO_4$ 溶液对波长 525nm 附近的绿光有最大吸收，此波长称为最大吸收波长，用 $\lambda_{max}$ 表示。$KMnO_4$ 溶液的 $\lambda_{max}=525nm$。由于 $KMnO_4$ 溶液对紫色和红色光吸收程度很小，因此其溶液呈紫红色。

② 光吸收曲线具有特征性。不同的物质光吸收曲线不同，$\lambda_{max}$ 不同。同一物质无论其浓度大小，光吸收曲线相似，$\lambda_{max}$ 不变。由此可根据光吸收曲线进行定性分析。

③ 同一物质的溶液在某波长处的吸光度 $A$ 随着浓度的改变而变化。这个特征可作为定量分析的依据。

## 二、光吸收定律

当一束平行的单色光通过某一有色溶液时，由于有色质点（分子或离子）对光能的吸收，导致光的强度减弱。研究表明，溶液对光的吸收程度与该溶液的浓度、液层的厚度及入射光的强度等有关。如果保持入射光的强度不变，则光吸收程度与溶液的浓度和液层的厚度有关。朗伯和比尔分别于 1760 年和 1852 年研究了光的吸收程度与有色溶液液层厚度及溶液浓度的定量关系，其结论为：一束单色光通过某一有色溶液时，溶液对光的吸收程度与溶液液层厚度及溶液浓度成正比。这一结论称为光吸收定律，或称为朗伯-比尔定律。它是光度分析的理论基础。

**1. 朗伯-比尔定律的数学表达式**

如图 10-3 所示，当一束强度为 $I_0$ 的平行单色光通过液层厚度为 $b$ 的有色溶液时，由于溶液中吸光质点对光的吸收作用，使透过溶液后的光强度减弱为 $I$，设想把液层分为厚度为 $db$ 的无限小的相等的薄层，薄层中吸光质点数为 $dn$，照射在薄层上的光强度为 $I_b$，光透过该薄层后，其强度减弱为 $dI$ 则 $dI$ 与 $dn$ 和 $I_b$ 成正比，即

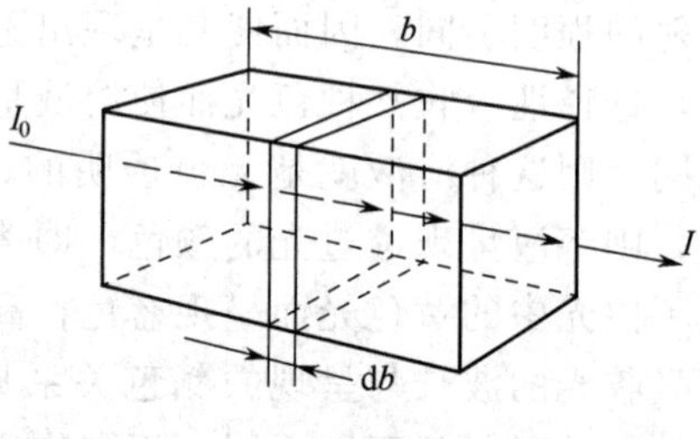


图 10-3 光通过溶液示意图

$$-dI=k_1 I_b dn$$

或

$$-\frac{dI}{I_b}=k_1 dn \qquad (10\text{-}3)$$

式中，负号表示光强度减弱；$k_1$ 为比例常数。

设有色金属离子溶液浓度为 $c$，薄层中吸光质点数 $dn$ 与 $c$ 和 $db$ 成正比，即

$$dn=k'c\,db \qquad (10\text{-}4)$$

式中，$k'$ 为比例常数，将式(10-4) 代入式(10-3) 中，合并常数项，得

$$-\frac{dI}{I_b}=k''c\,db \qquad (10\text{-}5)$$

对式(10-5) 积分可得

$$-\int_{I_0}^{I} \frac{dI}{I_b} = \int_0^b k'' c\, db$$

$$\ln \frac{I_0}{I} = k'' cb$$

$$\lg \frac{I_0}{I} = \frac{k''}{2.303} bc = kbc \tag{10-6}$$

如果有色溶液对光全无吸收，即 $I = I_0$，则 $\lg \frac{I_0}{I} = 0$；如果吸收程度越大，则 $I$ 愈小，$\lg \frac{I_0}{I}$就愈大。因此 $\lg \frac{I_0}{I}$就表示着溶液对光的吸收强度，称为吸光度，用符号 $A$ 表示。这样式(10-6) 变为：

$$A = kbc \tag{10-7}$$

式(10-7) 是朗伯-比尔定律的数学表达式。它表明：当一束单色光通过有色溶液后，溶液的吸光度与有色溶液浓度及液层厚度成正比。

此外，常把$\frac{I}{I_0}$称为透光率，用 $T$ 表示，即

$$T = \frac{I}{I_0}$$

吸光度 $A$ 与透光率 $T$ 的关系为：

$$A = \lg \frac{I_0}{I} = \lg \frac{1}{T} = -\lg T \tag{10-8}$$

**2. 吸光系数、摩尔吸光系数**

式(10-7) 中比例常数 $k$ 与吸光物质的性质、入射光波长、温度等因素有关，并随着 $c$、$b$ 所取的单位不同而不同。

当 $c$ 的单位为 $g \cdot L^{-1}$、液层厚度 $b$ 的单位为 cm 时，常数 $k$ 以 $a$ 表示称为吸光系数，单位为 $L \cdot g^{-1} \cdot cm^{-1}$。其物理意义是：浓度为 $1g \cdot L^{-1}$，液层厚度为 1cm，在一定波长下测得的吸光度。此时式(10-7) 变为：

$$A = abc \tag{10-9}$$

如果浓度 $c$ 的单位为 $mol \cdot L^{-1}$，液层厚度 $b$ 的单位为 cm 时，$k$ 用 $\varepsilon$ 来表示。$\varepsilon$ 称为摩尔吸光系数，单位为 $L \cdot mol^{-1} \cdot cm^{-1}$。它表示吸光质点的浓度为 $1mol \cdot L^{-1}$，液层厚度为 1cm 时溶液的吸光度。此时式(10-7) 变为：

$$A = \varepsilon bc \tag{10-10}$$

$\varepsilon$ 反映了吸光物质对光的吸收能力，$\varepsilon$ 值越大，表明有色溶液对光的吸收能力越强，溶液颜色越深，用光度法测定该吸光物质时的灵敏度越高。因此 $\varepsilon$ 是衡量光度分析法灵敏度的重要指标。通常所说的摩尔吸光系数是指最大吸收波长处的摩尔吸光系数，以 $\varepsilon_{max}$表示．一般认为：

| | |
|---|---|
| $\varepsilon < 10^4$ | 显色反应的灵敏度低 |
| $10^4 < \varepsilon < 5 \times 10^4$ | 属中等灵敏度 |
| $5 \times 10^4 < \varepsilon < 10^5$ | 属高等灵敏度 |
| $\varepsilon > 10^5$ | 属超高灵敏度 |

对于微量组分的分析，一般选 $\varepsilon$ 较大的显色反应。以提高测定的灵敏度。

ε只能通过计算求得，因为不能直接取 $1mol \cdot L^{-1}$ 这样高浓度的有色溶液去测定其吸光度。

**【例 1】** 用 1,10-二氮菲比色测定铁，已知试液中 $Fe^{2+}$ 的浓度为 $500\mu g \cdot L^{-1}$，比色皿厚度为 2cm，在波长 508nm 处测得吸光度 $A=0.19$。设显色反应很完全，计算 Fe-1,10-二氮菲有色配合物的摩尔吸光系数。

**解**：Fe 的摩尔质量为 55.85g/mol

$c(Fe^{2+})=\dfrac{500\times10^{-6}}{55.85}=8.95\times10^{-6}$ $(mol \cdot L^{-1})$，Fe-1,10-二氮菲有色配合物的浓度为 $8.95\times10^{-6}$ $(mol \cdot L^{-1})$，则

$$\varepsilon=\frac{A}{bc}=\frac{0.19}{2\times8.9\times10^{-6}}=1.1\times10^{4}(L \cdot mol^{-1} \cdot cm^{-1})$$

**3. 偏离朗伯-比耳定律的原因**

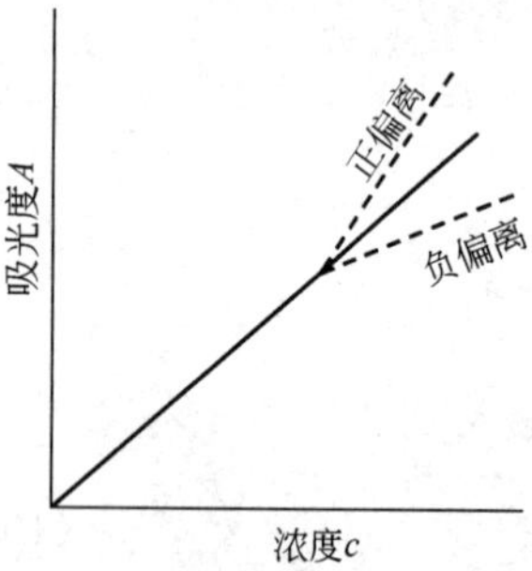


图 10-4 光度分析工作曲线

在吸光光度法测定时，所使用的比色皿（吸收池）的厚度是固定的，即液层厚度 $b$ 是定值，因此朗伯-比耳定律的数学表达式可写为：

$$A=K'c$$

这时吸光度就只与浓度成正比。如果以吸光度值为纵坐标，以被测物质对应的浓度为横坐标作图，应得到通过原点的一条直线，称为工作曲线或标准曲线，如图 10-4 所示。但在实际测定时发现工作曲线不成直线的情况，特别是当被测物质的浓度较高时，可明显看到作出的工作曲线发生弯曲，如图 10-4 所示。这种现象就称为偏离朗伯-比耳定律。

偏离朗伯-比耳定律的原因很多，主要有下列两个方面。

(1) 单色光不纯引起的偏离 严格地讲朗伯-比耳定律只适用单色光。但在实际测定中，由于仪器本身条件的限制，所使用的入射光并非纯的单色光，而是具有一定波长范围的近似单色光。由于物质对不同波长光的吸收能力不同，即ε不同，得到的吸光度的数值就不同，因此测出的总吸光度与浓度不成正比，数值偏小，产生负误差，导致工作曲线上端向下弯曲。浓度越大，测定结果负误差越大，因此测定时应选择适当的浓度范围，浓度不应过高。单色光的纯度愈差，即波长范围愈宽，这种负误差愈大，因此测定时应选用质量较好的分光光度计进行测定，并选择物质的最大吸收波长为入射光，这样不仅可以保证测定有较高的灵敏度，也可使偏离朗伯-比耳定律的程度减轻。

(2) 溶液本身的原因引起的偏离 朗伯-比耳定律只适用于均匀、非散射性溶液。如果溶液不均匀，被测物以胶体、乳浊、悬浮状态存在时，测定时入射光除了被吸收之外，还会有因反射、散射作用而造成的损失。因而测出的吸光度数值要比实际数值要大，导致偏离朗伯-比耳定律，产生正误差。

另外，溶液中的吸光物质常因离解、缔合及互变异构等化学变化而使其浓度发生改变，因而导致偏离朗伯-比耳定律。如测定一定浓度的 $[Fe(SCN)]^{2+}$ 溶液的吸光度，$[Fe(SCN)]^{2+}$ 在溶液中存在下述离解平衡。

$$[Fe(SCN)]^{2+} \rightleftharpoons Fe^{3+} + SCN^{-}$$

其离解常数 $K=5\times10^{-3}$。由于 $[Fe(SCN)]^{2+}$ 的浓度减小，测出的吸光度偏低，因而偏离朗伯-比耳定律。

# 第三节 显色反应及其条件的选择

## 一、显色反应

在光度法测定中，很多物质本身没有颜色，它们对可见光不产生吸收；很多物质本身颜色较浅，其 $\varepsilon$ 较小，测定的灵敏度较低。因此当被测物质本身无色或颜色较浅时常常需要加入合适的试剂使之生成颜色较深的物质，然后进行测定。这种将被测组分转变成有色化合物的反应称为显色反应。使被测组分转变成有色化合物的试剂叫显色剂。显色反应的类型主要有配合反应和氧化还原反应两大类。应用最多的是配合反应。作为显色反应，一般应满足下列要求。

(1) 选择性要好　所选用的显色剂最好只与被测组分起显色反应。如果溶液中共存的其他组分也与显色剂反应产生干扰，则干扰应容易消除。

(2) 灵敏度要高　光度分析主要应用于测量微量组分，因此显色反应所生成的有色化合物的 $\varepsilon$ 要大。$\varepsilon$ 值愈大，颜色愈深，测定的灵敏度愈高。但是高灵敏的显色反应其选择性往往较差。因此选择显色反应既要考虑到测定的灵敏度又要考虑到选择性。此外，对于高含量组分的测定，不一定要选用最灵敏的显色反应。

(3) 有色化合物的组成要恒定，符合一定的化学式　一个显色反应如果生成几种组成不同的物质，而它们颜色又往往不同，即 $\varepsilon$ 不同，势必给测定带来误差。

(4) 有色化合物应有足够的化学稳定性　不易受环境条件及溶液中其他化学因素的影响，其颜色在较长时间内保持稳定，不分解，不褪色。

(5) 有色化合物与显色剂之间颜色差别要大　如果使用的显色剂本身有颜色，那么它的颜色应与所生成的有色化合物的颜色有明显的区别，以避免显色剂对测定的干扰。颜色的差别通常用“反衬度（对比度）”来表示，它是有色化合物和显色剂两者最大吸收波长之差的绝对值，即

$$\Delta\lambda = |\lambda_{max}^{MR} - \lambda_{max}^{R}|$$

式中，MR 表示有色化合物；R 表示显色剂。一般要求 $\Delta\lambda$ 在 60nm 以上。

## 二、影响显色反应的因素及显色条件的选择

吸光光度法是测定显色反应达到平衡时溶液的吸光度，因此应用化学平衡原理，严格控制反应条件，使显色反应趋于完全和稳定，以提高测定的准确度。

**1. 显色剂的用量**

显色反应一般都为配合反应，可用下式来表示：

$$\underset{\text{被测组分}}{M} + \underset{\text{显色剂}}{R} \rightleftharpoons \underset{\text{有色化合物}}{MR}$$

该反应在一定程度上是可逆的。为了使显色反应尽可能进行完全，一般应加入过量的显色剂，但并非过量愈多愈好，对某些显色反应，当显色剂浓度太大时，将会引起副反应，如生成一系列配位数不同的配合物，有色配合物的组成不固定。对于这种情况，只有严格控制显色剂的用量，才能获得准确的结果。

在显色反应中，显色剂的用量究竟多大才合适，可通过实验来确定。其方法是：固定被测组分的浓度和其他条件，依次分别加入不同量的显色剂，分别测定其吸光度，然后以显色剂的浓度为横坐标，以对应吸光度为纵坐标作图，得出吸光度 A-显色剂浓度 $c(R)$ 曲线。

曲线一般有三种情况，如图10-5所示。

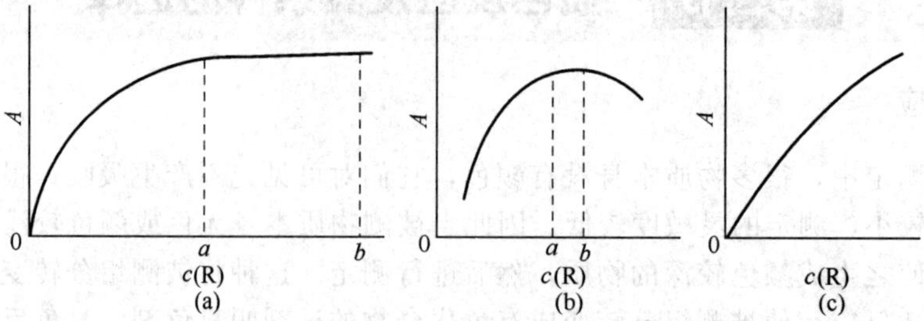


图10-5 吸光度与显色剂浓度关系图

曲线（a）在显色反应中较为常见，显色时，随着显色剂用量的增加，溶液的吸光度也不断增加，当显色剂浓度增加到某一数值时吸光度不再变化，出现 $ab$ 平坦部分，意味着显色剂浓度已经足够。因此，可在 $ab$ 间选择显色剂的浓度，一般稍大于 $a$ 即可。曲线（b）表明，当吸光度达到最大时，平坦部分较窄，继续增大显色剂的浓度，吸光度反而降低。如以硫氰酸盐为显色剂测定钼就属于此种情况。Mo(Ⅴ) 与 $SCN^-$ 可生成一系列配位数不同的配合物，且颜色深浅不同：

$$[Mo(SCN)_3]^{2+} \rightleftharpoons Mo(SCN)_5 \rightleftharpoons [Mo(SCN)_6]^-$$

浅红色　　　　橙红　　　　浅红色

通常测定的是 $Mo(SCN)_5$ 的吸光度，如果 $SCN^-$ 浓度太高，由于生成 $[Mo(SCN)_6]^-$ 而使体系颜色变浅，因此溶液吸光度降低。遇到此种情况，必须严格控制显色剂的用量，即使用吸光度最大时所对应的显色剂浓度，才能得到准确的结果。曲线（c）表明，随着显色剂浓度的增加，吸光度一直在增加，不出现平台。对于这种情况只有十分严格的控制显色剂的用量，才能进行测定，否则测定结果毫无意义。

**2. 溶液的酸度**

溶液的酸度对显色反应的影响很大，控制适宜的酸度是保证吸光光度分析得到良好结果的重要条件之一。溶液的酸度对显色反应的影响主要表现在以下几个方面。

（1）影响显色剂的浓度与颜色　显色反应所用的显色剂大多是有机弱酸，用 HR 来表示。在溶液中存在下述电离平衡：

$$HR \rightleftharpoons H^+ + R^-$$

显色反应中，$R^-$ 与金属离子作用生成有色配合物：

$$M^{n+} + nR^- \rightleftharpoons MR_n$$

当酸度增大时 HR 的电离度变小，$R^-$ 的浓度降低，因而不利于 $MR_n$ 的生成，显色反应进行不完全。如磺基水杨酸与 $Fe^{3+}$ 的显色反应，在 pH＝1 时，显色反应只完成约 50%，而在 pH＝2 时，显色反应几乎达到完全。

有机显色剂往往又是一种酸碱指示剂，它本身的颜色随着溶液的 pH 值变化而变化。如 1-(2-吡啶偶氮)-间苯二酚（PAR）是一种二元弱酸，用 $H_2R$ 表示，在水溶液中存在两步电离，有三种存在形体，并且颜色各不相同。如下式所示：

$$H_2R \underset{+H^+}{\overset{-H^+}{\rightleftharpoons}} HR^- \underset{+H^+}{\overset{-H^+}{\rightleftharpoons}} R^{2-}$$

当溶液 pH 值小于 6 时，主要以黄色的 $H_2R$ 形式存在；在 pH 为 7～12 时，主要以橙色的

$HR^-$形式存在；当 pH 大于 13 时，主要以红色的$R^{2-}$形式存在。PAR 可作多种金属离子的显色剂，都生成红色配合物。因此 PAR 只适宜在酸性或弱碱性溶液中使用，而不能在强碱性溶液中使用。否则，因显色剂本身的颜色与有色配合物的颜色相同或相近（对比度较小），而不能进行光度分析。

（2）影响被测金属离子的存在状态　被测金属离子以离子状态存在时才有利于显色反应进行完全。但是，许多离子如$Al^{3+}$、$Fe^{3+}$、$Ti^{4+}$及稀土元素离子等，易发生水解，当溶液 pH 增大时，这些离子将生成氢氧化物沉淀而降低其有效浓度，使显色反应不完全，甚至完全不显色。所以从这种情况考虑，显色时溶液酸度不能太低。

（3）影响有色配合物的组成　当被测金属离子与显色剂可以形成几种配位数不同的配合物时，究竟形成何种配合物，往往取决于溶液的 pH 值，溶液 pH 值不同，生成的配合物也不同，其颜色也不同。如$Fe^{3+}$与磺基水杨酸的显色反应：

| pH | 配合物 | 颜色 |
|---|---|---|
| 1.8～2.5 | $Fe(Ssal)^+$ | 紫红 |
| 4～8 | $Fe(Ssal)_2^-$ | 红色 |
| 8～11.5 | $Fe(Ssal)_3^{3-}$ | 黄色 |

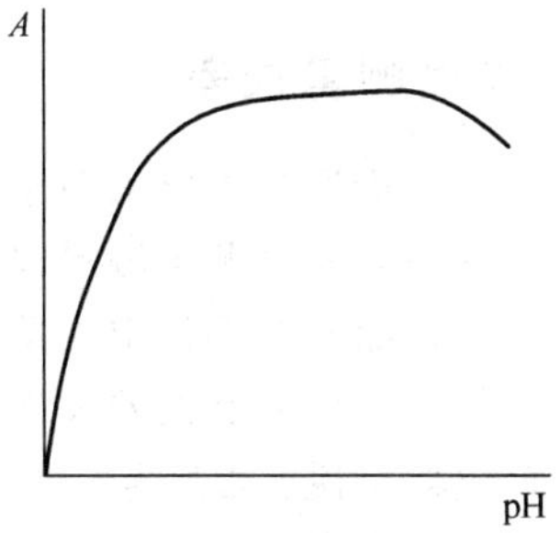

图 10-6　吸光度和溶液的酸度的关系

综上所述，显色反应必须在一定酸度条件下进行。适宜的酸度可通过实验来确定，其方法是：固定溶液中被测组分与显色剂的浓度，改变溶液的 pH 值，测出相应的吸光度。然后以 pH 值为横坐标，对应的吸光度为纵坐标作图，得 pH-$A$ 曲线，如图 10-6 所示，从曲线上找出适宜的 pH 范围。

**3. 显色时间**

有些显色反应的速度很快，瞬间就可完成，并且颜色很快达到稳定状态，在较长的时间内保持不变。但有些显色反应虽能迅速完成，其稳定时间较短，颜色很快褪去，有些显色反应进行得比较缓慢，需要经过一定时间后，显色反应才能完成，溶液颜色才能达到稳定状态。因此，应根据具体情况，掌握适当的显色时间，在颜色稳定的时间范围内进行测定。

**4. 显色温度**

不同显色反应所要求的温度不一样，大多数显色反应可在室温下进行，但有些显色反应需要加热至一定温度才能完成。例如用抗坏血酸作还原剂，以钼蓝法测定磷时，在室温下显色需要 1h，而在沸水浴中显色，10min 即可完成。但是有些有色化合物在较高的温度下容易分解，因此，在显色时应根据具体情况选择适宜的温度。

**5. 溶液中共存离子的影响**

溶液中共存离子对显色反应的影响主要表现在以下两个方面：一是共存离子本身有颜色或与显色剂生成有色化合物，使吸光度增加，造成正误差；二是共存离子与被测金属离子或显色剂反应生成无色化合物，使吸光度降低，造成负误差。

消除共存离子的干扰可采用如下方法：

（1）控制溶液酸度　控制溶液酸度是消除干扰的常用方法。不同金属离子与显色剂生成的有色配合物的稳定性不同，因此在一定的酸度下，就可使某种金属离子显色而其余金属离子不能显色。如用水杨酸为显色剂测定$Fe^{3+}$，$Cu^{2+}$有干扰，当溶液的 pH 值为 2.5 时，$Cu^{2+}$不与水杨酸反应，$Fe^{3+}$可与水杨酸反应。

(2) 加入掩蔽剂　加入某种试剂与干扰离子生成一种无色的、稳定的化合物，然后进行显色，可消除共存离子的影响，如用二苯硫腙为显色剂测定 $Hg^{2+}$ 时，如溶液中共存有大量的 $Bi^{3+}$，可加入 EDTA 掩蔽 $Bi^{3+}$，消除其干扰。

(3) 利用氧化还原反应消除干扰　在溶液中加入氧化剂或还原剂来改变干扰离子的价态以消除干扰，如用二甲基乙二醛肟为显色剂测定 $Ni^{2+}$ 时，$Fe^{2+}$ 有干扰，但 $Fe^{3+}$ 不干扰，这时可加入氧化剂将 $Fe^{2+}$ 氧化为 $Fe^{3+}$，即可消除干扰。

(4) 分离干扰离子　如用上述方法仍不能消除干扰，这时可采用萃取、沉淀或离子交换法将干扰离子与被测离子分离，然后进行显色。

# 第四节　光度测量的误差及测量条件的选择

## 一、光度测量误差

光度分析误差主要来源于两个方面。一方面是由于各种化学因素使溶液偏离朗伯-比耳定律，另一方面来源于测量仪器本身。任何光度计都有一定的测量误差，它是由多方面的因素引起的，如光源不稳定，单色光不纯，光电管不灵敏，比色皿厚度不一致，吸光度标尺精度不够等。这种测量误差表现在透光率 $T$（%）的读数上，设透光度的读数误差为 $\Delta T$。对同一台仪器来说，$\Delta T$ 为一常数，一般为 0.01～0.02。由于透光度与吸光度之间是负对数关系，所以同样大小的 $\Delta T$ 在不同的吸光度读数时所引起的吸光度的误差（$\Delta A$）是不同的。$A$ 越大，$\Delta A$ 也随之增大。由于吸光度 $A$ 与被测组分浓度成正比，因此 $\Delta A$ 也与浓度测量的误差成正比。所以测定时在不同的吸光度范围内读数可带来不同程度的浓度测量误差，可作理论推导如下：

根据朗伯-比耳定律：

$$A=-\lg T=\varepsilon bc$$

或

$$-0.434\ln T=\varepsilon bc$$

将上式微分得

$$-0.434\,\mathrm{d}\ln T=\varepsilon b\,\mathrm{d}c$$

即

$$-0.434\,\frac{\mathrm{d}T}{T}=\varepsilon b\,\mathrm{d}c$$

将上式左边除以 $-\lg T$，右边除以 $\varepsilon bc$ 得

$$\frac{0.434\,\mathrm{d}T}{T\lg T}=\frac{\mathrm{d}c}{c}$$

即

$$\frac{\mathrm{d}c}{c}=\frac{\mathrm{d}T}{T\ln T}$$

如以有限值表示则上式可写成：

$$\frac{\Delta c}{c}=\frac{\Delta T}{T\ln T} \tag{10-11}$$

$\frac{\Delta c}{c}$ 为浓度测量的相对误差，对给定的仪器来说，$\Delta T$ 为常数，因此浓度测量的相对误差是透光率 $T$ 的函数（也是吸光度 $A$ 的函数）。表 10-4 列出了 $\Delta T$ 为 0.5%时，不同透光率

（或吸光度）时浓度测量的相对误差。以$\frac{\Delta c}{c}$（%）为纵坐标，以 $T$（%）为横坐标作图可得图 10-7 所示曲线。

由表 10-4 和图 10-7 可以看出，当透光率很大或很小（即吸光度过低或过高）时，浓度测定的相对误差都较大。当透光率为 15%～65%（即 $A=0.2\sim0.8$）时，则浓度的测量相对误差都较小。因此在测定时应尽可能使吸光度范围在 0.2～0.8 之间，以得到较准确的结果。要使浓度测量的相对误差为最小，式(10-11) 中 $T\ln T$ 应为最大。因此当 $T\ln T$ 对 $T$ 进行微分时，其值应为零。

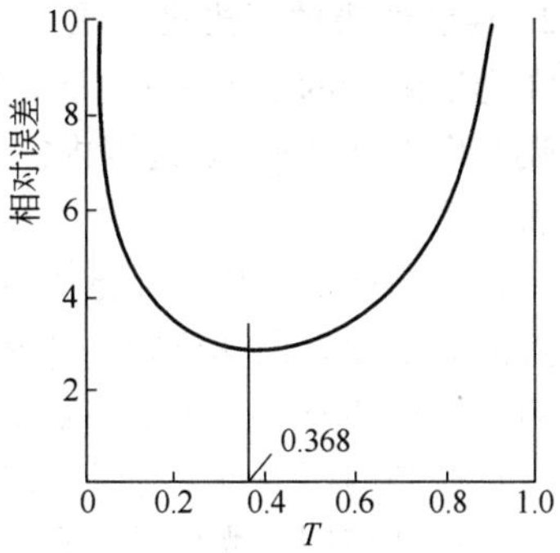


图 10-7 浓度测量的相对误差与透光度的关系

**表 10-4 不同 $T$（%）时的浓度测量的相对误差**（$\Delta T=0.5\%$）

| 透光率 $T$(%) | 吸光度 $A$ | 浓度相对误差 $\Delta c/c\times100$ | 透光率 $T$(%) | 吸光度 $A$ | 浓度相对误差 $\Delta c/c\times100$ |
|---|---|---|---|---|---|
| 95 | 0.022 | ±10.2 | 40 | 0.399 | ±1.36 |
| 90 | 0.046 | ±5.3 | 30 | 0.523 | ±1.38 |
| 80 | 0.097 | ±2.8 | 20 | 0.699 | ±1.55 |
| 70 | 0.155 | ±2.0 | 10 | 1.00 | ±2.17 |
| 60 | 0.222 | ±1.63 | 3 | 1.52 | ±4.75 |
| 50 | 0.301 | ±1.44 | 2 | 1.70 | ±6.38 |

即

$$\frac{d}{dT}(T\ln T)=0$$

$$\ln T+1=0$$

$$\ln T=-1$$

$$\lg T=-0.434$$

$$T=0.368=36.8\%$$

$$A=-\lg T=-\lg 0.368=0.434$$

由此可知，当透光率为 36.8%或吸光度为 0.434 时，浓度测定的相对误差最小。

## 二、测量条件的选择

为了使吸光光度分析有较高的灵敏度和测定结果有较高的准确度，在进行测定时，应注意选择合适的测定条件。测定条件的选择，可从以下几个方面考虑。

**1. 入射光波长的选择**

为使测定有较高的灵敏度，应选择合适波长的光作为入射光。根据“最大吸收原则”，所选入射光的波长应等于有色物质的最大吸收波长 $\lambda_{max}$。这样不仅测定的灵敏度高，即吸光度最大，而且测定的准确度也高，因这时偏离朗伯-比耳定律的程度小。如果最大吸收波长不在仪器的可测波长范围之内，或干扰组分在最大吸收波长处也有较大的吸收，这时应根据“吸收最大、干扰最小”的原则来选择入射光。这时应放弃最大吸收波长，而选择不被干扰组分吸收的、灵敏度较低的波长作为入射光。虽然此时测定的灵敏度有所下降，但保证了测定的准确度。

**2. 控制适当的吸光度范围**

在光度测量的误差中我们已经知道，要使浓度测定的相对误差较小，测定时，应控制溶液的吸光度在0.2～0.8范围内。根据朗伯-比耳定律：$A=\varepsilon bc$，控制溶液吸光度可从如下两个方面入手：

（1）控制溶液浓度 $c$　通过控制试样的称出量或进行萃取、富集、稀释等手段，来控制被测溶液的浓度，以达到控制吸光度的目的。如所测 $A>0.8$，这时可将试液稀释一定倍数后重测；如所测 $A<0.2$，这时可扩大试样称取量或将试液浓缩后重测。

（2）控制液层厚度 $b$　通过改变吸收池的厚度，即选择不同厚度的吸收池，来控制液层厚度，以达到控制吸光度的目的。如测 $A>0.8$，这时可选择光程较短的吸收池；如果测定 $A<0.2$，这时可选择光程较长的吸收池。

**3. 选择合适的参比溶液**

在测定吸光度时，利用参比溶液来调节仪器的零点，即人为将参比溶液的吸光度调为零，以消除由于溶剂、干扰组分、显色剂、吸收池器壁及其他试剂等对入射光的反射和吸收带来的误差。在测定吸光度时，应根据不同的情况选择不同的参比溶液。

（1）如果被测试液、显色剂及所用的其他试剂均无颜色，可选用蒸馏水做参比溶液。

（2）如果显色剂有颜色而被测试液和其他试剂无色时，可用不加被测试液的显色剂溶液作参比溶液。

（3）如果显色剂无颜色，而被测试液中存在其他有色离子，可用不加显色剂的被测试液作参比溶液。

（4）如果显色剂和被测试液均有颜色，可将一份试液加入适当的掩蔽剂，将被测组分掩蔽起来，使之不再与显色剂作用，而显色剂和其他试剂均按照操作手续加入，以此作为参比溶液，这样可以消除显色剂和一些共存组分的干扰。

总之，所使用的参比溶液能尽量使测得试液的吸光度真正反映待测物质的浓度。

# 第五节　吸光光度分析方法及仪器

## 一、可见分光光度法

**1. 单一组分的测定**

可见分光光度法测定单一组分的方法通常采用工作曲线法和比较法。

（1）工作曲线法　工作曲线法又称标准曲线法。测定时，首先配制一系列（通常5个）浓度不同的标准有色溶液，然后使用相同厚度的吸收池，在一定波长下分别测其吸光度。以标准溶液的浓度为横坐标，相应的吸光度为纵坐标作图，所得曲线称为标准曲线或工作曲线。然后用同样的方法，在相同的条件下测定试液的吸光度，从工作曲线上查得其浓度或含量。该方法适用于大批试样的分析。

（2）比较法　比较法又称为计算法。该方法只需一个标准溶液，在相同条件下使标准溶液和被测试液显色，然后在相同的条件下分别测其吸光度。设标准溶液和被测试液的浓度分别为 $c_s$ 和 $c_x$；吸光度分别为 $A_s$ 和 $A_x$。根据朗伯-比耳定律：

$$A_s=\varepsilon_s b_s c_s \qquad A_x=\varepsilon_x b_x c_x$$

两式相比得

$$\frac{A_s}{A_x}=\frac{\varepsilon_s b_s c_s}{\varepsilon_x b_x c_x}$$

由于标准溶液与被测试液性质一致、温度一致、入射光波长一致，所以：$\varepsilon_s=\varepsilon_x$。另

外，测定时使用相同的吸收池，所以：$b_s=b_x$

因此
$$\frac{A_s}{A_x}=\frac{c_s}{c_x}$$

即
$$c_x=c_s\frac{A_x}{A_s}$$

该方法适用于个别试样的测定。测定时，应使标准溶液与被测试液的浓度相近，否则会引起较大的测定误差。

**【例 2】** 根据下列数据绘制硫氰酸铵分光光度法测定微量铁的工作曲线：

| 标样浓度/(mg/L) | 0.05 | 0.10 | 0.15 | 0.20 | 0.25 | 0.30 |
|---|---|---|---|---|---|---|
| $A$ | 0.007 | 0.015 | 0.022 | 0.029 | 0.037 | 0.046 |

测定 1g 试样制成的 100mL 试液时，若试液与标准溶液在相同条件下显色后，测得 $A=0.041$，求试样中铁的百分含量。

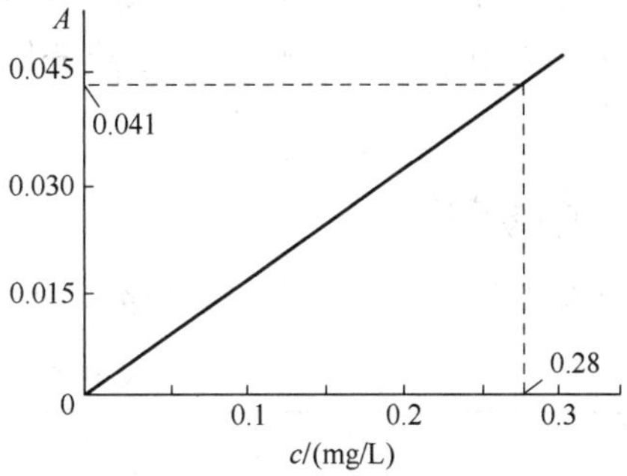

图 10-8　$NH_4SCN$ 测铁的工作曲线

**解**：根据表中数据绘制工作曲线，如图 10-8所示。由试液的吸光度 0.041 在工作曲线上查得 $c_{试}=0.28mg/L$。

所以
$$Fe\%=\frac{0.28\times\frac{100}{1000}}{1\times1000}\times100=0.0028$$

**【例 3】** 有一标准 $Fe^{3+}$ 离子溶液的浓度为 $6\mu g\cdot mL^{-1}$，其吸光度为 0.304。有一液体试样，在同一条件下测得的吸光度为 0.510，求试样溶液中铁的含量（$mg\cdot L^{-1}$）。

**解**：已知 $A_s=0.304$，$A_x=0.510$，$c_s=6\mu g\cdot mL^{-1}$，所以

$$c_x=c_s\frac{A_x}{A_s}=6\times\frac{0.510}{0.304}=10.10(mg\cdot L^{-1})$$

**2. 多组分同时测定**

由于吸光度具有加和性，应用吸光光度法有可能在同一溶液中不经分离而同时测定两个或两个以上组分。

假定溶液中同时存在两种组分 A 和 B，根据吸收峰相互干扰的情况，可按下列两种情况进行定量测定。

（1）吸收曲线不重叠　在 A 的吸收峰 $\lambda_{max}^{A}$ 处 B 没有吸收，而在 B 的吸收峰 $\lambda_{max}^{B}$ 处 A 没有吸收，见图 10-9(a)，则可分别在 $\lambda_{max}^{A}$，$\lambda_{max}^{B}$ 处用单一物质的定量分析方法测定组分 A 和 B，而相互无干扰。

（2）吸收曲线相重叠　如图 10-9(b)，溶液中的 A，B 两组分相互干扰。这时，可在波长 $\lambda_{max}^{A}$ 和 $\lambda_{max}^{B}$ 处分别测出 A，B 两组分的总吸光度 $A_1$ 和 $A_2$，然后再根据吸光度的加和性列联立方程

$$A_1=\varepsilon_1^{A}bc(A)+\varepsilon_1^{B}bc(B)$$
$$A_2=\varepsilon_2^{A}bc(A)+\varepsilon_2^{B}bc(B)$$

式中，$c(A)$，$c(B)$ 分别为 A 和 B 的浓度；$\varepsilon_1^{A}$，$\varepsilon_1^{B}$ 分别为 A 和 B 在波长 $\lambda_{max}^{A}$ 处的摩尔吸光系数；$\varepsilon_2^{A}$，$\varepsilon_2^{B}$ 分别为 $A$ 和 $B$ 在波长 $\lambda_{max}^{B}$ 处的摩尔吸光系数。

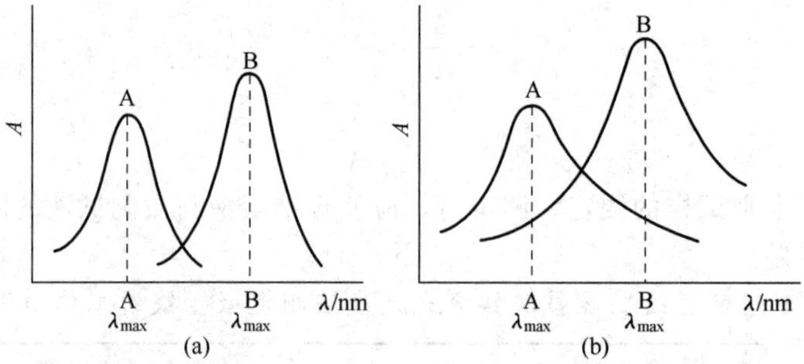


图 10-9 多组分的吸收曲线

$\varepsilon_1^A$，$\varepsilon_1^B$，$\varepsilon_2^A$，$\varepsilon_2^B$ 可由已知准确浓度的纯组分 A 和纯组分 B 在 $\lambda_{max}^A$，$\lambda_{max}^B$ 处测得，代入上式解联立方程，即可求出 A，B 两组分的含量。

在实际应用中，常限于 2～3 个组分体系，对于更复杂的多组分体系，可由计算机处理测定结果。

## 二、分光光度计

分光光度计一般按工作波长分类，如表 10-5 所示。

**表 10-5 分光光度计的分类**

| 分　类 | 工作范围 λ/nm | 光　源 | 单色器 | 接受器 | 国产型号 |
|---|---|---|---|---|---|
| 可见分光光度计 | 420～700 | 钨灯 | 玻璃棱镜 | 硒光电池 | 72 型 |
| | 360～700 | 钨灯 | 玻璃棱镜 | 光电管 | 721 型 |
| 紫外、可见和近红外分光光度计 | 200～1000 | 氢灯及钨灯 | 石英棱镜或光栅 | 光电管或光电倍增管 | 751 型<br>WFD-8 |
| 红外分光光度计 | 760～40000 | 硅碳棒或辉光灯 | 岩盐或萤石棱镜 | 热电堆或测辐射热器 | WFD-3 型<br>WFD-7 型 |

紫外、可见分光光度计主要应用于无机物和有机物含量的测定，红外分光光度计主要用于结构分析。国产 721 型分光光度计是目前实验室中普遍使用的简易型可见分光光度计。光度计通常由光源、单色器、吸收池、光电管及检流计等五部分组成，其结构示意图如图 10-10 所示。

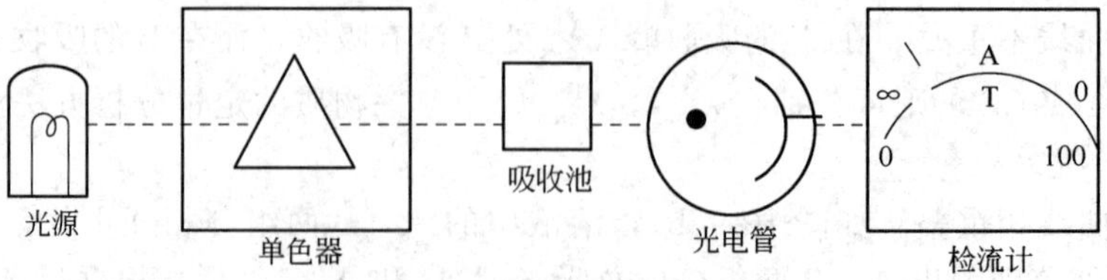


图 10-10 721 型分光光度计结构示意图

**1. 光源**

光源的作用是在仪器操作所需的光谱区域内（360～800nm）能发射连续的具有足够强度和稳定的光。通常用 12V25W 的白炽钨丝灯作光源。为了保持光源强度的稳定，以获得准确的测定结果，必须保持电源电压稳定，因此常采用晶体管稳压电源供电。

**2. 单色器**

单色器的作用是将光源发出的连续光谱分解并从中分出任一种所需要波长的单色光。单色器一般用棱镜单色器，它有棱镜、狭缝及透镜系统组成。棱镜的作用是利用色散原理将连续光谱分解成单色光；狭缝和透镜系统的作用是控制光的方向、调节光的强度和取出所需要的单色光，狭缝的宽度在一定范围内对单色光的纯度起着调节作用。

**3. 吸收池**

吸收池又叫比色皿，其作用是在测定时用来盛放被测溶液和参比溶液。吸收池用透明无色的光学玻璃制成，一般为长方体。其底及两侧为磨毛玻璃，另两面为透光面，两透光面之间的距离即为“透光厚度”或称“光程”。一般的分光光度计都配有各种厚度（0.5cm、1cm、2cm、3cm 和 5cm）的一套比色皿，供测定时选用。在使用比色皿时应注意保护其透光面，不能直接用手指接触，不得将透光面与硬物或脏物接触，否则将影响透光度。

**4. 光电管**

光电管是利用光电效应测量光强度的部件。其基本结构与工作原理如图 10-11 所示。光电管由两个电极组成，阳极（A）通常是一个镍环或镍片，阴极（P）为一金属片上涂一层光敏物质，如氧化铯，光敏物质在光线照射下可以放出电子，当光电管的两极与一个电池相连时，由阴极放出的电子在电场作用下流向阳极，形成光电流，其大小与照射光的强度成正比。当一束单色光经过吸收池中的有色溶液吸收后，光的强度减弱，透过光照射到光电管上。吸收程度越大，照射到光电管上的光越弱，产生的光电流越小；反之越大。产生的光电流经放大器放大后，用微安表测定。

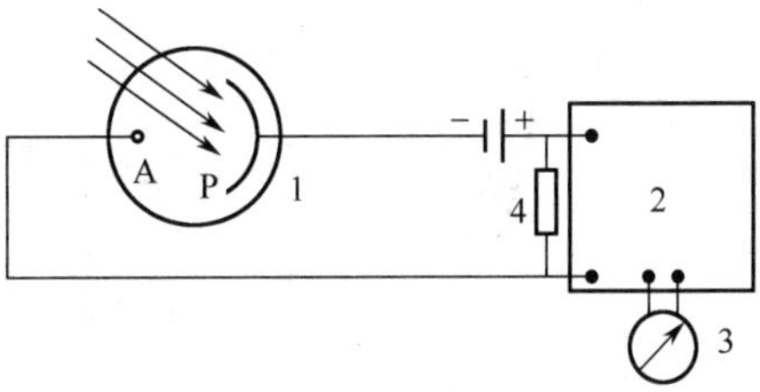


图 10-11 光电管作用原理示意图

1—光电管（A 阳极，P 阴极）；2—放大器；3—检流计；4—负载电阻

**5. 检流计**

检流计通常用直读型指针式检流计，其作用是用来测量光电流的大小。在其刻度标尺上，光电流的大小是以吸光度 $A$ 和透光率 $T$（%）两种刻度标出的，见图 10-12。可由指针的位置直接读出 $A$ 值或 $T$ 值。在标尺上，$T$ 为等分刻度，而 $A$ 为不等分刻度（即对数刻度）。$A$ 与 $T$（%）的关系可推导如下：

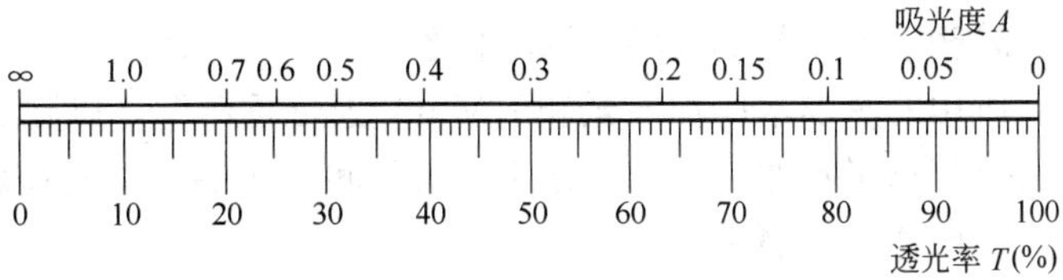


图 10-12 检流计标尺与吸光度的关系

因为

$$T=\frac{I}{I_0}$$

则

$$T=\frac{I}{I_0}\times 100\%$$

或

$$A=\lg\frac{I_0}{I}=-\lg T$$

当 $T=10\%=0.1$ 时，$A=-\lg 0.1=-(-1.0)=1.0$

当 $T=50\%=0.5$ 时，$A=-\lg 0.5=0.301$

根据朗伯-比耳定律，在一定条件下，溶液的吸光度与其浓度成正比，故一般读数时都读取吸光度。

721 型分光光度计采用自准式光路，工作波长范围为 360～800nm，其光学系统如图 10-13所示。

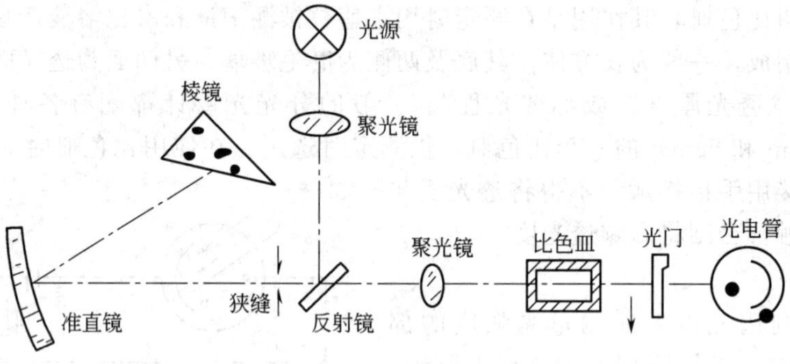


图 10-13　721 型分光光度计光学系统

从光源发出的光，经聚光镜会聚后射向反射镜，偏转 90°后进入狭缝，通过狭缝直接射向准直镜。光线经过准直镜反射后，以一束平行光射向棱镜。由于棱镜背面镀铝，所以经棱镜色散后，某一波长的单色光在棱镜背面反射后依原路稍变一个角度返回。然后仍经过准直镜会聚在狭缝上，在通过聚光镜进入比色皿。经吸收后经过光门照射到光电管上。产生的光电流经放大后，在微安表上读出相应的吸光度。

# 第六节　吸光光度分析法的应用

吸光光度分析法广泛应用于测定微量组分，也能应用于常量组分的测定。此外还可以用于研究化学平衡、配合物组成的测定等。下面简要地介绍有关方面的应用。

## 一、微量组分的测定

**1. 铵的测定**

微量铵的测定常采用标准系列法。$NH_4^+$ 与奈氏试剂（$K_2HgI_4$ 的强碱性溶液）作用，生成棕黄色胶体溶液，其颜色深浅与 $NH_4^+$ 浓度成正比。

在进行测定时，所用的蒸馏水应加入碱和 $KMnO_4$ 进行重蒸馏，以除去蒸馏水中的微量铵。如果 $Ca^{2+}$ 、$Mg^{2+}$ 等离子存在时，对测定有干扰，可加入酒石酸盐掩蔽。另外，应加入阿拉伯胶保护胶体，使胶体溶液稳定。

**2. 磷的测定**

微量磷的测定通常用磷钼蓝法。在酸性溶液中，磷酸盐与钼酸铵作用生成黄色的磷钼酸。其反应为：

$$PO_4^{3-}+12MoO_4^{2-}+27H^+ \longrightarrow H_7[P(Mo_2O_7)_6]+10H_2O$$

由于黄色的磷钼酸 ε 小，灵敏度低，因此在一定条件下，加入还原剂将其还原为磷钼蓝，然后在 690nm 处测其吸光度，通过标准曲线法或比较法求出磷的含量。

磷钼蓝法常用的还原剂有氯化亚锡和抗坏血酸。用氯化亚锡做还原剂，反应的灵敏度较高，显色快，但蓝色稳定性较差，对酸度和钼酸铵的浓度要求比较严格。用抗坏血酸做还原剂，蓝色比较稳定，反应要求的酸度范围较宽，$Fe^{3+}$、$As^{5+}$ 的干扰较小，但显色反应速度慢，需要沸水浴加热。现在一般都采用两种还原剂联合使用的方法，这样可扬长避短，更适用于大批试样的分析。

## 二、高含量组分的测定——示差法

当被测组分含量高时，应用吸光光度法进行测定时常常偏离朗伯-比尔定律；即使不偏离，也由于吸光度太大而超出了准确读数的范围，使测定误差增大，采用示差分光光度法能够克服这一缺点。

示差分光光度法与一般的分光光度法的不同之处在于参比溶液。一般的分光光度法以空白溶液作参比溶液，而示差法则是采用比待测试液浓度稍低的标准溶液做参比溶液。

设用做参比的标准溶液的浓度为 $c_s$，待测试液浓度为 $c_x$，且 $c_x > c_s$，根据朗伯-比尔定律

$$A_s = \varepsilon b c_s \qquad A_x = \varepsilon b c_x$$

两式相减：

$$A_x - A_s = \varepsilon b (c_x - c_s)$$

即

$$\Delta A = \varepsilon b \Delta c \tag{10-12}$$

由式(10-12) 可知，当液层厚度 $b$ 一定时，被测溶液与参比溶液吸光度的示差值与两溶液的浓度差成正比。这就是示差法的基本原理。

在测定时，可采用工作曲线法。在系列标准溶液中以浓度最低的标准溶液为参比，调节其吸光度为零（透光率100%）然后测定其他标准溶液的吸光度（$\Delta A$）。以浓度差（$\Delta c$）为横坐标，吸光度差（$\Delta A$）为纵坐标作图即得示差法的工作曲线，如图 10-14。

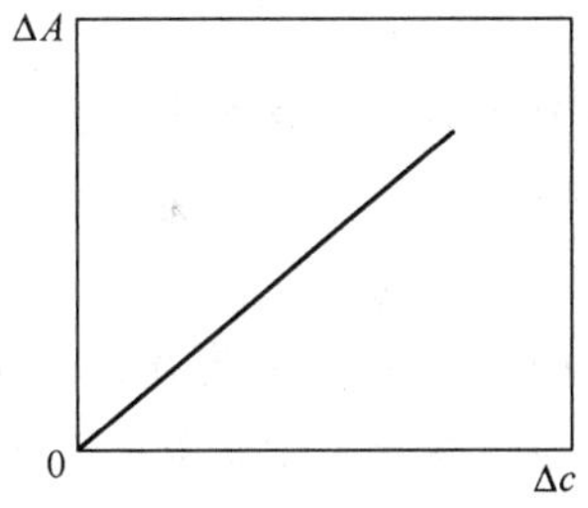

图 10-14 示差法工作曲线

在相同的条件下测定待测试液的吸光度（$\Delta A$），根据测得的（$\Delta A$）在工作曲线上找出相应的 $\Delta c$ 值，根据 $c_x = c_s + \Delta c$，便可求出待测试液的浓度。

示差法的准确度比一般的分光光度法高，这可从图 10-15 看出。设有一浓度较高的试样，按一般分光光度法测得的透光率为 7%，显然，此时的吸光度读数误差很大。当采用示差法时，若用按一般分光光度法测得的 $T_s = 10\%$ 的标准溶液做参比溶液，即使其透光率从标尺上的 $T_s = 10\%$ 处调到 $T_s = 100\%$，这相当于把检流计上的标尺扩展了 10 倍。这时待测试液的透光率为 70%，吸光度读数由原来标尺刻度很密的区域（读数误差很大）改变到标尺刻度稀疏的区域（读数误差较小），从而提高了测定的准确度。

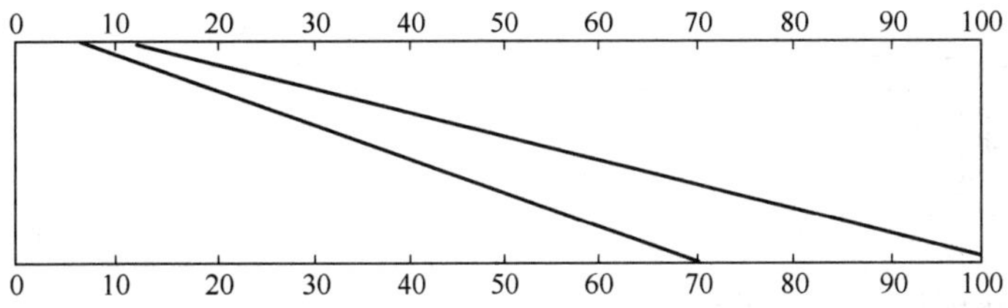

图 10-15 示差法的标尺放大原理

## 本章小结

(1) 物质对光的选择性吸收　物质吸收光的实质是组成物质的分子、原子或离子中的电子吸收了光的能量由较低能级跃迁到较高能级的状态的结果。只有当光子的能量（$h\nu$）等于分子、原子或离子中电子跃迁能级的能量差（$\Delta E$）时，才能被吸收。因此物质对光的吸收是具有选择性的，必须满足：

$$\Delta E = h\nu$$

(2) 吸收曲线　选定某物质一定浓度的溶液，以各种不同波长的单色光作为入射光，依次通过该溶液，测定该溶液对各种波长单色光的吸收程度（吸光度 $A$）。以入射光波长 $\lambda$ 为横坐标，溶液吸光度 $A$ 为纵坐标作图，得到该物质的吸收曲线或吸收光谱。吸收曲线说明任何一种物质的溶液，对不同波长光的吸收程度是不相同的。

(3) 光的吸收定律——朗伯-比尔定律　在一定浓度范围内，当一束特定波长的平行单色光通过均匀、透明、非散色且具有一定厚度液层的有色溶液时，溶液的吸光度 $A$ 与吸光物质的浓度 $c$ 及液层厚度 $b$ 的乘积成正比。朗伯-比尔定律是吸光光度法定量分析的基本理论依据。其数学表达式为 $A=\varepsilon bc$。

透过光强度 $I$ 与入射光强度 $I_0$ 之比称为透光率（或称为透光度），用 $T$ 表示：

$$T=\frac{I}{I_0}$$

溶液对光的吸收程度常用吸光度 $A$ 表示，它与透光率的关系为：

$$A=\lg\frac{1}{T}=-\lg T=\lg\frac{I_0}{I}$$

(4) 朗伯-比尔定律的使用条件和显色反应的选择以及测量条件的选择

使用条件：①入射光是单色光；②吸收发生在均匀、透明、非散色的真溶液中；③吸收过程中，吸光物质互相不发生作用。

显色反应的选择：将待测组分转变为有色化合物的化学反应，称为显色反应。显色反应的要求：①定量进行；②选择性高；③生成的有色物质稳定性高；④反应的灵敏度高。

测量条件的选择：①入射光波长的选择，干扰最小，吸收最大；②吸光度读数范围的选择：$A=0.2\sim0.8$；③参比溶液的选择，选用参比溶液的目的在于扣除背景产生的吸光度，使测定得到的吸光度（$A$）真正反映待测物质的吸光度。即：测得的吸光度 $A$ 仅为有色物质 MR 的吸光度，其余的吸光度均包含在参比溶液中，$A_{参}=0.000$。

(5) 定量方法

① 比较法：$c_x=\dfrac{A_x c_s}{A_s}$。

② 标准曲线法。

## 思考题

1. 朗伯-比尔定律的物理意义是什么？
2. 何谓吸光度？何谓透光率？二者之间有何关系？

3. 什么是吸收曲线？有何实际意义？

4. 摩尔吸光系数 $\varepsilon$ 的物理意义是什么？它和哪些因素有关？

5. 偏离朗伯-比尔定律的原因有哪些？

6. 用可见分光光度法测定时，测定的方法有哪些？

7. 测量吸光度时，应如何选择参比溶液？

8. 吸光光度分析对显色反应的要求有哪些？影响显色反应的因素有哪些？酸度对显色反应的影响主要表现在哪些方面？

9. 示差分光度法的原理是什么？

## 习 题

1. 某试液用2cm的比色皿测量时 $T=60\%$，若改用1cm的比色皿或3cm的比色皿，$T$ 及 $A$ 等于多少？

（1.0cm 比色皿，$A_2=0.111$，$T_2=77.4\%$；3.0cm 比色皿，$A_3=0.333$，$T_3=46.5\%$）

2. $5.0\times10^{-5}\text{mol}\cdot\text{L}^{-1}KMnO_4$ 溶液，在 $\lambda_{max}=525\text{nm}$ 用 3.0cm 吸收皿测得吸光度 $A=0.336$。

（1）计算吸光系数 $a$ 和摩尔吸光系数 $\varepsilon$；

（2）若仪器的透光度的绝对误差 $\Delta T=0.4\%$，计算浓度的相对误差 $\dfrac{\Delta c}{c}$。

（$a=14.2\text{L}\cdot\text{g}^{-1}\cdot\text{cm}^{-1}$；$\varepsilon=2.24\times10^3\ \text{L}\cdot\text{mol}^{-1}\cdot\text{cm}^{-1}$；$\dfrac{\Delta c}{c}=\dfrac{0.434\times0.4\%}{0.461\times\lg0.461}=-1.1\%$）

3. 某钢样含镍约0.12%，用丁二酮肟比色法（$\varepsilon=1.3\times10^4$）进行测定。试样溶解后，显色、定容至100mL。取部分试液于波长470nm处用1cm比色皿进行测量，如希望此时测量误差最小，应称取试样多少克？

（0.16g）

4. $5.00\times10^{-5}\text{mol}\cdot\text{L}^{-1}KMnO_4$ 溶液，在520nm处用2.0cm比色皿测得吸光度 $A=0.224$。称取钢样1.00g，溶于酸后，将其中的Mn氧化为 $MnO_4^-$，定容100.00mL后在上述相同条件下测得吸光度为0.314。求钢样中锰的含量。

（$3.9\times10^{-4}$）

5. 普通光度法分别测得 $0.5\times10^{-4}$，$1.0\times10^{-4}\text{mol}\cdot\text{L}^{-1}\ Zn^{2+}$ 标液和试液的吸光度 $A$ 分别为0.600，1.200，0.800。

（1）若以 $0.5\times10^{-4}\text{mol}\cdot\text{L}^{-1}\ Zn^{2+}$ 标准溶液作参比溶液，调节 $T=100\%$，用示差法测定第二种标液和试液的吸光度各为多少？

（2）两种方法中标液和试液的透光度各为多少？

（3）示差法与普通光度法比较，标尺扩展了多少倍？

（4）根据（1）中所得的有关数据，用示差法计算试液中Zn的含量（$\text{mg}\cdot\text{L}^{-1}$）。

[（1）0.600，0.200；（2）普通法 $T_{s1}=25.1\%$，$T_{s2}=6.31\%$，$T_x=15.8\%$；示差法 $T_{s1}=100\%$，$T_{rs2}=25.1\%$，$T_{rx}=63.1\%$；（3）4倍；（4）$4.4\text{mg}\cdot\text{L}^{-1}$]

## 知识阅读

### 光化学传感器与荧光探针

光化学传感器是建立在光谱化学和光学波导与量测技术基础上，将分析对象的化学信息以吸收、反射、荧光或化学发光、散射、折射和偏振光等光学性质表达的传感装置。

光化学传感器起源于20世纪30年代，60年代末Bergman进行了进一步研究。80年代Lubbers和Opitz提出了“Optode”和“Opical Electrode”（光极）的概念即光化学传感器应用而生。1970年以后，随着光纤通信的迅速发展，各种各样的声音、流速、加速度、电场和磁场等光纤物理传感器应运而生。一些学者将光纤端部修饰一层化学识别感膜，用于分子、高分子等领域的研究，使得光化学传感器取得了实破性发展。至今，光化学传感器已成为分析化学的前沿研究领域之一。

光化学传感器根据光学波导作用不同，可分为两类：一类是传光型光化学传感器，其光学波导只起传递光波的作用，递送检测对象或敏感膜表现出来的光学信息；另一类是动能型光化学传感器，其光学波导受环境因素影响而变化。根据获取光学信息的性质，光化学传感器可分为吸收、反射、散射、折射和发光等类型光化学传感器。发光光化学传感器是光化学传感器中最庞大的一支，可细分为荧光、磷光、化学发光等类型。按构建光化学传感器的复杂程度，光化学传感器又可分为三类：普通光学波导传感器、化学修饰光化学传感器和生物修饰光化学传感器。在光学波导适当位置（如顶端）固定一层化学试剂来提高光化学传感器的识别能力，进行选择性分析测定，这类光化学传感器属化学修饰光化学传感器。若在光学波导适当位置固定一层生物敏感膜，这类光化学传感器属生物修饰光化学传感器。

光化学传感器易于加工成小巧、轻便和对空间适应性强的探头，具有很强的抗电磁干扰能力，被广泛应用于生产过程和化学反应的自动控制、遥测分析、化学战争试剂的分析、自动环境监测网站的建立、生物医学、活体分析、免疫分析和药物分析等领域。

荧光探针是指在紫外、可见、近红外光区有特征荧光，并且其荧光性质（如激发和发射波长、荧光强度、荧光寿命、偏振性质等）随所处环境的极性、折射率、黏度、酸度等性质的改变而灵敏变化的一类荧光物质。荧光分子探针的设计一般包括识别基团（receptor）、荧光基团（fluorophore）和连接体（spacer）三部分。荧光分子探针可分为有机小分子荧光探针、生物荧光探针和纳米荧光探针。

通过化学合成的方法可以制备有机小分子荧光探针，这类荧光探针的设计原理主要有：键合-信号输出法，即将识别基团和荧光基团共价连接的方法；置换法，即利用识别基团与被分析物之间较强的结合能力，置换出结合较弱的荧光基团的方法；化学计量法，即探针分子与被分析物发生特定化学反应的方法。有机小分子荧光探针设计中常用的响应机理有：光诱电子转移（PET）、分子内电荷转移（ICT）、荧光共振能量转移（FRET）、激发态—基态缔合物（excimer/exciplex）、聚集诱导荧光机理（AIE）等。

常见的生物荧光探针有蛋白质荧光探针和DNA荧光探针。基于荧光蛋白的探针主要适用于肿瘤细胞、病毒、基因的标记，常用的有绿色荧光蛋白（GFP）、增强绿色荧光蛋白（EGFP）、红色荧光蛋白（DsRed）等。

将靶蛋白基因与荧光蛋白基因融合后，在特定的细胞或组织中表达，可以实现对靶蛋白表达情况、细胞中定位、活性状态等的研究。由于DNA分子具有合成容易、可多种荧光标记、序列设计灵活等优点，广泛用于设计基于DNA的荧光分子探针，具有代表性的DNA荧光探针有：TaqMan探针、分子信标探针、核酸适配体荧光探针、核酶探针、蝎形引物探针、猝灭—自连接荧光探针等。这类DNA荧光探针主要用于定量生物分析。

近年来，荧光纳米粒子以其独特的量子尺寸效应和荧光特性，常被引入荧光探针的设计，这类探针通称为荧光纳米探针。其中，荧光量子点具有荧光发射谱带窄、量子产率高、不易光漂白、激发谱宽、尺寸和颜色可调、光化学稳定性好等优点，在各种纳米荧光探针的设计中应用广泛。从生物安全性的角度出发，脂质体、高分子纳米颗粒及二氧化硅等纳米颗粒，也常用于复合型纳米荧光探针的设计。将纳米颗粒优异的荧光性质、载药性能与生物分子独特的靶向识别相结合发展的新一代荧光纳米生物探针，在生物医学成像、药物靶向传递、光动力学治疗等领域将表现出广阔的应用前景。

# 第十一章 电势分析法

■【知识目标】

1. 掌握电势分析法的基本原理。
2. 了解离子选择电极的基本结构、各类电极的响应机理及其应用。
3. 了解电极选择系数的物理意义及相关运算。
4. 了解用电势法测定某些物理化学常数。

■【能力目标】

1. 能正确使用和维护常用的离子选择性电极。
2. 能够正确使用酸度计测量溶液的 pH 值。
3. 掌握电势滴定法确定滴定终点的方法。

## 第一节 电势分析法的基本原理

### 一、电势分析法的基本依据

**1. 电势分析法的基本原理**

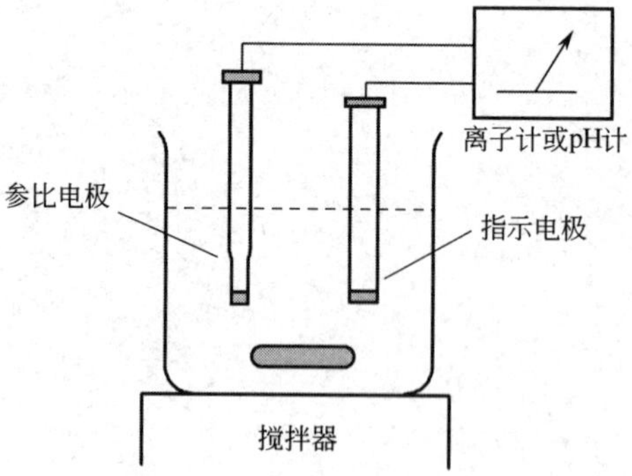


图 11-1 电势分析法示意图

电势分析法（简称电势法）是以测量被测液中两电极间的电动势或电动势变化来进行定量分析的一种电化学分析方法。在此方法中，把待测试液作为化学电池的电解质溶液，在其中浸入两个电极，其中一个电极的电极电势与待测组分的浓度（严格地讲应该为活度）有定量的函数关系，能指示待测离子的浓度，称为指示电极；另一个电极的电极电势不随测定溶液的浓度变化而变化，具有较恒定的数值，称为参比电极。如图 11-1 所示。

在溶液平衡体系不发生变化及电池回路零电流条件下，测得电池的电动势（或指示电极的电势）：

$$E=\varphi_{参比}-\varphi_{指示}$$

由于 $\varphi_{参比}$ 不变，$\varphi_{指示}$ 符合能斯特（Nernst）方程式：

$$\varphi_{M^{n+}/M}=\varphi^{\ominus}_{M^{n+}/M}+\frac{RT}{nF}\ln a_{M^{n+}} \tag{11-1}$$

式中，$a_{M^{n+}}$ 为 $M^{n+}$ 的活度，溶液浓度很低时，可以用浓度代替活度，所以上式变为：

$$\varphi_{M^{n+}/M}=\varphi^{\ominus}_{M^{n+}/M}+\frac{RT}{nF}\ln c(M^{n+}) \tag{11-2}$$

由上式可知，测得该电极的电极电势，就可以确定该离子的浓度。这就是电势法的依据和基本公式。

**2. 电势分析法的分类**

根据测量方式可分为直接电势法和电势滴定法。

(1) 直接电势法　利用专用的指示电极——离子选择性电极，选择性地把待测离子的活度（或浓度）转化为电极电势加以测量，根据能斯特方程式，求出待测离子的活度（或浓度），也称为离子选择电极法。这是 20 世纪 70 年代初才发展起来的一种应用广泛的快速分析方法。

(2) 电势滴定法　利用指示电极在滴定过程中电势的变化及化学计量点附近电势的突跃来确定滴定终点的滴定分析方法。电势滴定法与一般的滴定分析法的根本差别在于确定终点的方法不同。

研制各种高灵敏度、高选择性的电极是电势分析法最活跃的研究领域。

电势分析法中使用的指示电极和参比电极很多，某一电极是指示电极还是参比电极，不是绝对的，在一定情况下可用作参比电极，另一情况下也可用作指示电极。

## 二、参比电极

参比电极是测量各种电极电势时作为参照比较的电极。将被测定的电极与精确已知电极电势数值的参比电极构成电池，测定电池电动势数值，就可计算出被测定电极的电极电势。参比电极的电极电势的稳定与否直接影响到测定结果的准确性。因此，对参比电极的要求是：电极电势已知且稳定，不受试液组成变化的影响，电极反应为单一的可逆反应；电流密度小；温度系数小；重现性好；容易制备，使用寿命长等。

标准氢电极是基准电极，规定其电势值为零（任何温度）。标准氢电极是各种参比电极的一级标准，但是标准氢电极制作麻烦，所用铂黑容易中毒，使用很不方便。实际工作中最常用的参比电极是甘汞电极和银-氯化银电极。

**1. 甘汞电极**

甘汞电极是最常用的参比电极之一。由金属汞和它的饱和难溶汞盐——甘汞（$Hg_2Cl_2$）以及氯化钾溶液所组成的电极，其构造如图 11-2 所示，由玻璃管封接一根铂丝，铂丝插入纯汞中（厚度为 0.5～1cm），下置一层甘汞（$Hg_2Cl_2$）和汞的糊状物，外玻璃管中装入饱和 KCl 溶液，即构成甘汞电极。电极下端与待测溶液接触部分是熔结陶瓷芯或玻璃砂芯等多孔物质，构成与溶液互相连接的通道。

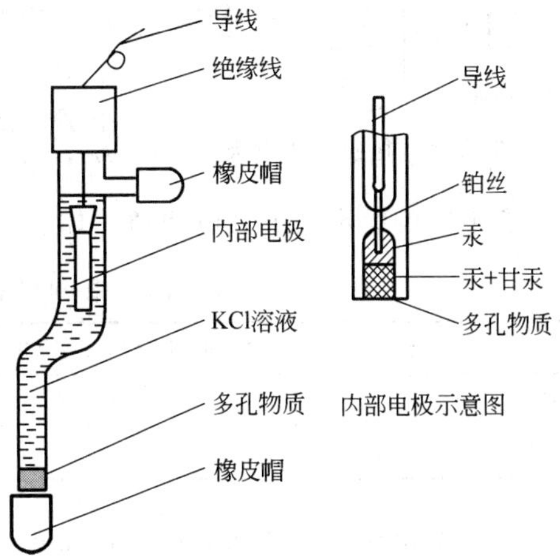


图 11-2　甘汞电极

甘汞电极半电池符号：　$Hg \mid Hg_2Cl_2(s) \mid KCl$

电极反应：　$Hg_2Cl_2+2e^- \rightleftharpoons 2Hg+2Cl^-$

电极电势（25℃）：

$$\varphi_{Hg_2Cl_2/Hg}=\varphi^{\ominus}_{Hg_2Cl_2/Hg}-\frac{0.0592}{2}\lg(a_{Cl^-})^2$$

$$=\varphi^{\ominus}_{Hg_2Cl_2/Hg}-0.0592\lg a_{Cl^-} \qquad (11\text{-}3)$$

由式(11-3) 可知，甘汞电极是对 $Cl^-$ 响应的电极，当温度一定时，甘汞电极的电极电势主要决定于 $Cl^-$ 浓度。当溶液中 $Cl^-$ 浓度固定时，甘汞电极电势固定，因此可作为参比电极。不同浓度的 KCl 溶液组成的甘汞电极，具有不同的恒定的电极电势值。如表 11-1 所示。

**表 11-1 甘汞电极的电极电势**（25℃）

| 电　极 | 0.1mol·L⁻¹甘汞电极 | 标准甘汞电极(NCE) | 饱和甘汞电极(SCE) |
|---|---|---|---|
| KCl 浓度 | $0.1mol \cdot L^{-1}$ | $1.0mol \cdot L^{-1}$ | 饱和溶液 |
| 电极电势/V | +0.3365 | +0.2828 | +0.2438 |

甘汞电极的电势随温度变化而有所改变，对于 SCE，$t$℃时的电极电势为：

$$\varphi_t=0.2438-7.6\times10^{-4}(t-25)\ (V)$$

其使用温度不得超过 80℃，因为温度较高时，甘汞有歧化作用。$Hg_2Cl_2 \xlongequal{} Hg+HgCl_2$，此时必须使用银-氯化银电极作参比电极。

**2. 银-氯化银电极**

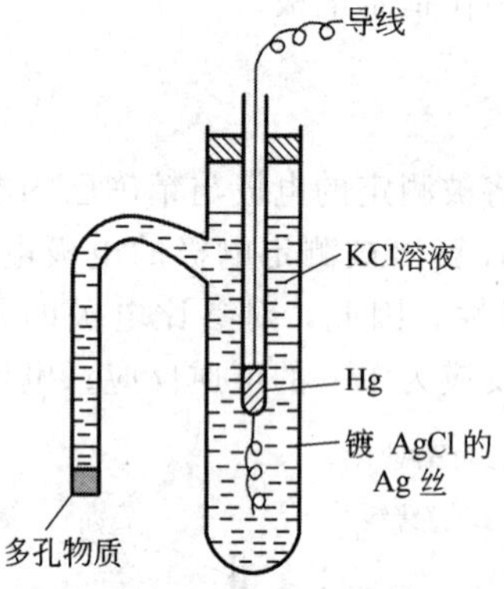

图 11-3 银-氯化银电极

银丝涂上一层 AgCl 沉淀，浸在一定浓度的 KCl 溶液中即构成了银-氯化银电极。如图 11-3 所示。

半电池符号：　　Ag | AgCl (s) | KCl

电极反应：　　$AgCl+e^- \xlongequal{} Ag+Cl^-$

电极电势（25℃）：

$$\varphi_{AgCl/Ag}=\varphi^{\ominus}_{AgCl/Ag}-0.0592\lg a_{Cl^-} \qquad (11\text{-}4)$$

由式(11-4) 可知，银-氯化银电极是对 $Cl^-$ 响应的电极，当温度一定时，银-氯化银电极的电极电势主要决定于 $Cl^-$ 浓度。当溶液中 $Cl^-$ 浓度固定时，银-氯化银电极电势固定，因此可作为参比电极。特点是可在高于 60℃的温度下使用不同浓度的 KCl 溶液组成的银-氯化银电极，具有不同的恒定的电极电势值。如表 11-2 所示。

**表 11-2 银-氯化银电极的电极电势**（25℃）

| 电　极 | 0.1mol·L⁻¹Ag-AgCl 电极 | 标准 Ag-AgCl 电极 | 饱和 Ag-AgCl 电极 |
|---|---|---|---|
| KCl 浓度 | $0.1mol \cdot L^{-1}$ | $1.0mol \cdot L^{-1}$ | 饱和溶液 |
| 电极电势/V | +0.2880 | +0.2223 | +0.2000 |

Ag-AgCl 电极的电势随温度变化而有所改变，对于标准 Ag-AgCl 电极，$t$℃时的电极电势为：

$$\varphi_t=0.2223-6\times10^{-4}(t-25)\ (V)$$

## 三、指示电极

指示电极是电极电势随被测电活性物质活度变化的电极。指示电极应符合下列要求。

① 电极电势与被测离子的浓度（活度）符合能斯特方程式；

② 响应快，重现性好；

③ 结构简单，便于使用。

常见的指示电极可分为：金属基电极和膜电极

- 指示电极
  - 金属基指示电极
    - 零类电极（惰性金属电极）
    - 第一类电极（金属-金属离子电极）
    - 第二类电极（金属-金属难溶盐电极）
    - 第三类电极（两个含有相同阴离子的难溶盐及相应的金属和待测离子）
  - 离子选择性电极：包括玻璃电极和离子选择性电极

**1. 金属基指示电极**

金属基电极是以金属为基体，共同特点是电极上有电子交换发生的氧化还原反应。同时这类电极的电极反应大都有金属参加。可分为以下四种。

（1）第一类电极　亦称金属-金属离子电极，有一个相界面。该电极是将金属浸入到含有该金属离子的溶液中而构成。在金属与溶液的界面上形成双电层，产生电极电势，其大小与溶液中该金属离子的浓度有关，可由能斯特方程进行计算。其电极反应和电极电势为：

电极反应：
$$M^{n+}+ne^{-}=\!=\!=M$$

电极电势：
$$\varphi=\varphi^{\ominus}+\frac{0.0592}{n}\lg a_{M^{n+}} \tag{11-5}$$

例如：$Ag$-$AgNO_3$ 电极（银电极）、$Zn$-$ZnSO_4$ 电极（锌电极）等。第一类电极的电势仅与金属离子的活度有关。需要注意的是并非任何金属都可以作为指示电极，能作为指示电极的金属必须具备如下条件；首先，这种金属在溶液中只能产生一种价态的金属离子或在通常情况下只有一种离子占主导地位；其次，要求金属的标准电极电势大于标准氢电极的电势。根据这两方面的要求，实际上能用作指示电极的金属不多，仅有 Ag、Hg、Cu 等。

（2）第二类电极　金属-金属难溶盐电极，有两个相界面，常用作参比电极。该类电极是在一种金属上涂上它的难溶盐，并浸入与难溶盐同类的阴离子溶液中而构成。这类电极对于构成难溶盐的阴离子具有响应，能间接反映这种难溶盐的阴离子浓度，所以又称阴离子电极。如把 Ag-AgCl 电极浸入含有氯离子的溶液中，可指示溶液中氯离子的浓度。电极反应和电极电势见参比电极银-氯化银电极部分。

在这类电极中，对金属基体和难溶盐都有一定的要求。对金属基体的要求与第一类电极相同；对难溶盐，要求它要有确定的化学组成，不和水或溶液中的其他成分发生副反应以及溶解度必须足够小。由于这些条件的限制，实际上能用的只有以 Ag 和 Hg 为基体与它们的某些难溶盐组成的一些电极。除 Ag-AgCl 电极外，又如 $Ag$-$Ag_2S$ 电极，Ag-AgI 电极、$Hg$-$Hg_2Cl_2$ 电极、$Hg$-$Hg_2SO_4$ 电极等。

（3）第三类电极　该类电极是由两个含有相同阴离子的难溶盐（或难电离化合物）以及相应的金属和待测离子所构成。例如，由 Pb、$PbC_2O_4$（固体）、$CaC_2O_4$（固）及 $CaCl_2$ 溶液组成的电极，对 $Ca^{2+}$ 有响应，用于测定溶液中 $Ca^{2+}$ 浓度。该电极可表示如下：

$$Pb\mid PbC_2O_4(s),\ CaC_2O_4(s)\mid Ca^{2+}$$

电极反应为：
$$Ca^{2+}+PbC_2O_4+2e^{-}=\!=\!=CaC_2O_4+Pb$$

铅离子的活度受 $PbC_2O_4$ 和 $CaC_2O_4$ 两个难溶盐的溶解平衡所控制。

25℃电极电势为：

$$\varphi=\varphi^{\ominus}+\frac{0.0592}{2}\lg a_{Ca^{2+}} \tag{11-6}$$

（4）惰性金属电极　又称零类电极，是将一惰性金属（如 Pt、Au 或 W）浸入含有两种

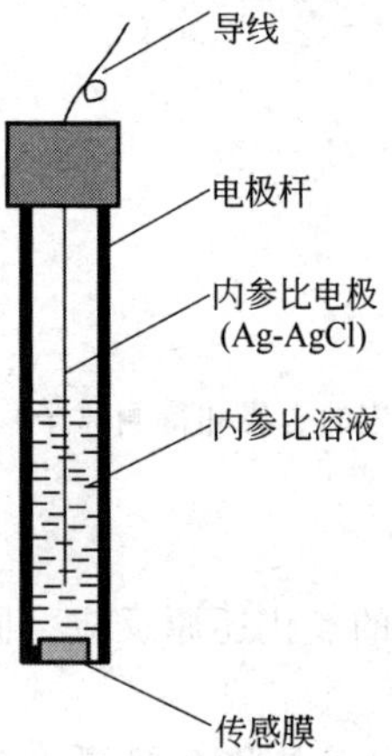

图 11-4 离子选择性电极

不同氧化态的某种元素的溶液中而构成。此类电极与上述三类电极不同，如铂电极。电极本身不发生氧化还原反应，但其晶格间的自由电子可与溶液进行交换，故惰性金属电极可作为溶液中氧化态和还原态获得电子或释放电子的场所。如 Pt | $Fe^{3+}$，$Fe^{2+}$ 电极，Pt | $Ce^{4+}$，$Ce^{3+}$ 电极等。

电极反应：$Fe^{3+} + e^- \longrightarrow Fe^{2+}$

25℃电极电势：

$$\varphi_{Fe^{3+}/Fe^{2+}} = \varphi^{\ominus}_{Fe^{3+}/Fe^{2+}} + 0.0592\lg\frac{c(Fe^{3+})}{c(Fe^{2+})} \tag{11-7}$$

可见 Pt 等用作此类电极的金属必须是化学惰性的，未参加电极反应，只提供 $Fe^{3+}$ 及 $Fe^{2+}$ 之间电子交换场所。

**2. 离子选择性电极**

离子选择性电极又称膜电极，是最重要的一类电极。它是以固体膜或液体膜为传感器，能选择性地对溶液中某特定离子产生响应的电极，见图 11-4。响应机制主要是基于离子交换和扩散，其特点是仅对溶液中特定离子有选择性响应（离子选择性电极）。将在下一节中详述。

# 第二节 直接电势法测定溶液 pH 值

## 一、电势法测定溶液 pH 值的原理

在溶液中，氢离子浓度对于在其中进行的多种化学、物理化学、生物化学等过程有着显著的影响。因此，在生物化学、土壤学、化学和化学工艺学等各个领域内，pH 值都是一个被广泛应用的重要化学指标，因此 pH 值测定具有重要的意义。

测定 pH 值的方法目前一般有两类：一类是比色分析，即根据酸碱指示剂随溶液的 pH 值不同而呈现不同颜色这一特点来进行；另一类是电势测定法，即根据某些电极的电极电势随着溶液的 pH 值变化而改变这一特点来进行。这两种方法相比，电势测定法有许多优点；首先是精确度高，可以测至 0.01pH，其次是它的应用不受溶液的颜色或浑浊等条件的限制，适应性强；第三是可以进行自动连续测定，并可自动记录测定结果。

电势法测定溶液的 pH 值采用的是直接电势法。它采用对 $H^+$ 敏感的电极作指示电极，如玻璃电极、氢电极、氢醌电极和锑电极等。这些电极的电极电势公式为（25℃）：

$$\varphi = K + 0.0592\lg c(H^+) = K - 0.0592\text{pH}$$

从上式可知，在一定温度下，$K$ 为常数，这些指示电极的电极电势仅决定于溶液的 pH 值，而且与 pH 值呈线性关系，其斜率为：

$$\frac{\Delta\varphi}{\Delta\text{pH}} = 0.0592$$

它表示在 25℃时，溶液 pH 改变一个单位。则电极电势相应改变 0.0592V 或 59.2mV。

测定时，将 pH 指示电极（常用玻璃电极）和一参比电极（常用饱和甘汞电极）同时浸入待测试液中，组成一原电池，然后测量此电池的电动势：

（－）玻璃电极 | 待测液 ‖ 饱和甘汞电极（＋）

由于饱和甘汞电极的电极电势在一定温度下为一常数，则该电池电动势（25℃）为：

$$E=\varphi_{甘汞}-\varphi_{玻璃}=0.2445-(K-0.059\text{pH})=K'+0.059\text{pH} \quad (11\text{-}8)$$

$$K'=0.2445-K$$

从上式可知，此电池电动势与溶液的 pH 值也呈线性关系。25℃时，溶液 pH 改变一个单位，则电池电动势的变化为 59mV。因此只要测出电动势，则可求得试液的 pH 值。

## 二、玻璃电极

### 1. 玻璃电极的构造

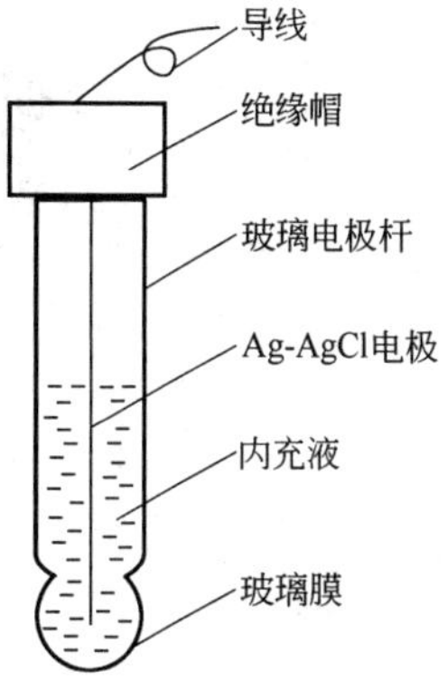

图 11-5　玻璃电极

玻璃电极是 $H^+$ 的指示电极，包括对 $H^+$ 响应的 pH 玻璃电极及对 $K^+$、$Na^+$ 等一价离子响应的 pK、pNa 等玻璃电极。玻璃电极的结构同样由电极腔体（玻璃管）、内参比溶液、内参比电极、及敏感玻璃膜组成，内参比电极通常采用 Ag-AgCl 电极，因它的稳定性、重现性都较好，且制作方便。内参比液常用 $0.1\text{mol}\cdot\text{L}^{-1}$ HCl 溶液或含有一定浓度 NaCl 的 pH 值为 4 或 7 的缓冲溶液。而关键部分为敏感玻璃膜，玻璃电极依据玻璃球膜材料的特定配方不同，可以做成对不同离子响应的电极。如常用的以考宁 015 玻璃做成的 pH 玻璃电极，其配方为：$Na_2O$ 21.4%，CaO 6.4%，$SiO_2$ 72.2%（摩尔百分比），其 pH 测量范围为 pH 1～10，若加入一定比例的 $Li_2O$，可以扩大测量范围。因玻璃电极的内阻很高，故导线及电极引出线都要高度绝缘，并装有网状金属屏，以免漏电和静电干扰。pH 玻璃电极的结构如图 11-5 所示。现在不少 pH 玻璃电极制成复合电极，它集指示电极和外参比电极于一体，使用起来甚为方便和牢靠。

改变玻璃的某些成分，如加入一定量的 $Al_2O_3$，可以做成某些阳离子电极，如表 11-3 所示。

**表 11-3　阳离子响应玻璃膜电极组成**

| 主要响应离子 | 玻璃膜组成(摩尔分数)/% | | | 选择性系数 |
|---|---|---|---|---|
| | $Na_2O$ | $Al_2O_3$ | $SiO_2$ | |
| $Na^+$ | 11 | 18 | 71 | $K^+$ $3.3\times10^{-3}$(pH 7)，$3.6\times10^{-4}$(pH 11)，$Ag^+$ 500 |
| $K^+$ | 27 | 5 | 68 | $Na^+$ $5\times10^{-2}$ |
| $Ag^+$ | 11 | 18 | 71 | $Na^+$ $1\times10^{-3}$ |
| | 28.8 | 19.1 | 52.1 | $H^+$ $1\times10^{-5}$ |
| $Li^+$ | $Li_2O$ 15 | 25 | 60 | $Na^+$ 0.3<br>$K^+$ $<1\times10^{-3}$ |

### 2. 玻璃电极膜电势产生的原理

pH 玻璃电极是一个对 $H^+$ 具有高度选择性响应的膜电极。当玻璃电极与溶液接触时，在玻璃表面与溶液接界处会产生电势差，此电势差的大小只与溶液中 $H^+$ 有关。玻璃电极膜电势的产生不是由于电子的得失和转移，而是由于离子的交换和扩散的结果。

（1）硅酸盐玻璃的结构　玻璃中有金属离子、氧、硅三种元素，Si—O 键在空间中构成固定的带负电荷的三维网络骨架，这种带负荷的载体，只允许一价阳离子在其中移动，$H^+$ 能够进出膜的表面，而负离子却被带负电荷的硅酸晶格所排斥，二价和高价的阳离子因空间障碍不能进出硅酸晶格。所以这种结构的玻璃膜对 $H^+$ 产生响应，是氢离子的选择性电极。金属离子与氧原子以离子键的形式结合，存在并活动于网络之中承担着电荷的传导，其结构如图 11-6 所示。

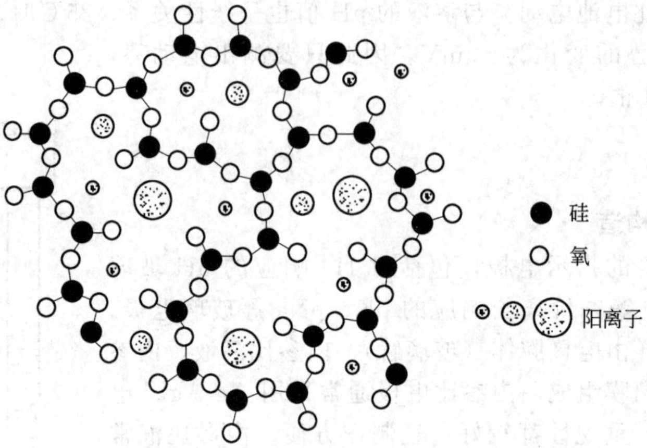


图 11-6　硅酸盐玻璃的结构

(2) 敏感玻璃膜水化硅胶层的形成　新做成的电极，干玻璃膜的网络中由 $Na^+$ 所占据。当玻璃膜浸入水中或稀酸中浸泡时，由于 Si—O 与 $H^+$ 的结合力远大于与 $Na^+$ 的结合力，因而发生了如下的交换反应：

$$\underset{(玻璃)}{Na^+Cl^-}+\underset{(溶液)}{H^+}═══\underset{(玻璃)}{H^+Cl^-}+\underset{(溶液)}{Na^+}$$

反应的平衡常数很大，向右反应的趋势大，使得玻璃表面的点位，在酸性或中性溶液中基本上全为 $H^+$ 所占有，而在玻璃膜表面形成了水化硅胶层。水化硅胶层厚度为 $10^{-5}\sim10^{-4}$ mm。这种水化硅胶层是逐渐形成的，只有玻璃膜在水中长时间的浸泡后才能完全形成并趋于稳定。这种水化硅胶层是对 $H^+$ 响应而建立膜电势的功能区域。水中浸泡后的玻璃膜由三部分组成：膜内外两表面的两个水化硅胶层及膜中间的干玻璃层。玻璃膜水化硅胶层的结构及膜电势的建立如图 11-7 所示。

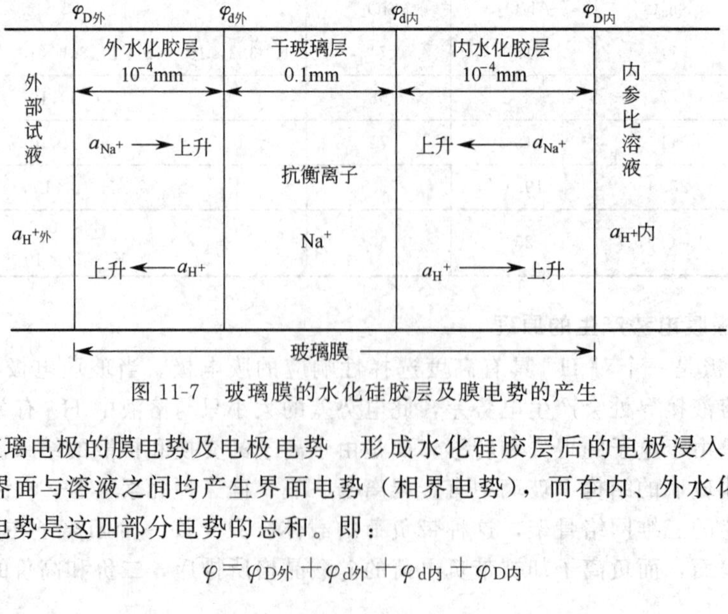


图 11-7　玻璃膜的水化硅胶层及膜电势的产生

(3) pH 玻璃电极的膜电势及电极电势　形成水化硅胶层后的电极浸入待测试液中时，在玻璃膜内外界面与溶液之间均产生界面电势（相界电势），而在内、外水化胶层中均产生扩散电势，膜电势是这四部分电势的总和。即：

$$\varphi=\varphi_{D外}+\varphi_{d外}+\varphi_{d内}+\varphi_{D内}$$

玻璃膜具有内外两个界面，各具有相界电势 $\varphi_{D内}$ 和 $\varphi_{D外}$，相界电势的产生是基于水化胶层与溶液的 $H^+$ 浓度不同而产生的，$H^+$ 浓度大的要向 $H^+$ 浓度小的方向扩散，由于其他正、负离子不能进入玻璃膜，所以只存在 $H^+$ 的扩散。如果溶液中 $H^+$ 浓度较大，就有 $H^+$ 扩散到水化硅胶层中，相反，如果溶液中 $H^+$ 浓度较小，水化硅胶层中的 $H^+$ 就扩散到溶液中。并最终达成平衡：

$$H^+(水化胶层) \rightleftharpoons H^+(试液)$$

扩散的结果，破坏了原来的正、负电荷的分布，形成了双电层，产生了电势 $\varphi_{D内}$ 与 $\varphi_{D外}$。

除了相界电势之外，在内、外水化胶层与干玻璃层之间还存在着两个扩散电势 $\varphi_{d内}$ 和 $\varphi_{d外}$。由于内、外两个水化胶层基本相同，所以产生扩散电势的数值相等，但符号相反，互相抵消了，因此膜电势的大小仅为二相界电势的代数和。

$$\varphi_{膜} = \varphi_{D外} - \varphi_{D内}$$

当内、外水化硅胶层与内、外溶液之间，扩散达到稳定的动态平衡以后，$\varphi_{D外}$、$\varphi_{D内}$ 可用下式表示：

$$\varphi_{D外} = k_1 + 0.0592\lg(a_1/a_1')$$

$$\varphi_{D内} = k_2 + 0.0592\lg(a_2/a_2')$$

式中，$a_1$，$a_2$ 分别表示外部试液和电极内参比溶液的 $H^+$ 活度；$a_1'$，$a_2'$ 分别表示玻璃膜外、内水合硅胶层表面的 $H^+$ 活度；$k_1$，$k_2$ 则是由玻璃膜外、内表面性质决定的常数。

由于玻璃膜内、外表面的性质基本相同，则 $k_1 = k_2$，$a_1' = a_2'$

$$\varphi_{膜} = \varphi_{D外} - \varphi_{D内} = 0.0592\lg(a_1/a_2) \qquad (11\text{-}9)$$

由于内参比溶液中的 $H^+$ 活度（$a_2$）是固定的，所以上式可改写成：

$$\varphi_{膜} = K + 0.0592\lg a_1 = K - 0.0592\text{pH}_{试液} \qquad (11\text{-}10)$$

将玻璃电极中的内参比电极的电势及玻璃电极的不对称电势考虑进去后，整个玻璃电极的电势为：

$$\varphi = \varphi_{膜} + \varphi_{(Ag\text{-}AgCl)} + \varphi_{不} = K' - 0.0592\text{pH}_{试液} \qquad (11\text{-}11)$$

$K' = K + \varphi_{(Ag\text{-}AgCl)} + \varphi_{不}$，$K'$ 是由玻璃膜电极本身性质决定的常数；可见玻璃电极的电势只与膜外被测溶液中 $H^+$ 活度有关，所以 pH 玻璃电极对 $H^+$ 有选择性响应。这是使用玻璃电极测量 pH 值的理论根据和基本计算关系式。

**3. 玻璃电极的性能**

（1）不对称电势　当玻璃电极膜内外两侧溶液的 pH 值相同时，两侧电势的差值理应等于零，但实际上并不等于零，仍有一定的电势差存在，一般在 1～30mV 范围内。通常把这一电势差叫做玻璃电极的不对称电势（$\varphi_{不}$）。不对称电势的产生是由于玻璃膜的内外表面的结构和性质有差别或不对称而引起的。其大小决定于玻璃膜内、外表面含钠量、膜的厚度、吹制时的条件以及机械和化学损伤的细微差异等。玻璃电极在纯水中长时间的浸泡后，其不对称电势可达到一恒定值。因此，它不影响 $\varphi$ 与溶液 pH 值的线性关系，在测定时可抵消。所以玻璃电极在使用前，必须在纯水中浸泡 24h 以上。这一方面可使其表面溶胀形成水合硅胶层，另一方面可减小不对称电势，并使之达到稳定。

（2）碱差与酸差　用一般的玻璃电极测定 pH＞10 的溶液时，电极电势与溶液 pH 值之间将偏离线性关系，测得的 pH 值比实际数值偏低。这种现象称为“碱差”或“钠差”。产生的原因是由于在强碱性溶液中，$H^+$ 浓度很低，溶液中有大量的 $Na^+$ 存在，玻璃电极除对 $H^+$ 响应外，也对 $Na^+$ 有响应。现在已有一种锂玻璃电极，仅在 pH＞13 时才发生碱差。每一支 pH 玻璃电极都有一个测定 pH 高限，超出此高限时，“钠差”就显现了。在 pH＜1 的溶液中，一般玻璃电极反映出的 pH 值高于真实值，产生正误差。这种误差叫“酸差”，其产生的原因可能是由于大量水与 $H^+$ 水合，水的活度显著下降所致。所以一般 pH 玻璃电极只宜测定 pH 值为 1～10 的溶液。

(3) 使用玻璃电极的几点注意

① 玻璃电极是一种对 $H^+$ 具有高度选择性的指示电极，当溶液中 $Na^+$ 浓度比 $H^+$ 浓度高 $10^{15}$ 倍时，两者才产生相同的电势；它不受氧化剂、还原剂的影响，可用于有色、浑浊或胶态溶液的 pH 值测定。

② 玻璃电极在缓冲溶液中响应时间约 30ms。在高 pH 值或非水溶液中响应时间长，往往需要几分钟才能达到平衡。

③ 玻璃电极可用作指示电极进行酸碱电势滴定。它的优点是达到平衡快，不破坏试液，操作简便，可连续测定；缺点是易损坏，电阻高，需用高阻抗的测量仪器。这是因为离子选择性电极（ISE）的内阻极高，尤以玻璃电极最高，达 $10^8\,\Omega$。若不是采用高输入阻抗的测量仪器，当有极微小的电流（如 $10^{-9}$ A）通过回路时，在内阻 $10^8\,\Omega$ 的电极上电势降达 0.1V，造成 pH 测量误差近 2 个 pH 单位。

## 三、溶液 pH 值的测定

**1. 基本原理**

用电势法测定溶液的 pH 值，是以 pH 玻璃电极为指示电极，以饱和甘汞电极作参比电极，浸入被测溶液中组成原电池，用酸度计直接测量此电池的电动势。上述原电池可用下式表示：

$$\mathrm{Ag} \mid \mathrm{AgCl} \mid \mathrm{HCl}(0.1\mathrm{mol\cdot L^{-1}}) \mid \text{玻璃膜} \mid \begin{matrix}\text{试液或标准}\\ \text{缓冲溶液}\end{matrix} \| \mathrm{KCl}(\text{饱和}) \mid \mathrm{Hg_2Cl_2}(\text{固}) \mid \mathrm{Hg}$$

如果被测试液与 KCl 溶液之间的液接电势通过盐桥消除，则 25℃时电池的电动势如下式所示：

$$E=\varphi_{\text{甘汞}}-\varphi_{\text{玻璃}}=0.2445-(K-0.0592\mathrm{pH})=K'+0.0592\mathrm{pH}$$

**2. pH 的实用定义**

只要知道 $K'$ 值，测出电动势 $E$，就可算出被测溶液的 pH 值。但是 $K'$ 是一个不确定的常数，这是因为它是 $\varphi_{\text{甘汞}}$、$\varphi_{\text{不}}$、$\varphi_{\text{液接}}$ 等电势的代数和，所以不能通过测定 $E$ 直接求算 pH，而是通过与标准 pH 缓冲溶液进行比较，分别测定标准缓冲溶液（$\mathrm{pH_s}$）及试液（$\mathrm{pH_x}$）的电动势（$E_s$ 及 $E_x$），得到

$$E_x=K'+0.0592\mathrm{pH_s}$$
$$E_s=K'+0.0592\mathrm{pH_x}$$

两式相减可得

$$E_x-E_s=0.0592(\mathrm{pH_s}-\mathrm{pH_x})$$

$$\mathrm{pH_x}=\mathrm{pH_s}+\frac{E_x-E_s}{0.0592} \tag{11-12}$$

即 pH 值是试液和 pH 标准缓冲溶液之间电动势差的函数，这就是 pH 的实用（操作性）定义，通常也称为 pH 标度。

实验中用作标准的缓冲溶液的 pH 值见表 11-4。

表 11-4 标准缓冲溶液 pH 值

| 温度℃ | 草酸氢钾 $0.05mol \cdot L^{-1}$ | 酒石酸氢钾 25℃,饱和 | 邻苯二甲酸氢钾 $0.05mol \cdot L^{-1}$ | 磷酸二氢钾 $0.025mol \cdot L^{-1}$ 磷酸氢二钠 $0.025mol \cdot L^{-1}$ |
|---|---|---|---|---|
| 0 | 1.666 | — | 4.003 | 6.984 |
| 10 | 1.670 | — | 5.998 | 6.923 |
| 20 | 1.675 | — | 4.002 | 6.881 |
| 25 | 1.679 | 3.557 | 4.008 | 6.865 |
| 30 | 1.683 | 3.552 | 4.015 | 6.853 |
| 35 | 1.688 | 3.549 | 4.024 | 6.844 |
| 40 | 1.694 | 3.547 | 4.035 | 6.838 |

实际工作中，用 pH 计测量 pH 值时，先用 pH 标准溶液对仪器进行定位，然后测量试液，从仪表上直接读出试液的 pH 值。为了提高测定的准确度，在选用标准溶液时，其 pH 值必须尽量与待测溶液的 pH 值接近。

**3. 电极系数**

由式(11-12) 可以看出，$E_x$ 和 $E_s$ 之差和 $pH_x$ 与 $pH_s$ 之差成直线关系，直线的斜率在 25℃时是 0.0592V。

一般地，令 $S=\frac{0.0592}{n}$，通常把 $S$ 称为电极系数，也称为电极斜率。

为了检测电极系数理论值与实测值相符的程度，通常用两种或两种以上标准缓冲溶液，在 25℃条件下测定相应的电动势，以求得实测 $S$ 的大小。

**【例 1】** 用 pH 玻璃电极测定溶液的 pH 值，测得 $pH_s=4.0$ 的缓冲溶液的电池电动势为 $-0.14V$，测得试液电池电动势为 0.02V，计算试液的 pH 值。

**解：**

$$pH_s=4.0$$
$$E_s=-0.14V$$
$$E_x=0.02V$$
$$pH_x=pH_s+\frac{E_x-E_s}{0.0592}=4.0+\frac{0.02-(-0.14)}{0.0592}=6.7$$

**【例 2】** 25℃条件下，用一支玻璃电极测得 pH=6.86 的缓冲溶液（$0.025mol \cdot L^{-1}$ 磷酸二氢钾与 $0.025mol \cdot L^{-1}$ 磷酸二氢钠的混合溶液）的 $E=386mV$，pH=4.01 的缓冲溶液（$0.05mol \cdot L^{-1}$ 邻苯二甲酸氢钾）的 $E=220mV$，求该电极的实测斜率。

**解：** 由题意，所测得电动势的差值为：$\Delta E=386-220=166(mV)$

两个缓冲溶液的 pH 差值为：$\Delta pH=6.86-4.01=2.85$

所以电极的实测斜率为：

$$S=\frac{\Delta E}{\Delta pH}=\frac{166}{2.85}=58.2(mV/pH)$$

如果实测斜率 $S$ 的数值在 57～61mV/pH 之间，接近能斯特方程的计算值，则该电极性能较好，如果电极的实测斜率超出此范围，说明该电极性能差，不适宜使用。

## 第三节 离子选择性电极

离子选择性电极又称膜电极（用符号 ISE 表示）。它是一种利用选择性薄膜对溶液中特定离子产生选择性的能斯特响应，以测量或指示溶液中离子浓度（或活度）的电极。1975年国际纯粹与应用化学协会（IUPAC）推荐的定义为：离子选择性电极是一类电化学传感体，它的电势对溶液中给定的离子的活度的对数呈线性关系，这些装置不同于包含氧化还原反应的体系。根据这个定义可以看出：第一，离子选择性电极是一种指示电极，它对给定的离子有能斯特响应；第二，这类电极的电势不是由于氧化或还原反应（电子转移）所形成的，因此它与金属指示电极在基本原理上有本质的区别。

近年来，各种类型的离子选择性电极相继出现，并在工业、农业、医学及地质等部门得到了广泛的应用。如在农业方面，可利用离子选择性电极测定土壤中的钾、氨态氮、硝态氮、微量元素、有毒元素及酸碱度等。

## 一、离子选择性电极的分类

由于离子选择性电极发展迅速，品种繁多，根据1975年国际纯粹化学与应用化学协会(1UPAC)，依据膜电极特征，推荐将离子选择性电极分类如下：

**1. 玻璃电极**

前面已讨论了玻璃电极，玻璃电极对离子的响应与玻璃的成分有关。除了pH玻璃电极外，还有pNa电极、pK电极。

**2. 晶体膜电极**

晶体膜电极分为均相、非均相晶膜电极。均相晶体膜由一种化合物的单晶或几种化合物混合均匀的多晶压片而成。非均相膜由多晶中掺惰性物质经热压制成，对相应的金属离子和阴离子有选择性响应。我们以单晶膜为例作简单介绍。此类电极中最典型的是氟离子选择性电极，它是继玻璃电极之后，目前功能最好的离子选择性电极，其敏感膜由$LaF_3$单晶切片制成，晶体中掺有少量$Ca^{2+}$、$Eu^{3+}$，目的是降低电阻。

- 离子选择性电极
  - 基本电极（原电极）
    - 晶体电极
      - 均相膜电极
        - 单晶膜电极：如$LaF_3$，制成氟电极
        - 混晶膜电极：如$AgCl\text{-}Ag_2S$，制成氯电极
      - 非均相膜电极：如$Ag_2S$掺入硅橡胶中制成硫电极
    - 非晶体电极
      - 刚性基质电极（硬质电极）：如pH电极
      - 流动载体电极（液膜电极）
        - 正电荷载体电极：如硝酸根电极
        - 负电荷载体电极：如钙电极
        - 中性载体电极：如钾电极
  - 敏化电极
    - 气敏电极：如氨电极
    - 酶电极：如尿素电极

氟电极的制作比较简单，其结构如图11-8所示。

由于$LaF_3$晶格有空穴，在晶格上的氟离子可以移入邻近的晶格空穴而导电。

$$LaF_3 + \text{空穴} \longrightarrow LaF_2^+ \text{（新空穴）} + F^-$$

当氟电极插入含氟离子的溶液中时，氟离子在电极表面进行交换，如果溶液中氟离子浓度较高，则溶液中的氟离子可以进入单晶空穴，反之单晶表面的氟离子也可以进入溶液。由此产生的膜电势与溶液中氟离子的活度的关系遵守能斯特方程，在25℃时，有

$$\varphi_{膜} = K - 0.0592\lg a_{F^-} = K + 0.0592\text{pF}$$

式中，$\varphi_{膜}$为氟离子选择电极电势；$a_{F^-}$为氟离子活度；$K$为常数。由上式可知，电势$\varphi_{膜}$与氟离子活度有关。

对于一定的晶体膜，离子的大小、形状和电荷决定其是否能够进入晶体膜内，故膜电极一般都具有较高的离子选择性，为氟离子数量1000倍的$Cl^-$、$Br^-$、$I^-$、$NO_3^-$、$SO_4^{2-}$、$C_2O_4^{2-}$等阴离子均不产生干扰，仅有$OH^-$产生干扰。这是由于在晶体膜表面存在下列化学

反应：

$$LaF_3 + 3OH^- \longrightarrow La(OH)_3(\text{固}) + 3F^-$$

反应释放出的氟离子将增高试液中氟的含量。实验证明，电极使用时最适宜的溶液 pH 范围为 5～7。如 pH 过低，则会形成 HF 或 $HF^{2-}$ 而影响氟离子的活度；pH 过高，则会产生 $OH^-$ 的干扰。实际工作中，通常用柠檬酸盐的缓冲溶液来控制试液的 pH 值。此外溶液中能与 $F^-$ 生成稳定配合物或难溶化合物的离子（如 $Al^{3+}$、$Fe^{3+}$、$Ca^{2+}$、$Mg^{2+}$ 等）也干扰测定，通常加掩蔽剂来消除干扰。

氟电极是目前应用较广的电极之一。在有机物、矿物、废水、废气、牙齿、骨头、食品、药物等里面氟的分析中均可应用。

**3. 液态膜电极（活动载体电极）**

液态膜电极是利用液态膜作敏感膜，它是用活性物质溶于适当的有机溶剂，置于惰性微孔膜（如陶瓷、PVC）支持体中。此种液态膜与前面的玻璃电极、晶体膜电极不同，交换离子可自由流动，则称为中性载体电极，中性载体分子与待测离子形成带电荷的配离子，能在膜相中迁移。有机相的电活性物质如果是带正电或负电的离子交换剂，则称为荷电载体电极。这类电极中应用最广的是 $Ca^{2+}$ 电极。其结构如图 11-9 所示。

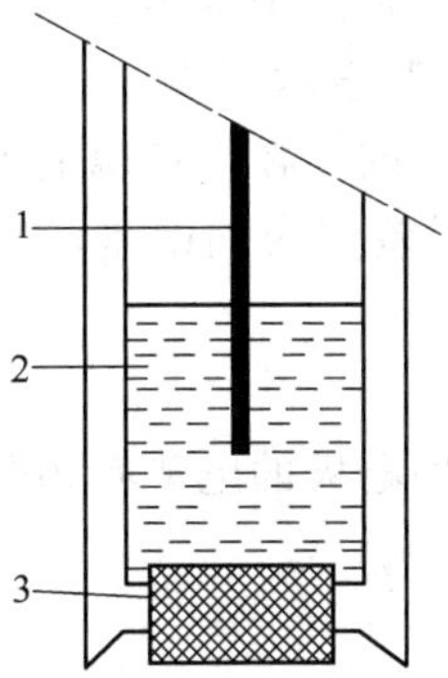


图 11-8　氟离子选择性电极

1—Ag-AgCl 内参比电极；
2—内参比溶液（NaF-NaCl 溶液）；
3—$LaF_3$ 单晶膜

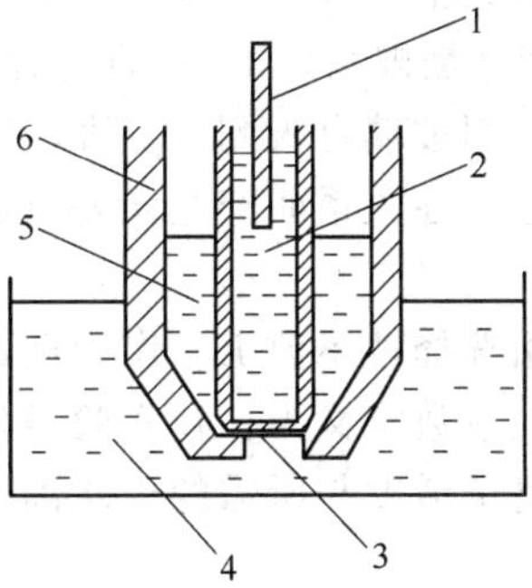


图 11-9　液态膜离子敏感电极

1—内参比电极；2—内参比溶液；
3—多孔固态膜；4—试液；5—液态离子交换剂；
6—电极壁

电极内装有两种溶液，内管中是内参比溶液（$0.1\text{mol}\cdot L^{-1}$ $CaCl_2$ 水溶液），其中插入 Ag-AgCl 内参比电极；外管内是离子交换剂，它是一种不溶于水的有机溶液，由于 $Ca^{2+}$ 能出入有机相和水相，而 $Ca^{2+}$ 在水相中的活度与有机相中的活度存在差异，因此在两相之间产生相界电势，这与玻璃膜产生的电势相似。

$$\varphi_{\text{膜}} = K + \frac{0.0592}{n}\lg a_{Ca^{2+}} \tag{11-13}$$

这种 $Ca^{2+}$ 电极使用的 pH 值范围是 5～11，测定 $Ca^{2+}$ 的范围是 $1 \sim 10^{-5}\text{mol}\cdot L^{-1}$，在 $Na^+$、$K^+$ 过量 1000 倍时不干扰，但 $Zn^{2+}$、$Pb^{2+}$ 等有干扰。液体膜电极的选择性在很大程度上取决于液体离子交换剂对阳离子或阴离子的离子交换选择性，一般不如固体膜电极的选择性高。

**4. 敏化电极**

此类电极包括气敏电极、酶电极等。

气敏电极是基于界面化学反应的敏化电极。实际上，它是一种化学电池，由一对电极，即离子选择性电极（指示电极）与参比电极组成。这一对电极组装在一个套管内，管中盛电解质溶液，管的底部紧靠选择性电极敏感膜，装有透气膜使电解液与外部试液隔开。试液中待测组分气体扩散通过透气膜，进入离子电极的敏感膜与透气膜之间的极薄液层内，使液层内某一能由离子电极测出的离子活度发生变化。从而使电池电动势发生变化而反映出试液中待测组分的量。由此可见，将气敏电极称为电极似不确切，故有的资料称之为“探头”，“探测器”或“传感器”。

与气敏电极相似，酶电极也是一种基于界面反应敏化的离子电极。此处的界面反应是酶催化的反应。酶是具有特殊生物活性的催化剂，它的催化反应选择性强，催化效率高。而且大多数催化反应可在常温下进行。而催化反应的产物如 $CO_2$，$NH_3$，$NH_4^+$，$CN^-$，$F^-$，$I^-$ 等大多数离子可被现有的离子选择性电极所响应。

## 二、离子选择性电极的选择性

### 1. 选择性及选择性系数

离子选择性电极的电极电势随被测离子活度的变化而变化称为响应。若这种响应服从能斯特方程，则称为能斯特响应。离子选择性电极的选择性是相对的，它对给定离子有敏感的响应，而对其他某种离子或某些离子也有不同程度的响应。给定离子称为响应离子，用符号“i”表示（这是被测离子）；而后者称为干扰离子，用符号“j”表示。

例如，用玻璃电极测 pH 值，当 pH>10 时，由于有 $Na^+$ 的存在，玻璃电极的电势响应值偏离理想线性关系而产生误差（测得值低于实际值），该误差称为钠误差，$Na^+$ 即为干扰离子。

我们用选择性系数 $K_{i,j}$ 作为衡量电极选择性能的量度。

选择性系数定义为：在实验条件相同时，引起离子选择性电极的电势有相同变化时，所需的被测离子活度与所需的干扰离子的活度的比值。即

$$K_{i,j}=\frac{a_i}{a_j^{n/m}} \tag{11-14}$$

式中，$n$，$m$ 分别为 i，j 离子的电荷数。

例如，一个 pH 玻璃电极，当 $H^+$ 活度 $a_{H^+}=10^{-11}$ 时，对电极电势的响应与当 $Na^+$ 活度 $a_{Na^+}=1$ 时对电极电势的响应相同，那么此电极的选择性系数 $K_{H^+,Na^+}=\frac{10^{-11}}{1^{1/1}}=10^{-11}$。这表示该电极对 $H^+$ 的响应比对 $Na^+$ 的响应灵敏 $10^{11}$ 倍。

可见，$K_{i,j}$ 越小，表示干扰离子 j 对响应离子 i 的干扰越小，电极对被测离子选择性越高。

一个离子选择性电极的选择性系数不是一个确定的单位，而是一个大略的范围，因为其值与溶液中离子活度和测定的方法有关，因此不能利用选择性系数来校正因干扰离子的存在而引起的误差，但利用 $K_{i,j}$ 可以判断电极对各种离子的选择性能，并可粗略地估算某种干扰离子 j 共存下测定 i 离子所造成的误差，帮助分析者预先估算出不至于产生严重影响时干扰离子的最大允许值。

考虑了干扰离子的影响的膜电势通式应为：

$$\Delta\varphi_{膜}=K\pm\frac{2.303RT}{nF}\lg[a_i+k_{i,j}(a_j)^{n/m}] \tag{11-15}$$

### 2. 测定的相对误差

用选择性系数可以估量干扰离子对测定造成的误差。以确定该干扰离子存在时所用的测

定方法。

$$相对误差(\%)=\frac{K_{i,j}\times(a_j)^{n/m}}{a_i}\times100\% \tag{11-16}$$

离子选择性电极的选择性，也可以用“选择比 $K_{j,i}$”来表示。

$$K_{j,i}=\frac{1}{K_{i,j}} \tag{11-17}$$

选择比表示干扰离子活度比被测离子活度大多少倍时，两种离子引起的电势值相同，选择比越大，选择性越好。

**【例 3】** 用 $Ca^{2+}$ 选择性电极（$K_{Ca^{2+},Mg^{2+}}=0.014$）测定 $9.98\times10^{-3}mol\cdot L^{-1}$ 的 $Ca^{2+}$ 并含有 $5.35\times10^{-2}mol\cdot L^{-1}$ 的 $Mg^{2+}$ 溶液时，将引入多大的误差？

**解：**

$$相对误差\%=\frac{K_{i,j}\times(a_j)^{n/m}}{a_i}\times100\%=\frac{K_{Ca^{2+},Mg^{2+}}\times[a(Mg)^{2+}]^{2/2}}{a(Ca^{2+})}\times100\%$$

$$=\frac{0.014\times(5.35\times10^{-2})^{2/2}}{9.98\times10^{-3}}=7.50\%$$

## 三、离子选择性电极的测定原理

各种离子选择性电极的构造虽各有特点，但它们都有个共同点——薄膜，电极薄膜中含有与待测离子相同的离子，膜的内表面与具有相同离子的固定浓度溶液（内参比液）相接触。像 pH 玻璃电极一样，由于离子交换和扩散作用产生膜电势，即在薄膜与溶液两相间的界面上，由于离子扩散和交换作用的结果，破坏了界面附近电荷分布的均匀性而建立双电层，因此产生相界电势。膜外与膜内两个相界电势之差就是膜电势。因为内参比溶液中有关离子的浓度恒定，内参比电极的电势固定，所以其电极电势只随待测离子的浓度（或活度）不同而变化，并符合能斯特方程式。

如阳离子选择性电极，如对阳离子 $M^{n+}$ 有能斯特响应，则其电极电势（25℃）：

$$\varphi=K'+\frac{0.0592}{n}\lg a(M^{n+}) \tag{11-18}$$

式中，$a(M^{n+})$ 为溶液中待测离子 $M^{n+}$ 的活度；$K'$ 为常数，$K'$ 包括膜内相界电势、$\varphi_{(Ag\text{-}AgCl)}$ 及 $\varphi_{不}$。

阴离子选择性电极，如对阴离子 $R^{n-}$ 有能斯特响应，由于双电层结构中电荷的符号与阳离子选择性电极的情况相反，则相界电势的方向也相反，因此电极电势为（25℃）：

$$\varphi=K'-\frac{0.0592}{n}\lg a(R^{n-}) \tag{11-19}$$

测定时，将离子选择性电极与参比电极（常用饱和甘汞电极）插入待测溶液组成一原电池，测定该电池的电动势（25℃）：

$$E=K\pm\frac{0.0592}{n}\lg a \tag{11-20}$$

如以待测离子的浓度 $c$ 代替活度 $a$，则：

$$E=K\pm\frac{0.0592}{n}\lg c \tag{11-21}$$

可知电池的电动势与活度（或浓度）的对数呈线性关系，因此，测量出电动势便可根据上式求得待测离子的活度或浓度。

## 四、离子选择性电极的定量方法

使用离子选择性电极测定离子的活度，是直接电势法的应用。测定时，是以离子选择性电极为指示电极，饱和甘汞电极为参比电极，浸入到被测溶液中组成一原电池。电池的电动势通常是通过精密酸度计或数字显示毫伏计而读得。

但实际上，所测得的电池电动势包括了液体接界电势，对测量会产生影响；离子选择性电极直接电势法测得的是溶液中被测离子的活度，而定量分析的目的是要求得样品中被测组分的百分含量或试液被测组分的浓度。解决这个矛盾可以有两种方法：一是根据公式 $a=f\cdot c$，将测得的活度（$a$）换算成浓度（$c$）。式中活度系数 $f$ 的值决定于溶液的离子强度 $I$。若知道 $I$ 值，可按下面修正的德拜-休克尔（Debye-HÜckel）公式求出 $f$ 值：

$$-\lg f=-0.512Z^2\left(\frac{\sqrt{I}}{1+\sqrt{I}}-0.2I\right)$$

但在大多数情况下，$I$ 值无法知道，因而 $f$ 值亦无法计算。所以，一般情况下不采用这种方法，另一种方法是采用控制标准溶液与待测溶液的离子强度基本一致的方法。测定时，在被测试液和标准溶液中加入一种浓度较高的“离子强度调节剂”，使它们的离子强度由于都是由调节剂所决定而达到一致。这样就使得待测离子的活度系数在两溶液中保持相同，维持常数，因此就可以用浓度代替活度进行计算。通常离子强度调节剂中还含有 pH 缓冲剂和掩蔽剂，总称为“总离子强度调节缓冲剂（TISAB）”。例如用氟离子选择性电极测定氟，使用的总离子强度调节缓冲剂的组成为：1.0mol·$L^{-1}$ NaCl，0.25mol·$L^{-1}$ HAc 和 0.75mol·$L^{-1}$NaAc，使总离子强度等于 1.75，溶液 pH=5.0 左右；0.001mol·$L^{-1}$柠檬酸钠掩蔽 $Fe^{3+}$、$Al^{3+}$ 等干扰离子的干扰。

离子选择性电极测定溶液浓度的方法包括单标准比较法、标准曲线法、格氏作图法等。

**1. 单标准比较法**

单标准比较法又称计算法。测定时选择一个与试液中被测离子浓度相近的标准溶液，在被测试液（设浓度为 $c_x$）和标准溶液（设浓度为 $c_s$）中各加入相同量的，适当的离子强度调节剂。然后，用同一只离子选择性电极在相同条件下测定电动势（以饱和甘汞电极为参比电极，并设为负极）。假定被测离子为 $M^{n+}$，则（25℃）：

$$E_x=K+\frac{0.0592}{n}\lg c_x$$

$$E_s=K+\frac{0.0592}{n}\lg c_s$$

两式相减可得

$$E_x-E_s=\frac{0.0592}{n}(\lg c_x-\lg c_s)$$

$$\lg c_x=\lg c_s+\frac{n(E_x-E_s)}{0.0592} \tag{11-22}$$

根据上式，由 $E_x$、$E_s$、$c_s$ 的值可求出被测溶液中 $M^{n+}$ 的浓度 $c_x$。

**2. 标准曲线法**

标准曲线法又称工作曲线法，是一种较常用的分析方法，适用于大批量且组成较为简单试样的分析。测定时，首先配制一系列（5 个以上）已知浓度的与试样溶液组成相似的标准溶液，加入适当的离子强度调节剂，然后以离子选择性电极为指示电极，以饱和甘汞电极为参比电极，依次测出电池电动势。然后以测得的电动势 $E$ 为纵坐标，以相应的浓度 $c$ 的负对数为横坐标，作出标准曲线。

取待测液，加离子强度调节剂，在与上述条件完全相同的情况下测定电动势。由所测得的电动势在标准曲线上查得 $\lg c_x$ 值，计算出试液中被测离子的浓度。

如果使用半对数坐标纸，则可直接作 $E$-$c$ 标准曲线，测出试液的 $E_x$ 后，可直接在标准曲线上查得试液中被测离子的浓度。

制作标准曲线时，一般测量顺序为从稀溶液到浓溶液，以减少电极吸附浓溶液对稀溶液测定带来的影响。

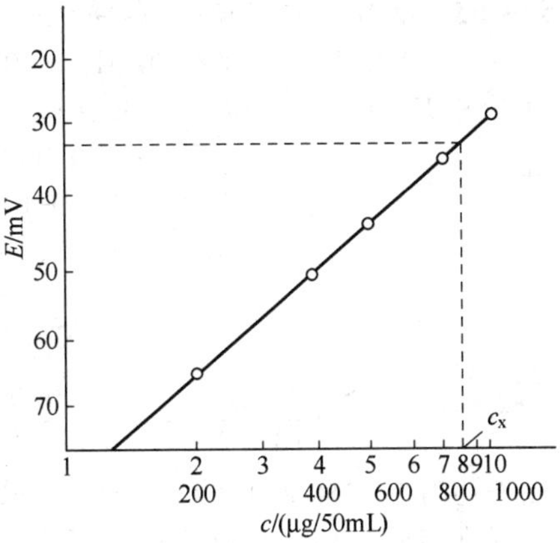

图 11-10　半对数坐标纸工作曲线

**【例 4】** 水中氟含量的测定：取标准氟溶液（$100\mu g \cdot mL^{-1}$）2、4、6、8、10mL 及试液 10mL 加入 50mL 容量瓶中，加 TISAB 溶液 10mL，用水稀至刻度，倒入 6 只洗净烘干了的小烧杯中，在电磁搅拌下，分别测得电势 $E$ 为 67、51、41、33、27mV。$E_x$ 为 32mV，求水中氟含量（$mg \cdot mL^{-1}$）。

**解：**(1) 在半对数坐标纸上绘制工作曲线（图 11-10）。

(2) 根据 $E_x$ 找出 $c_x$ 为 810（$\mu g/50mL^{-1}$）。

(3) 计算　$c_{F^-}=\frac{c_x \times 10^{-3}}{V_样}\times 1000=\frac{810\times 10^{-3}}{10}\times 1000=81(mg \cdot L^{-1})$

**3. 一次标准加入法**

当被测溶液的基体比较复杂，或者离子强度变化比较大，组成很难固定的情况下，则采用该方法比较合适。

本法是以被测物质的标准溶液作为加入物质，只加一次。设某一试液被测体积为 $V_x$，其待测离子的浓度为 $c_x$，测定的工作电池电动势为 $E_x$，则

$$E_x=K+\frac{0.0592}{n}\lg f_1 c_x$$

往试液中准确加入一小体积 $V_s(V_s=V_x)$ 的用待测离子的纯物质配制的标准溶液，浓度为 $c_s(c_s, c_x)$。由于 $V_s=V_x$，可认为溶液体积基本不变。浓度增量为：

$$\Delta c=c_s V_s/V_x$$

再次测定工作电池的电动势为 $E_s$

$$E_s=K+\frac{0.0592}{n}\lg f_2(c_x+\Delta c)$$

$f_1$、$f_2$ 为活度系数，由于 $V_x=V_s$，所以 $f_1 \approx f_2$。上述两式相减，得

$$\Delta E=\frac{0.0592}{n}\lg \frac{c_x+\Delta c}{c_x}$$

$S=\frac{0.059}{n}$，则

$$\frac{\Delta E}{S}=\lg \frac{c_x+\Delta c}{c_x}$$

$$c_x=\frac{\Delta c}{10^{\Delta E/S}-1} \tag{11-23}$$

【例 5】 准确移取 100mL 水样于一干净的烧杯中，用钙离子选择性电极与甘汞电极测得 $E_{x1}=-0.0169V$。再加入 10mL 0.00731mol·L$^{-1}$ $Ca(NO_3)_2$ 溶液，与水样混合均匀后，测得电动势 $E_{x2}=-0.0483V$，求原水样中钙离子的浓度。

解：
$$\Delta c=\frac{10\times0.00731}{100+10}=0.000665(\text{mol}\cdot\text{L}^{-1})$$
$$\Delta E=-0.0483-(-0.0619)=0.0136(\text{V})$$
$$S=\frac{0.0592}{2}=0.0296$$
$$c_x=\frac{\Delta c}{10^{\Delta E/S}-1}=\frac{0.000665}{10^{0.0136/0.0296}-1}=3.52\times10^{-4}(\text{mol}\cdot\text{L}^{-1})$$

此外还有多次标准加入法，即格氏作图法，它与一次标准加入法不同的是在测定时要多次加入标准溶液，然后在格氏坐标纸上作图，间接求出待测离子的浓度。

## 五、影响电势测定准确性的因素

在测定溶液 pH 值和其他离子活度时，采用的是直接电势法，即由电势测量值获得结果，电势测量的准确性直接影响到结果的准确度。应用单标准加入法、标准曲线法、一次或多次标准加入法，虽然可以大部分抵消由于液接界电势、不对称电势和活度系数所带来的不确定性，但电势测量准确性仍受多种主要因素的影响。

**1. 测量温度**

温度对测量的影响主要表现在对电极的标准电极电势、直线的斜率和离子活度的影响上，有的仪器可同时对前两项进行校正，但多数仅对斜率进行校正。温度的波动可以使离子活度变化而影响电势测定的准确性。在测量过程中应尽量保持温度恒定。

**2. 电势平衡时间**

电势平衡时间是指电极浸入试液获得稳定的电势所需要的时间。各种电极都需要一定的平衡时间，一般响应时间为 1～3min，氟电极、玻璃电极平衡时间小于 1min，气敏电极响应时间较长。

**3. 溶液特性**

在这里溶液特性主要是指溶液离子强度、pH 值及共存组分等。溶液的总离子强度保持恒定。溶液的 pH 值应满足电极的要求。避免对电极敏感膜造成腐蚀。干扰离子的影响表现在两个方面：一是能使电极产生一定响应，二是干扰离子与待测离子发生络合或沉淀反应。

**4. 电势测量误差**

当电势读数误差为 1mV 时，对于一价离子，由此引起结果的相对误差为 3.9%，对于二价离子，则相对误差为 7.8%。故电势分析多用于测定低价态离子。

**5. 搅拌时间**

在烧杯中测定时，一般都用电磁搅拌器搅拌，以加速离子的扩散，保持电极表面与溶液本体一致，所以搅拌是必要的，但搅拌速度也不宜过快，因为过快会引起噪声和电势不稳。选择搅拌速度以不引起平衡电势的波动为原则。

# 第四节 电势滴定法

## 一、电势滴定法测定原理与测定方法

**1. 电势滴定法测定原理与特点**

电势滴定法是借助指示电极电势的变化，以确定滴定终点的容量分析方法。

在容量分析中，滴定终点时溶液中某种离子的浓度发生突跃变化。电势滴定法的滴定部分与滴定分析相似，而确定终点的方法与电势法相似。在滴定分析中，如果在被测溶液中插入适当的指示电极，它对待测离子有能斯特（Nernst）响应，并配合参比电极构成一原电池，用滴定剂进行滴定，在滴定的同时测定电池电动势的变化。那么随着滴定的进行，电池电动势将相应地随着标准溶液的加入而变化。在计量点附近，被测离子的浓度发生突跃变化，从而引起电动势的突跃变化。滴定过程中电动势（或电极电势）的变化规律可用电动势（或电极电势）对标准溶液的加入体积作图来表示，所得的图形称为电势滴定曲线。根据滴定曲线，将滴定的突跃曲线上的拐点作为滴定终点，从而计算出被测物的含量。

电势滴定法与普通滴定分析的区别在于确定滴定终点的方法不同。相比之下，电势滴定法有着许多优越的特点：

（1）可用于有色溶液或浑浊溶液的滴定，这是用指示剂确定终点的方法所不能及的。

（2）可以解决没有指示剂或缺乏优良指示剂的困难。例如某些混合酸的分别滴定缺乏适当的指示剂，但可用电势滴定法分别测定。

（3）可用于浓度较稀的试液或滴定的化学反应进行不够完全的情况。例如滴定很弱的酸或碱（例如酸碱电势滴定可测定 $K_a$ 或 $K_b$ 为 $10^{-10}$ 的弱酸或弱碱）和测定弱酸、弱碱的离解常数等。

（4）灵敏度和准确度高。例如在酸碱滴定中，用指示剂指示终点时，终点 pH 值突跃变化范围要求有 2 个 pH 单位以上，而电势滴定法只需要有不足 1 个 pH 变化即可。

（5）可用于非水溶液的滴定。某些有机物的滴定需在非水溶液中进行，一般缺乏合适的指示剂，可采用电势滴定。

（6）可实现自动化和连续测定。这对于生产中的控制分析尤为有用。

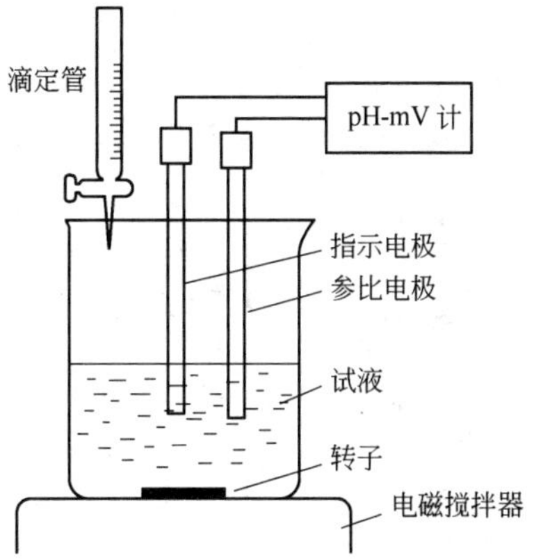

图 11-11　电势滴定的基本装置

**2. 电势滴定的基本装置与测定方法**

电势滴定的基本装置如图 11-11 所示。

滴定管：根据所测物质含量的高低，可选用常量滴定管或微量滴定管、半微量滴定管。

指示电极：根据滴定反应的性质，可以是铂电极、玻璃电极或其他离子选择性电极。

参比电极：饱和甘汞电极。

搅拌磁子：系一铁棒用玻璃或塑料管密封。

电磁搅拌器：是一小电动机带动一永久磁铁转动，磁铁带动搅拌磁子转动。

高阻抗毫伏计：可用酸度计或其他离子计代用。

滴定时，开动电磁搅拌器搅拌溶液，然后用标准溶液滴定。通常，每加一定量的滴定剂后，测量一次电动势。在滴定开始时，可多加一些滴定剂，不必记录电势值。一般只需要测量等量点前后 1～2mL 内电动势的变化，绘制滴定曲线，即可求得等量点时加入滴定剂的体积。为了绘制比较精确的滴定曲线，在等量点附近应该每加 0.1～0.2mL 滴定剂，测量一次电动势。这样就可以得到一系列的滴定剂用量（$V$）和相应的电动势（$E$）的数值。表 11-5 是用 0.1000mol・$L^{-1}$ $AgNO_3$ 溶液滴定 $Cl^-$ 溶液时所得到的数据，指示电极是银电极，参比电极是双盐桥饱和甘汞电极。

表 11-5 用 0.1000mol·L$^{-1}$ $AgNO_3$ 溶液滴定 NaCl 溶液

| 加入 $AgNO_3$ 溶液体积 $V$ /mL | 电势 $E$/V | $\Delta E$/V | $\Delta V$/mL | $\frac{\Delta E/\Delta V}{V/mL}$ | $\bar{V}$/mL | $\Delta^2 E/\Delta V^2$ |
|---|---|---|---|---|---|---|
| 5.00 | 0.062 | | | | | |
| | | 0.023 | 10.00 | 0.0023 | | |
| 15.00 | 0.085 | | | | | |
| | | 0.022 | 5.00 | 0.0044 | | |
| 20.00 | 0.107 | | | | | |
| | | 0.016 | 2.00 | 0.008 | | |
| 22.00 | 0.123 | | | | | |
| | | 0.015 | 1.00 | 0.015 | | |
| 23.00 | 0.138 | | | | | |
| | | 0.008 | 0.50 | 0.016 | | |
| 23.50 | 0.146 | | | | | |
| | | 0.015 | 0.30 | 0.050 | 23.65 | |
| 23.80 | 0.161 | | | | | 0.060 |
| | | 0.013 | 0.20 | 0.065 | 23.90 | |
| 24.00 | 0.174 | | | | | 0.167 |
| | | 0.009 | 0.10 | 0.090 | 24.05 | |
| 24.10 | 0.183 | | | | | 0.200 |
| | | 0.011 | 0.10 | 0.110 | 24.15 | |
| 24.20 | 0.194 | | | | | 2.800 |
| | | 0.039 | 0.10 | 0.390 | 24.25 | |
| 24.30 | 0.233 | | | | | 4.400 |
| | | 0.083 | 0.10 | 0.830 | 24.35 | |
| 24.40 | 0.316 | | | | | −5.900 |
| | | 0.024 | 0.10 | 0.240 | 24.45 | |
| 24.50 | 0.340 | | | | | −1.300 |
| | | 0.011 | 0.10 | 0.110 | 24.55 | |
| 24.60 | 0.351 | | | | | −0.400 |
| | | 0.007 | 0.10 | 0.070 | 24.65 | |
| 24.70 | 0.358 | | | | | −0.100 |
| | | 0.015 | 0.30 | 0.050 | 24.85 | |
| 25.00 | 0.373 | | | | | |
| | | 0.012 | 0.50 | 0.024 | | |
| 25.50 | 0.385 | | | | | |

## 二、电势滴定终点的确定

**1. *E*-*V* 曲线法**

利用表 11-5 的数据绘制 $E$-$V$ 曲线，如图 11-12 所示，纵轴表示电池电动势 $E$（V 或 mV），横轴表示所加滴定剂的体积 $V$（mL）。在 S 型滴定曲线上，作两条与滴定曲线相切的平行线，两平行线与滴定曲线的突跃延长线相交于两点，等分两点间的距离，其中点对应的体积即为滴定至终点时所需的滴定剂的体积，根据此体积与 $AgNO_3$ 溶液的浓度可计算出溶液中 $Cl^-$ 的浓度。$E$-$V$ 曲线法简单，但准确性稍差。

**2. $\Delta E/\Delta V$-$\Delta\bar{V}$ 曲线法**

对于平衡常数较小的滴定反应，终点时电势突跃不明显，利用 $E$-$V$ 曲线确定终点较为困难，这时可绘制 $\Delta E/\Delta V$-$\bar{V}$ 曲线，$\Delta E/\Delta V$ 近似为电势对滴定剂体积的一级微商，$\Delta E$ 为相邻两次电势改变量；$\Delta V$ 为相邻两次加入的滴定剂体积增量；$\bar{V}$ 为相邻两次加入滴定剂的算术平均值。例如从 24.30mL 到 24.40mL 所引起的电势变化为：

$$\frac{\Delta E}{\Delta V}=\frac{0.316-0.233}{0.10}=0.830$$

用表 11-5 中 $\Delta E/\Delta V$ 值与相应的 $\bar{V}$ 值绘成 $\Delta E/\Delta V$-$\bar{V}$ 曲线，如图 11-13 所示。与曲线上最高点相对应的体积即为终点时所消耗的 $AgNO_3$ 溶液的体积。曲线的最高点一般是通过外延法得到的。

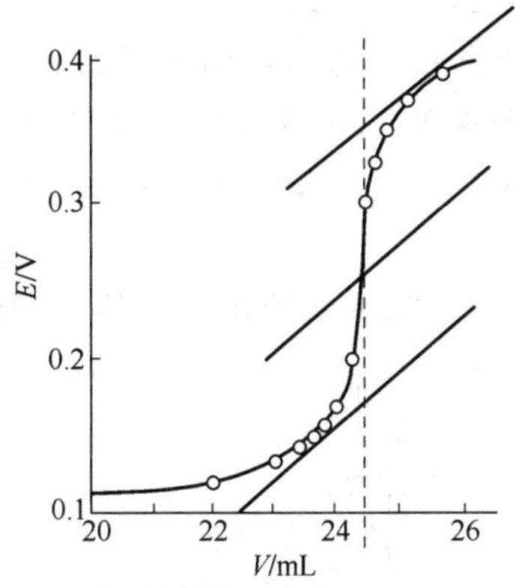


图 11-12　$E$-$V$ 曲线

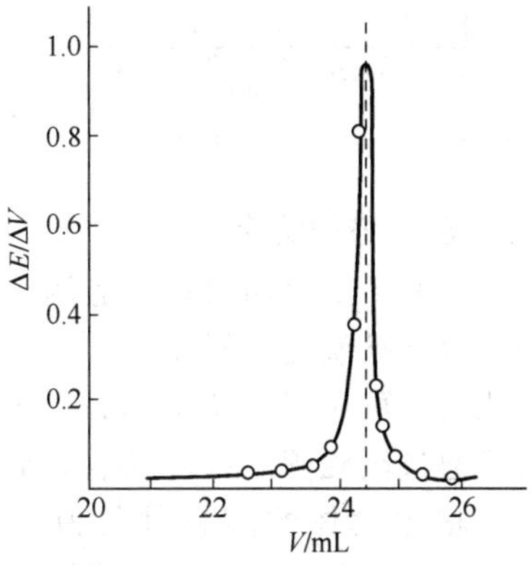


图 11-13　$\Delta E/\Delta V$-$\bar{V}$ 曲线

**3. $\Delta^2E/\Delta V^2$-$V$ 曲线法**

上面的方法都假定滴定曲线在化学计量点附近是对称的，这样 $E$-$V$ 法中曲线的拐点对应于滴定终点；$\Delta E/\Delta V$-$V$ 曲线法中最高点常根据实验点的连线外推得出，这样都存在一定的误差。一个比较好的方法二级微商法，$\Delta^2E/\Delta V^2$ 表示 $E$-$V$ 曲线的二级微商，$\Delta^2E/\Delta V^2$ 为相邻两次 $\Delta E/\Delta V$ 值之差除以相应两次加入滴定剂的体积之差；$V$ 为相邻两 $\Delta E/\Delta V$ 值所对应的滴定剂的算术平均值。即

$$\frac{\Delta^2E}{\Delta V^2}=\frac{\Delta E_2-\Delta E_1}{(V_2-V_1)^2}$$

$$V=\frac{V_1+V_2}{2}$$

例如：

当 $V$=24.30mL 时，$\frac{\Delta^2E}{\Delta V^2}=\frac{(\Delta E)_{24.35}-(\Delta E)_{24.25}}{(24.35-24.25)^2}=\frac{0.083-0.039}{0.10^2}=4.400$；

当 $V$=24.40mL 时，$\frac{\Delta^2E}{\Delta V^2}=\frac{(\Delta E)_{24.45}-(\Delta E)_{24.35}}{(24.45-24.35)^2}=\frac{0.024-0.083}{0.10^2}=-5.900$。

根据表 11-5 中数据绘制二级微商曲线如图 11-14 所示。一级微商的极值点对应于二级微商等于零处，曲线与横坐标的交点即为滴定终点。

应用二级微商曲线法，也可不必作图，用计算法直接确定终点，求出终点时所消耗标准溶液的体积。由于计量点附近微小体积的变化能引起很大的 $\Delta^2E/\Delta V^2$ 的变化值。并由正极大变至负极大值，中间必有一点为零，即 $\Delta^2E/\Delta V^2=0$ 处，所对应的体积即为终点。因此根据内插法，可由 $\Delta^2E/\Delta V^2=0$ 附近的正值和负值和数据计算出 $\Delta^2E/\Delta V^2=0$ 时所对应标准溶液的体积。由表 11-5 可知，滴定终点应在 24.30～24.40mL 之间，则

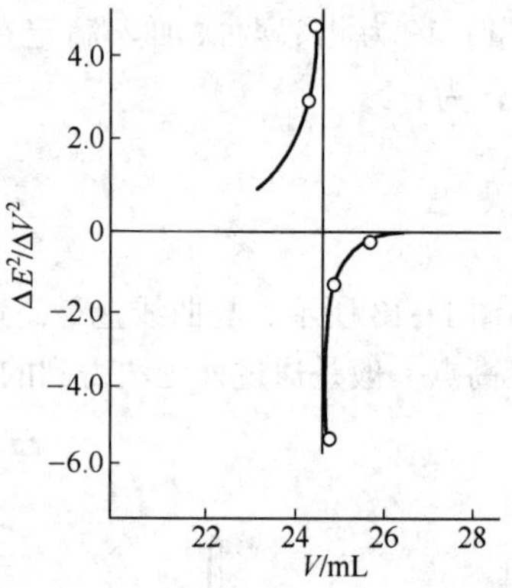

图 11-14　$\Delta^2 E/\Delta V^2$-$V$ 曲线

$$\frac{24.40-24.30}{-5.900-4.400}=\frac{V_{终}-24.30}{0-4.400}$$

$$V_{终}=24.30+\frac{0-4.400}{-5.900-4.400}\times 0.1=24.34(\text{mL})$$

现在可用计算机处理数据，输入一系列所加滴定剂体积 $V$ 和对应的电动势 $E$ 数值，由计算机算出 $\Delta E/\Delta V$ 和 $\Delta^2 E/\Delta V^2$ 值，求得滴定终点，还可以作出 $E$-$V$ 曲线、$\Delta E/\Delta V$-$\bar{V}$ 曲线、$\Delta^2 E/\Delta V^2$-$V$ 曲线。

当溶液中被测物质含量很低时，用上述几种方法确定终点都较困难，这时必须用格氏作图法来确定终点。有关格氏作图法的内容可参阅有关资料，在此不再赘述。

**4. 自动电势的滴定**

目前还有不少使用自动电势滴定的装置如图 11-15 所示，测定简便快速，如以 $AgNO_3$ 为标准溶液自动滴定水样中 $Cl^-$，指示电极可用银电极，参比电极可用双盐桥饱和甘汞电极。在滴定管末端连接可通过电磁阀的细乳胶管，此管下端接上毛细管。预先根据具体的滴定对象为仪器设置电势（或 pH 值）的终点控制值（理论计算值或滴定实验值）。滴定开始，在未达到终点电势时，电磁阀开放，滴定自动进行。电势测量值到达仪器设定值时，电磁阀自动关闭，滴定停止。根据 $AgNO_3$ 标准溶液消耗体积计算出水样中 $Cl^-$ 含量。自动电势滴定克服了确定终点的不便，对大批同类试样的分析极为方便。

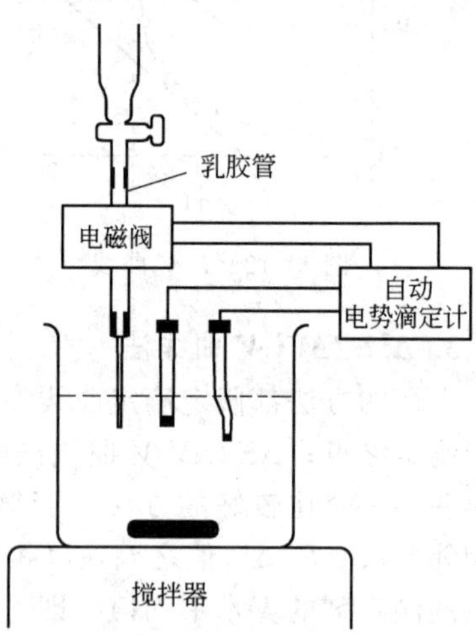

图 11-15　自动电势滴定装置

现代的自动电势滴定已广泛采用计算机控制。计算机对滴定过程中的数据自动采集，处理，并利用滴定反应化学计量点前后电势突变的特性，自动寻找滴定终点及控制滴定，因此更加自动和快速。

## 三、电势滴定分析类型及其应用

根据滴定反应的类型，电势滴定和一般的容量分析一样，可分为四种类型。

**1. 酸碱滴定**

一般酸碱滴定都可以采用电势滴定法；常常用于有色或浑浊的试样溶液，特别适合于弱酸（碱）的滴定；可在非水溶液中滴定极弱酸；指示剂法滴定弱酸碱时，准确滴定的要求必须 $c\cdot K_a$（或 $c\cdot K_b$）$\geqslant 10^{-8}$，而电势法只需 $\geqslant 10^{-10}$；

指示电极：玻璃电极，锑电极；

参比电极：甘汞电极；

酸度计：测溶液的 pH 值。

(1) 在醋酸介质中用 $HClO_4$ 滴定吡啶；

(2) 在乙醇介质中用 HCl 溶液滴定三乙醇胺；

(3) 在异丙醇和乙二醇混合溶液中 HCl 溶液滴定苯胺和生物碱；

(4) 在二甲基甲酰胺介质中可滴定苯酚；

（5）在丙酮介质中可以滴定高氯酸、盐酸、水杨酸混合物。

以 pH 值为纵坐标，滴定剂体积为横坐标绘出曲线，按前述方法确定终点. 然后根据终点消耗标准溶液的体积和标准溶液浓度计算被测物含量。

**2. 沉淀滴定**

基于沉淀反应的电势滴定称为沉淀电势滴定。这种滴定的情况比较复杂，具体的滴定反应较多，因此必须根据不同的沉淀反应选择不同的指示电极。

指示电极：主要是离子选择电极，也可用银电极或汞电极；

参比电极：一般使用饱和甘汞电极或 Ag-AgCl 参比电极。

（1）指示电极：银电极；标准溶液：$AgNO_3$；

滴定对象：$Cl^-$、$Br^-$、$I^-$、$CNS^-$、$S^{2-}$、$CN^-$等；

可连续滴定 $Cl^-$、$Br^-$、$I^-$。

（2）指示电极：汞电极；标准溶液：硝酸汞；

滴定对象：$Cl^-$、$Br^-$、$I^-$、$CNS^-$、$S^{2-}$、$C_2O_4^{2-}$ 等。

（3）指示电极：铂电极；标准溶液：$K_4Fe(CN)_6$；

滴定对象：$Pd^{2+}$、$Cd^{2+}$、$Zn^{2+}$、$Ba^{2+}$等。

**3. 氧化还原滴定**

基于氧化还原反应的电势滴定称为氧化还原电势滴定。指示剂法准确滴定的要求是滴定反应中，氧化剂和还原剂的标准电势之差必须 $\Delta\varphi^{\ominus} \geqslant 0.36V$（$n=1$），而电势法只需$\geqslant 0.2V$，应用范围广；

参比电极：饱和甘汞电极或 W 电极；

指示电极：铂电极或 Au 电极。

（1）标准溶液：高锰酸钾；

滴定对象：$I^-$、$NO_2^-$、$Fe^{2+}$、$V^{4+}$、$Sn^{2+}$、$C_2O_4^{2-}$。

（2）标准溶液：$K_4Fe(CN)_6$；

滴定对象：$Co^{2+}$。

（3）标准溶液：$K_2Cr_2O_7$；

滴定对象：$Fe^{2+}$、$V^{4+}$、$I^-$、$Sb^{2+}$等。

**4. 配位滴定**

基于配位反应的电势滴定称为配位电势滴定。指示剂法准确滴定的要求是，滴定反应生成配合物的稳定常数必须满足 $\lg c(M)K'_{MY} \geqslant 6$，而电势法可用于稳定常数更小的配合物；

指示电极：可根据不同的配位反应进行选择，常用离子选择性电极；

参比电极：饱和甘汞电极；

标准溶液：EDTA。

（1）指示电极：汞电极；

滴定对象：$Cu^{2+}$、$Zn^{2+}$、$Ca^{2+}$、$Mg^{2+}$、$Al^{3+}$。

（2）指示电极：氟电极；

用氟化物滴定 $Al^{3+}$。

（3）指示电极：钙离子选择性电极；

滴定对象：$Ca^{2+}$等。

## 本章小结

(1) 概述　电势分析法分为直接电势法和电势滴定法两大类。

① 直接电势法是通过直接测量原电池的电动势，即参比电极与指示电极之间的电势差，然后根据能斯特方程式，计算待测离子的浓度，求得待测组分的含量。

② 电势滴定法是测定滴定过程中的电动势变化，以电势的突跃确定滴定终点，再由滴定过程中消耗的标准溶液的体积和浓度计算待测离子的浓度，求得待测组分的含量。

(2) 离子选择性电极

① 离子选择性电极属于薄膜类电极，是一种电化学传感器。电极的电化学活性元件是敏感膜，敏感膜对溶液中待测离子有选择性地响应，故称为离子选择性电极。

② 离子选择性电极由对特定离子有选择性响应的敏感膜、内参比电极、内参比溶液以及导线和电极杆等部件构成。内参比电极一般是Ag-AgCl电极。

③ 离子选择性电极的电动势（$\varphi_{ISE}$）：

$$\varphi_{ISE}=k\pm\frac{0.0592}{n}\lg a_i$$

在一定温度下，离子选择性电极的电动势（$\varphi_{ISE}$）与试液中待测离子i的活度对数呈线性关系（能斯特响应）。

④ pH玻璃膜电极：pH玻璃电极的电极电势$\varphi$(pH)为：$\varphi(\mathrm{pH})=k-0.0592\mathrm{pH}(\mathrm{V})$

pH玻璃电极的电极电势$\varphi$(pH)与待测试液的pH呈线性关系，这就是利用pH玻璃电极测定溶液pH的定量依据。

溶液pH的测定，常用直接比较法：$\mathrm{pH_x}=\mathrm{pH_s}+\dfrac{E_x-E_s}{0.0592}$

(3) 电势分析法

① 直接电势法：$E=K'\pm\dfrac{0.0592}{n}\lg a_i$。

直接电势法的定量方法主要是标准曲线法和标准加入法。

② 电势滴定法是利用电势法确定滴定终点的滴定方法。电势滴定法的终点确定方法常有：$E$-$V$曲线法、$\Delta E/\Delta V$-$V$曲线法（一级微商法）及$\Delta^2 E/V^2$-$V$曲线法（二级微商法）。

## 思考题

1. 电势分析法的理论基础是什么？它可以分成哪两类分析方法？
2. 电位法的主要误差来源有哪些？应如何消除和避免？
3. 为什么pH玻璃电极在使用前一定要在蒸馏水中浸泡24小时？
4. 利用离子选择电极是否可以制备生物传感器？
5. 为什么测定溶液pH时必须使用pH标准缓冲溶液？
6. 如何估量离子选择性电极的选择性？
7. 电势滴定法的基本原理是什么？怎样确定滴定终点？
8. 为什么一般来说，电位滴定法的误差比电位测定法小？

## 习　题

1. 下列电池（25℃）

(－)玻璃电极|标准溶液或未知液‖饱和甘汞电极(＋)

当标准缓冲溶液的$\mathrm{pH_s}=4.0$时电池电动势为0.209V，当缓冲溶液由未知溶液代替时，测得下列电池电动势为（1）0.088V；（2）0.312V；（3）−0.017V。计算未知溶液的 pH。

（1.96；5.74；0.18）

2. 25℃时下列电池的电动势为 0.518V（忽略液接电势）：

$$(-)Pt|H_2(10^5Pa),HA(0.010mol\cdot L^{-1}),A^-(0.010mol\cdot L^{-1})\|SCE(+)$$

计算弱酸 HA 的 $K_a$ 值。

（$K_a=2.34\times10^{-5}$）

3. 某种钠敏感电极的选择性系数 $K_{Na^+,H^+}$ 约为 30。如用这种电极测定 pNa＝3 的 $Na^+$ 溶液，并要求测定误差小于 3%，则试液 pH 必须大于多少？

（pH＞6）

4. 测定 $3.3\times10^{-4}$ 的 $CaCl_2$ 溶液的活度，若溶液中存在 $0.20mol\cdot L^{-1}$ 的 NaCl，计算：

（1）由于 NaCl 的存在引起的相对误差是多少？（已知 $K_{Ca^{2+},Na^+}=1.6\times10^{-3}$）

（2）若要使误差减少到 2%，允许 NaCl 的最高浓度是多少？

（RE＝19%；$6.4\times10^{-2}mol\cdot L^{-1}$）

5. 以 SCE 作正极，氟离子选择性电极作负极放入 $0.001mol\cdot L^{-1}$ 的氟离子溶液中，测得 $E=-0.159V$。换用含氟离子试液，测得 $E=-0.212V$。计算溶液中氟离子浓度。

（$0.127mol\cdot L^{-1}$）

6. 在 25℃时用标准加入法测定 $Cu^{2+}$ 浓度，于 100mL 铜盐溶液中添加 $0.1mol\cdot L^{-1}$ $Cu(NO_3)_2$ 溶液 1.0mL，电动势增加 10mV，求原溶液的 $Cu^{2+}$ 浓度（设电极系数符合理论值）。

（$8.4\times10^{-4}mol\cdot L^{-1}$）

7. 称取土壤样品 6.00g，用 pH＝7 的 $1.0mol\cdot L^{-1}$ 乙酸铵提取，离心分离，转移含钙的澄清液于 100.0mL 容量瓶中，并稀释到刻度。取 50.00mL 该溶液在 25℃时用钙离子选择性电极和 SCE 电极测得电动势为 20.0mV，加入 $0.0100mol\cdot L^{-1}$ 的标准钙溶液 1.0mL，测得电动势为 32.0mV，电极实测斜率为 29.0mV，计算每克土壤样品中 Ca 的质量（mg）？

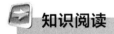

（0.082mg）

## 知识阅读

### 电化学的奠基人——法拉第

迈克尔·法拉第是 19 世纪在物理化学尤其是电化学方面做出了杰出贡献的大科学家。他的发现同时奠定了电磁学的基础。

法拉第 1791 年 9 月 22 日出生在英国的萨利。由于家境贫寒，法拉第童年生活很清苦，没有进过学校，但他通过自学识字。青年时期的法拉第在装订厂当了一名工人。装订厂的工作条件很差，工作也很累，法拉第却喜欢，因为他可以把装订过的书带回家读。法拉第利用装订厂的工作之便，阅读了大英百科全书电学卷，了解了电的意义和作用。几年的时间里，他读了物理、化学、天文、地质等方面的多种著作。有一次，他的一个朋友给了他一本《化学对话》，这是女科学家马尔希特夫人著的一部科普读物，文字生动活泼，给人们展现了一个神奇、奥妙无穷的化学世界，各种奇特的化学物质，发现元素的化学家，物质的组成，分光镜的奇妙，化学药品的奇异的医疗效果等。法拉第完全被这部书吸引住了，他如饥似渴地读了七遍，至此他对化学产生了浓厚兴趣。

那个时候英国著名电化学家戴维和其他知名专家经常在英国皇家学院讲演会上作学术报告，法拉第经常利用工作外的时间听这些学术报告。戴维的报告深深吸引了法拉第，戴维熟练的实验演示令他十分敬佩。他将自己对电的一些想法写信告诉了戴维，他在信中提出："电解作用很可能存在着某种严格的数量关系。"不久，法拉第就收到了戴维邀请他见面的回信。通过谈话，戴维发现了法拉第的才能，决定录用他为自己的助手。从此，法拉第的科学生涯开始了。他每天从早到晚在实验室工作，把一切都安排得井然有序，实验之余他还抽时间读了许多科技书。戴维对法拉第的工作非常满意。1813 年秋，法拉第跟随戴维进行科学旅行，他们把实验室安放在马车上，白天走路，晚上实验。他们采集了火山石、矿泉水水样、岩石标本、土壤标本等进行实验。1816 年，戴维让法拉第分析了托斯卡那的土壤成分，并把分析结果写成论文发表。法拉第在论文中写道："戴维先生建议我把这项研究作为我在化学领域中的第一次实验。当时，我的恐惧多于信心，我从未学习过怎样写真正的论文，但对分析结果的准确描述，将有助于读者对托斯卡那士壤的了解。"自此，法拉第不断发表论文，他从事科学研究的信心不断增强。同时，法拉第的才能逐步为人们所了解。1821 年，他被提升为皇家学院实验室的总负责人。法拉第一直和戴维合作，研究气体的液化问题，他们成功地将 $CO_2$、$SO_2$、$NH_3$、$N_2O_3$ 等气体液化。

后来他对电学产生兴趣，确定了电磁感应定律，并制成了一种实验仪器，使磁针不停地绕着通电导线转动，从而确定了电动机的原理。1829 年后，法拉第专心研究电化学的问题，经研究发现：当电流通过电解质溶液时，两极上会同时出现化学变化。法拉第通过对这一现象的定量研究，发现了电解定律。1833 年，法拉第提出了两条电解定律：①电解时，在电极上析出或溶解的物质的质量，与通过电极的电量成正比；②如通过的电量相同，则析出或溶解的不同物质的物质的量相同。这就是著名的"法拉第定律"。电解定律的发现把电和化学统一起来了，这使法拉第成为了世界知名的化学家。

# *第十二章 现代仪器分析简介

【知识目标】

1. 了解色谱分析法、原子吸收光谱法、原子发射光谱法和分子发光分析的基本原理。

2. 理解气相和液相色谱、原子吸收分光光度计、原子发射分光光度计、分子荧光光度计的基本结构、定量分析的基本原理。

3. 了解色谱分析法、原子吸收光谱法、原子发射光谱法、分子发光分析的应用。

【能力目标】

1. 会使用仪器分析方法解决实际问题。

2. 能够正确使用和维护原子吸收分光光度计、原子发射分光光度计、分子荧光光度计，能够正确使用和维修气相、液相色谱仪。

仪器分析法是以测定物质的物理性质或物理化学性质为基础的分析方法。由于这类方法通常需要使用较特殊的仪器，故称为仪器分析。仪器分析方法很多，各种方法又以其比较独立的方法原理而自成体系。习惯上分为光学分析法、电化学分析法、色谱分析法、热分析法等。随着科学技术的发展，分析化学在方法和实验技术方面都发生了深刻的变化，特别是新的仪器分析方法不断出现，且其应用日益广泛，从而使仪器分析在分析化学中所占的比重不断增长，并成为现代实验化学的重要支柱。

现代仪器分析方法包括：气相色谱法、高压液相色谱法、原子发射光谱分析法、原子吸收光谱分析法、分子发光分析法、紫外吸收光谱分析法、红外吸收光谱分析、核磁共振波谱分析法、质谱分析法等等。本章摘要介绍下面几种常用的方法。

## 第一节 色谱分析法

### 一、色谱法的原理与分类

色谱法是一种分离技术，这种分离技术应用于分析化学中，就是色谱分析。它以其具有高分离效能、高检测性能、分析时间快速的优点而成为现代仪器分析方法中应用最广泛的一种方法。它的分离原理是：使混合物中各组分在两相间进行分配，其中一相是不动的，称为固定相，另一相是携带混合物流过此固定相的流体，称为流动相。当流动相中所含混合物经过固定相时，就会与固定相发生作用。由于各组分在性质和结构上的差异，与固定相发生作用力的种类、大小、强弱也有差异，使不同组分在流动相和固定相中具有不同的分配系数。分配系数的大小反映了组分在固定相上的溶解－挥发或吸附－解吸的能力。分配系数大的组分在固定相上的溶解或吸附能力强，因此在柱内的移动速度慢；反之，分配系数小的组分在固定相上的溶解或吸附能力弱，在柱内的移动速度快。经过一定时间后，由于分配系数的差别，使各组分在柱内形成差速移行，从而按先后不同的次序从固定相中流出，达到分离的目的。这种借助在两相间分配原理而使混合物中各组分分离的技术，称为色谱分离技术或色谱法（又称色层法、层析法）。

色谱法的分类：

① 按流动相的物态，色谱法可分为气相色谱法（流动相为气体）、高效液相色谱法（流动相为液体）。按固定相的物态，又可分为气固色谱法（固定相为固体吸附剂）、气液色谱法（固定相为涂在固体担体上或毛细管壁上的液体）、液固色谱法和液液色谱法等。

② 按固定相使用的形式，可分为柱色谱法（固定相装在色谱柱中）、纸色谱法（滤纸为固定相）、薄层色谱法（将吸附剂粉末制成薄层作固定相）等。

③ 按分离过程的机制，可分为吸附色谱法（利用吸附剂表面对不同组分的物理吸附性能的差异进行分离）、分配色谱法（利用不同组分在两相中有不同的分配系数来进行分离）、离子交换色谱法（利用离子交换原理）和排阻色谱法（利用多孔性物质对不同大小分子的排阻作用）等。

## 二、色谱法中的基本术语

**1. 色谱流出曲线——色谱图**

当组分进样后，经过色谱柱到达检测器所产生的响应信号对时间或载气流出体积的曲线，称为色谱流出曲线，也叫色谱图，如图 12-1 所示。

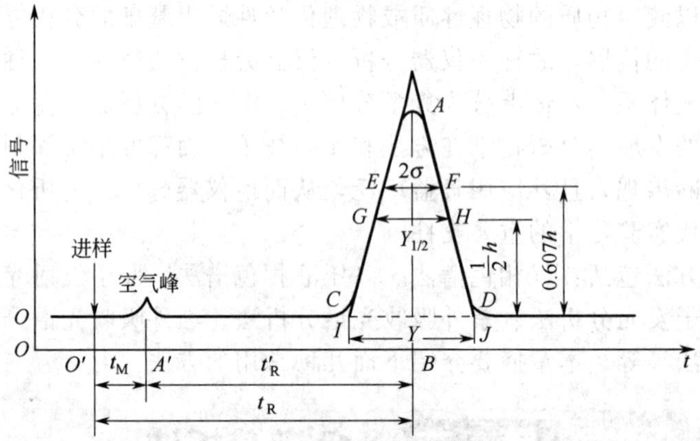


图 12-1 色谱流出曲线图

色谱流出曲线是色谱基本参数的基础。从谱图上可以获得以下信息：

① 在固定的色谱条件下，可看到组分分离情况及组分的多少。

② 每个色谱峰的位置可由每个峰流出曲线最高点所对应的时间或保留体积表示，以此作为定性分析的依据。不同的组分，峰的位置也不同。

③ 每一组分的含量与这一组分相对应的峰高或峰面积有关，峰高或峰面积可以作为定量分析的依据。

④ 通过观察峰的分离情况及扩展情况，判断柱效好坏，色谱峰越窄，柱效越高，色谱峰越宽，柱效越低。

色谱柱中仅有流动相通过时，检测器响应信号的记录值称为基线。稳定的基线应该是一条直线，可以通过观察基线的稳定情况来判断仪器是否正常。

**2. 基本术语**

（1）保留值 表示试样中各组分在色谱柱中的滞留时间的数值。通常用时间或用将组分带出色谱柱所需载气的体积来表示。如前所述，被分离组分在色谱柱中的滞留时间，主要取决于它在两相间的分配过程，因而滞留值是由色谱分离过程中的热力学因素所控制的，在一定的固定相和操作条件下，任何一种物质都有一确定的保留值，这样就可用作定性参数。

① 死时间 $t_M$ 指不被固定相吸附或溶解的气体（如空气、甲烷）从进样开始到柱后出现浓度最大值时所需的时间，如图 12-1中 $O'A'$所示。显然，死时间正比于色谱柱的空隙体积。

② 保留时间 $t_R$ 指被测组分从进样开始到柱后出现浓度最大值时所需的时间，如图 12-1 中 $O'B$。

③ 调整保留时间 $t'_R$ 指扣除死时间后的保留时间，如图 12-1 中 $A'B$，即：$t'_R = t_R - t_M$。

④ 死体积 $V_M$ 指色谱柱在填充后柱管内固定相颗粒间所剩余的空间、色潜仪中管路和连接头间的空间以及检测器的空间的总和。

⑤ 保留体积 $V_R$ 指从进样开始到柱后被测组分出现浓度最大值时所通过的载气体积。

⑥ 调整保留体积 $V'_R$ 指扣除死体积后的保留体积，即：$V'_R = V_R - V_M$。

⑦ 相对保留值 $r_{21}$ 指某组分 2 的调整保留值与另一组分 1 的调整保留值之比：

$$r_{21} = \frac{t'_{R2}}{t'_{R1}} \tag{12-1}$$

$r_{21}$是色谱定性分析的重要参数。亦可用来表示固定相（色谱柱）的选择性。

（2）区域宽度 色谱峰区域宽度有三种表示方法。

① 标准偏差 $\sigma$ 即 0.607 倍峰高处色谱峰宽度的一半。如图 12-1 中 $EF$ 的一半。

② 半峰宽度 $Y_{1/2}$ 又称半宽度或区域宽度，即峰高为一半处的宽度。如图 12-1 中 $GH$。

③ 峰底宽度 $Y$ 自色谱峰两侧的转折点所作切线在基线上的截距，如图 12-1 中的 $IJ$ 所示。

（3）分配系数 $K$ 物质在固定相和流动相之间发生的吸附、脱附和溶解、挥发的过程，叫做分配过程。在一定温度下组分在两相之间分配到平衡时的浓度比称为分配系数 $K$。

$$K = \frac{\text{组分在固定相中的浓度}}{\text{组分在流动相中的浓度}} = \frac{c_S}{c_M} \tag{12-2}$$

分配系数是色谱分离的依据。一定温度下，各物质在两相之间的分配系数是不同的。显然，具有小的分配系数小的组分，每次分配后在气相中的浓度较大，因此就较早地流出色谱柱。而分配系数大的组分，则由于每次分配后在气相中的浓度较小，因而流出色谱柱的时间较迟。当分配次数足够多时，就能将不同的组分分离开来。由此可见，气相色谱分析的分离原理是基于不同物质在两相间具有不同的分配系数。当两相作相对运动时，试样中的各组分就在两相中进行反复多次的分配，使得原来分配系数只有微小差异的各组分产生很大的分离效果，从而各组分彼此分离开来。

## 三、色谱定性定量分析

**1. 色谱定性分析**

色谱定性分析的依据是根据各种物质在一定的色谱条件（固定相、操作条件）下均有确定不变的保留值。因此保留值可作为一种定性指标，是最常用的色谱定性方法，通过测定保留值可进行定性分析。这种方法应用简便，不需其他仪器设备，但由于不同化合物在相同的色谱条件下往往具有近似或甚至完全相同的保留值，因此这种方法的应用有很大的局限性。

其应用仅限于当未知物通过其他方面的考虑（如来源，其他定性方法的结果等）已被确定可能为某几个化合物或属于某种类型时作最后的确认，其可靠性不足以鉴定完全未知的物质。

**2. 色谱定量分析**

色谱定量分析的依据是根据在一定操作条件下，被测组分 $i$ 的质量（$m_i$）或其在流动相中的浓度与检测器的响应信号（色谱图上表现为峰面积 $A_i$ 或峰高 $h_i$）成正比：

$$m_i = f_i \cdot A_i (\text{或}\ m_i = f_i \cdot h_i) \qquad (12\text{-}3)$$

$f_i$ 称为定量校正因子。由上式可见，在定量分析中需要：

① 根据色谱流出曲线准确测量峰面积或峰高；

② 准确求出定量校正因子；

③ 根据上式正确选用定量计算方法，将测得组分的峰面积换算为质量分数。

常用的定量计算方法有：归一化法、内标法、内标标准曲线法、外标法（定量进样-标准曲线法）等。

## 四、气相色谱法

气相色谱法是采用气体作为流动相的一种色谱法。固定相可以是固体，也可以是液体，它们分别叫作气-固气相色谱和气-液气相色谱。气相色谱法所采用的仪器是气相色谱仪。在此法中，载气（是不与被测物作用，用来载送试样的惰性气体，如氢、氮等）载着欲分离的试样通过色谱柱中的固定相，使试样中各组分分离，然后分别检测。

气相色谱法的简单流程如图 12-2 所示。载气由高压钢瓶 1 供给，经减压阀 2 减压后，进入载气净化干燥管 3 以除去载气中的水分和其他杂质气体。由针形阀 4 控制载气的压力和流量。流量计 5 和压力表 6 用以指示载气的柱前流量和压力。再经过进样器（包括气化室）7，试样就在进样器注入（如为液体试样，经气化室瞬间气化为气体）。由不断流动的载气携带试样进入色谱柱 8，将各组分分离，各组分依次进入检测器 9 后放空。检测器信号由放大器 10 放大后由记录仪 12 记录，就可得到如图 12-3 所示的色谱图。图中编号的 4 个峰代表混合物中 4 个组分。然后根据色谱图进行定性或定量分析。

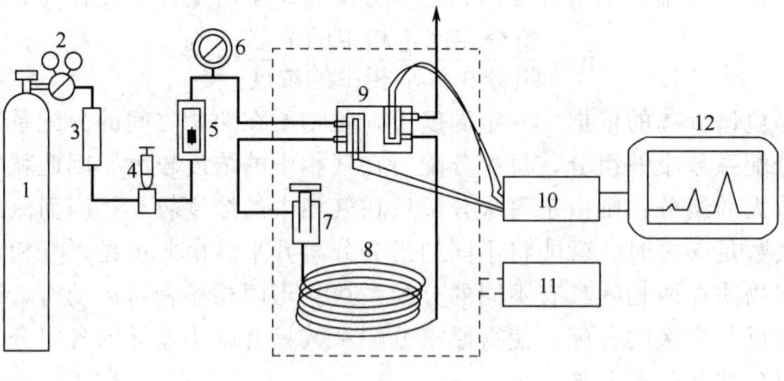


图 12-2 气相色谱流程图

1—载气钢瓶；2—减压阀；3—净化干燥管；4—针形阀；5—流量计；6—压力表；
7—进样器；8—色谱柱；9—热导检测器；10—放大器；11—温度控制器；12—记录仪

气相色谱仪由五部分组成：

① 载气系统　包括气源、气体净化、气体流速控制和测量。其作用为色相色谱动力源，流动相。

② 进样系统　包括进样器、气化室。其作用是进样，并使试样在瞬间气化。

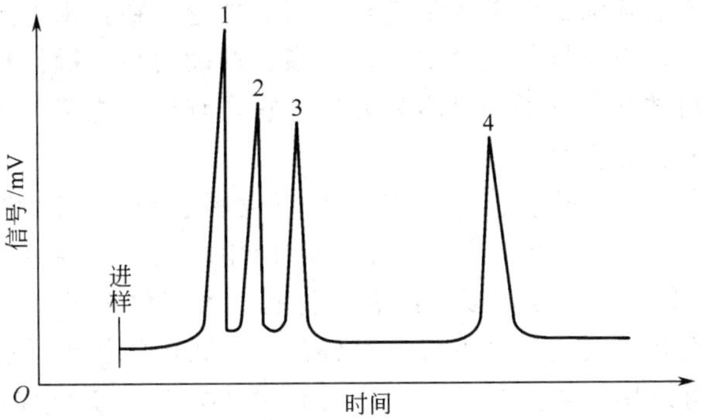


图 12-3 色谱图

③ 色谱柱和柱箱 包括温度控制装置。其作用是将混合物中各组分分离。

④ 检测系统 包括检测器及控温装置。其作用是将组分的浓度变化转化为电信号并输出。

⑤ 记录系统 包括放大器、记录仪、数据处理装置。其作用是记录色谱图，并给出相关色谱数据或结果。

影响气相色谱分离效能的因素很多，在进行气相色谱分析时应注意控制以下条件。

① 载气种类和载气流速 对一定的色谱柱和试样，有一个最佳的载气流速。当载气流速较小时，应采用相对分子质量较大的载气（$N_2$、Ar）；当载气流速较大时，应采用相对分子质量较小的载气（$H_2$、He）。

② 柱温的选择 柱温直接影响色谱柱的分离效能和分析速度。

③ 固定液的性质和用量 固定液的性质对分离起决定作用，固定液的配比（指固定液与担体的质量比）一般用 5∶100 到 25∶100。一般来说，担体的表面积越大，固定液的含量可以越高。

④ 担体的性质和粒度 要求担体表面积大，表面和孔径分布均匀。担体粒度要求均匀、细小。

⑤ 进样时间和进样量 进样速度必须很快，进样时间要在 1s 以内完成。

⑥ 气化室温度 要有足够的气化温度，使液体试样迅速气化后被载气带入柱中。一般选择气化温度比柱温高 30～70℃。

气相色谱法是一种高效、高速、高灵敏度和应用范围很广的分离分析技术，其特点有：①分离效能高、选择性好。可以在短时间内同时分离和测定极为复杂的混合物和性质极为相近的物质。②灵敏度高。由于使用高灵敏度的检测器，故可以检测 $10^{-11}$～$10^{-13}$ g 物质。③分析速度快。一般只要几分钟或几十分钟就完成一个分析周期。④消耗样品量极少。⑤应用广泛。气相色谱法可以应用于分析气体试样，也可分析易挥发或可转化为易挥发的液体或固体，不仅可分析有机物，也可分析部分无机物。一般地说，只要沸点在 500℃以下，热稳定性良好，相对分子质量在 400 以下的物质，原则上都可采用气相色谱法。目前气相色谱法所能分析的有机物，约占全部有机物的 15%～20%，而这些有机物恰是目前应用很广的那一部分，因而气相色谱法的应用十分广泛。

对于难挥发和热不稳定的物质，气相色谱法是不适用的，这是它的局限性。

## 五、高效液相色谱法

高效液相色谱法是用液体作为流动相的色谱法，又称高速液相色谱法、高压液相色谱法。它是在经典液相色谱基础上，引入了气相色谱的理论，在技术上采用了高压泵、高效固定相和高灵敏度检测器，因而具备速度快、效率高、灵敏度高、操作自动化的特点。广泛应用于高聚物分子量的测试，高分子的分离和分析，它是有机、化工、医药、生物、食品、染料等工业中的重要分离、分析手段。

高效液相色谱是在气相色谱高速发展的形势下发展起来的，因此在色谱分离和色谱理论、定性定量方法上完全一样。但高效液相色谱的使用范围比气相色谱广。气相色谱只能分析沸点在 500℃以下，分子量为 400 以下的有机物质。大多数无机物（除气体外）难以用气相色谱法进行分析。而高效液相色谱不仅可以分析大多数用气相色谱能分析的物质，只要能制成溶液的样品，都可以用高效液相色谱法来进行分析，它不受试样挥发性的约束。因此，它对于无法用气相色谱法进行有效分离的沸点高、热稳定性差、分子量大的聚合物及离子型物质（如高分子化合物、生物活性物质、无机物等），均可用高效液相色谱法分析。

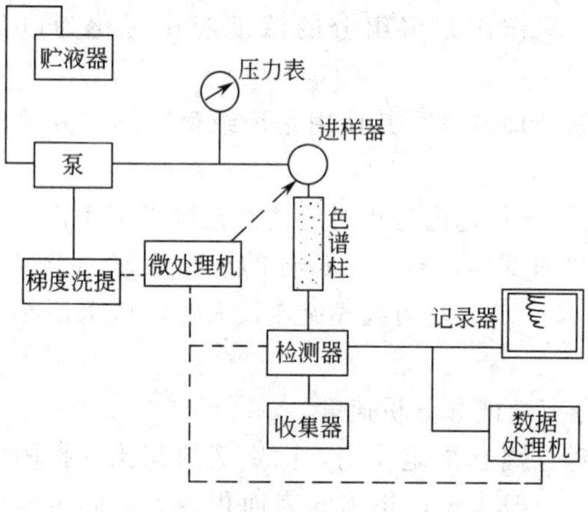

图 12-4　高效液相色谱仪典型结构示意图

根据分离原理的不同，高效液相色谱法可分为下述几种主要类型：液-液色谱法、液-固色谱法、离子交换色谱法、离子对色谱法、离子色谱法和空间排阻色谱法等。

高效液相色谱法所使用的仪器为高效液相色谱仪。仪器的设计取决于所采用的分离原理，因此具有多种多样的结构。例如有高效液相色谱仪、离子交换液相色谱仪、凝胶色谱仪等。典型的高效液相色谱仪的结构原理如图 12-4 所示。

高效液相色谱仪主要有高压输液系统、进样系统、分离系统和检测系统组成。此外，还可以根据一些特殊要求，配备一些附属系统，如梯度洗脱、自动进样及数据处理装置等。高效液相色谱仪的工作原理如下：高压泵将贮液器里的溶剂经进样器送入色谱柱中，然后从检测器的出口流出。当欲分离样品从进样器进入时，流经进样器的流动相将其带入色谱柱中进行分离，然后依先后顺序进入检测器。记录仪将进入检测器的信号记录下来，得到液相色谱图。

## 第二节　原子发射光谱分析

原子发射光谱分析法又简称发射光谱分析或光谱分析，它主要是根据试样物质中不同原子的能级跃迁所产生的不同的光谱来研究物质的化学组成的一种分析方法，故又常称为光谱化学分析法。它作为一种强有力的定性和定量分析工具，已成为重要的现代仪器分析方法之一。

光谱分析主要是原子而不是分子特征。因此，光谱分析只能作元素分析，而不能用来确定这些元素在试样中存在的形态。从理论上讲，任何一种元素都有其自身的原子结构特征，每一种元素都应能用发射光谱法分析，但实际上通常只有金属元素和少数几种非金属元素，如磷、砷、硅、碳、硼等总共约 70 种元素可以用发射光谱法来进行分析。在一般情况下，用于 1%以下含量的组分的测定，检出限可达 ppb 级（$1ppb=1\times10^{-4}$），精密度可为±10%左右，线性范围约两个数量级。

## 一、原子发射光谱分析基本原理

光谱分析是根据原子所发射的光谱来测定物质的化学组成的分析方法。自然界中存在的所有物质都是由各种元素的原子进行相应的组合所组成的。各种元素的原子都包含着一个结构紧密的原子核，核外围绕着不断运动着的电子，在各种元素的原子中，由于核与外层电子作用力不同，而使其核外电子排布各具特征，形成能量各异的各种电子能级，每一电子处于一定的能级上，具有一定的能量。在正常状态下，原子内所有的电子都处于能量最低的轨道上，这时，原子处于基态。但是当原子受到外界能量（给出方式可以是热、能、电能、光能等）的作用时，原子由于与高速运动的气态粒子和电子相互碰撞而获得了能量，那些受原子核束缚较小的价电子就会从基态跃迁到更高的能级上，这一过程称作激发过程。处在高能态的原子称作激发态原子，而这种将原子中的一个价电子从基态激发至激发态所需的能量则称为激发电位（通常用电子伏特来度量）。

当外加的能量足够大时，可以把原子的电子从基态激发至无限远处，也就是脱离了原子核的束缚力，使原子成为离子，这个过程则是电离。原子失去一个外层电子成为离子时所需的最低能量称为一级电离电位，当外加的能量更大时，离子可进一步电离成二级离子（$M^{2+}$）或三级离子（$M^{3+}$）等，并具有相应的电离电位。这些离子中的外层电子也能被激发，其所需的能量也就是相应离子的激发电位。

处于激发态的原子或离子极不稳定，其平均寿命只有约 $10^{-8}$s。因此，在这样短的时间内便跃迁至基态或其他较低的能级上，也就是价电子回到原来的能级或先停留在中间某一能级再回到原来的能级上去。在这个恢复过程中，原子就会释放出多余的能量，这部分能量就是在激发过程中原子所获得的能量。它们常以电磁波也就是光的形式辐射出来（也有其他形式，如热能）。这些辐射出来的光，经过光谱仪分光后，就会在视野或感光板上产生一条条分立的光谱仪入射狭缝的象也就是谱线。每根谱线都对应着一定波长的光，对于特定的元素，其谱线的波长或频率各具特点并按一定的顺序排列且保持一定的强度比例。

进行光谱分析时，将欲分析的试样引入一个能量源（光谱分析中称作光源），给以外界的能量，使其蒸发成为气态原子，气态原子再在能量源中获得外界的能量，使其外层电子激发至高能态即激发态。激发态原子极不稳定，在很短的时间即重新跃迁回到基态或低能态，在此过程中，将剩余的能量以光的形式释放出来，产生辐射。这种辐射是试样中各种原子一起产生的发射光谱以及光源过程中伴生的分子光谱和光源中炽热发光物体发出的连续辐射的组合。它不便于我们进行观察和分析。因此必须将这种混合辐射即复合光引入光谱仪进行分光，再将各种波长的光按波长顺序记录在感光板上。感光板经暗室处理，就可呈现一系列有规则的线条即光谱图。由于原子内的各个电子轨道具有量子化的特征，各电子轨道的能量是不连续的，电子的跃迁也是不连续的。因此在光源过程中产生的复合光也是不连续的，只是某些特定波长的光的组合，所以上述得到的光谱图就表现为一条条分立的线条——谱线或叫线光谱，其中每一条谱线代表着某一波长的光。然后根据光谱图进行定性鉴定或定量分析。

## 二、光谱定性分析与定量分析

由于各种元素的原子构造具有各向异性，各有一系列遵循光谱选律的不同的激发能级，所以与能级的能量差紧密联系着的谱线波长对于每一种元素来说具有特征性，各种元素都有自己的特征的光谱线。如果某试样经过激发、摄谱，在所得谱片上出现有某元素的谱线，就证明该元素的存在。这种利用发射光谱鉴别元素存在的分析方法，称为光谱定性分析法。常使用的方法是“元素标准光谱图”比较法。元素标准光谱图是在一张张放大 20 倍以后的不同波长段的铁光谱上准确标出 68 种元素的主要谱线位置的图片。如图 12-5 所示。

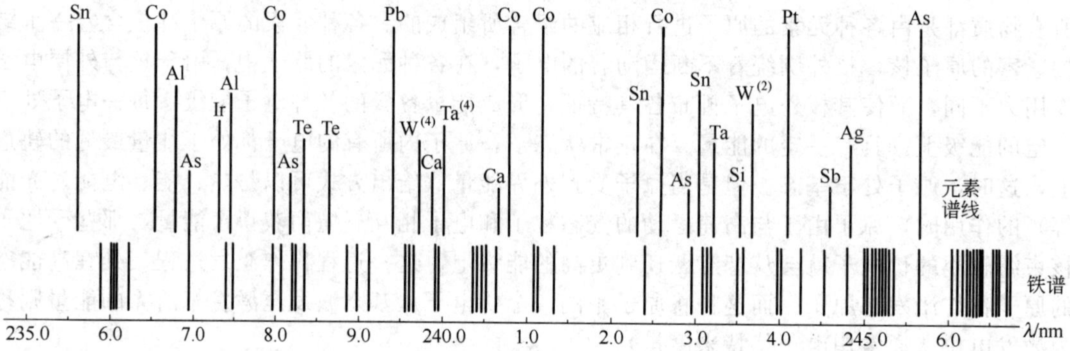


图 12-5 元素标准光谱图

在每一张“元素标准光谱图”上，最下边为波长标度，其上为铁光谱，再上面是各种元素的重要谱线出现的位置，并标出了相应谱线所对应的元素的名称。进行光谱定性分析时，是在同一块感光板上并列地拍摄下样品光谱和铁光谱（用纯铁作为电极进行摄谱），经过暗室处理得到谱片，然后在映谱仪上将谱片上的光谱放大（一般是 20 倍），用“元素标准光谱图”在映谱仪的投影屏上与放大后的光谱对照，使二者的铁光谱恰好重合，则样品光谱中出现的谱线就会与“元素标准光谱图”上的某些元素谱线相重合，这样就可以直接找出各谱线的波长及其所代表的元素。这个过程在定性分析中称为译谱或识谱。

光谱定量分析的依据是：元素在试样中的含量越大，光源蒸气云中该元素的原子数量愈多，因而光源中所产生的辐射（即谱线）强度愈大，在感光板上拍摄的光谱中的谱线黑度也愈大。因此，根据谱片上某一条谱线的黑度就可以确定该元素在试样中的含量。光谱定量分析的基本关系式为：

$$I = a \cdot c^b \tag{12-4}$$

或

$$\lg I = b\lg c + \lg a \tag{12-4'}$$

式中，$I$ 为谱线强度；$a$、$b$ 为常数；$c$ 为试样中待测元素的浓度。

光谱定量分析常采用相对强度法（内标法）。

## 三、光谱分析仪器

光谱分析的仪器设备主要由光源、分光系统（光谱仪）及观察系统三部分所组成。

（1）光源的主要作用是对试样的蒸发和激发提供所需的能量。最常用的光源有直流电弧、交流电弧、电火花等。近年来发展了激光光源和电感耦合等离子体（ICP）焰炬等，进一步提高了光谱分析的灵敏度和准确度。

（2）光谱仪是用来观察光源的光谱仪器。其作用是把光源发射的复合光分解成按波长次序排列的单色光并把它们记录下来。发射光谱分析分为看谱法、摄谱法和光电法，所用光谱仪分为看谱镜、摄谱仪和光电直读光谱仪。三种方法基本原理相同，目前常用的是摄谱法，即通过照相法记录光谱，所用仪器为棱镜摄谱仪和光栅摄谱仪。

（3）以摄谱法进行光谱分析时，必须有一些观测设备。例如在观察谱片时，有需要将摄得的谱片进行放大投影在屏上以便观察的光谱投影仪（或称映谱仪），测量谱线黑度时用的测微光度计（黑度计），以及测量谱线间距的比长仪等。

## 第三节 原子吸收光谱分析

原子吸收光谱分析又称原子吸收分光光度分析，是基于从光源发射出的待测元素的特征谱线通过试样蒸气时，被蒸气中待测元素的气态原子所吸收，由特征谱线被减弱的程度，来测定试样中待测元素含量的一种定量分析方法。

如测定试液中镁离子的含量，先将试液喷射成雾状进入燃烧火焰中，含镁盐的雾滴在火焰温度下，挥发并离解成镁原子蒸气。再用镁空心阴极灯作光源，它辐射出具有波长为285.2nm的镁的特征谱线的光，当通过一定厚度的镁原子蒸气时，部分光被蒸气中基态镁原子吸收而减弱。通过单色器和检测器测得镁特征谱线光被减弱的程度，即可求得试样中镁的含量。

原子吸收分析的主要特点是测定灵敏度高，特效性好，抗干扰能力强，稳定性好，适用范围广，可测定七十多种金属元素（大部分非金属元素可用间接法测定）。加上仪器较简单，操作方便，因而原子吸收分析法的应用范围日益广泛。例如在测定矿物、金属及其合金、玻璃、陶瓷、水泥、化工产品、土壤、食品、血液、生物试样、环境污染物等等试样中的金属元素含量时，原子吸收法往往是一种首选的定量分析方法，因而它在分析化学领域内已占重要地位。

### 一、原子吸收光谱分析基本原理

原子在两个能态之间的跃迁伴随着能量的发射和吸收。原子可具有多种能级状态，当原子受外界能量激发时，其最外层电子可跃迁到不同能级，因此可能有不同的激发态。电子从基态跃迁到能量最低的激发态（称为第一激发态）时要吸收一定频率的光，它再跃迁回基态时，则发射出同样频率的光（谱线），这种谱线称为共振发射线（简称共振线）。使电子从基态跃迁至第一激发态所产生的吸收谱线称为共振吸收线（也简称为共振线）。各种元素的原子结构和外层电子排布不同，不同元素的原子从基态激发至第一激发态（或由第一激发态跃迁返回基态）时，吸收（或发射）的能量不同，因而各种元素的共振线不同而各有其特征性，所以这种共振线是元素的特征谱线。这种从基态到第一激发态间的直接跃迁又最易发生，因此对大多数元素来说，共振线是元素的灵敏线。在原子吸收分析中，就是利用处于基态的待测原子蒸气对从光源辐射的共振线的吸收来进行分析的。

在一定的测定条件下，气态的基态原子对共振线的吸收曲线并非是一条理想的几何线，而是具有一定的宽度，通常称为谱线轮廓。谱线轮廓下面包括的面积称为积分吸收。根据经典的色散理论，积分吸收与单位体积原子蒸气中吸收辐射的原子数呈简单的线性关系。这是原子吸收分析的一个重要的理论基础。但是由于原子吸收线的半宽度很小（$10^{-3}$～$10^{-2}$nm），要测量这样一条半宽度很小的吸收线的积分吸收值在目前则难以做到。因此不能用常规的分光光度法进行原子吸收测定。目前采用锐线光源测量谱线峰值吸收来加以解决。所谓锐线光源就是能发射出谱线半宽度很窄的发射线的光源（空心阴极灯）。即测定时需要使用一个与待测元素同种元素制成的锐线光源，如测定镁时，需要使用镁空心阴极灯作光源。

当使用半宽度很窄的锐线光源进行原子吸收测量时，测得吸光度与原子蒸气中待测元素的基态原子数呈线性关系。测定时，由于火焰温度不是很高，火焰中基态原子数与自由原子总数几乎相等。测得峰值吸收处的吸光度与火焰中待测元素的基态原子数成正比，与火焰的宽度成正比。在实际分析中，要求测量的是试样中待测元素的浓度，而试样中待测元素的浓度与火焰中基态原子的浓度成正比。所以在一定的浓度范围内和一定的火焰宽度下，吸光度与试样中待测元素浓度的关系可表示为：

$$A=k\cdot c \tag{12-5}$$

式中 $k$ 在一定实验条件下是常数。只要测出吸光度 $A$，就可以求算出试样中待测元素的浓度 $c$。该公式就是原子吸收光谱分析的定量基础。

## 二、定量分析方法

**1. 工作曲线法**

原子吸收分析的工作曲线法，与紫外可见分光光度法中的工作曲线法相似。根据样品的实际情况，配制一组浓度适宜的标准溶液。在选定的实验条件下，以空白溶液（参比液）调零后，将所配制的标准溶液由低浓度到高浓度依次喷入火焰，分别测出各溶液的吸光度 $A$。以待测元素的浓度 $c$ 为横坐标，以吸光度 $A$ 为纵坐标绘制 $A$-$c$ 工作曲线。然后在完全相同实验条件下，喷入待测试样溶液测出其吸光度。从工作曲线上查出该吸光度所对应的浓度，即所测试样溶液中待测元素的浓度。以此进行计算，就可得出试样中待测元素的含量。

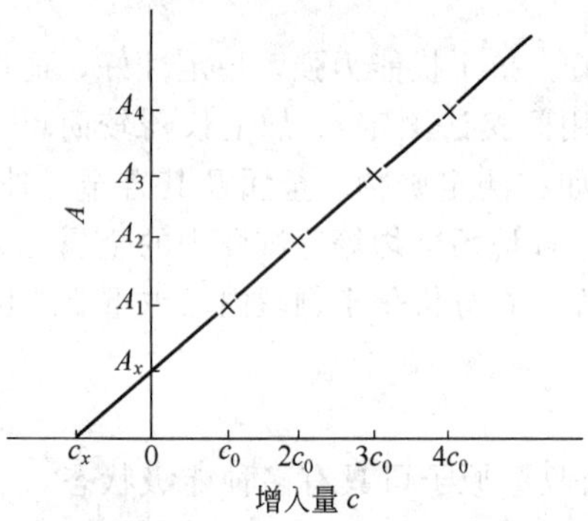

图 12-6 标准加入法

**2. 标准加入法**

标准加入法是一种用于消除基体干扰的测定方法。适用于数目不多的样品分析。

其测定方法是取若干（通常 5 份）体积相同的试样溶液，从第 2 份起依次加入浓度分别为 $c_0$、$2c_0$、$3c_0$、$4c_0$ 的标准溶液，然后用蒸馏水稀释到相同体积后摇匀。在相同的实验条件下，依次测得各溶液的吸光度为 $A_0$、$A_1$、$A_2$、$A_3$、$A_4$。以吸光度为纵坐标，以加入的标准溶液的浓度为横坐标，作 $A$-$c$ 曲线，外延曲线与横坐标相交于 $c_x$，此点与原点距离相当的浓度（横坐标延长线的标尺与右边相同），即为所测试样溶液中待测元素的浓度，如图 12-6 所示，以此进行计算，即可求出试样中待测元素的含量。这种方法也叫直线外推法或增量法。

## 三、原子吸收分光光度计

原子吸收光谱分析所用的仪器称为原子吸收分光光度计或称原子吸收光谱仪。目前商品仪器种类很多，但不论是哪一类型，概括起来均由光源系统、原子化系统、分光系统和检测系统等四大部分组成。其构造示意图如图 12-7 所示。由锐线光源发射出待测元素的共振线，通过原子化系统被基态原子吸收，吸收后谱线经分光系统分出并投射到检测系统，经光电转换和放大后输出吸光度或透光度读数。

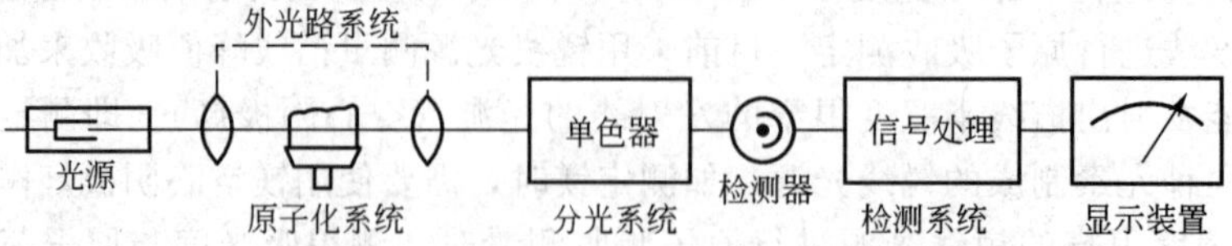

图 12-7 原子吸收分光光度计结构示意图

① 光源系统　光源通常使用空心阴极灯，其作用是发射待测元素的特征谱线（一般是共振线）。

② 原子化系统　原子化系统的作用是将试样中的待测元素转变为原子蒸气。使试样原子化的方法有火焰原子化法和无火焰原子化法。

③ 分光系统　分光系统的作用是把待测元素的共振线与其他干扰谱线分开，只让待测元素的共振线通过。通常用棱镜或光栅作单色器。

④ 检测系统　检测系统主要由检测器、放大器、对数变换器、显示装置等组成。其作用是将单色器分出的光信号进行光电转换。

## 第四节　分子发光分析

物质分子在吸收辐射能之后而被激发到较高的电子能级上去，在返回基态的过程中，必须将这部分能量释放出来，释放的形式有热能和光辐射。分子发光分析法是以发射光辐射的方式释放能量，测量的是物质分子发射辐射光的强度。基态分子激发至激发态所需的能量有多种来源，如光能、化学能、电能、热能等。当分子吸收了光能而被激发到较高能级，返回基态时发射出波长相同或不同的辐射现象称为光致发光，最常见的两种光致发光是磷光和荧光。由测量荧光和磷光强度而建立起来的定量分析方法称为分子荧光分析法和磷光分析法。在化学反应过程中，分子吸收反应释放出的化学能而产生激发态物质，当回到基态时发出的光辐射称为化学发光。根据化学发光强度或发光总量来确定物质组分含量的分析方法称为化学发光分析法。因此，分子发光分析法包括荧光分析、磷光分析和化学发光分析。

### 一、荧光分析法

#### 1. 荧光分析的基本原理

通常在室温下物质分子大部分处于基态的最低振动能级，且电子自旋配对为单重态。当吸收一定频率的电磁辐射发生能级跃迁时，可上升至不同激发态的各振动能级，其中多数分子上升至第一激发单重态，这一过程称为激发。处于激发态的分子是不稳定的，平均寿命大约为 $10^{-8}$s。通常以辐射跃迁方式或无辐射跃迁方式再回到基态。这一过程称为去活化。辐射跃迁主要涉及荧光、延迟荧光或磷光的发射。无辐射跃迁则是指以热的形式辐射其多余的能量，包括振动弛豫、内部转移、系间窜跃及外部转移等。

分子在辐射能的照射下，电子跃迁至单重激发态各个能级，然后以无辐射振动弛豫方式回到第一单重激发态的最低振动能级，由此再跃迁回基态或基态中的其他振动能级时所发出的光称为分子荧光。荧光持续时间较短，约为 $10^{-6}\sim10^{-9}$s。分子磷光是指处于第一最低单重激发态的分子以系间窜跃方式进入第一最低三重激发态再由三重激发态回到基态时所发出的光。磷光的能量比荧光小，波长较长，且从激发到发射所需的时间也较长，约为 $10^{-4}\sim100$s。

能够发射荧光的分子结构及影响因素如下。

① 具有共轭双键体系的分子　具有 π 电子共轭结构的分子能产生荧光。其 π 电子共轭程度越大，荧光也就越易产生，而且发生的荧光光谱将向长波方向移动。因此，凡是有利于提高 π 电子共轭程度的分子结构改变或环境条件改变都能提高荧光效率，或使荧光向长波方向移动。

② 具有刚性平面结构的分子　实验发现多数具有刚性平面结构的有机分子，具有强烈的荧光。有些有机螯合剂同金属离子螯合时荧光增强的现象是由于具有共轭体系，而非平面构型的有机分子与金属离子螯合后，形成平面构型，具有刚性，减少分子内部振动作用所致的能量损失。

③ 溶剂的影响　同一种荧光物质在不同的溶剂中，其荧光光谱的位置和强度都可能会

有显著的不同。一般是荧光峰的波长随着溶剂介电常数的增大而向长波方向移动。

④ 温度的影响　一般来说，大多数荧光物质的溶液随着溶液温度的降低而荧光效率和荧光强度增加。

⑤ 溶液 pH 的影响　荧光物质本身为弱酸或弱碱时，它们的分子和离子在电子构型上有所不同，因此溶液 pH 的改变对其荧光强度和荧光发射波长都有很大影响。

当激发光强度一定，并且溶液浓度很小时，荧光强度与荧光物质的浓度成正比：

$$F = K \cdot c \qquad (12\text{-}6)$$

此式即为荧光分析的定量基础。

**2. 荧光定量分析方法**

(1) 工作曲线法　荧光分析一般采用工作曲线法，即从已知量的标准物质经过和试样相同的处理后，配成一系列标准溶液，测定这些溶液的荧光强度（$F$），以荧光强度对标准浓度绘制工作曲线，然后，测定试样溶液的荧光强度，从工作曲线中求出试样中荧光物质的含量。

(2) 比较法　如果荧光法的标准曲线通过原点，就可以在其线性范围内，用比较法进行测定。取已知量的纯净荧光物质，配制一标准溶液，使其浓度在线性范围内，测定荧光强度 $F_s$，然后在同样条件下，测定试样溶液的荧光强度 $F_x$，由标准溶液的浓度和两个溶液的荧光强度比，求得试样中荧光物质的含量。

**3. 荧光分析仪器**

荧光分析使用的仪器可分为目视、光电、分光三种类型。它们通常均有光源、单色器（滤光片或光栅）样品池及检测器组成。荧光分光光度计结构原理如图 12-8 所示。

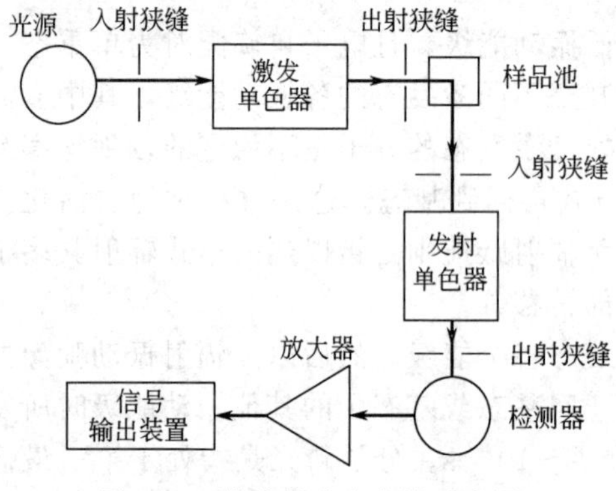


图 12-8　荧光分光光度计示意图

① 激发光源　目前大部分荧光分光光度计都采用 150W 的高压氙灯作光源。氙灯能在紫外和可见区给出比较好的连续光谱，用于200～700nm，且在 300～400nm 波长内辐射线强度几乎相等。

② 样品池　盛放待测液，需用低荧光材料制成，通常采用石英池，形状为正方形或长方形。

③ 检测器　荧光的强度通常比较弱，因此要求检测器有较高的灵敏度。一般用光电管或光电倍增管作检测器。

④ 单色器　荧光计具有两个单色器——激发单色器和发射单色器。根据所用单色器的种类不同可将众多的荧光计分为两大类：滤光荧光计和荧光分光光度计。激发单色器放于光源和样品池之间，其作用是把不需要的光线滤去，让所选择的激发光透过而照射于被测试样上。发射单色器放于样品池和检测器之间，它的作用是把由激发光所发生的容器表面的散射光、杂散光以及溶液中杂质所发出的荧光滤去，让荧光物质所发出的荧光通过而照射到检测器上。

当进行荧光测定时，总是要选择两个不同波长的光进行测定，一个是被物质吸收的激发光，另一个是物质吸收光之后发出的荧光，由于激发光一部分被透过，因此在透射光的方向观测荧光是不适宜的，因为这时荧光与透射光混在一起（荧光向各个方向发射）。故一般是在与透射光垂直的方向测定荧光强度。

**4. 荧光分析法的应用**

荧光法能测定极低的浓度。它具有灵敏度高、选择性好、操作简便、快速等特点。此法主要的应用是测定有机化合物。如色氨酸，赖氨酸、VA、$VB_2$、$VB_6$、VC、VD、VE 和芳香族化合物如 3,4-苯并芘等的测定。

无机离子中除少数例外一般不发生荧光。但很多无机离子（主要是阳离子）能与一些有机试剂形成荧光配合物，而进行定量测定。目前已形成荧光配合物方式可以测定的元素已达 60 余种。其中较常采用荧光分析进行测定的元素有 Be、Al、B、Ga、Se、Mg 及某些稀土元素等。还有一些阴离子如氟、氰离子等能使其他物质的荧光减弱，即所谓熄灭效应。根据这一效应可测定氟和氰等离子的浓度。用于荧光熄灭法测定的还有 S、Fe、Ag、Co、Ni 等。

## 二、化学发光分析

化学发光不是由光、热或电能而是由化学反应释放的能量激发物质所产生的光辐射。化学发光分析就是以此种发光现象建立起来的。这种方法的优点是：①灵敏度极高；②仪器设备简单，不需要光源及单色器等，也没有散射光及杂散光等引起的背景值；③线性范围宽；④分析速度快。化学发光分析广泛应用于环境监测、医学、生物学和生物化学等领域。

**1. 化学发光分析法的基本原理**

某些物质在进行化学反应时，吸收了反应时产生的化学能，使反应产物分子激发至激发态，再由第一激发态的最低振动能级回到基态的各个振动能级时产生光辐射或激发态分子将能量转移至另一种分子而发射光子。在个别情况下，通过系间窜跃到达激发三重态，然后回到基态的各个振动能级，产生光辐射。这两种光称化学发光。

产生化学发光的反应，必须满足以下三个最基本的要求：①化学反应必须能放出足够的能量，以引起电子激发；②要有有利的化学反应历程，以使所产生的能量用于不断地产生激发态分子；③激发态分子跃回基态时，要能释放出光子，而不是以热的形式消耗能量。

化学发光强度的积分值与反应物浓度成正比，因此可根据在已知时间范围内发光总量来实现反应物的定量分析。

**2. 化学发光反应的类型**

（1）气相化学发光反应　主要有 $O_3$、NO 和 S 的化学发光反应，可用于监测大气中的 $O_3$、NO、$NO_2$、$H_2S$、$SO_2$ 和 CO 等。例如，臭氧与罗丹明 B-没食子酸的乙醇溶液产生化学发光反应的过程可表示如下：

$$\text{没食子酸} + O_3 \longrightarrow A^* + O_2$$
$$\text{罗丹明 B} + A^* \longrightarrow \text{罗丹明 B}^* + A$$
$$\text{罗丹明 B}^* \longrightarrow \text{罗丹明 B} + h\nu \ (584\text{nm})$$

（2）液相化学发光反应　液相化学发光反应在痕量分析中十分重要。常用于化学发光分析的发光物质也较多，如酰肼类、光泽精类、亚胺类、过氧草酰类等。

液相化学发光，除具有发光物质外，还需要合适的氧化剂和催化剂，组成化学发光的氧化还原体系。如鲁米诺在碱性溶液中与 $H_2O_2$ 的液相发光反应，最大发射波长为 425nm：

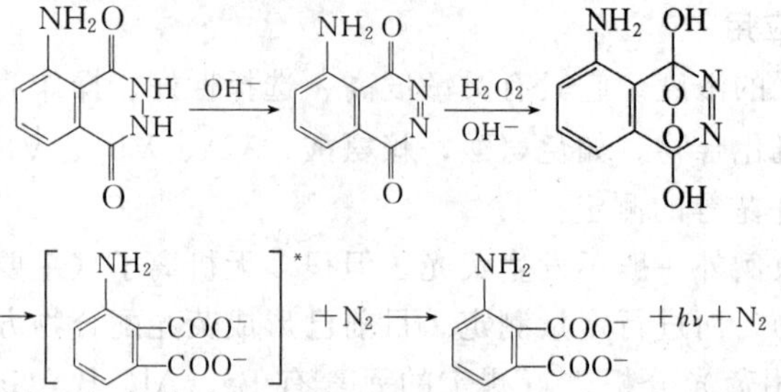

**3. 化学发光分析的测定仪器**

化学发光分析的测定仪器比较简单。一般由样品室、恒温器、光电倍增管、放大器、记录仪和数字显示器组成。其结构示意图如图12-9所示。

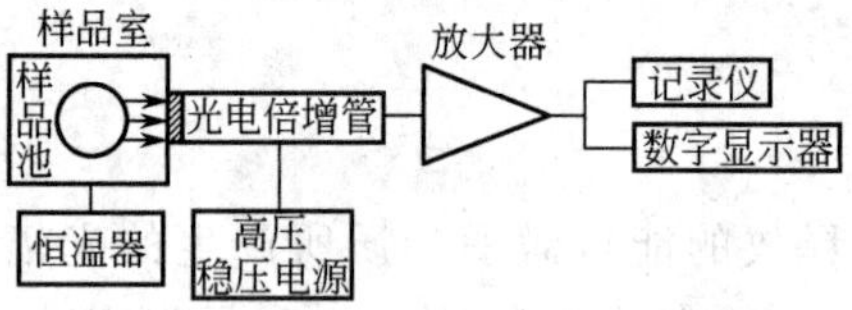


图 12-9 液相化学发光分析器示意图

在液相化学发光分析中，当试样与有关试剂混合后，化学发光反应立即发生，且发光信号瞬间即告消失。因此，如果不在混合过程中立即进行测定，就会造成光信号的损失。由于化学发光反应的这一特点，样品与试剂混合方式的重复性就成为影响分析结果精密度的主要因素。按照常用的进样方式，可将发光分析仪分为分立取样式和流动注射式两类。

## 本章小结

(1) 色谱分析包括气相色谱分析和液相色谱分析两大类。

① 气相色谱的结构包括气路系统、进样系统、分离系统、检测系统和记录与数据处理系统。

② 高效液相色谱仪是液相色谱仪中应用最广泛的一种。高效液相色谱仪结构通常包括液路系统、进样系统（采用高压输液泵）、分离系统（采用高效固定相）、检测系统（采用高灵敏度检测器）、记录系统。

③ 色谱分析方法包括定性分析和定量分析。

(2) 原子发射光谱法，是根据处于激发态的待测元素原子回到基态时发射的特征谱线对待测元素进行分析的方法。在正常状态下，原子处于基态，原子在受到热（火焰）或电（电火花）激发时，由基态跃迁到激发态，返回到基态时，发射出特征光谱（线状光谱）。由于待测元素原子的能级结构不同，因此发射谱线的特征不同，据此可对样品进行定性分析；而根据待测元素原子的浓度不同，因此发射强度不同，可实现元素的定量测定。

(3) 原子吸收光谱（atomic absorption spectroscopy，AAS），又称原子分光光度法，是基于待测元素的基态原子蒸气对其特征谱线的吸收，由特征谱线的特征性和谱线被减弱的程度对待测元素进行定性和定量分析的一种方法。由于原子能级是量子化的，因此，在所有的情况下，原子对辐射的吸收都是有选择性的。由于各元素的原子结构和外层电子的排布不同，元素从基态跃迁至第一激发态时吸收的能量不同，因而各元素的共振吸收线具有不同的特征。由此可作为元素定性的依据，而吸收辐射的强度可作为定量的依据。AAS现已成为无机元素定量分析应用最广泛的一种分析方法。该法主要适用样品中微量及痕量组分分析。

(4) 某些物质的分子吸收一定能量后，电子从基态跃迁到激发态，以光辐射的形式从激发态回到基态，这种现象称为分子发光，在此基础上建立起来的分析方法为分子发光分析法。分子发光分析包括分子荧光分析、分子磷光分析和化学发光分析。

## 思考题

1. 气相色谱仪由哪几部分组成？它们的作用是什么？
2. 气相色谱对固定液有哪些要求？根据哪些原则选择固定相？
3. 气相色谱和高压液相色谱有哪些定量方法？
4. 怎样进行气相色谱和高压液相色谱的定性分析？主要有哪些方法？
5. 原子吸收光谱分析和紫外-可见光谱分析在原理上和实验上有什么异同点？
6. 分子荧光分析的基本原理是什么？分子的有关定量分析方法有哪些？
7. 原子吸收的定量分析方法有哪些？

## 习　题

1. 用原子吸收光谱法测定 M 元素时，有一份未知试样测得的吸光度为 0.435，在 9mL 待测液中加入 1mL 100μg·mL$^{-1}$的 M 标准溶液，实验测得混合溶液的吸光度为 0.835，问待测液中 M 的浓度为多少？

(9.8μg·mL$^{-1}$)

2. 以原子吸收分光光度法分析试样中铜含量时，分析线为 324.8nm。利用标准加入法则得数据如下表所示，计算试样中铜的浓度（μg·mL$^{-1}$）。

| 加入铜标准溶液浓度/μg·mL$^{-1}$ | 0(试样) | 2.00 | 4.00 | 6.00 | 8.00 |
|---|---|---|---|---|---|
| 吸光度 *A* | 0.280 | 0.440 | 0.600 | 0.757 | 0.912 |

(3.56μg·mL$^{-1}$)

## 知识阅读

### 兴奋剂检测

兴奋剂检测在 1986 年以前在国内还是空白。这里所谓的兴奋剂，实际上是指运动员的“禁用药物”，因为在体育比赛中，有些运动员常服用一些药物以提高成绩、取得好名次，这种企图凭借药物作用获得好名次的做法违反了“公平竞争”的原则。同时药物本身又有毒副作用，严重威胁运动员的身体健康。因此国际奥委会规定禁止运动员服用某些药物，并自 1968 年起在大型运动会中进行药物检测，查出服用时即取消其资格与名次。因为兴奋剂是最早被使用也是最早被禁用的一类药物，所以尽管在以后也禁用了其他类型的药物，在国内还是沿用了这个名称，将运动员禁用的所有药物统称为“兴奋剂”。如苯丙胺、麻黄素、吗啡、心得安等。

兴奋剂检测是通过对尿样的分析来进行的。运动员在比赛结束后 1h 内去取样站报到，有专人伴随，直到取得尿样为止。尿样送到实验室后，先测量一些基本数据，如 pH、相对密度、颜色、体积等，然后即分取数份，进行检测。检测一般分两步进行，第一步为“筛选”，用适宜的方法将处理好的尿样提取液进行分离，根据保留时间等数据进行鉴定，检查尿样中有无该组内的违禁药物。如未查出，即作为阴性尿，不再考虑。如查出有可能含有禁用药物，则需进行第二步“确证”，得出该药物的质谱图及其他数据，与标准品及阳性尿的数据相比较，完全一致时即可肯定该药物的存在。由于尿样及被检测物质的复杂性，色谱分析方法是较理想的手段，1967 年报道了刺激剂系统的检测采用两种提取方法，以气相色谱法和薄层色谱法进行分离鉴定，可检测 40 种药物。1972 年采用了程序升温方法，采用氮磷检测器检测。1976 年使用气相色谱质谱联用手段检查甾体同化激素。1980 年开始用毛细管气相色谱法，至 1984 年基本定型，并增加了用高效液相色谱法检查几种药物及咖啡因定量等工作，目前各实验室所用的方法原理大同小异，具体试验条件则根据各自的具体情况而有所不同。一般分为 4 个或 5 个组进行，其大致检测过程如下。

(1) 筛选阶段

第一组：检测挥发性含氮化合物，主要为游离型刺激剂类药物。尿样碱化后以有机溶剂提取，提取液浓缩后注入气相色谱仪-氮磷检测器。根据原型药物及其代谢物的保留数据鉴定检出。

第二组：检测难挥发的结合型含氮化合物，主要为麻醉镇痛剂等药物。尿样经酸或酶水解后释出游离型药物或代谢物，碱化后以有机溶剂提取，提取液再经过相应的处理，得到相应的衍生物，注入气相色谱仪-氮磷检测器分析检出。

第三组：检测利尿剂类药物和咖啡因、苯异妥英。尿样分别在不同 pH 下经酸提取和碱提取，提取液浓缩后注入高效液相色谱仪-二极管阵列检测器检测。尿中咖啡因的定量测定也在此组内进行。

第四组：检测甾体同化激素类药物。

(2) 确证阶段　筛选步骤中检测出有禁用药物时，需通过多种手段做确证分析，得到准确结果。现在的兴奋剂检测实验室多使用自动化程度较高的仪器，由计算机控制，可以自动进样，提高准确性和重现性，并可编制检测程度，大大方便了此项工作。

执行兴奋剂检测制度以来，历届奥运会仍能查出违法服药者，说明检测与服药的斗争将会长期存在。旧的药物被禁用了，又会出现新的更有效的药物，这也是历届奥运会禁用的药物数目不断增加的原因，因此兴奋剂的检测工作必须不断进行，既要改善已有方法，又要研究检测新的禁用药物的方法，检测技术还尚待完善。

# 附　　录

## 附录Ⅰ　常见物质的$\Delta_f H_m^{\ominus}$、$\Delta_f G_m^{\ominus}$和$S_m^{\ominus}$(298.15K,100kPa)

| 物　质 | $\frac{\Delta_f H_m^{\ominus}}{kJ \cdot mol^{-1}}$ | $\frac{\Delta_f G_m^{\ominus}}{kJ \cdot mol^{-1}}$ | $\frac{S_m^{\ominus}}{J \cdot K^{-1} \cdot mol^{-1}}$ |
|---|---|---|---|
| Ag(s) | 0 | 0 | 42.55 |
| AgCl(s) | −127.07 | −109.80 | 96.2 |
| AgBr(s) | −100.4 | −96.9 | 107.1 |
| $Ag_2CrO_4$(s) | −731.74 | −641.83 | 218 |
| AgI(s) | −61.84 | −66.19 | 115 |
| $Ag_2O$(s) | −31.1 | −11.2 | 121 |
| $AgNO_3$(s) | −124.4 | −33.47 | 140.9 |
| Al(s) | 0.0 | −0.0 | 28.33 |
| $AlCl_3$(s) | −704.2 | −628.9 | 110.7 |
| α-$Al_2O_3$(s) | −1676 | −1582 | 50.92 |
| B(s,β) | 0 | 0 | 5.86 |
| $B_2O_3$(s) | −1272.8 | −1193.7 | 53.97 |
| Ba(s) | 0 | 0 | 62.8 |
| $BaCl_2$(s) | −858.6 | −810.4 | 123.7 |
| BaO(s) | −548.10 | −520.41 | 72.09 |
| $Ba(OH)_2$(s) | −944.7 | — | — |
| $BaCO_3$(s) | −1216 | −1138 | 112 |
| $BaSO_4$(s) | −1473 | −1362 | 132 |
| $Br_2$(l) | 0 | 0 | 152.23 |
| $Br_2$(g) | 30.91 | 3.14 | 245.35 |
| Ca(s) | 0 | 0 | 41.2 |
| $CaF_2$(s) | −1220 | −1167 | 68.87 |
| $CaCl_2$(s) | −795.8 | −748.1 | 105 |
| CaO(s) | −635.09 | −604.04 | 39.75 |
| $Ca(OH)_2$(s) | −986.09 | −898.56 | 83.39 |
| $CaCO_3$(s,方解石) | −1206.92 | −1128.8 | 92.88 |
| $CaSO_4$(s,无水石膏) | −1434.1 | −1321.9 | 107 |
| C(石墨) | 0 | 0 | 5.74 |
| C(金刚石) | 1.987 | 2.900 | 2.38 |
| CO(g) | −110.53 | −137.15 | 197.56 |
| $CO_2$(g) | −393.51 | −394.36 | 213.64 |
| $CO_2$(aq) | −413.8 | −386.0 | 118 |
| $CCl_4$(l) | −135.4 | −65.2 | 216.4 |
| $CH_3OH$(l) | −238.7 | −166.4 | 127 |

续表

| 物　质 | $\frac{\Delta_f H_m^\ominus}{kJ \cdot mol^{-1}}$ | $\frac{\Delta_f G_m^\ominus}{kJ \cdot mol^{-1}}$ | $\frac{S_m^\ominus}{J \cdot K^{-1} \cdot mol^{-1}}$ |
|---|---|---|---|
| $C_2H_5OH$(l) | −277.7 | −174.9 | 161 |
| HCOOH(l) | −424.7 | −361.4 | 129.0 |
| $CH_3COOH$(l) | −484.5 | −390 | 160 |
| $CH_3CHO$(l) | −192.3 | −128.2 | 160 |
| $CH_4$(g) | −74.81 | −50.75 | 186.15 |
| $C_2H_2$(g) | 226.75 | 209.20 | 200.82 |
| $C_2H_4$(g) | 52.26 | 68.12 | 219.5 |
| $C_2H_6$(g) | −84.68 | −32.89 | 229.5 |
| $C_3H_8$(g) | −103.85 | −23.49 | 269.9 |
| $C_6H_6$(g) | 82.93 | 129.66 | 269.2 |
| $C_6H_6$(l) | 49.03 | 124.50 | 172.8 |
| $Cl_2$(g) | 0 | 0 | 222.96 |
| HCl(g) | −92.31 | −95.30 | 186.80 |
| Co(s)(a,六方) | 0 | 0 | 30.04 |
| $Co(OH)_2$(s,桃红) | −539.7 | −454.4 | 79 |
| Cr(s) | 0 | 0 | 23.8 |
| $Cr_2O_3$(s) | −1140 | −1058 | 81.2 |
| Cu(s) | 0 | 0 | 33.15 |
| $Cu_2$(s) | −169 | −146 | 93.14 |
| CuO(s) | −157 | −130 | 42.63 |
| $Cu_2S$(s) | −79.5 | −86.2 | 121 |
| CuS(s) | −53.1 | −53.6 | 66.5 |
| $CuSO_4$(s) | −771.36 | −661.9 | 109 |
| $CuSO_4 \cdot 5H_2O$(s) | −2279.7 | −1880.06 | 300 |
| $F_2$(g) | 0 | 0 | 202.7 |
| Fe(s) | 0 | 0 | 27.3 |
| $Fe_2O_3$(s,赤铁矿) | −824.2 | −742.2 | 87.40 |
| $Fe_3O_4$(s,磁铁矿) | −1120.9 | −1015.46 | 146.44 |
| $H_2$(g) | 0 | 0 | 130.57 |
| Hg(g) | 61.32 | 31.85 | 174.8 |
| HgO(s,红) | −90.83 | −58.56 | 70.29 |
| HgS(s,红) | −58.2 | −50.6 | 82.4 |
| $HgCl_2$(s) | −224 | −179 | 146 |
| $Hg_2Cl_2$(s) | −265.2 | −210.78 | 192 |
| $I_2$(s) | 0 | 0 | 116.14 |
| $I_2$(g) | 62.438 | 19.36 | 260.6 |
| HI(g) | 25.9 | 1.30 | 206.48 |
| K(s) | 0 | 0 | 64.18 |
| KCl(s) | −436.75 | −409.2 | 82.59 |
| KI(s) | −327.90 | −324.89 | 106.32 |
| KOH(s) | −424.76 | −379.1 | 78.87 |
| $KClO_3$(s) | −397.7 | −296.3 | 143 |
| $KMnO_4$(s) | −837.2 | −737.6 | 171.7 |
| Mg(s) | 0 | 0 | 32.68 |

续表

| 物　质 | $\frac{\Delta_f H_m^\ominus}{kJ \cdot mol^{-1}}$ | $\frac{\Delta_f G_m^\ominus}{kJ \cdot mol^{-1}}$ | $\frac{S_m^\ominus}{J \cdot K^{-1} \cdot mol^{-1}}$ |
|---|---|---|---|
| $MgCl_2$(s) | −641.32 | −591.83 | 89.62 |
| MgO(s,方镁石) | −601.70 | −569.44 | 26.9 |
| $Mg(OH)_2$(s) | −924.54 | −833.58 | 63.18 |
| $MgCO_3$(s,菱镁石) | −1096 | −1012 | 65.7 |
| $MgSO_4$(s) | −1285 | −1171 | 91.6 |
| Mn(s,a) | 0 | 0 | 32.0 |
| $MnO_2$(s) | −520.03 | −465.18 | 53.05 |
| $MnCl_2$(s) | −481.29 | −440.53 | 118.2 |
| Na(s) | 0 | 0 | 51.21 |
| NaCl(s) | −411.15 | −384.15 | 72.13 |
| NaOH(s) | −425.61 | −379.53 | 64.45 |
| $Na_2CO_3$(s) | −1130.7 | −1044.5 | 135.0 |
| NaI(s) | −287.8 | −286.1 | 98.53 |
| $Na_2O_2$(s) | −510.87 | −447.69 | 94.98 |
| $HNO_3$(l) | −174.1 | −80.79 | 155.6 |
| $NH_3$(g) | −46.11 | −16.5 | 192.3 |
| $NH_4Cl$(s) | −314.4 | −203.0 | 94.56 |
| $NH_4NO_3$(s) | −365.6 | −184.0 | 151.1 |
| $(NH_4)_2SO_4$(s) | −901.90 | — | 187.5 |
| $N_2$(g) | 0 | 0 | 191.5 |
| NO(g) | 90.25 | 86.57 | 210.65 |
| $NO_2$(g) | 33.2 | 51.30 | 240.0 |
| $N_2O$(g) | 82.05 | 104.2 | 219.7 |
| $N_2O_4$(g) | 9.16 | 97.82 | 304.2 |
| $O_3$(g) | 143 | 163 | 238.8 |
| $O_2$(g) | 0 | 0 | 205.03 |
| $H_2O$(l) | −285.84 | −237.19 | 69.94 |
| $H_2O$(g) | −241.82 | −228.59 | 188.72 |
| $H_2O_2$(l) | −187.8 | −120.4 | — |
| $H_2O_2$(aq) | −191.2 | −134.1 | 144 |
| P(s,白) | 0 | 0 | 41.09 |
| P(红)(s,三斜) | −17.6 | −12.1 | 22.8 |
| $PCl_3$(g) | −287 | −268.0 | 311.7 |
| $PCl_5$(s) | −443.5 | — | — |
| Pb(s) | 0 | 0 | 64.81 |
| PbO(s,黄) | −215.33 | −187.90 | 68.70 |
| $PbO_2$(s) | −277.40 | −217.36 | 68.62 |
| $H_2S$(g) | −20.6 | −33.6 | 205.7 |
| $H_2S$(aq) | −40 | −27.9 | 121 |
| $H_2SO_4$(l) | −813.99 | −690.10 | 156.90 |
| $SO_2$(g) | −296.83 | −300.19 | 248.1 |
| $SO_3$(g) | −395.7 | −371.1 | 256.6 |
| Si(s) | 0 | 0 | 18.8 |
| $SiO_2$(s,石英) | −910.94 | −856.67 | 41.84 |

续表

| 物质 | $\Delta_f H_m^{\ominus}$ / $kJ \cdot mol^{-1}$ | $\Delta_f G_m^{\ominus}$ / $kJ \cdot mol^{-1}$ | $S_m^{\ominus}$ / $J \cdot K^{-1} \cdot mol^{-1}$ |
|---|---|---|---|
| $SiF_4$(g) | −1614.9 | −1572.7 | 282.4 |
| Sn(s,白) | 0 | 0 | 51.55 |
| Sn(s,灰) | −2.1 | 0.13 | 44.14 |
| $SnCl_2$(s) | −325 | — | — |
| $SnCl_4$(s) | −511.3 | −440.2 | 259 |
| Zn(s) | 0 | 0 | 41.6 |
| ZnO(s) | −348.3 | −318.3 | 43.64 |
| $ZnCl_2$(aq) | −488.19 | −409.5 | 0.8 |
| ZnS(s,闪锌矿) | −206.0 | −201.3 | 57.7 |
| HBr(g) | −36.40 | −53.43 | 198.70 |

摘自 Robert C. Weast，CRC Handbook Chemistry and Physics，69ed.，1988～1989，D50～93，D96～97，已换算成SI单位。

# 附录Ⅱ 弱酸、弱碱的解离平衡常数

| 弱电解质 | t/℃ | 解离常数 | 弱电解质 | t/℃ | 解离常数 |
|---|---|---|---|---|---|
| $H_3AsO_4$ | 18 | $K_1=5.62\times10^{-3}$ | $H_2S$ | 18 | $K_1=9.1\times10^{-8}$ |
| | 18 | $K_2=1.7\times10^{-7}$ | | 18 | $K_2=1.1\times10^{-12}$ |
| | 18 | $K_3=3.95\times10^{-12}$ | $HSO_4^-$ | 25 | $1.2\times10^{-2}$ |
| $H_3BO_3$ | 20 | $7.3\times10^{-10}$ | $H_2SO_3$ | 18 | $K_1=1.54\times10^{-2}$ |
| HBrO | 25 | $2.06\times10^{-9}$ | | 18 | $K_2=1.02\times10^{-7}$ |
| $H_2CO_3$ | 25 | $K_1=4.30\times10^{-7}$ | $H_2SiO_3$ | 30 | $K_1=2.2\times10^{-10}$ |
| | 25 | $K_2=5.61\times10^{-11}$ | | 30 | $K_2=2\times10^{-12}$ |
| $H_2C_2O_4$ | 25 | $K_1=5.90\times10^{-2}$ | HCOOH | 25 | $1.77\times10^{-4}$ |
| | 25 | $K_2=6.40\times10^{-5}$ | $CH_3COOH$ | 25 | $1.76\times10^{-5}$ |
| HCN | 25 | $4.93\times10^{-10}$ | $CH_2ClCOOH$ | 25 | $1.4\times10^{-3}$ |
| HClO | 18 | $2.95\times10^{-5}$ | $CHCl_2COOH$ | 25 | $3.32\times10^{-2}$ |
| $H_2CrO_4$ | 25 | $K_1=1.8\times10^{-1}$ | $H_3C_6H_5O_7$ | 20 | $K_1=7.1\times10^{-4}$ |
| | 25 | $K_2=3.20\times10^{-7}$ | （柠檬酸） | 20 | $K_2=1.68\times10^{-5}$ |
| HF | 25 | $3.53\times10^{-4}$ | | 20 | $K_3=4.1\times10^{-7}$ |
| $HIO_3$ | 25 | $1.69\times10^{-1}$ | $NH_3\cdot H_2O$ | 25 | $1.77\times10^{-5}$ |
| HIO | 25 | $2.3\times10^{-11}$ | AgOH | 25 | $1\times10^{-2}$ |
| $HNO_2$ | 12.5 | $4.6\times10^{-4}$ | $Al(OH)_3$ | 25 | $K_1=5\times10^{-9}$ |
| $NH_4^+$ | 25 | $5.64\times10^{-10}$ | | 25 | $K_2=2\times10^{-10}$ |
| $H_2O_2$ | 25 | $2.4\times10^{-12}$ | $Be(OH)_2$ | 25 | $K_1=1.78\times10^{-6}$ |
| $H_3PO_4$ | 25 | $K_1=7.52\times10^{-3}$ | | 25 | $K_2=2.5\times10^{-9}$ |
| | 25 | $K_2=6.23\times10^{-8}$ | $Ca(OH)_2$ | 25 | $K_2=6\times10^{-2}$ |
| | 25 | $K_3=2.2\times10^{-13}$ | $Zn(OH)_2$ | 25 | $K_1=8\times10^{-7}$ |

摘自 Robert C. Weast，CRC Handbook Chemistry and Physics，69ed.，1988～1989，D159～164（～0.1～0.01N）。

# 附录Ⅲ 常见难溶电解质的溶度积 $K_{sp}^{\ominus}$(298K)

| 难溶电解质 | $K_{sp}^{\ominus}$ | 难溶电解质 | $K_{sp}^{\ominus}$ |
|---|---|---|---|
| AgCl | $1.77\times10^{-10}$ | $Fe(OH)_2$ | $4.87\times10^{-17}$ |
| AgBr | $5.35\times10^{-13}$ | $Fe(OH)_3$ | $2.64\times10^{-39}$ |
| AgI | $8.51\times10^{-17}$ | FeS | $1.59\times10^{-19}$ |
| $Ag_2CO_3$ | $8.45\times10^{-12}$ | $Hg_2Cl_2$ | $1.45\times10^{-18}$ |
| $Ag_2CrO_4$ | $1.12\times10^{-12}$ | HgS(黑) | $6.44\times10^{-53}$ |
| $Ag_2SO_4$ | $1.20\times10^{-5}$ | $MgNH_4PO_4$ | $2.5\times10^{-13}$ |
| $Ag_2S(\alpha)$ | $6.69\times10^{-50}$ | $MgCO_3$ | $6.82\times10^{-6}$ |
| $Ag_2S(\beta)$ | $1.09\times10^{-49}$ | $Mg(OH)_2$ | $5.61\times10^{-12}$ |
| $Al(OH)_3$ | $2\times10^{-33}$ | $Mn(OH)_2$ | $2.06\times10^{-13}$ |
| $BaCO_3$ | $2.58\times10^{-9}$ | MnS | $4.65\times10^{-14}$ |
| $BaSO_4$ | $1.07\times10^{-10}$ | $Ni(OH)_2$ | $5.47\times10^{-16}$ |
| $BaCrO_4$ | $1.17\times10^{-10}$ | NiS | $1.07\times10^{-21}$ |
| $CaCO_3$ | $4.96\times10^{-9}$ | $PbCl_2$ | $1.17\times10^{-5}$ |
| $CaC_2O_4\cdot H_2O$ | $2.34\times10^{-9}$ | $PbCO_3$ | $1.46\times10^{-13}$ |
| $CaF_2$ | $1.46\times10^{-10}$ | $PbCrO_4$ | $1.77\times10^{-14}$ |
| $Ca_3(PO_4)_2$ | $2.07\times10^{-33}$ | $PbF_2$ | $7.12\times10^{-7}$ |
| $CaSO_4$ | $7.10\times10^{-5}$ | $PbSO_4$ | $1.82\times10^{-8}$ |
| $Cd(OH)_2$ | $5.27\times10^{-15}$ | PbS | $9.04\times10^{-29}$ |
| CdS | $1.40\times10^{-29}$ | $PbI_2$ | $8.49\times10^{-9}$ |
| $Co(OH)_2$(桃红) | $1.09\times10^{-15}$ | $Pb(OH)_2$ | $1.42\times10^{-20}$ |
| $Co(OH)_2$(蓝) | $5.92\times10^{-15}$ | $SrCO_3$ | $5.60\times10^{-10}$ |
| $CoS(\alpha)$ | $4.0\times10^{-21}$ | $SrSO_4$ | $3.44\times10^{-7}$ |
| $CoS(\beta)$ | $2.0\times10^{-25}$ | $Sn(OH)_2$ | $5.45\times10^{-27}$ |
| $Cr(OH)_3$ | $7.0\times10^{-31}$ | $ZnCO_3$ | $1.19\times10^{-10}$ |
| CuI | $1.27\times10^{-12}$ | $Zn(OH)(\gamma)$ | $6.68\times10^{-17}$ |
| CuS | $1.27\times10^{-36}$ | ZnS | $2.93\times10^{-25}$ |

摘自 Robert C. West，CRC Handbook Chemistry and Physics，69ed.，1988～1989，B207～208

# 附录Ⅳ 常用的缓冲溶液

| pH 值 | 配 制 方 法 |
|---|---|
| 0 | $1mol\cdot L^{-1}$ HCl① |
| 1 | $0.1mol\cdot L^{-1}$ HCl |
| 2 | $0.01mol\cdot L^{-1}$ HCl |
| 3.6 | $NaAc\cdot 3H_2O$ 8g,溶于适量水中,加 $6mol\cdot L^{-1}$ HAc 134mL,稀释至 500mL |
| 4.0 | $NaAc\cdot 3H_2O$ 20g,溶于适量水中,加 $6mol\cdot L^{-1}$ HAc 134mL,稀释至 500mL |
| 4.5 | $NaAc\cdot 3H_2O$ 32g,溶于适量水中,加 $6mol\cdot L^{-1}$ HAc 68mL,稀释至 500mL |

续表

| pH值 | 配制方法 |
| --- | --- |
| 5.0 | NaAc · $3H_2O$ 50g,溶于适量水中,加 6mol · $L^{-1}$ HAc 34mL,稀释至 500mL |
| 5.7 | NaAc · $3H_2O$ 100g,溶于适量水中,加 6mol · $L^{-1}$ HAc 13mL,稀释至 500mL |
| 7 | $NH_4Ac$ 77g,用水溶解后,稀释至 500mL |
| 7.5 | $NH_4Cl$ 60g,溶于适量水中,加 15mol · $L^{-1}$ 氨水 1.4mL, 稀释至 500mL |
| 8.0 | $NH_4Cl$ 50g,溶于适量水中,加 15mol · $L^{-1}$ 氨水 3.5mL, 稀释至 500mL |
| 8.5 | $NH_4Cl$ 40g,溶于适量水中,加 15mol · $L^{-1}$ 氨水 8.8mL, 稀释至 500mL |
| 9.0 | $NH_4Cl$ 35g,溶于适量水中,加 15mol · $L^{-1}$ 氨水 24mL,稀释至 500mL |
| 9.5 | $NH_4Cl$ 30g,溶于适量水中,加 15mol · $L^{-1}$ 氨水 65mL,稀释至 500mL |
| 10.0 | $NH_4Cl$ 27g,溶于适量水中,加 15mol · $L^{-1}$ 氨水 197mL,稀释至 500mL |
| 10.5 | $NH_4Cl$ 9g,溶于适量水中,加 15mol · $L^{-1}$ 氨水 175mL,稀释至 500mL |
| 11 | $NH_4Cl$ 3g,溶于适量水中,加 15mol · $L^{-1}$ 氨水 207mL,稀释至 500mL |
| 12 | 0.01 mol · $L^{-1}$ NaOH② |
| 13 | 0.1mol · $L^{-1}$ NaOH |

① $Cl^-$ 对测定有妨碍时，可用 $HNO_3$。

② $Na^+$ 对测定有妨碍时，可用 KOH。

# 附录Ⅴ 常见配离子的稳定常数 $K_f$ (298K)

| 配离子 | $K_f$ | 配离子 | $K_f$ |
| --- | --- | --- | --- |
| $[Ag(CN)_2]^-$ | $1.3\times10^{21}$ | $[Fe(CN)_6]^{4-}$ | $1.0\times10^{36}$ |
| $[Ag(NH_3)_2]^+$ | $1.1\times10^{7}$ | $[Fe(CN)_6]^{3-}$ | $1.0\times10^{42}$ |
| $[Ag(SCN)_2]^-$ | $3.7\times10^{7}$ | $[Fe(C_2O_4)_3]^{3-}$ | $2\times10^{20}$ |
| $[Ag(S_2O_3)_2]^{3-}$ | $2.9\times10^{13}$ | $[Fe(NCS)]^{2+}$ | $2.2\times10^{3}$ |
| $[Al(C_2O_4)_3]^{3-}$ | $2.0\times10^{16}$ | $FeF_3$ | $1.13\times10^{12}$ |
| $[AlF_6]^{3-}$ | $6.9\times10^{19}$ | $[HgCl_4]^{2-}$ | $1.2\times10^{15}$ |
| $[Cd(CN)_4]^{2-}$ | $6.0\times10^{18}$ | $[Hg(CN)_4]^{2-}$ | $2.5\times10^{41}$ |
| $[CdCl_4]^{2-}$ | $6.3\times10^{2}$ | $[HgI_4]^{2-}$ | $6.8\times10^{29}$ |
| $[Cd(NH_3)_4]^{2+}$ | $1.3\times10^{7}$ | $[Hg(NH_3)_4]^{2+}$ | $1.9\times10^{19}$ |
| $[Cd(SCN)_4]^{2-}$ | $4.0\times10^{3}$ | $[Ni(CN)_4]^{2-}$ | $2.0\times10^{31}$ |
| $[Co(NH_3)_6]^{2+}$ | $1.3\times10^{5}$ | $[Ni(NH_3)_4]^{2+}$ | $9.1\times10^{7}$ |
| $[Co(NH_3)_6]^{3+}$ | $2\times10^{35}$ | $[Pb(CH_3COO)_4]^{2-}$ | $3\times10^{8}$ |
| $[Co(NCS)_4]^{2-}$ | $1.0\times10^{3}$ | $[Pb(CN)_4]^{2-}$ | $1.0\times10^{11}$ |
| $[Cu(CN)_2]^-$ | $1.0\times10^{24}$ | $[Zn(CN)_4]^{2-}$ | $5\times10^{16}$ |
| $[Cu(CN)_4]^{3-}$ | $2.0\times10^{30}$ | $[Zn(C_2O_4)_2]^{2-}$ | $4.0\times10^{7}$ |
| $[Cu(NH_3)_2]^+$ | $7.2\times10^{10}$ | $[Zn(OH)_4]^{2-}$ | $4.6\times10^{17}$ |
| $[Cu(NH_3)_4]^{2+}$ | $2.1\times10^{13}$ | $[Zn(NH_3)_4]^{2+}$ | $2.9\times10^{9}$ |
| $FeCl_3$ | 98 | | |

摘自 Lange's Handbook of Chemistry，13ed.，1985 (5) 71～91。

# 附录Ⅵ 标准电极电势（298K）

## 一、在酸性溶液中

| 电 极 反 应 | $\varphi^{\ominus}$/V | 电 极 反 应 | $\varphi^{\ominus}$/V |
|---|---|---|---|
| $Li^{-}+e^{-} \rightleftharpoons Li$ | −3.0401 | $Cu^{+}+e^{-} \rightleftharpoons Cu$ | 0.521 |
| $Rb^{+}+e^{-} \rightleftharpoons Rb$ | −2.98 | $I_2+2e^{-} \rightleftharpoons 2I^{-}$ | 0.5355 |
| $K^{+}+e^{-} \rightleftharpoons K$ | −2.931 | $I_3^{-}+2e^{-} \rightleftharpoons 3I^{-}$ | 0.536 |
| $Cs^{+}+e^{-} \rightleftharpoons Cs$ | −2.92 | $H_3AsO_4+2H^{+}+2e^{-} \rightleftharpoons HAsO_2+2H_2O$ | 0.560 |
| $Ba^{2+}+2e^{-} \rightleftharpoons Ba$ | −2.912 | $AgAc+e^{-} \rightleftharpoons Ag+Ac^{-}$ | 0.643 |
| $Sr^{2+}+2e^{-} \rightleftharpoons Sr$ | −2.89 | $Ag_2SO_4+2e^{-} \rightleftharpoons 2Ag+SO_4$ | 0.654 |
| $Ca^{2+}+2e^{-} \rightleftharpoons Ca$ | −2.868 | $O_2+2H^{+}+2e^{-} \rightleftharpoons H_2O_2$ | 0.682 |
| $Na^{+}+e^{-} \rightleftharpoons Na$ | −2.71 | $Fe^{3+}+e^{-} \rightleftharpoons Fe^{2+}$ | 0.771 |
| $La^{3+}+3e^{-} \rightleftharpoons La$ | −2.522 | $Hg_2^{2+}+2e^{-} \rightleftharpoons 2Hg$ | 0.7973 |
| $Ce^{3+}+3e^{-} \rightleftharpoons Ce$ | −2.483 | $Ag^{+}+e^{-} \rightleftharpoons Ag$ | 0.7996 |
| $Mg^{2+}+2e^{-} \rightleftharpoons Mg$ | −2.372 | $Hg^{2+}+2e^{-} \rightleftharpoons Hg$ | 0.851 |
| $Y^{3+}+3e^{-} \rightleftharpoons Y$ | −2.372 | $2Hg^{2+}+2e^{-} \rightleftharpoons Hg_2^{2+}$ | 0.920 |
| $AlF_6^{3-}+3e^{-} \rightleftharpoons Al+6F^{-}$ | −2.069 | $NO_3^{-}+3H^{+}+2e^{-} \rightleftharpoons HNO_2+H_2O$ | 0.934 |
| $Be^{2+}+2e^{-} \rightleftharpoons Be$ | −1.847 | $NO_3^{-}+4H^{+}+3e^{-} \rightleftharpoons NO+2H_2O$ | 0.957 |
| $Al^{3+}+3e^{-} \rightleftharpoons Al$ | −1.662 | $HNO_2+H^{+}+e^{-} \rightleftharpoons NO+H_2O$ | 0.983 |
| $SiF_6^{2-}+4e^{-} \rightleftharpoons Si+6F^{-}$ | −1.24 | $Br_2(l)+2e^{-} \rightleftharpoons 2Br^{-}$ | 1.066 |
| $Mn^{2+}+2e^{-} \rightleftharpoons Mn$ | −1.185 | $IO_3^{-}+6H^{+}+6e^{-} \rightleftharpoons I^{-}+3H_2O$ | 1.085 |
| $Cr^{2+}+2e^{-} \rightleftharpoons Cr$ | −0.913 | $Cu^{2+}+2CN^{-}+e^{-} \rightleftharpoons Cu(CN)_2^{-}$ | 1.103 |
| $H_3BO_3+3H^{+}+3e^{-} \rightleftharpoons B+3H_2O$ | −0.8698 | $ClO_4^{-}+2H^{+}+2e^{-} \rightleftharpoons ClO_3^{-}+H_2O$ | 1.189 |
| $Zn^{2+}+2e^{-} \rightleftharpoons Zn(Hg)$ | −0.7628 | $2IO_3^{-}+12H^{+}+10e^{-} \rightleftharpoons I_2+6H_2O$ | 1.195 |
| $Zn^{2+}+2e^{-} \rightleftharpoons Zn$ | −0.7618 | $ClO_3^{-}+3H^{+}+2e^{-} \rightleftharpoons HClO_2+H_2O$ | 1.214 |
| $Cr^{3+}+3e^{-} \rightleftharpoons Cr$ | −0.744 | $MnO_2+4H^{+}+2e^{-} \rightleftharpoons Mn^{2+}+2H_2O$ | 1.224 |
| $Fe^{2+}+2e^{-} \rightleftharpoons Fe$ | −0.447 | $O_2+4H^{+}+4e^{-} \rightleftharpoons 2H_2O$ | 1.229 |
| $Cd^{2+}+2e^{-} \rightleftharpoons Cd$ | −0.4030 | $Cr_2O_7^{2-}+14H^{+}+6e^{-} \rightleftharpoons 2Cr^{3+}+7H_2O$ | 1.330 |
| $PbSO_4+2e^{-} \rightleftharpoons Pb+SO_4^{2-}$ | −0.3588 | $Cl_2+2e^{-} \rightleftharpoons 2Cl^{-}$ | 1.35827 |
| $Co^{2+}+2e^{-} \rightleftharpoons Co$ | −0.28 | $ClO_4^{-}+8H^{+}+8e^{-} \rightleftharpoons Cl^{-}+4H_2O$ | 1.389 |
| $Ni^{2+}+2e^{-} \rightleftharpoons Ni$ | −0.257 | $2ClO_4^{-}+16H^{+}+14e^{-} \rightleftharpoons Cl_2+8H_2O$ | 1.39 |
| $Mo^{3+}+3e^{-} \rightleftharpoons Mo$ | −0.200 | $BrO_3^{-}+6H^{+}+6e^{-} \rightleftharpoons Br^{-}+3H_2O$ | 1.423 |
| $AgI+e^{-} \rightleftharpoons Ag+I^{-}$ | −0.15224 | $ClO_3^{-}+6H^{+}+6e^{-} \rightleftharpoons Cl^{-}+3H_2O$ | 1.451 |
| $Sn^{2+}+2e^{-} \rightleftharpoons Sn$ | −0.1375 | $Pb+4H^{+}+2e^{-} \rightleftharpoons Pb^{2+}+2H_2O$ | 1.455 |
| $Pb^{2+}+2e^{-} \rightleftharpoons Pb$ | −0.1262 | $2ClO_3^{-}+12H^{+}+10e^{-} \rightleftharpoons Cl_2+6H_2O$ | 1.47 |
| $Fe^{3+}+3e^{-} \rightleftharpoons Fe$ | −0.037 | $2BrO_3^{-}+12H^{+}+10e^{-} \rightleftharpoons Br_2+6H_2O$ | 1.482 |
| $2H^{+}+2e^{-} \rightleftharpoons H_2$ | 0 | $HClO+H^{+}+2e^{-} \rightleftharpoons Cl^{-}+H_2O$ | 1.482 |
| $AgBr+e^{-} \rightleftharpoons Ag+Br^{-}$ | 0.07133 | $MnO_4^{-}+8H^{+}+5e^{-} \rightleftharpoons Mn^{2+}+4H_2O$ | 1.507 |
| $S_4O_6^{2-}+2e^{-} \rightleftharpoons 2S_2O_3^{2-}$ | 0.08 | $Mn^{3+}+e^{-} \rightleftharpoons Mn^{2+}$ | 1.5415 |
| $S+2H^{+}+2e^{-} \rightleftharpoons H_2S(aq)$ | 0.142 | $HClO_2+3H^{+}+4e^{-} \rightleftharpoons Cl^{-}+2H_2O$ | 1.570 |
| $Sn^{4+}+2e^{-} \rightleftharpoons Sn^{2+}$ | 0.151 | $Ce^{4+}+e^{-} \rightleftharpoons Ce^{3+}$ | 1.61 |
| $Cu^{2+}+e^{-} \rightleftharpoons Cu^{+}$ | 0.153 | $2HClO_2+6H^{+}+6e^{-} \rightleftharpoons Cl_2+4H_2O$ | 1.628 |
| $SO_4^{2-}+4H^{+}+2e \rightleftharpoons H_2SO_3+H_2O$ | 0.172 | $HClO_2+2H^{+}+2e^{-} \rightleftharpoons HClO+H_2O$ | 1.645 |
| $AgCl+e^{-} \rightleftharpoons Ag+Cl^{-}$ | 0.22233 | $MnO_4^{-}+4H^{+}+3e^{-} \rightleftharpoons MnO_2+2H_2O$ | 1.679 |
| $Hg_2Cl_2+2e^{-} \rightleftharpoons 2Hg+2Cl^{-}$ | 0.26808 | $PbO_2+SO_4^{2-}+4H^{+}+2e^{-} \rightleftharpoons PbSO_4+2H_2O$ | 1.6913 |
| $Cu^{2+}+2e^{-} \rightleftharpoons Cu$ | 0.3419 | $Au^{+}+e^{-} \rightleftharpoons Au$ | 1.692 |
| $Cu^{2+}+2e^{-} \rightleftharpoons Cu(Hg)$ | 0.345 | $H_2O_2+2H^{+}+2e^{-} \rightleftharpoons 2H_2O$ | 1.776 |
| $Fe(CN)_6^{3-}+e^{-} \rightleftharpoons Fe(CN)_6^{4-}$ | 0.358 | $Co^{3+}+2e^{-} \rightleftharpoons Co^{2+}$ ($2mol \cdot L^{-1}\ H_2SO_4$) | 1.83 |
| $Ag_2CrO_4+2e^{-} \rightleftharpoons 2Ag+CrO_4^{2-}$ | 0.4470 | $S_2O_8^{2-}+2e^{-} \rightleftharpoons 2SO_4^{2-}$ | 2.010 |
| $H_2SO_3+4H^{+}+4e^{-} \rightleftharpoons S+3H_2O$ | 0.449 | $F_2+2e^{-} \rightleftharpoons 2F^{-}$ | 2.866 |
| $Ag_2C_2O_4+2e^{-} \rightleftharpoons 2Ag+C_2O_4^{2-}$ | 0.4647 | $F_2+2H^{+}+2e^{-} \rightleftharpoons 2HF$ | 3.053 |

## 二、在碱性溶液中

| 电极反应 | $\varphi^{\ominus}/V$ | 电极反应 | $\varphi^{\ominus}/V$ |
|---|---|---|---|
| $Ca(OH)_2+2e^- \rightleftharpoons Ca+2OH^-$ | −3.02 | $AgCN+e^- \rightleftharpoons Ag+CN^-$ | −0.017 |
| $Ba(OH)_2+2e^- \rightleftharpoons Ba+2OH^-$ | −2.99 | $NO_3^-+H_2O+2e^- \rightleftharpoons NO_2^-+2OH^-$ | 0.01 |
| $Mg(OH)_2+2e^- \rightleftharpoons Mg+2OH^-$ | −2.690 | $HgO+H_2O+2e^- \rightleftharpoons Hg+2OH^-$ | 0.0977 |
| $Mn(OH)_2+2e^- \rightleftharpoons Mn+2OH^-$ | −1.56 | $Co(NH)_6^{3+}+e^- \rightleftharpoons Co(NH_3)_6^{2+}$ | 0.108 |
| $Cr(OH)_3+3e^- \rightleftharpoons Cr+3OH^-$ | −1.48 | $Hg_2O+H_2O+2e^- \rightleftharpoons 2Hg+2OH^-$ | 0.123 |
| $ZnO_2^{2-}+2H_2O+2e^- \rightleftharpoons Zn+4OH^-$ | −1.215 | $Mn(OH)_3+e^- \rightleftharpoons Mn(OH)_2+OH^-$ | 0.15 |
| $SO_4^{2-}+H_2O+2e^- \rightleftharpoons SO_3^{2-}+2OH^-$ | −0.93 | $Co(OH)_3+e^- \rightleftharpoons Co(OH)_2+OH^-$ | 0.17 |
| $P+3H_2O+3e^- \rightleftharpoons PH_3+3OH^-$ | −0.87 | $PbO_2+H_2O+2e^- \rightleftharpoons PbO+2OH^-$ | 0.247 |
| $2H_2O+2e^- \rightleftharpoons H_2+2OH^-$ | −0.8277 | $IO_3^-+3H_2O+6e^- \rightleftharpoons I^-+6OH^-$ | 0.26 |
| $AsO_4^{3-}+2H_2O+2e^- \rightleftharpoons AsO_2^-+4OH^-$ | −0.71 | $Ag_2O+H_2O+2e^- \rightleftharpoons 2Ag+2OH^-$ | 0.342 |
| $Ag_2S+2e^- \rightleftharpoons 2Ag+S^{2-}$ | −0.691 | $O_2+2H_2O+4e^- \rightleftharpoons 4OH^-$ | 0.401 |
| $Fe(OH)_3+e^- \rightleftharpoons Fe(OH)_2+OH^-$ | −0.56 | $MnO_4^-+e^- \rightleftharpoons MnO_4^{2-}$ | 0.558 |
| $HPbO_2^-+H_2O+2e^- \rightleftharpoons Pb+3OH^-$ | −0.537 | $MnO_4^-+2H_2O+3e^- \rightleftharpoons MnO_2+4OH^-$ | 0.595 |
| $S+2e^- \rightleftharpoons S^{2-}$ | −0.47627 | $BrO_3^-+3H_2O+6e^- \rightleftharpoons Br^-+6OH^-$ | 0.61 |
| $Cu_2O+H_2O+2e^- \rightleftharpoons 2Cu+2OH^-$ | −0.360 | $ClO_3^-+3H_2O+6e^- \rightleftharpoons Cl^-+6OH^-$ | 0.62 |
| $Cu(OH)_2+2e^- \rightleftharpoons Cu+2OH^-$ | −0.222 | $ClO^-+H_2O+2e^- \rightleftharpoons Cl^-+2OH$ | 0.841 |
| $O_2+2H_2O+2e^- \rightleftharpoons H_2O_2+2OH^-$ | −0.146 | $O_3+H_2O+2e^- \rightleftharpoons O_2+2OH^-$ | 1.24 |
| $CrO_4^{2-}+4H_2O+3e^- \rightleftharpoons Cr(OH)_3+5OH^-$ | −0.13 | | |

数据摘自 R. C. Weast，Handbook of Chemistry and Physics 66th Edition（1985～1986）。

# 附录Ⅶ 一些氧化还原电对的条件电极电势$\varphi'$(298K)

| 电极反应 | $\varphi'/V$ | 介质 |
|---|---|---|
| $Ag^{2+}+e^- \rightleftharpoons Ag^+$ | 2.00 | $4mol\cdot L^{-1}HClO_4$ |
| | 1.93 | $3mol\cdot L^{-1}HNO_3$ |
| $Ce(IV)+e^- \rightleftharpoons Ce(III)$ | 1.74 | $1mol\cdot L^{-1}HClO_4$ |
| | 1.45 | $0.5mol\cdot L^{-1}H_2SO_4$ |
| | 1.28 | $1mol\cdot L^{-1}HCl$ |
| | 1.60 | $1mol\cdot L^{-1}HNO_3$ |
| $Co(III)+e^- \rightleftharpoons Co(II)$ | 1.95 | $4mol\cdot L^{-1}HClO_4$ |
| | 1.86 | $1mol\cdot L^{-1}HNO_3$ |
| $Cr_2O_7^{2-}+14H^++6e^- \rightleftharpoons 2Cr^{3+}+7H_2O$ | 1.03 | $1mol\cdot L^{-1}HClO_4$ |
| | 1.15 | $4mol\cdot L^{-1}H_2SO_4$ |
| | 1.00 | $1mol\cdot L^{-1}HCl$ |
| $Fe(III)+e^- \rightleftharpoons Fe(II)$ | 0.75 | $1mol\cdot L^{-1}HClO_4$ |
| | 0.70 | $1mol\cdot L^{-1}HCl$ |
| | 0.68 | $1mol\cdot L^{-1}H_2SO_4$ |
| | 0.51 | $1mol\cdot L^{-1}HCl-0.25mol\cdot L^{-1}H_3PO_4$ |

续表

| 电极反应 | $\varphi'$/V | 介质 |
| --- | --- | --- |
| $Fe(CN)_6^{3-}+e^- \rightleftharpoons Fe(CN)_6^{4-}$ | 0.56 | $0.1mol \cdot L^{-1} HCl$ |
| | 0.72 | $1mol \cdot L^{-1} HClO_4$ |
| $I_3^-+2e^- \rightleftharpoons 3I^-$ | 0.545 | $0.5mol \cdot L^{-1} H_2SO_4$ |
| Sn(Ⅳ)$+2e^- \rightleftharpoons$ Sn(Ⅱ) | 0.14 | $1mol \cdot L^{-1} HCl$ |
| Sb(Ⅴ)$+2e^- \rightleftharpoons$ Sb(Ⅲ) | 0.75 | $3.5mol \cdot L^{-1} HCl$ |
| $SbO_3^-+H_2O+2e^- \rightleftharpoons SbO_2^-+2OH^-$ | −0.43 | $3mol \cdot L^{-1} KOH$ |
| Ti(Ⅳ)$+e^- \rightleftharpoons$ Ti(Ⅲ) | −0.01 | $0.2mol \cdot L^{-1} H_2SO_4$ |
| | 0.15 | $5mol \cdot L^{-1} H_2SO_4$ |
| | 0.10 | $3mol \cdot L^{-1} HCl$ |
| V(Ⅴ)$+e^- \rightleftharpoons$ V(Ⅳ) | 0.94 | $1mol \cdot L^{-1} H_3PO_4$ |
| U(Ⅵ)$+2e^- \rightleftharpoons$ U(Ⅳ) | 0.35 | $1mol \cdot L^{-1} HCl$ |

# 附录Ⅷ 一些化合物的分子量

| 化合物 | 分子量 | 化合物 | 分子量 |
| --- | --- | --- | --- |
| AgBr | 187.78 | $C_6H_5COOH$ | 122.12 |
| AgCl | 143.32 | $C_6H_5COONa$ | 144.10 |
| AgCN | 133.84 | $C_6H_4COOHCOOK$(苯二甲酸氢钾) | 204.23 |
| $Ag_2CrO_4$ | 331.73 | $CH_3COONa$ | 82.03 |
| AgI | 234.77 | $C_6H_5OH$ | 94.11 |
| $AgNO_3$ | 169.87 | $(C_9H_7N)_3H_3(PO_4 \cdot 12MoO_3)$(磷钼酸喹啉) | 2212.74 |
| AgSCN | 169.95 | $COOHCH_2COOH$ | 104.06 |
| $Al_2O_3$ | 101.96 | $COOHCH_2COCNa$ | 126.04 |
| $Al_2(SO_4)_3$ | 342.15 | $CCl_4$ | 153.81 |
| $As_2O_3$ | 197.84 | $CO_2$ | 44.01 |
| $As_2O_5$ | 229.84 | $Cr_2O_3$ | 151.99 |
| $BaCO_3$ | 197.34 | $Cu(C_2H_3O_2)_2 \cdot 3Cu(AsO_2)_2$ | 1013.80 |
| $BaC_2O_4$ | 225.35 | CuO | 79.54 |
| $BaCl_2$ | 208.24 | $Cu_2O$ | 143.09 |
| $BaCl_2 \cdot 2H_2O$ | 244.27 | CuSCN | 121.63 |
| $BaCrO_4$ | 253.32 | $CuSO_4$ | 159.61 |
| BaO | 153.33 | $CuSO_4 \cdot 5H_2O$ | 249.69 |
| $Ba(OH)_2$ | 171.35 | $FeCl_3$ | 162.21 |
| $BaSO_4$ | 233.39 | $FeCl_3 \cdot 6H_2O$ | 270.30 |
| $CaCO_3$ | 100.09 | FeO | 71.85 |
| $CaC_2O_4$ | 128.10 | $Fe_2O_3$ | 159.69 |
| $CaCl_2$ | 110.99 | $Fe_3O_4$ | 231.54 |
| $CaCl_2 \cdot H_2O$ | 129.00 | $FeSO_4 \cdot H_2O$ | 169.93 |
| $CaF_2$ | 78.08 | $FeSO_4 \cdot 7H_2O$ | 278.02 |
| $Ca(NO_3)_2$ | 164.09 | $Fe_2(SO_4)_2$ | 399.89 |
| CaO | 56.08 | $FeSO_4 \cdot (NH_4)_2SO_4 \cdot 6H_2O$ | 392.14 |
| $Ca(OH)_2$ | 74.09 | $H_3BO_3$ | 61.83 |
| $CaSO_4$ | 136.14 | HBr | 80.91 |
| $Ca_3(PO_4)_2$ | 310.18 | $H_2C_4H_4O_6$(酒石酸) | 150.09 |
| $Ce(SO_4)_2$ | 332.24 | HCN | 27.03 |
| $Ce(SO_4)_2 \cdot 2(NH_4)_2SO_4 \cdot 2H_2O$ | 632.54 | $H_2CO_3$ | 62.03 |
| $CH_3COOH$ | 60.05 | $H_2C_2O_4$ | 90.04 |
| $CH_3OH$ | 32.04 | $H_2C_2O_4 \cdot 2H_2O$ | 126.07 |
| $CH_3COCH_3$ | 58.08 | HCOOH | 46.03 |

续表

| 化合物 | 分子量 | 化合物 | 分子量 |
|---|---|---|---|
| $HCl$ | 36.46 | $NaCl$ | 58.44 |
| $HClO_4$ | 100.46 | $NaF$ | 41.99 |
| $HF$ | 20.01 | $NaHCO_3$ | 84.01 |
| $HI$ | 127.91 | $NaH_2PO_4$ | 119.98 |
| $HNO_2$ | 47.01 | $Na_2HPO_4$ | 141.96 |
| $HNO_3$ | 63.01 | $Na_2H_2Y_2 \cdot H_2O$(EDTA二钠盐) | 372.26 |
| $H_2O$ | 18.02 | $NaI$ | 149.89 |
| $H_2O_2$ | 34.02 | $NaNO_3$ | 69.00 |
| $H_3PO_4$ | 98.00 | $Na_2O$ | 61.93 |
| $H_2S$ | 34.08 | $NaOH$ | 40.01 |
| $H_2SO_3$ | 82.08 | $Na_3PO_4$ | 163.94 |
| $H_2SO_4$ | 98.03 | $Na_2S$ | 78.05 |
| $HgCl_2$ | 271.50 | $Na_2S \cdot 9H_2O$ | 240.18 |
| $Hg_2Cl_2$ | 472.09 | $Na_2SO_3$ | 126.04 |
| $KAl(SO_4)_2 \cdot 12H_2O$ | 474.39 | $Na_2SO_4$ | 142.04 |
| $KB(C_6H_5)_4$ | 358.33 | $Na_2SO_4 \cdot 10H_2O$ | 322.20 |
| $KBr$ | 119.01 | $Na_2S_2O_3$ | 158.11 |
| $KBrO_3$ | 167.01 | $Na_2S_2O_3 \cdot 5H_2O$ | 248.19 |
| $KCN$ | 65.12 | $Na_2SiF_6$ | 188.06 |
| $K_2CO_3$ | 138.21 | $NH_3$ | 17.03 |
| $KCl$ | 74.56 | $NH_4Cl$ | 53.49 |
| $KClO_3$ | 122.55 | $(NH_4)_2C_2O_4 \cdot H_2O$ | 142.11 |
| $KClO_4$ | 138.55 | $NH_3 \cdot H_2O$ | 35.05 |
| $K_2CrO_4$ | 194.20 | $NH_4Fe(SO_4)_2 \cdot 12H_2O$ | 482.20 |
| $K_2Cr_2O_7$ | 294.19 | $(NH_4)_2HPO_4$ | 132.05 |
| $KHC_2O_4 \cdot H_2C_2O_4 \cdot 2H_2O$ | 254.19 | $(NH_4)_3PO_4 \cdot 12MoO_3$ | 1876.53 |
| $KHC_2O_4 \cdot H_2O$ | 146.14 | $NH_4SCN$ | 76.12 |
| $KI$ | 166.01 | $(NH_4)_2SO_4$ | 132.14 |
| $KIO_3$ | 214.00 | $NiC_8H_{14}O_4N_4$(丁二酮肟酸) | 288.91 |
| $KIO_3 \cdot HIO_3$ | 389.92 | $P_2O_5$ | 141.95 |
| $KMnO_4$ | 158.04 | $PbCrO_4$ | 323.18 |
| $KNO_2$ | 85.10 | $PbO$ | 233.19 |
| $K_2O$ | 92.20 | $PbO_2$ | 239.19 |
| $KOH$ | 56.11 | $Pb_3O_4$ | 685.57 |
| $KSCN$ | 97.18 | $PbSO_4$ | 303.26 |
| $K_2SO_4$ | 174.26 | $SO_2$ | 64.06 |
| $MgCO_3$ | 84.32 | $SO_3$ | 80.06 |
| $MgCl_2$ | 95.21 | $Sb_2O_3$ | 291.50 |
| $MgNH_4PO_4$ | 137.33 | $Sb_2S_3$ | 399.70 |
| $MgO$ | 40.31 | $SiF_4$ | 104.08 |
| $Mg_2P_2O_7$ | 222.60 | $SiO$ | 60.08 |
| $MnO$ | 70.94 | $SnCO_3$ | 178.82 |
| $MnO_2$ | 86.94 | $SnCl_2$ | 189.60 |
| $Na_2B_4O_7$ | 201.22 | $SnO_2$ | 150.71 |
| $Na_2B_4O_7 \cdot 10H_2O$ | 381.37 | $TiO_2$ | 79.88 |
| $NaBiO_3$ | 279.97 | $WO_3$ | 231.85 |
| $NaBr$ | 102.90 | $ZnCl_2$ | 136.30 |
| $NaCN$ | 49.01 | $ZnO$ | 82.39 |
| $Na_2CO_3$ | 105.99 | $Zn_2P_2O_7$ | 304.72 |
| $Na_2C_2O_4$ | 134.00 | $ZnSO_4$ | 161.45 |

# 参 考 文 献

1. 王泽云．基础化学．成都：四川科学技术出版社，1998
2. 朱灵峰．无机及分析化学．北京：中国农业出版社，2004
3. 董元彦，左贤云，邬荆平．无机及分析化学．北京：科学出版社，2000
4. 傅献彩．大学化学．北京：高等教育出版社，1999
5. 武汉大学主编．分析化学．北京：高等教育出版社，1994
6. 叶锡模．普通化学．杭州：浙江农业大学出版社，1993
7. 倪静安．无机及分析化学．北京：化学工业出版社，1998
8. 陈虹锦．无机及分析化学．北京：科学出版社，2002

# 元素周期表

IUPAC 2013

氧化态(单质的氧化态为0，未列入；常见的为红色)

以 $^{12}C$=12为基准的原子量(注✦的是半衰期最长同位素的原子量)

|  |  |
|---|---|
| 95 | 原子序数 |
| Am | 元素符号(红色的为放射性元素) |
| 镅▲ | 元素名称(注▲的为人造元素) |
| $5f^7 7s^2$ | 价层电子构型 |
| 243.06138(2)✦ | |
| +2 +3 +4 +5 +6 | 氧化态 |

s区元素　p区元素　d区元素　ds区元素　f区元素　稀有气体

| 周期＼族 | 1 IA | 2 IIA | 3 IIIB | 4 IVB | 5 VB | 6 VIB | 7 VIIB | 8 VIIIB(VIII) | 9 VIIIB(VIII) | 10 VIIIB(VIII) | 11 IB | 12 IIB | 13 IIIA | 14 IVA | 15 VA | 16 VIA | 17 VIIA | 18 VIIIA(0) | 电子层 |
|---|---|---|---|---|---|---|---|---|---|---|---|---|---|---|---|---|---|---|---|
| 1 | (−1,+1) 1 **H** 氢 $1s^1$ 1.008 | | | | | | | | | | | | | | | | | 2 **He** 氦 $1s^2$ 4.002602(2) | K |
| 2 | (+1) 3 **Li** 锂 $2s^1$ 6.94 | (+2) 4 **Be** 铍 $2s^2$ 9.0121831(5) | | | | | | | | | | | (+3) 5 **B** 硼 $2s^2 2p^1$ 10.81 | (−4,+2,+4) 6 **C** 碳 $2s^2 2p^2$ 12.011 | (−3,−2,−1,+1,+2,+3,+4,+5) 7 **N** 氮 $2s^2 2p^3$ 14.007 | (−2,−1) 8 **O** 氧 $2s^2 2p^4$ 15.999 | (−1) 9 **F** 氟 $2s^2 2p^5$ 18.998403163(6) | 10 **Ne** 氖 $2s^2 2p^6$ 20.1797(6) | L K |
| 3 | (−1,+1) 11 **Na** 钠 $3s^1$ 22.98976928(2) | (+2) 12 **Mg** 镁 $3s^2$ 24.305 | | | | | | | | | | | (+3) 13 **Al** 铝 $3s^2 3p^1$ 26.9815385(7) | (−4,+2,+4) 14 **Si** 硅 $3s^2 3p^2$ 28.085 | (−3,−2,+1,+3,+5) 15 **P** 磷 $3s^2 3p^3$ 30.973761998(5) | (−2,+2,+4,+6) 16 **S** 硫 $3s^2 3p^4$ 32.06 | (−1,+1,+3,+5,+7) 17 **Cl** 氯 $3s^2 3p^5$ 35.45 | 18 **Ar** 氩 $3s^2 3p^6$ 39.948(1) | M L K |
| 4 | (−1,+1) 19 **K** 钾 $4s^1$ 39.0983(1) | (+2) 20 **Ca** 钙 $4s^2$ 40.078(4) | (+3) 21 **Sc** 钪 $3d^1 4s^2$ 44.955908(5) | (−1,0,+2,+3,+4) 22 **Ti** 钛 $3d^2 4s^2$ 47.867(1) | (0,±1,+2,+3,+4,+5) 23 **V** 钒 $3d^3 4s^2$ 50.9415(1) | (−3,0,±1,±2,+3,+4,+5,+6) 24 **Cr** 铬 $3d^5 4s^1$ 51.9961(6) | (−2,0,±1,+2,±3,+4,+5,+6,+7) 25 **Mn** 锰 $3d^5 4s^2$ 54.938044(3) | (−2,0,±1,+2,+3,+4,+5,+6) 26 **Fe** 铁 $3d^6 4s^2$ 55.845(2) | (0,±1,+2,+3,+4,+5) 27 **Co** 钴 $3d^7 4s^2$ 58.933194(4) | (0,±1,+2,+3,+4) 28 **Ni** 镍 $3d^8 4s^2$ 58.6934(4) | (+1,+2,+3,+4) 29 **Cu** 铜 $3d^{10} 4s^1$ 63.546(3) | (+1,+2) 30 **Zn** 锌 $3d^{10} 4s^2$ 65.38(2) | (+1,+3) 31 **Ga** 镓 $4s^2 4p^1$ 69.723(1) | (+2,+4) 32 **Ge** 锗 $4s^2 4p^2$ 72.630(8) | (−3,+3,+5) 33 **As** 砷 $4s^2 4p^3$ 74.921595(6) | (−2,+2,+4,+6) 34 **Se** 硒 $4s^2 4p^4$ 78.971(8) | (−1,+1,+3,+5,+7) 35 **Br** 溴 $4s^2 4p^5$ 79.904 | (+2,+4) 36 **Kr** 氪 $4s^2 4p^6$ 83.798(2) | N M L K |
| 5 | (−1,+1) 37 **Rb** 铷 $5s^1$ 85.4678(3) | (+2) 38 **Sr** 锶 $5s^2$ 87.62(1) | (+3) 39 **Y** 钇 $4d^1 5s^2$ 88.90584(2) | (+1,+2,+3,+4) 40 **Zr** 锆 $4d^2 5s^2$ 91.224(2) | (0,±1,+2,+3,+4,+5) 41 **Nb** 铌 $4d^4 5s^1$ 92.90637(2) | (0,±1,±2,+3,+4,+5,+6) 42 **Mo** 钼 $4d^5 5s^1$ 95.95(1) | (0,±1,+2,+3,+4,+5,+6,+7) 43 **Tc** 锝▲ $4d^5 5s^2$ 97.90721(3)✦ | (0,+1,±2,+3,+4,+5,+6,+7,+8) 44 **Ru** 钌 $4d^7 5s^1$ 101.07(2) | (0,±1,+2,+3,+4,+5,+6) 45 **Rh** 铑 $4d^8 5s^1$ 102.90550(2) | (0,+1,+2,+3,+4) 46 **Pd** 钯 $4d^{10}$ 106.42(1) | (+1,+2,+3) 47 **Ag** 银 $4d^{10} 5s^1$ 107.8682(2) | (+1,+2) 48 **Cd** 镉 $4d^{10} 5s^2$ 112.414(4) | (+1,+3) 49 **In** 铟 $5s^2 5p^1$ 114.818(1) | (+2,+4) 50 **Sn** 锡 $5s^2 5p^2$ 118.710(7) | (−3,+3,+5) 51 **Sb** 锑 $5s^2 5p^3$ 121.760(1) | (−2,+2,+4,+6) 52 **Te** 碲 $5s^2 5p^4$ 127.60(3) | (−1,+1,+3,+5,+7) 53 **I** 碘 $5s^2 5p^5$ 126.90447(3) | (+2,+4,+6,+8) 54 **Xe** 氙 $5s^2 5p^6$ 131.293(6) | O N M L K |
| 6 | (−1,+1) 55 **Cs** 铯 $6s^1$ 132.90545196(6) | (+2) 56 **Ba** 钡 $6s^2$ 137.327(7) | 57~71 **La~Lu** 镧系 | (+1,+2,+3,+4) 72 **Hf** 铪 $5d^2 6s^2$ 178.49(2) | (0,±1,+2,+3,+4,+5) 73 **Ta** 钽 $5d^3 6s^2$ 180.94788(2) | (0,±1,±2,+3,+4,+5,+6) 74 **W** 钨 $5d^4 6s^2$ 183.84(1) | (0,±1,+2,+3,+4,+5,+6,+7) 75 **Re** 铼 $5d^5 6s^2$ 186.207(1) | (0,+1,+2,+3,+4,+5,+6,+7,+8) 76 **Os** 锇 $5d^6 6s^2$ 190.23(3) | (0,±1,+2,+3,+4,+5,+6) 77 **Ir** 铱 $5d^7 6s^2$ 192.217(3) | (0,+2,+3,+4,+5,+6) 78 **Pt** 铂 $5d^9 6s^1$ 195.084(9) | (+1,+2,+3,+5) 79 **Au** 金 $5d^{10} 6s^1$ 196.966569(5) | (+1,+2,+3) 80 **Hg** 汞 $5d^{10} 6s^2$ 200.592(3) | (+1,+3) 81 **Tl** 铊 $6s^2 6p^1$ 204.38 | (+2,+4) 82 **Pb** 铅 $6s^2 6p^2$ 207.2(1) | (−3,+3,+5) 83 **Bi** 铋 $6s^2 6p^3$ 208.98040(1) | (−2,+2,+3,+4,+6) 84 **Po** 钋 $6s^2 6p^4$ 208.98243(2)✦ | (±1,+5,+7) 85 **At** 砹 $6s^2 6p^5$ 209.98715(5)✦ | (+2) 86 **Rn** 氡 $6s^2 6p^6$ 222.01758(2)✦ | P O N M L K |
| 7 | (+1) 87 **Fr** 钫▲ $7s^1$ 223.01974(2)✦ | (+2) 88 **Ra** 镭 $7s^2$ 226.02541(2)✦ | 89~103 **Ac~Lr** 锕系 | 104 **Rf** 𬬻▲ $6d^2 7s^2$ 267.122(4)✦ | 105 **Db** 𬭊▲ $6d^3 7s^2$ 270.131(4)✦ | 106 **Sg** 𬭳▲ $6d^4 7s^2$ 269.129(3)✦ | 107 **Bh** 𬭛▲ $6d^5 7s^2$ 270.133(2)✦ | 108 **Hs** 𬭶▲ $6d^6 7s^2$ 270.134(2)✦ | 109 **Mt** 鿏▲ $6d^7 7s^2$ 278.156(5)✦ | 110 **Ds** 𫟼▲ 281.165(4)✦ | 111 **Rg** 𬬭▲ 281.166(6)✦ | 112 **Cn** 鿔▲ 285.177(4)✦ | 113 **Nh** 鿭▲ 286.182(5)✦ | 114 **Fl** 𫓧▲ 289.190(4)✦ | 115 **Mc** 镆▲ 289.194(6)✦ | 116 **Lv** 𫟷▲ 293.204(4)✦ | 117 **Ts** 鿬▲ 293.208(6)✦ | 118 **Og** 鿫▲ 294.214(5)✦ | Q P O N M L K |

| | | | | | | | | | | | | | | | |
|---|---|---|---|---|---|---|---|---|---|---|---|---|---|---|---|
| ★ 镧系 | (+3) 57 **La**★ 镧 $5d^1 6s^2$ 138.90547(7) | (+2,+3,+4) 58 **Ce** 铈 $4f^1 5d^1 6s^2$ 140.116(1) | (+3,+4) 59 **Pr** 镨 $4f^3 6s^2$ 140.90766(2) | (+2,+3,+4) 60 **Nd** 钕 $4f^4 6s^2$ 144.242(3) | (+3) 61 **Pm** 钷▲ $4f^5 6s^2$ 144.91276(2)✦ | (+2,+3) 62 **Sm** 钐 $4f^6 6s^2$ 150.36(2) | (+2,+3) 63 **Eu** 铕 $4f^7 6s^2$ 151.964(1) | (+3) 64 **Gd** 钆 $4f^7 5d^1 6s^2$ 157.25(3) | (+3,+4) 65 **Tb** 铽 $4f^9 6s^2$ 158.92535(2) | (+3,+4) 66 **Dy** 镝 $4f^{10} 6s^2$ 162.500(1) | (+3) 67 **Ho** 钬 $4f^{11} 6s^2$ 164.93033(2) | (+3) 68 **Er** 铒 $4f^{12} 6s^2$ 167.259(3) | (+2,+3) 69 **Tm** 铥 $4f^{13} 6s^2$ 168.93422(2) | (+2,+3) 70 **Yb** 镱 $4f^{14} 6s^2$ 173.045(10) | (+3) 71 **Lu** 镥 $4f^{14} 5d^1 6s^2$ 174.9668(1) |
| ★ 锕系 | (+3) 89 **Ac**★ 锕 $6d^1 7s^2$ 227.02775(2)✦ | (+3,+4) 90 **Th** 钍 $6d^2 7s^2$ 232.0377(4) | (+3,+4,+5) 91 **Pa** 镤 $5f^2 6d^1 7s^2$ 231.03588(2) | (+2,+3,+4,+5,+6) 92 **U** 铀 $5f^3 6d^1 7s^2$ 238.02891(3) | (+3,+4,+5,+6,+7) 93 **Np** 镎 $5f^4 6d^1 7s^2$ 237.04817(2)✦ | (+3,+4,+5,+6,+7) 94 **Pu** 钚 $5f^6 7s^2$ 244.06421(4)✦ | (+2,+3,+4,+5,+6) 95 **Am** 镅▲ $5f^7 7s^2$ 243.06138(2)✦ | (+3,+4) 96 **Cm** 锔▲ $5f^7 6d^1 7s^2$ 247.07035(3)✦ | (+3,+4) 97 **Bk** 锫▲ $5f^9 7s^2$ 247.07031(4)✦ | (+2,+3,+4) 98 **Cf** 锎▲ $5f^{10} 7s^2$ 251.07959(3)✦ | (+2,+3) 99 **Es** 锿▲ $5f^{11} 7s^2$ 252.0830(3)✦ | (+2,+3) 100 **Fm** 镄▲ $5f^{12} 7s^2$ 257.09511(5)✦ | (+2,+3) 101 **Md** 钔▲ $5f^{13} 7s^2$ 258.09843(3)✦ | (+2,+3) 102 **No** 锘▲ $5f^{14} 7s^2$ 259.1010(7)✦ | (+3) 103 **Lr** 铹▲ $5f^{14} 6d^1 7s^2$ 262.110(2)✦ |